化工安全与环保

杨　帆　主　编
杨　旺　车　赛　李永峰　副主编

中国石化出版社

内 容 提 要

全书共分十章内容，主要包括防火防爆的技术措施、化工设备安全设计与技术、危险性分析方法和安全评价、化工废气治理技术、化工废水处理技术、化工固体废物处理及资源化技术、劳动安全技术防护和环境健康安全管理体系。本书将国内案例和国外经典案例融入相应章节，根据每章重点内容设计了课后题。

本书可作为化学工程和环境及其相关专业本科生化工安全与环保教育的教材，也可供相关领域教学和科研人员及工程技术和管理人员参考。

图书在版编目(CIP)数据

化工安全与环保 / 杨帆主编. — 北京 : 中国石化出版社，2022.12

ISBN 978-7-5114-6950-2

Ⅰ. ①化… Ⅱ. ①杨… Ⅲ. ①化工安全-高等学校-教材②化学工业-环境保护-高等学校-教材 Ⅳ. ①TQ086②X78

中国版本图书馆 CIP 数据核字(2022)第 251930 号

中国石化出版社出版发行

地址：北京市东城区安定门外大街 58 号

邮编：100011 电话：(010)57512500

发行部电话：(010)57512575

http://www.sinopec-press.com

E-mail：press@sinopec.com

北京富泰印刷有限责任公司印刷

全国各地新华书店经销

*

787×1092 毫米 16 开本 23 印张 542 千字

2023 年 8 月第 1 版 2023 年 8 月第 1 次印刷

定价：58.00 元

PREFACE 前言

化学工业除了包括石油精炼、金属材料、塑料合成、食品加工和催化制造等传统化工过程，还囊括了生物工程、生物制药，以及相关的纳米技术等现代化工过程。化学工业在国民经济、国防建设、资源开发等领域具有重要地位，对人类衣、食、住、行的各个方面和解决人类社会所面临的人口、资源、能源和环境可持续发展等重大问题，具有重要的作用。随着经济发展和社会进步，频发的化工安全事故要求高校加强化工安全教育，培养更多有安全环保意识的综合型人才。我国开展这方面的研究晚于发达国家，近年来学者们已经注意到了化工安全与环保的重要性，积极探索和研究，取得了一定的成果。针对新工科背景下社会对人才的新需求，同时，为适应教育部和原国家安全生产监督管理总局发布的《关于加强化工安全人才培养工作的指导意见》和“教指委”发布的《化工与制药类教学质量国家标准(化工类专业)》的培养要求，化工安全与环保的教学和研究逐渐步入建制化阶段。

为了适应学科发展的要求，加强高等院校工科专业学生的化工安全与环保教育，促进化工类专业建设的良性发展，结合国家教材建设规划，中国石油大学(北京)化学工程与环境学院组织编写了本书。本书不但阐述了化工过程安全的基本原理和应用，主要内容有防火防爆的技术措施、化工设备安全设计与技术、危险性分析方法和安全评价，还阐述了化工生产对环境的影响与防治，主要内容有化工废气治理、化工废水的处理、化工固废的处理及资源化，以及劳动安全技术防护和环境健康安全管理体系等内容。

本书由杨帆和李永峰确定编写大纲，由杨帆(第一章至第五章)、杨旺(第六章至第八章)、车赛(第九章至第十章)编写。全书由杨帆和李永峰统筹、修改并审核。在本书编写过程中，编者指导的研究生(张肖云、钱锦秀、王也、杜少雄、张晨、李明杰、刘旭、程佳婷、孙利、王琛琳）协助完成了文献检索整理和图表设计，对于本书的编著做出了很大贡献，在此向他们表示感谢；编写的过程中参考了国内外专家学者的著作和文献，得到了中国石油大学（北京）化学工程与环境学院和教务处相关领导的大力支持，在此一并致以衷心的感谢。

由于编者水平有限，书中难免有遗漏和不妥之处，希望同行专家和广大读者不吝赐教。

杨　帆

2023 年 5 月

CONTENTS 目录

第1章 绪 论

我国化学工业正处于全面快速发展阶段，新建、改建和扩建的项目有很多，在发展化工主营业务的同时，安全和环保问题越来越突出，极大地影响和制约了化学工业的可持续发展。对一个化工企业来说，要搞好安全生产，就必须解决职工的安全意识问题。但目前全国化工行业安全生产形势依然十分严峻，大大小小的安全事故不断发生。因此，对从事化学工业工作的人员来说，必须认真贯彻执行“安全第一、预防为主、综合治理”的方针政策，同时，必须重视环境保护的方针政策，通晓并贯彻安全环保技术与管理制度，确保安全生产，保护环境，促进化学工业的持续发展。

1.1 化学工业与安全科学的发展历程

1.1.1 化学工业发展历程

18 世纪法国化学家拉瓦锡的《化学基础论》的发表奠定了现代化学的基础，对化学工业的发展有着深刻的意义。19 世纪，以煤为基础原料的有机化学工业在德国迅速发展起来。但当时的煤化学工业主要着眼于各种化学产品的开发，所以当时化工过程开发主要是由工业化学家和机械工程师共同参加进行的。技术人员的专业也是按其从事的产品生产来分类，如染料、化肥、炸药等。直到 19 世纪末，化学工业萌芽阶段的工程问题，都是采用化学加机械的方式解决。现代化学工业的发展是在美国开始的。20 世纪初，石油的开采和大规模石油炼厂的兴建为石油化学工业的发展和化学工程技术的产生奠定了基础。与以煤为基础原料的煤化学工业相比，炼油业的化学背景没那么复杂，因此，有可能进行工业过程本身的研究，以适应大规模生产的需要。这就是在美国产生以“单元操作”为主要标志的现代化学工业的背景。

1888 年，美国麻省理工学院开设了世界上最早的化学工程专业，接着，美国宾夕法尼亚大学、法国土伦大学和美国密歇根大学也先后开设了化学工程专业。这个时期化学工程教育的基本内容是工业化学和机械工程。20 世纪 20 年代，石油化学工业的崛起推动了各种单元操作的研究。由于单元操作的发展，30 年代以后，化学机械从纯机械时代进入以单元操作为基础的化工机械时期。40 年代，因战争需要，流化床催化裂化制取高级航空燃料油、丁苯橡胶的乳液聚合以及制造首批原子弹的曼哈顿工程三项重大开发同时在美国出现。前两者是用 30 年代逐级放大的方法完成的，放大比例一般不超过 50∶1。但是曼哈顿工程由于时间紧迫和放射性的危害，必须采用较高的放大比例，达 1000∶1 或更高一些。这就要求依靠更加坚实的理论基础，以更加严谨的数学形式表达单元操作的理论。同时，单元操作的理论知识与化学工业的发展息息相关。

曼哈顿工程的成功大大促进了单元操作在化学工业中的应用。20 世纪 50 年代提出了传递过程原理，把化学工业中的单元操作进一步解析为三种基本操作过程即动量传递、热量传递和质量传递以及三者之间的联系。同时，在反应过程中把化学反应与上述三种传递过程一并研究，用数学模型描述过程。连同电子计算机的应用以及化工系统工程学的兴起，使得化学工业发展进入更加理性、更加科学化的时期。20世纪60年代初，新型高效催化剂的发明，新型高级装置材料的出现，以及大型离心压缩机的研究成功，开启了化工装置大型化的进程，把化学工业推向新的高度。此后，化学工业过程开发周期缩短至4~5年，放大倍数达500~20000倍。化学工业过程开发是指把化学实验室的研究结果转变为工业化生产的全过程。它包括实验室研究、模试、中试、设计和技术经济评价等许多内容。过程开发的核心内容是放大，由于化学工程基础研究的进展和放大经验的积累，特别是化学反应工程理论的迅速发展使得过程开发按照科学的方法进行。中间试验不再是盲目地、逐级地，而是有目的地进行。化学工业过程开发的一个重要进展是可以用电子计算机进行数学模拟放大。中间试验不再像过去那样只是收集或产生关联数据的场所，而是检验数学模型和设计计算结果的场所。目前，化学工业开发的趋势不一定进行全流程的中间试验，对一些非关键设备和很有把握的过程不必试验，有些则可以用计算机在线模拟和控制来替代。

1.1.2 安全科学的发展简史

安全生产和安全劳动是人类生存永恒的命题，已伴随着创世纪以来人类文明社会的生存与生产走过了数千年。20世纪，是人类安全科学技术发展和进步最为快速的一百年。从安全立法到安全管理，从安全技术到安全工程，从安全科学到安全文化，针对生产事故、人为事故、技术灾害等工业社会日益严重的问题，劳动安全与劳动保护活动为人类的安全生产、安全生存，以及人类文明写下了闪光的、不可磨灭的一页。

在20世纪，我们看到了人类冲破“亡羊补牢”的陈旧观念和改变了仅凭经验应付的低效手段，给予世界全新的劳动安全理念、思想、观点和方法，同时，给予人类安全生产与安全生活的知识、策略、行为准则与规范，以及生产与生活事故的防范技术与手段，通过把人类“事故忧患”的颓废情绪转变为安全科学的缜密，把社会的“生存危机”的自扰认知转变为实现平安康乐的动力，最终创造人类安全生产和安全生存的安康世界。这一切，靠的是科学的安全理论与策略、高超的安全工程和技术、有效的安全立法及管理。

进入21世纪，面对社会、经济、文化高速发展和变革的年代，我们需要思考中国安全生产和人类公共安全的发展战略。

1. 安全认识观的发展

1）从“宿命论”到“本质论”

我国很长时期普遍存在着“安全相对、事故绝对”“安全事故不可防范，不以人的意志转移”的认识，即存在有生产安全事故的“宿命论”观念。随着安全生产科学技术的发展和对事故规律的认识，人们逐步建立了“事故可预防、人祸本可防”的观念。实践证明，如果做到“消除事故隐患，实现本质安全化，科学管理，依法监管，提高全民安全素质”，安全事故是可预防的。这种观念和认识上的进步，表明在认识观上我们从“宿命论”逐步地转变到了“本质论”。落实“安全第一，预防为主”的方针具备了认识观的基础。

2）从“就事论事”到“系统防范”

我国在20世纪80年代中期从发达国家引入了“安全系统工程”的理论，通过近20年的实践，在安全生产界“系统防范”的概念已深入人心。安全生产的方法论层面表明，我国安全生产界已从“无能为力，听天由命”和“就事论事，亡羊补牢”的传统方式逐步地转变到现代的“系统防范，综合对策”的方法论。在我国的安全生产实践中，政府的“综合监管”、全社会的“综合对策和系统工程”与企业的“管理体系”无不表现出“系统防范”的高明对策。

3）从“安全常识”到“安全科学”

“安全是常识，更是科学”这种认识是工业化发展的要求。从20世纪80年代以来，我国在政府层面建立了“科技兴安”的战略思想；在学术界、教育界开展了安全科学理论研究，在实践层面上实现了按安全科学办学办事的规则。学术领域的“安全科学技术”一级学科建设，社会大众层面的“安全科普”和“安全文化”，都是安全科学发展进步的具体体现。

4）从“劳动保护工作”到“现代职业安全健康管理体系”

新中国成立以来的很长一段时期，我国是以“劳动保护”为目的的工作模式。随着改革开放进程，在国际潮流的影响下，我们引进了“职业安全健康管理体系”论证的做法，这使我国的安全生产、劳动保护、劳动安全、职业卫生、工业安全等得到了综合协调发展，建立了安全生产科学管理体系的社会保障机制，并逐步得到推广和普及。

5）从“事后处理”到“安全生产长效机制”

长期以来，我们完善了事故调查、责任追究、工伤鉴定、事故报告、工伤处理等事后管理的工作政策和制度。随着安全生产工作发展和进步，预防为主、科学管理、综合对策的长效机制正在发展和建立过程之中。这种工作重点和目标的转移，将为提高我国的安全生产保障水平发挥重要的作用。

2. 安全科学技术的产生和发展

安全科学技术是研究在人类生存条件下人、机器和环境系统之间的相互作用，保障人类生产与生活安全的科学和技术，或者说是研究技术风险导致的事故和灾害的发生以及为防止意外事故或灾害发生所需的科学理论和技术方法，它是一门新兴的交叉科学，具有系统的科学知识体系。追溯安全科学技术发展历史，人类经历了四个发展阶段，见表1-1。第Ⅰ阶段，工业革命前，生产主要是以农牧业和手工业为主，生产力和自然科学都处于自然发展状态，人类对自身的安全问题还未能自觉地认识和主动采取安全措施，只能对于自然与人为的灾害和事故被动承受。第Ⅱ阶段，17世纪至20世纪初，工业革命后，人类进入蒸汽机时代，传统的手工业劳动逐渐被大规模机器所替代，机器使生产率空前提高，但同时大大提高了伤害的可能。由于人类处于工业的开端，虽然初步形成了局部安全意识，但对安全事故的解决方式处于事后型的方法论。第Ⅲ阶段，20世纪初至50年代，人类进入电气化时代，拥有复杂的大生产系统和机器系统，同时，认识到人、机器、环境和管理综合要素的重要性，从而建立了事故系统的综合认识。第Ⅳ阶段，20世纪50年代至今，随着高科技的发展，人类进入信息化时代，开始从事故的本质中预防事故，揭示各种安全机理并将其系统化、理论化，变成指导解决各种具体安全问题的科学依据，逐步形成综合的安全生产系统。

表 1-1　安全科学技术的发展阶段

阶段	时间	技术特征	认识论	方法论	安全科学的特点
Ⅰ	工业革命前	农牧业及手工业	宿命论	无能为力	人类对于自然与人为的灾害和事故只能是被动承受
Ⅱ	17 世纪至 20 世纪初	蒸汽机时代	局部安全	亡羊补牢，事后型	建立在事故与灾难的经验上的局部安全意识
Ⅲ	20 世纪初至 50 年代	电气化时代	系统安全	综合对策及系统工程	建立了事故系统的综合认识，认识到人、机器、环境、管理综合要素的重要性
Ⅳ	20 世纪 50 年代至至今	信息化时代	安全系统	本质安全化，预防型	从人与机器和环境的本质安全入手，建立安全的生产系统

18 世纪中叶，蒸汽机的发明使人类从繁重的手工劳动中解脱出来，劳动生产率得到空前提高。但是，劳动者在自己创造的机器面前致死、致伤和致残的事故与手工业时期相比也显著增多。资本主义初期，劳动条件极端恶劣，生产中人身安全毫无保障。工人的斗争和大生产的实际需要，迫使西方各国先后颁布劳动安全方面的法律和改善劳动条件的有关规定。如美国马萨诸塞州于 1867 年通过工厂检查员的法律；法国北部联邦于 1869 年制定了工作灾害防治法案。1871 年，德国建立了研究噪声与振动，防火防爆，职业危害防护的科研机构。20 世纪初，英、美、法、荷兰等发达资本主义国家普遍建立了安全技术研究机构。

20 世纪 70 年代以来，科学技术飞速发展，随着生产的高度机械化、电气化和自动化，尤其是新技术应用中潜在危险常常突然引发事故，使人类生命和财产遭受巨大损失。因此，保障安全，预防灾害事故从被动、孤立、就事论事的低层次研究，逐步发展到系统的综合的较高层次的理论研究，最终造就了安全科学的问世。1974 年美国出版了《安全科学文摘》；1979 年英国 W. J. 哈克顿和 G. P. 罗滨斯发表了《技术人员的安全科学》；1983 年日本井上威恭发表了《最新安全工学》；1984 年德国 A. 库赫曼发表了《安全科学导论》；1990 年“第一届世界安全科学大会”在德国科隆召开，参加会议者多达 1500 人。由此可见，安全科学已从多学科分散研究发展为系统的整体研究，从一般工程应用研究提高到技术科学层次和基础科学层次的理论研究。

1.2　化学工业生产与事故

1.2.1　化学工业生产的特点和主要事故形式

1. 化学工业生产的特点

化工生产具有易燃、易爆、易中毒，高温、高压、深冷，有腐蚀、事故多发性等特点，与其他行业相比危险性更大。其主要特点如下：

① 原料与成品运输和储存比较困难。因为化工生产过程中所用到的原料、中间体和成品种类复杂，大部分都为易燃、易爆、有毒性、有腐蚀的危险化学品，导致对生产的原料、燃料、半成品和成品的运输与储存提出了比较特殊的要求。

② 化工生产工艺过程中条件要求苛刻。部分化学反应需要在高温或高压下进行，部分

则需要在低温或低压(高真空度)下进行。

③ 化工生产规模逐渐大型化。近年来，化工生产使用大型生产装置是一个明显的发展趋势。因此，化工生产装置的规模越来越大。因化工生产中使用大型装置可以降低单位产品的建设投资与生产成本，劳动生产率升高，化工生产过程中的能耗减少。所以，各国都在使用大型生产装置。

④ 化工生产的自动化和连续化。化工生产由以前落后的手动操作、间断或者半自动生产渐渐地发展为高度连续化和自动化生产，生产装置由室内变为露天，生产设备由敞开式渐渐转变成密闭式，生产操作从分散操作转变成集中操作，与此同时，也从人工手动操作转变为仪表自动操作，而后又发展为计算机操作。

⑤ 污染物的释放量比较大，资源消耗量高，给环境带来的危害比较严重。化工行业一般生产基础原材料，在行业迅速发展的同时，损耗了大量的能源，对生态和环境造成的影响也是非常沉重的。

⑥ 化工产业链长、化工产品关联度高。化工行业是典型的链式生产行业，由于科技的进步与工艺的不断完善，化工行业产业链可以不断地延伸，迅速增长。同时，因化工产品的原料路线、生产方式多种多样，许多的原料、辅料和中间体都可以在各式各样的工艺与产品的生产过程中重复循环利用，所以，产品的关联度高。

⑦ 化工行业经济范围明显。化工行业生产过程中各个环节互补性强，因此，生产总成本低于各自独立生产所需要的成本，各种化学反应之间互相关联，具备明显的范围经济特征。化工行业生产链条越长、产品越丰富，产业连接的可能性也就越大，范围经济的程度就越高。

⑧ 生产安全管理特别重要。化工生产过程中因管理不当、检修不及时或操作水平较低，将会出现"跑、冒、滴、漏"等不安全现象，损失的原料、成品或半成品不仅会造成经济上的浪费，也会污染周围的环境，甚至带来更严重的后果。

2. 化工生产的主要事故形式

1）火灾和爆炸

其发生的条件主要有以下几点：

① 化工生产使用的物料具有易挥发、燃点低、爆炸下限低、点燃能量低的特点，很容易发生燃烧爆炸。

② 高温可提供足够的点燃能量，引起可燃物着火。

③ 高温可加速运转机械中的润滑油的挥发和分解，导致燃烧和爆炸。

④ 高温使金属材料性能下降，容易发生可燃气体泄漏，造成燃烧和爆炸。

⑤ 高温使可燃气体的爆炸范围加宽，危险性增大。

⑥ 操作压力高使可燃气体爆炸极限加宽。

⑦ 高压下的可燃气体或挥发性液体一旦泄漏，体积迅速膨胀，与空气形成可爆性混合气体，又因流速大与喷口处摩擦产生静电火花而易导致着火爆炸。

⑧ 高压操作对设备选材、制造和维护都带来一定难度，同时，容易使设备发生疲劳腐蚀，造成泄漏。

2）火灾和爆炸的相关案例

① 2010 年 9 月 12 日，山东某公司化工厂纤维素醚生产装置一车间南厂房在脱绒作业

开始约 1h 后，脱绒釜罐体下部封头焊缝处突然开裂(开裂长度 120cm，宽度 1cm)，造成物料(含有易燃溶剂异丙醇、甲苯、环氧丙烷等)泄漏，车间人员闻到刺鼻异味后立即撤离并通过电话向生产厂长报告了事故情况，由于泄漏过程中产生静电，引起车间爆燃。南厂房爆燃物击碎北厂房窗户，落入北厂房东侧可燃物(纤维素醚及其包装物)上引发火灾，北厂房员工迅速撤离并组织救援，10min 后火势无法控制，救援人员全部撤离北厂房，北厂房东侧发生火灾爆炸，2h 后消防车赶到现场，火灾被扑灭。事故造成 2 人重伤，2 人轻伤。图 1-1为“9 · 12”火灾事故现场。

图 1-1　“9 · 12”火灾事故现场

事故原因分析：脱绒釜操作工在脱绒过程中升气阀门开度不足，存在超过工艺规程允许范围(0. 05MPa 以下)的现象，致使釜内压力上升，加速了脱绒釜下部封头焊缝的开裂。纤维素醚生产装置无正规设计，脱绒釜罐体选用不锈钢材质，在长期高温环境、酸性条件和氯离子的作用下发生晶间腐蚀，造成罐体下部封头焊缝强度降低，发生焊缝开裂，导致物料喷出，产生静电，引起爆燃。

② 2019 年 7 月 19 日 17 时 43 分，三门峡市某公司义马气化厂空分装置发生重大爆炸事故，共造成 15 人死亡、16 人重伤、175 人轻伤，直接经济损失 8170 万元。

事故原因分析：空分装置冷箱内发生泄漏，直至冷箱板出现裂纹，事故企业未及时处置，富氧液体泄漏至珠光砂中，使碳钢材质的冷箱构件在低温和压力增高的共同作用下裂纹扩大，直至冷箱失稳坍塌，砸裂东侧 $500m^3$ 液氧储槽，储槽内大量液氧迅速外泄汽化，高纯氧遇可燃物发生爆炸，并引发冷箱中的铝质填料(厚度 0. 15mm)等殉爆。图 1-2 为“7 · 19”重大爆炸事故现场。

图 1-2　“7 · 19”重大爆炸事故现场

③ 2017 年 12 月 19 日 9 时 15 分左右，山东某公司年产 1. 5 万 t 塑料改性剂(AMB)生产装置当班班长在控制室启动天然气加热系统的瞬间，干燥塔及周边发生爆燃事故，并引发

火灾，造成7人死亡、4人受伤。图1-3为“12·19”爆燃事故现场，设施损坏严重。

事故原因分析：天然气通过新增设的直接燃烧加热系统串入了干燥系统，并与干燥系统内空气形成爆炸性混合气体，在启动不具备启用条件的天然气加热系统过程中遇点火源引发爆燃。同时暴露出企业安全风险意识差，对“煤改气”产生的安全风险辨识不足，新增的天然气加热系统未经正规设计，没有操作规程，有关管理及操作人员专业素质不满足安全生产要求等问题。

图1-3 “12·19”爆燃事故现场

通过这些事故案例，充分说明在化工生产过程中安全意识相对薄弱，也为化工人敲响了警钟。为有效减少并杜绝化工生产安全事故，务必落实以下几点：

① 提高安全素质，杜绝事故发生。这些事故的主要根源是操作工在关键时刻失去了对事故发生的可能预见和后果的意识，也就是平时所说的对安全的侥幸心理。为此，抓安全生产务必抓好人的安全文化素质、安全思想行为的教育和提高。

② 从多方面来提高员工的安全意识。安全工作只有起点，没有终点，全体员工要互教互学，取长补短，共同提高。

③ 树立安全就是效益的观念。在工作中不仅要熟练掌握各项操作规程，还要养成良好的安全操作习惯，杜绝习惯性违章，敢于同身边的不安全行为较真。每位化工人在日常工作中做到相互监督、相互提醒，及时消除安全隐患。

1.2.2 事故、安全和风险的基本概念

1. 事故

事故是一种突然发生的、出乎人们意料的事件。导致事故发生的原因非常复杂，往往包括许多偶然因素，因而事故的发生具有随机性质。已经引起或可能引起伤害、疾病和对财产、环境或第三方造成损害的一件或一系列事件。伯克霍夫(Berckhoff)认为：事故是人(个人或集体)在为实现某种意图而进行的活动过程中，突然发生的、违反人的意志的、迫使活动暂时或永久停止的事件。

2. 安全

安全表示“免于危险”或“没有危险”的状态。安全是指人没有危险，人类的整体与生存环境资源的和谐相处，互相不伤害，不存在危险的隐患，是免除了使人感觉难受的损害风险的状态。安全是在人类生产过程中，将系统的运行状态对人类的生命、财产、环境可能产生的损害控制在人类不感觉难受的水平以下。同时，不会引起死亡、职业病、设备财产

损失以及环境污染的一种状态。

3. 风险

风险的定义为在某个特定危险情况下发生的可能性和后果的组合。风险也分为广义风险和狭义风险。广义风险强调风险表现为不确定性；狭义风险强调风险表现为损失的不确定性。

1.2.3 事故特性

事故的特性主要有以下四个方面的内容：

① 因果性。事故的因果性是指一切事故的发生都有一定原因，这些原因就是潜在的危险因素。这些危险因素来自人和物等方面。这些危险因素在一定的时间和地点相互作用就会导致事故的发生。

② 偶然性。事故的偶然性是指事故的发生是随机的，服从统计规律。

③ 潜伏性。事故的潜伏性是指导致事故发生的因素的隐蔽性和潜在性。

④ 突发性。事故的突发性是指事故的发生往往是由于事故原点在触发能量、偶合条件作用下的突发转变过程。

1.3 化学工业的安全与危险

随着社会的发展和经济的进步，化学工业行业在技术方面获得了极大的创新，但在实际生产过程中仍旧存在一些危险因素，从而影响安全生产，导致经济效益下降。因此，需要对化工生产过程中存在的危险因素进行控制。

1.3.1 化工危险因素

美国保险协会在对化学工业的三百多起火灾、爆炸事故进行调查，分析它们发生的主要和次要原因的基础上，把化学工业危险因素归纳为以下九个类型。

① 工厂选址问题。

② 工厂布局问题。

③ 结构问题。

④ 对加工物质的危险性认识不足。

⑤ 化工工艺问题。

⑥ 物料输送问题。

⑦ 误操作问题。

⑧ 设备缺陷问题。

⑨ 防灾计划不充分。

1.3.2 化工装置的紧急状态

化工装置的紧急状态划分为五个等级。

① 运转失灵。指运转发生紊乱，只要更换备用设施，就可在尚未发生故障或事故之前恢复正常运转。

② 故障。指设备需要停车检修，但又未发生其他损坏的状态。

③ 异常。指对工艺过程需要采取一定措施，否则就有可能发生事故。

④ 灾害。指不但发生了事故，而且事故状态发生了扩展，对外界造成了威胁，需要采取紧急措施，并求得外部支援。

⑤ 事故。指设备损坏、生产中止或火灾、爆炸、毒物泄漏、人员伤亡。对此必须采取紧急措施，使事故状态未发生扩展。

1.3.3 化学工业安全措施

1. 安全技术措施

安全技术措施是指运用工程技术手段消除物的不安全因素，实现生产工艺和机械设备等生产条件本质安全的措施。化工安全技术措施主要有以下几点：

① 减少潜在危险因素。

② 降低潜在危险因素的数值。

③ 隔离操作或远距离操作。

④ 设置薄弱环节。

⑤ 坚固和加强。

⑥ 警告牌和警告信号装置。

⑦ 生产装置的合理布局、建筑物和设备的安全距离等。

2. 安全教育措施

安全教育是提高人们安全素质，掌握安全技术知识、操作技能和安全管理方法的手段。内容包括安全思想政治教育、安全技术知识和安全技能教育以及安全管理知识教育。形式包括“三级”教育、特种工种教育和经常性教育等。“三级”教育包含厂级教育、车间教育和岗位教育。

3. 安全管理措施

安全管理是保证人们遵守相应规则从事工作，并为采取安全技术措施提供依据和方案，同时，还要对危险预防设施加强维护保养，保证设施性能可正常运行。安全管理措施主要有以下三点：

① 贯彻执行国家有关安全生产的方针政策、法律法规。

② 推广和应用现代安全管理方法，识别—评价—控制危险，做到防患未然，保证系统安全。

③ 重视和加强安全信息的收集、加工处理和反馈。

1.4 环境与化工行业的环境污染

1.4.1 环境概念与环境问题

1. 环境的基本概念

环境是以人类社会为主体的外部世界的总体，主要指人类已经认识到的直接或间接影响人类生存和社会发展的周围世界，可分为自然环境和人工环境。环境的中心事物是人的生存及活动。

1）自然环境

直接或间接影响到人类的一切自然形成的物质、能量和自然现象的总体。它是人类出现之前就存在的，是人类目前赖以生存、生活和生产所必需的自然条件和资源的总称，即阳光、温度、气候、地磁、空气、水、岩石、土壤、动植物、微生物以及地壳的稳定性等自然因素的总和。

2）人工环境

由于人类的活动而形成的环境要素，它包括人工形成的物质、能量和精神产品以及人类活动中所形成的人与人之间的关系或称上层建筑。人工环境由综合生产力(包括人)、技术进步、人工构筑物、人工产品和能量、政治体制、社会行为、宗教信仰、文化与地方因素等组成。

自然环境对人的影响是根本性的。人类要改善环境，必须以自然环境为大前提，谁要超越它，必然遭到大自然的报复。人工环境的好坏对人的工作与生活、对社会的进步更是影响极大。人类生存的环境可由小到大、由近及远地分为聚落环境、地理环境、地质环境和宇宙环境，从而形成了一个庞大的系统。

2. 环境问题的发展阶段

自人类诞生以来，就有了环境问题。农业革命以后人口骤增，为了生存，竭泽而渔，使局部生态环境恶化，导致了人类古代文明的衰落。工业革命后，环境污染日趋严重，已危及人类的生存。20 世纪 80 年代中后期，人类统一了认识，采取一系列措施，从而挽救生态环境，挽救人类。环境问题大体可以分为四个发展阶段：

① 原始人类时期，过量采捕野生动植物。

② 农牧业社会时期主要是乱砍滥伐和城市的出现。

③ 工业革命时期主要是大量有毒有害的化学品进入环境，对人类健康构成威胁。

④ 现代主要是突发性重大污染事故频繁发生、全球性的环境问题、大规模的生态破坏。

3. 当前主要的环境问题

1）全球气候变暖

由于人口的增加和人类生产活动的规模越来越大，向大气释放的二氧化碳(CO_2)、甲烷(CH_4)、一氧化二氮(N_2O)、氯氟碳化合物(CFC)、四氯化碳(CCl_4)、一氧化碳(CO)等温室气体不断增加，导致大气的组成发生变化。大气质量受到影响，气候有逐渐变暖的趋势。由于全球气候变暖，将会对全球产生各种不同的影响，较高的温度可使极地冰川融化，海平面每 10 年将升高 6cm，因而将使一些海岸地区被淹没。全球变暖也可能影响到降雨和大气环流的变化，使气候反常，易造成旱涝灾害，这些都可能导致生态系统变化和破坏，全球气候变化将对人类生活产生一系列重大影响。

2）臭氧层的耗损与破坏

在离地球表面 10～50km 的大气平流层中集中了地球上 90% 的臭氧气体，在离地面 25km 处臭氧浓度最大，形成了厚度约为 3mm 的臭氧集中层，称为臭氧层。它能吸收太阳的紫外线，以保护地球上的生命免遭过量紫外线的伤害，并将能量储存在上层大气，起到调节气候的作用。但臭氧层是一个很脆弱的大气层，如果进入一些破坏臭氧的气体，它们就会和臭氧发生化学作用，臭氧层会遭到破坏。臭氧层被破坏，将使地面受到紫外线辐射的强度增加，给地球上的生命带来很大的危害。研究表明，紫外线辐射能破坏生物蛋白质和基因物质脱氧核糖核酸，造成细胞死亡；使人类皮肤癌发病率增高；伤害眼睛，导致白内障而使眼睛失明；抑制植物如大豆、瓜类、蔬菜等的生长，并穿透 10m 深的水层，杀死浮游生物和微生物，从而危及水中生物的食物链和自由氧的来源，影响生态平衡和水体的自净能力。

3）生物多样性减少

《生物多样性公约》指出，生物多样性是指所有来源的形形色色的生物体，这些来源包括陆地、海洋和其他水生生态系统及其所构成的生态综合体；它包括物种内部、物种之间和生态系统的多样性。在漫长的生物进化过程中会产生一些新的物种，同时，随着生态环境条件的变化，也会使一些物种消失。所以，生物多样性是在不断变化的。近百年来，由于人口的急剧增加和人类对资源的不合理开发，加之环境污染等原因，地球上的各种生物及其生态系统受到了极大的冲击，生物多样性也受到了很大的损害。有关学者估计，世界上每年至少有 5 万种生物物种灭绝，平均每天灭绝的物种达 140 个，据估计，21 世纪初，全世界野生生物的损失达到其总数的 15%～30%。在中国，由于人口增长和经济发展的压力，对生物资源的不合理利用和破坏，生物多样性所遭受的损失也非常严重，大约有 200 个物种已经灭绝；约有 5000 种植物已处于濒危状态，约占中国高等植物总数的 20%；预测还有 398 种脊椎动物也处在濒危状态，占中国脊椎动物总数的 7.7%左右。因此，保护和拯救生物多样性以及保证这些生物赖以生存的生活条件，同样是摆在我们面前的重要任务。

4）酸雨蔓延

酸雨是指大气降水中酸碱度(pH 值)低于 5.6 的雨、雪或其他形式的降水。这是大气污染的一种表现。酸雨对人类环境的影响是多方面的。酸雨降落到河流、湖泊中，会妨碍水中鱼、虾的成长，以致鱼虾减少或绝迹；酸雨还导致土壤酸化，破坏土壤的营养，使土壤贫瘠化，危害植物的生长，造成作物减产，危害森林的生长。此外，酸雨还腐蚀建筑材料，有关资料说明，近十几年来，酸雨地区的一些古迹特别是石刻、石雕或铜塑像的损坏超过以往百年，甚至千年。

5）森林锐减

在今天的地球上，我们的绿色屏障——森林正以平均每年 4000 平方公里的速度消失。森林的减少使其涵养水源的功能受到破坏，造成了物种的减少和水土流失，对二氧化碳的吸收减少进而又加剧了温室效应。

6）土地荒漠化

全球陆地面积占 60%，其中沙漠和沙漠化面积 29%。每年有 600 万公顷的土地变成沙漠。每年经济损失 423 亿美元。全球共有干旱、半干旱土地 50 亿公顷，其中 33 亿公顷遭到荒漠化威胁。致使每年有 600 万公顷的农田、900 万公顷的牧区失去生产力。人类文明的摇篮底格里斯河、幼发拉底河流域，已由沃土变成荒漠。中国的黄河流域，水土流失同样十分严重。

7）大气污染

大气污染的主要因子为悬浮颗粒物、一氧化碳、臭氧、二氧化碳、氮氧化物、铅等。大气污染导致每年有 30 万~70 万人因烟尘污染提前死亡，2500 万的儿童患慢性喉炎，400 万~700 万的农村妇女儿童受害。

8）水污染

水污染是由有害化学物质造成水的使用价值降低或丧失，且污染环境的水。污水中的酸、碱、氧化剂，以及铜、镉、汞、砷等化合物，苯、二氯乙烷、乙二醇等有机毒物，会毒死水生生物，影响饮用水水源。污水中的有机物被微生物分解时消耗水中的氧，影响水生生物的生命，水中溶解氧耗尽后，有机物进行厌氧分解，产生硫化氢、硫醇等难闻气体，从而使水质进一步恶化。

9）海洋污染

人类活动使近海区的氮和磷增加 50%~200%；过量营养物导致沿海藻类大量生长；波罗的海、北海、黑海、东海等出现赤潮。海洋污染导致赤潮频繁发生，破坏了红树林、珊瑚礁、海草，使近海鱼虾锐减，渔业损失惨重。

10）危险废物越境转移

由于危险废物带来的严重污染和潜在的严重影响，在工业发达国家危险废物被称为“政治废物”，公众对危险废物问题十分敏感，反对在自己居住的地区设立危险废物处置场，加上危险废物的处置费用高昂，一些公司极力试图向工业不发达国家和地区转移危险废物。

4. 环境污染对人体的危害

人类活动排放各种污染物，使环境质量下降或恶化。污染物可以通过各种媒介侵入人体，使人体的各种器官组织功能失调，引发各种疾病，严重时导致死亡，这种状况称为“环境污染疾病”。环境污染对人体健康的危害是极其复杂的过程，其影响具有广泛性、长期性和潜伏性等特点，具有致癌、致畸、致突变等作用，有的污染物潜伏期达十几年，甚至影响子孙后代。

污染物在人体内的过程包括毒物的吸收、分布、生物转化及排泄。其对人体的危害性质和危害程度主要取决于污染物的剂量、作用时间、多种因素的联合作用以及个体的敏感性等因素。污染物与疾病症状之间的相互关系主要从以下几方面进行探讨：污染物对人体有无致癌作用；对人体有无致畸变作用；有无缩短寿命的作用；有无降低人体各种生理功能的作用等。有毒污染物一般可以通过呼吸道系统、消化系统、皮肤等途径侵入人体，因此，加强预防是保证人体不受污染危害的重要措施。

1.4.2 化工环境污染概括

化工污染是指化学工业生产过程中产生的废气、污染物等，这些废物在一定浓度以上大多是有害的，有的还是剧毒物质，进入环境就会造成污染。有些化工产品在使用过程中又会引起一些污染，甚至比生产本身所造成的污染更为严重、更为广泛。

我国的工业污染在环境污染中占 70%。到目前为止，我国工业污染的治理率还很低，解决我国工业污染的任务还相当艰巨。西方发达国家，由于近代化学工业发展迅速，化工污染也随之加重，从化学工业的发展过程来看，国外化工污染大体可以分为三个阶段。

1. 化学工业污染的发生期

早期的化学工业(大约在19世纪末)，是以生产酸、碱等无机化工原料为主，所以当时化学工业的污染物主要是酸、碱、盐等无机污染物。另外，这一时期的无机化工生产规模没法与现在的化学工业相比，品种也比较少。因此，产生的污染物比较单一，这不足以构成大面积的区域性污染，环境污染问题还不明显。

2. 化学工业污染的发展时期

从20世纪初到20世纪40年代，由于冶金、炼焦工业的迅速发展，化学工业也随之发展，并进入以煤为原料来生产化工产品的煤化学工业时期。煤不仅可以作为燃料燃烧，而且成为化学工业的主要原料。一系列以煤、焦炭和煤焦油为原料的有机化学工业产品开始大量生产，大量新建的化工企业不断兴建，世界化学工业有了较快的发展。同时，在这个时期内无机化学工业的规模和数量也不断扩大，所以造成的无机污染在数量上及危害程度上都有所加剧，而且有机化学工业也开始发展，导致有机污染对环境污染的影响加大，有时与无机污染物有协同作用。因此，化学工业污染现象显得更加严重。

3. 化学工业污染的泛滥时期

从20世纪50年代开始，世界各国陆续发现了储量丰富的油气田，从此石油工业迅速发展，石油工业已成为现代能源及国民经济的重要组成部分，石油工业的崛起，引起世界各国的燃料结构逐步从煤转向石油和天然气。从而，化学工业也进入了以石油和天然气为主要原料的“石油化工时代”，石油化学工业开始迅猛发展，环境污染泛滥成灾，达到了前所未有的地步。污染类型也发生了质的转变，由原先的煤烟型污染转化为石油型污染。

化工环境污染是化学工业发展过程中亟待解决的一个重大问题，若不能妥善加以解决，势必会制约化学工业的可持续发展。如今，已进入了治理与防止化工污染的年代，环保要求不断苛刻，无污染的生物化工和绿色化工被提倡，并得到了迅速发展。

1.4.3 化工污染的特点及防治途径

1. 化工污染的特点

1) 水污染的特点

化工废水是在化工生产过程中所排出的废水，其成分取决于生产过程中所采用的原料及工艺，可分为生产污水和生产废水两种。生产废水是指较为清洁，不经处理即可排放或回用的化工废水，如化工生产中的冷凝水。生产污水是指那些污染较为严重，需经过处理后才可排放的化工废水。化工废水的污染特点有以下几个方面。

① 有毒性和刺激性。

② 生物需氧量(BOD)和化学需氧量(COD)都较高。

③ pH值不稳定。

④ 营养化物质较多。

⑤ 废水温度较高。

⑥ 油污染较为普遍。

⑦ 恢复比较困难。

2）大气污染的特点

空气和水一样是人类生存不可缺少的关键性物质，空气提供人们需要的氧气，对人类生命起着决定作用。当空气中污染物数量超过一定浓度时，将引起空气质量恶化，从而影响人体的健康和生物的生存。化工生产过程中排放的气体即化工废气，通常含有易燃、易爆、有刺激性和有臭味的物质。污染大气的主要有害物质有硫的氧化物、氮的氧化物、碳氢化合物、碳的氧化物、氟化物、氯和氯化物、恶臭物质和浮游粒子等。化工废气对大气的污染特点有以下几个方面。

① 易燃、易爆气体较多。

② 排放物大都有刺激性或腐蚀性。

③ 浮游粒子种类多、危害大。

3）固体废物污染的特点

由工矿企业的生产过程中所排出的丢弃物质，统称为废物，这些废物以固体形式存在的，就叫作固体废物，通常又叫作废渣。工业废渣，按照其来源不同，可以分为冶金废渣、采矿废渣、燃料废渣、化工废渣等。化工废渣是由化学工业生产中排出的工业废渣，包括硫酸矿渣、电石渣、碱渣、塑料废渣等。其中以硫酸矿渣数量较大，每生产 1t 硫酸，要排出 1. 1t 废渣。工业废渣对环境的污染主要有对土壤的污染、对水域的污染和对大气的污染。固体污染物的特点有以下几个方面。

① 侵占土地。

② 污染土壤。

③ 污染水体。

④ 固体废物还可能造成燃烧、爆炸、接触中毒、腐蚀等特殊损害。

2. 化工污染的防治途径

有效防治化工污染，应从两方面考虑。一是减少排放；二是加强治理。治理包括对废物的妥善处理、回收及资源化利用。

1）开展清洁生产，采用少废无废工艺

化工生产中，生产一种产品往往有多种原料路线和生产方法，不同的原料路线和生产方法产生的污染物的种类和数量有很大的差异。采用和开发无废、少废工艺可将污染物最大限度地消除在工艺过程中，对保护环境具有决定性的作用。在改变原料路线、生产方法的同时，改进生产设备也是实现清洁生产、控制污染源的重要途径。如化学物质的直接冷却改为间接冷却，可以减少污染物的排放量。另外，提高设备、管道的严密性，加强企业的管理，提高操作人员的素质，减少原料产品漏损，同样也会降低污染程度。

采用密闭循环系统是当前化工生产污染防治的一个新的发展方向。所谓密闭循环，是指生产过程的废弃物通过一定的治理技术，重新回到生产系统中加以使用，避免污染物排入周围环境，同时提高原料的利用率、提高产品的产率。这种生产系统又称“零排放”系统，既可降低原料消耗定额，又减少了污染物的危害。例如，过去采用氨碱法生产纯碱，原料食盐的利用率比较低，大量的无机盐物质排入水域，造成周围水源的环境污染。近年来，日本发展了联合制碱工艺，采用密闭循环流程代替传统工艺，基本不排放废液，在很大程度上改善了过去的环境污染问题。

2) 加强废物的资源化综合利用

要实现化工的可持续发展，必须走由“末端治污”向“清洁生产”转变的道路，大力发展循环经济，加强废物的资源化利用。近年来，在化肥、氯乙烯、炭黑等行业的污染治理中，已经开发推广了不少资源合理利用项目。事实证明，化工行业“三废”综合利用还有巨大潜力。促进化工行业综合利用向广度和深度发展的主要问题是：要尽快开发和完善净化分离废物的关键技术。

3) 加强化工生产过程中的安全管理

化工生产过程中，确保安全生产是至关重要的。化工生产中的事故不仅会对工厂本身造成人员与经济上严重损失，而且对周边环境的污染与危害更是巨大的。无论是历史上的“八大公害”事件，还是我国近年来发生的多起大面积的恶性污染事件，无不与化工生产事故密切相关。因此，加强化工生产过程中的安全教育与管理，杜绝事故发生，也是防止化工污染的重要途径。

1.5 化工环境保护与可持续发展

人类在经过漫长的奋斗历程后，在改造自然和发展社会经济方面取得了辉煌的业绩，同时，生态破坏与环境污染，对人类的生存和发展已经构成了现实威胁。保护和改善生态环境，实现人类社会的持续发展，是全人类紧迫而艰巨的任务。因此，环境保护是实现社会发展的前提，保护环境，确保人与自然的和谐，是经济能够得到进一步发展的前提，也是人类文明延续的保证。

1.5.1 环境管理与环境教育

1. 环境管理的基本概念

狭义的环境管理，主要是指采取各种措施控制污染的行为。这种狭义的环境管理只是单一地去考察环境问题，并没有从环境与发展的高度，从国家经济社会发展战略和发展计划的高度来管理环境。

广义的环境管理，是指运用经济、法律、技术、行政教育等手段，限制人类损害环境质量的活动，通过全面规划使经济发展与环境相协调，达到既要发展经济满足人类的基本需要，又不超出环境的容许极限。广义的环境管理核心就是推动经济社会与环境的协调发展。

2. 环境管理的基本内容

根据管理的范围划分，环境管理的内容包括以下几个方面：

① 资源(生态)管理，主要是自然资源的保护，包括可更新资源的恢复和扩大再生产以及不可更新资源的节约利用。

② 区域环境管理，包括整个国土、经济协作区和省(市)环境管理、城市环境管理以及水域环境管理等。

③ 环境管理，包括工业、农业、企业、交通运输、商业、医疗等部门的环境管理。

根据性质划分，环境管理的内容包括以下几个方面：

① 环境计划管理，通过计划协调与环境的关系，对环境保护加强计划指导是环境管理

的重要内容。

② 环境质量管理，有组织地制定各种环境质量标准，各类污染物排放标准和监督检查工作；组织调查、监测、评价环境质量状况；预测环境质量变化的趋势。

③ 环境技术管理，确定防治环境污染和环境破坏的技术路线和技术政策；确定环境科学技术的发展方向；组织环境保护的技术咨询和信息服务；组织国内和国际环境科学技术合作的交流等。

3. 环境管理的基本职能

所谓职能，是指人、事物或机构所应有的作用。环境管理的基本职能有三条，即规划、协调和监督。也就是说，环境管理这项事务和环境管理机构，在环境保护事业中，应起到规划、协调和监督三方面作用。

4. 环境教育的目的和任务

培养和造就消除环境污染和防治生态破坏、改善和创造高质量的生产和生活环境所需的各种专门人才以及具有环境保护与持续发展综合决策和管理能力的各层次管理人才。培养广大人民群众自觉保护环境的道德风尚，提高全民族的环境和发展意识。

5. 我国环境教育的现状

我国的环境教育经过三十多年的发展，整个社会的环境意识已经有了明显提高，环保知识教育、环保实践活动开展都取得了较大的成绩，但与全球环境教育的整体发展相比，还处在探索阶段，环境教育理念尚未完全突破环保教育的局限，可持续发展理念和建立在这种环境教育理念上的教育过程还存在教育内容、教育形式和教育实践混乱的情况，“可持续发展”的环境教育与现实需要还存在很大的差距，在经济结构转型过程和“两型社会”建设过程中，环境教育明显满足不了发展需要，在环境教育的全民性、终身性和学际性方面还存在较大的差距。主要表现在环境教育的全民覆盖率低、国民的人生各阶段环境教育存在差异、学科间环境教育协作尚未实现。其具体表现：一是环境教育体系不健全；二是环境教育内容不完善；三是环境教育形式单一。

6. 生态文明建设背景下环境教育的对策

针对我国环境教育现状，为培养满足生态文明建设需要的相关人才和提高全民的环境素质，实现环境教育的全民性、终身性、全球性和学际性，我国的环境教育需要在教育体系、教育内容、教育载体、教育形式等方面展开进一步的研究和实践。具体思路是：第一，细化环境教育的体系，完善环境教育体系中每一环节的实施细节，建立规范的环境教育制度，尤其要加强对高校学生环境教育的力度，推进社会环境教育的深入开展和有效落实；第二，完善环境教育内容建设，组织编写适用于教育体系每一部分人群的环境教育知识、技能学习资料，并进行推广和使用，扩大环境教育人群的覆盖面；第三，加强环境教育实践基地建设，提高基地的数量、质量，加强基地的管理和运作，发挥基地的示范引领作用，提高全民的环境意识；第四，采取更加有效的多样的环境教育形式，通过各种形式，将环境知识、技能、意识、态度、行为的培养有机结合，促进环境教育质量的提高。

1.5.2 加强环境科学技术研究

我国环保科技还比较落后，指导工作不得力，科技在环保工作中未能发挥重要的支持作用。从科技管理角度来讲，还未真正起到宏观规划、指导、监督、协调作用。因此，必须改变这种状况。我国在加强环境科学技术研究方面的主要措施如下：

① 增加科技投入，稳定科研队伍。

② 开展环境高新技术开发研究，发展绿色科技。

③ 科研单位转化机制，为经济建设服务。

④ 加强环境科学技术产业化。

⑤ 加速环保科技管理体制的改革。

⑥ 广泛开展环境科学技术交流。

1.5.3 清洁生产与循环经济

人类文明经历了渔猎文明、农业文明、工业文明，每一种文明的出现都是一种先进生产关系代替一种落后生产关系的表现形式，受生产力与生产关系的客观规律影响。随着社会的发展，经济发展与环境之间的关系已经不是最初的朴素而和谐的关系，二者的关系随着工业文明的发展变得日益焦灼。突出表现为环境污染的日益严重，可再生资源的日益匮乏，等等。自20世纪90年代以来，国际社会开始推行清洁生产与循环经济，把清洁生产与循环经济视为实现人类社会可持续发展的重要实现方式。环保型生产模式将环境可持续发展理念运用到企业的生产、居民的生活之中。循环经济运用生态学的循环规律，在由人、自然、科学技术构成的系统里面，充分考虑生态环境及资源的承载能力，组织实施经济活动。清洁生产与循环经济目的一致，都是促进我国经济可持续发展。清洁生产及循环经济利用高新科技，缓解环境压力，促进经济发展，增强人们的环保意识。

1. 清洁生产的定义与内容

1）清洁生产的定义

清洁生产的概念，最早由1976年11~12月欧洲共同体在巴黎举行的“无废工艺和无废生产国际研讨会”提出并进行了讨论交流。其后，不断被各国环保工作者不断扩展和深化。清洁生产在不同的地区和国家有许多不同的但相近的提法，欧洲的有关国家有时又称“少废无废工艺”“无废生产”，日本多称“无公害工艺”，美国则定义为“废料最少化”“污染预防”“削废技术”。此外，一些学者还有“绿色工艺”“生态工艺”“环境完美工艺”“与环境相容(友善)工艺”“环境工艺”“过程与环境一体化工艺”“再循环工艺”“源削减”“污染削减”“再循环”等提法。这些不同的提法实际上描述了清洁生产概念的不同方面。

《中华人民共和国清洁生产促进法》中对清洁生产的定义为：不断采取改进设计、使用清洁的能源和原料、采用先进的工艺技术与设备、改善管理、综合利用等措施，从源头削减污染，提高资源利用率，减少或者避免生产、服务和产品使用过程中污染物的产生和排放，以减轻或者消除对人类健康和环境的危害。

2）清洁生产的内容

① 生产清洁的产品。应尽可能节约原料和能源，少用昂贵和稀缺原料，多利用二次资

源作原料；产品在使用过程中以及使用后不含有危害人体健康和生态环境的因素；易于回收、复用和再生；合理包装；具有合理的使用功能(含节能、节水、降低噪声功能)和合理的使用寿命；产品报废后易处理、易降解等。

② 采用清洁的生产过程，尽量不用、少用有毒有害的原料、材料以及中间产品，消除或减少生产过程中的各种危险性因素，如高温、高压、低温、易燃、易爆、强噪声、强震动等，选用无废、少废的工艺，高效的设备；物料的再循环(厂内、厂外)；简便、可靠的操作和控制；完善的管理等。

③ 使用清洁能源包括常规能源的清洁利用和节约能源，如采用洁净煤技术，逐步提高液体燃料、天然气的使用比例，回收利用生产过程的各种余热，逐级使用热能等以降低能耗对环境的污染。还包括大力开发利用可再生能源，如水力能、太阳能、生物质能、风能、潮汐能等。

2. 清洁生产的发展历程

清洁生产起源于 1960 年的美国化学行业的污染预防审计，而"清洁生产"概念的出现，最早可追溯到 1976 年。当年欧共体在巴黎举行了"无废工艺和无废生产国际研讨会"，会上提出"消除造成污染的根源"的思想；1979 年 4 月欧共体理事会宣布推行清洁生产政策；1984 年、1985 年、1987 年欧共体环境事务委员会三次拨款支持建立清洁生产示范工程。

自 1989 年，联合国开始在全球范围内推行清洁生产以来，全球先后有 8 个国家建立了清洁生产中心，推动着各国清洁生产不断向深度和广度拓展。1989 年 5 月联合国环境规划署工业与环境规划活动中心(UNEP IE/PAC)根据 UNEP 理事会会议的决议，制定了《清洁生产计划》，在全球范围内推进清洁生产。该计划的主要内容之一为组建两类工作组：一类为制革、造纸、纺织、金属表面加工等行业清洁生产工作组；另一类则是组建清洁生产政策及战略、数据网络、教育等业务工作组。该计划还强调要面向政界、工业界、学术界人士，提高他们的清洁生产意识，教育公众，推进清洁生产的行动。1992 年 6 月在巴西里约热内卢召开的"联合国环境与发展大会"上，通过了《21 世纪议程》，号召工业提高能效，开展清洁技术，更新替代对环境有害的产品和原料，推动实现工业可持续发展。中国政府亦积极响应，于 1994 年提出了"中国 21 世纪议程"，将清洁生产列为"重点项目"之一。

自 1990 年以来，联合国环境规划署已先后在坎特伯雷、巴黎、华沙、牛津、汉城(现首尔)、蒙特利尔等地举办了六次国际清洁生产高级研讨会。在 1998 年 10 月韩国汉城第五次国际清洁生产高级研讨会上，出台了《国际清洁生产宣言》，包括 13 个国家的部长及其他高级代表和 9 位公司领导人在内的 64 位成员共同签署了该宣言，参加这次会议的还有国际机构、商会、学术机构和专业协会等组织的代表。《国际清洁生产宣言》的主要目的是提高公共部门和私有部门中关键决策者对清洁生产战略的理解及该战略在他们中间的形象，它也将激励对清洁生产咨询服务的更广泛的需求。《国际清洁生产宣言》是对作为一种环境管理战略的清洁生产公开的承诺。20 世纪 90 年代初，经济合作与开发组织(OECD)在许多国家采取不同措施鼓励采用清洁生产技术。例如，在德国，将 70%投资用于清洁工艺的工厂可以申请减税；在英国，税收优惠政策是导致风力发电增长的原因。自 1995 年以来，OECD 国家的政府开始把它们的环境战略针对产品而不是工艺，以此为出发点，引进生命周期理论，以确定在产品生命周期(包括制造、运输、使用和处置)中的哪一个阶段有可能削减或替代原材料投入和最有效并以最低费用消除污染物和废物。这一战略刺激和引导生产商和制造商以及政府政策制定者去寻找更富有想象力的途径来实现清洁生产和产品。

美国、澳大利亚、荷兰、丹麦等发达国家在清洁生产立法、组织机构建设、科学研究、信息交换、示范项目和推广等领域已取得明显成就。特别是进入21世纪后，发达国家清洁生产政策有两个重要的倾向：一是着眼点从清洁生产技术逐渐转向清洁产品的整个生命周期；二是从大型企业在获得财政支持和其他种类对工业的支持方面拥有优先权转变为更重视扶持中小企业进行清洁生产，包括提供财政补贴、项目支持、技术服务和信息等措施。

我国从20世纪80年代开始研究推广清洁生产工艺，已陆续研究开发了许多清洁生产技术，为清洁生产的实施打下了基础。2002年6月颁布《中华人民共和国清洁生产促进法》后，专门成立了中国国家清洁生产中心、化工清洁生产中心及部分省市的清洁生产指导中心，逐步建立和健全了企业清洁生产审计制度，并在联合国环境规划署的帮助下进行了数十家企业的清洁生产审计，取得了良好效果。新建、改建、扩建项目的环境影响评价工作也以此为立项审批的重要依据。

3. 循环经济的定义

“循环经济”这一术语在中国出现于20世纪90年代中期，学术界在研究过程中从资源综合利用、环境保护、技术范式、经济形态和增长方式、广义和狭义等不同角度对其作了多种界定。当前，社会上普遍推行的是国家发展改革委对循环经济的定义：循环经济是一种以资源的高效利用和循环利用为核心，以“减量化、再利用、资源化”为原则，以低消耗、低排放、高效率为基本特征，符合可持续发展理念的经济增长模式，是对“大量生产、大量消费、大量废弃”的传统增长模式的根本变革。这一定义不仅指出了循环经济的核心、原则、特征，同时也指出了循环经济是符合可持续发展理念的经济增长模式，抓住了当前中国资源相对短缺而又大量消耗的症结，对解决中国资源经济发展的瓶颈制约具有迫切的现实意义。

4. 可持续发展与循环经济

可持续发展是指既满足现代人的需求、又不损害后代人需求的发展。换句话说，就是指经济、社会、资源和环境保护协调发展，它们是一个密不可分的系统，既要达到发展经济的目的，又要保护好人类赖以生存的大气、淡水、海洋、土地和森林等自然资源和环境，使子孙后代能够永续发展和安居乐业。可持续发展战略的核心是经济发展与保护资源、保护生态环境的协调一致。就化学工业而言，可持续发展的含义应该是尽可能降低工业本身对自然和社会环境的影响。为了解决人类经济活动与生态系统之间在资源供求和环境容量问题上的矛盾，促进人与自然和谐共生，经济可持续发展，通过对传统现代工业掠夺方式的深刻反思，循环经济应运而生。

循环经济的内涵大致可做如下表述。循环经济是围绕资源的高效利用和循环利用所进行的社会生产和再生产活动，形成“资源—产品—再生资源”的物质反馈过程，以尽可能少的资源环境代价获得最大的发展效益。循环经济遵循减量化、再利用、资源化的3R（Reduce，Reuse，Recycle）原则。减量化，是指减少资源消耗和废弃物排放，改变单纯依赖外延发展，走内涵发展道路，不断提高资源利用效率，降低消耗，减少污染，提高经济增长的质量和效益。再利用，是指产品多次循环使用或修复、翻新后继续使用，以延长产品的生命周期，防止产品过早地成为废品，以节约生产这些产品的各种要素资源的投入。资源化，是指将废弃物最大限度地变成资源，变废为宝、化害为利，既可减少原生资源的消耗，又可减少污染物的排放，从而使可持续发展与循环经济达到协调一致。

5. 循环经济与清洁生产

循环经济与清洁生产内容有许多重叠之处，如都强调 3R 原则。实际上，清洁生产主要是从环境保护的角度强调了单个企业内部生产的全过程控制，通过提高资源利用效率来削减污染物排放，而这正是在企业层面循环经济的主要实现形式。其不同点在于，清洁生产主要在单个企业实施，而循环经济则可以在更大的空间范围内有效地配置资源和能源，实现大范围的清洁生产：通过延长产业链，将上游产业的废物变成下游产业的原料，以梯级式利用能源，变废为宝，化害为利，保护生态环境。

由于物质的多样性，在大多数情况下，在一个企业内部要想将所有涉及的物料、能量加以合理利用，往往是很难的。按以上思路，如果将有物流关系的相关企业群建在一个工业区内，按生态经济原理和知识经济规律进行有机结合，通过工业区内物流和能源的正确设计模拟自然生态系统，形成企业间的共生网络，而每个企业均实现清洁生产，就形成了生态工业园。这是一种范围更大的循环经济，实施起来往往更合理、更科学。如果把这种思路扩展到整个国民经济的高度和广度，即以生态规律为指导，通过生态经济综合规划、设计社会经济活动，使不同区域、不同行业的企业间形成共享资源和互换副产品的生产共生组合，达到产业之间资源的最优化配置，使规划区域内的物质和能源在经济循环内得到高效、永续利用，从而实现产品绿色化、生产过程清洁化、资源可持续利用的环境和谐经济，就是循环经济的最高境界。

1.5.4 环境与可持续发展

环境是社会经济发展的客观条件和存在的空间，任何生产发展和布局都必须落实到一定的区位。其中环境因素又是重要的先决条件，很多生产活动离开了环境因素将无法进行，或必须付出很高的代价才能进行。社会经济的可持续发展必须考虑到自然资源的长期供给能力和自然生态环境的承受能力，不为眼前局部利益而损害将来全局利益；社会经济的发展既要满足当代人现实的需要，又要满足支撑后代人的潜在需求，既要关注发展数量和速度，又要重视发展的质量与可持续性。

1.5.5 化工的可持续发展

当前，化学工业在世界各国的经济消费总值中占据了重要的地位，可谓国家的根底产业和支柱产业。但是，化工消费过程会给环境带来污染，这不仅给我们带来困扰，也阻碍了化工行业的进一步开展。因此，要想化学工业消费得到高效、可持续的发展，我们就必须正视化学工业消费中存在的问题，利用现代科学技术，完成化学工业消费过程从传统的线性经济到循环经济的变革，充分解决化学工业消费中高能耗、高污染的问题，让化学工业消费向着环保、绿色的方向发展。为此提出以下几点措施：

① 大力提倡和鼓励开拓国内、国际两个市场，利用好国内、国际两种资源。

② 制订超前标准，促进企业由“末端治污”向“清洁生产”转变。

③ 调整产业结构，开发清洁产品。

1.6 化工安全和环境保护的发展趋势及其地位和作用

1.6.1 化工安全和环境保护的发展趋势

化工安全和环境保护是一门涉及范围很广、内容极为丰富的综合学科，它涉及数学、物理、化学、生物、天文、地理、地质等基础科学，涉及电工学、材料学、劳动保护和劳动卫生学等应用科学，以及化工、机械、电力、冶金、建筑、交通运输等工程技术科学。在过去几十年中，化工安全与环保的理论、技术和管理随着化学工业的发展和各学科知识的不断深化，取得了较大进步，同时对火灾、爆炸、雷电、静电、辐射、噪声、中毒和职业病等防范的研究也不断深入，安全系统工程学和环境保护与清洁生产的相关科研领域取得进展。我国21世纪实施的高质量发展及可持续发展战略，对有效推行安全生产和清洁生产起到指导作用。化工装置和控制技术的可靠性研究、化工设备故障诊断技术、化工安全与环境保护的评价技术、安全系统工程的开展和应用以及防火、防爆和防毒技术都有了很快的发展，化工生产安全程度进一步提高；化工生产中的废气、废水、废渣等有毒有害物质的危害及处理技术的研究开发都取得了进展，强化管理与监督工作更加严格，并且向着综合利用，循环经济生产方式发展，力争做到有毒有害物质达标排放，减少排放数量，直到零排放。

1.6.2 安全生产和环境保护工作在化工生产过程中的地位和作用

安全生产和环境保护是按照社会化大生产的客观要求，人与自然生态平衡的要求，高质量发展的要求而从事的化工生产经营活动。

1）安全生产和环境保护是化工生产的首要任务

由于化工生产中易燃、易爆、有毒、有腐蚀性的物质多，高温、低温、高压设备多，工艺过程复杂，操作控制严格，如果管理不细，操作失误，就可能发生火灾、爆炸、中毒等事故以及废气、废水、废渣超标排放等，影响生产的正常进行。轻则导致产品质量不合格、产量波动、成本加大以及生态环境污染；重则造成人员伤亡、设备损坏、建筑物倒塌以及生态环境严重污染等事故。

2）安全生产和环境保护是化工生产的保障

设备规模的大型化，生产过程的连续化，过程控制的自动化，是现代化工生产的发展方向，但要充分发挥现代化工生产的优势，必须做好安全生产和环境保护的保障工作，确保生产设备长期、连续、安全运行，实现节能降耗，减少“三废”排放量。

3）安全生产和环境保护是化工生产的关键

我国要求化工新产品的研究开发项目，化工建设的新建、改建、扩建的基本建设工程项目，技术改造的工程项目，技术引进的工程项目等的安全生产措施和防治污染环境的技术措施应符合我国规定的标准，并做到与主体工程同时设计、同时施工、同时投产使用。这是管理单位、设计单位、监督检查单位和建设单位的共同责任，也是企业职工和安全、环保专业工作者的重要使命。

参 考 文 献

[1] 许文，张毅民．化工安全工程概论[M]．2版．北京：化学工业出版社，2011：1-6.
[2] 蔡凤英，孟赫，谈宗山．化工安全工程[M]．2版．北京：科学出版社，2009：1-6，9.
[3] 智恒平．化工安全与环保[M]．北京：化学工业出版社，2011：1-2.
[4] 杨永杰．化工环境保护概论[M]．2版．北京：化学工业出版社，2017：1-2，10-14.
[5] 张娜．现代化工导论[M]．北京：中国石化出版社．2013：284.
[6] 贾素云．化工环境科学与安全技术[M]．北京：国防工业出版社，2009：22.
[7] 汪大翚，徐新华，赵伟荣．化工环境工程概论[M]．3版．北京：化学工业出版社，2019：251-254.
[8] 许宪国．我国环境教育现状及问题[J]．合作经济与科技，2017(18)：124.
[9] 曲向荣．清洁生产与循环经济[M]．北京：清华大学出版社，2011：4-5，8-10.
[10] 刘景良．化工安全技术与环境保护[M]．北京：化学工业出版社，2012：178-182.
[11] 王凯全．化工生产事故分析与预防[M]．北京：中国石化出版社，2007：123-124.

课 后 题

一、选择题

1. 事故特性有：偶然性，(　　)。

A. 因果性

B. 潜伏性

C. 惯性

D. 可预防性

2. 哪三个措施又称“三 E”措施。(　　)

A. 技术

B. 教育

C. 管理

D. 培养

3. 下列不属于化工生产特点的是(　　)。

A. 生产粗放化

B. 生产工艺控制高参数

C. 装置规模大型化

D. 生产装置高度密集

二、判断题

1. 根据能量转移理论，事故的本质是能量的不正常作用。(　　)

2. 事故分为设备事故和人为事故，人为事故是指由人为因素而造成的事故，原则上都能预防。(　　)

3. 根据海因里希事故法则，如果注重无伤害事故，安全管理会更加有效。(　　)

4. 伤亡事故致因理论有海因里希因果连锁论，能量转移论，轨迹交叉论。(　　)

5. 事故的偶然性是指事故的发生是随机的，服从统计规律。(　　)

三、填空题

我国的安全生产方针是____________。

第 2 章　燃烧、爆炸与防火防爆安全技术

从远古的“钻木取火”到现在工业生产和生活中利用火，火的出现大大促进了人类文明的发展，然而火的失控又给人类带来了灾难。火灾是一种特殊形式的燃烧现象，爆炸则是一种快速燃烧的现象。在现代化工的生产过程中，存在大量的易燃易爆化学物质，如液态烃、氯、氨等。为了方便储存和运输，往往采用高温高压、常温加压等工艺使其液化，不过这样的工艺往往会导致储存用的压力容器破裂，其中的液化气体连续喷射迅速散布于周围，一旦点火，将会对人员和财产安全造成严重的危害。

近几年的事故分析表明，火灾爆炸事故高居各种事故之首，造成的死亡人数约占死亡总数的 26%。为了防止生产过程中的火灾爆炸事故，必须充分了解火灾爆炸事故发生的可能原因，有针对性地采取各种防火防爆措施，及时消除火灾隐患，才能保证生产安全。

2. 1　燃烧及其特性

2. 1. 1　燃烧概述

1. 燃烧及其条件

燃烧是可燃物质与助燃物质发生的伴有发光、发热的一种剧烈的氧化反应。从本质上来说，燃烧就是一种发光发热的氧化反应，但是并非所有的氧化反应都是燃烧。例如，镁条在空气中的反应是燃烧反应，而铁丝生锈则不属于燃烧反应。

燃烧，是我们生活中常见的现象，但是不同物质的燃烧条件是不同的。如图 2-1 所示，该实验通过对比铜片上白磷、红磷以及水下的白磷在什么情况下燃烧，从而得出燃烧的条件(已知白磷和红磷的着火点分别是 40℃和 240℃)。观察到的实验现象如下：

甲：铜片上的白磷燃烧并放出大量白烟，而红磷不燃烧，水下的白磷也不燃烧；

乙：通入空气时，冷水中的白磷不燃烧；

丙：通入空气时，热水中的白磷燃烧。

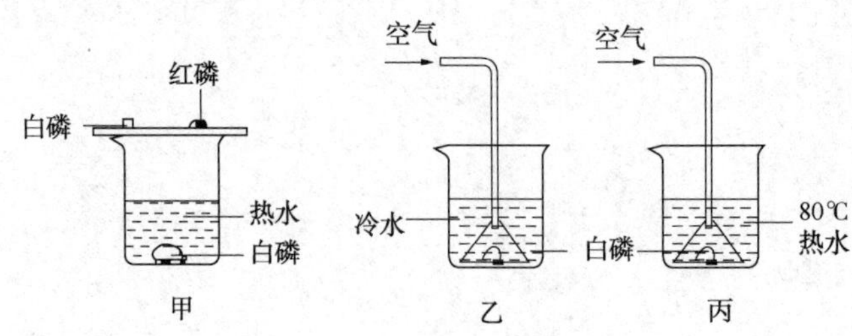

图 2-1　探究燃烧的条件

该实验说明了燃烧是有条件的，发生燃烧必须同时具备以下三个条件：

① 点火源。能够引起物质燃烧的能源都叫点火源，比如明火、高温、电火花、静电、摩擦与撞击、雷电等。

② 可燃物。能与空气中的氧或氧化剂产生剧烈反应的物质都称为可燃物，包括可燃固体，如塑料、木粉、纤维等；可燃液体，如汽油、丙酮、乙醚等；可燃气体，如丙烷、氢气、乙炔等。

③ 助燃物。能够帮助和维持燃烧的物质，均称为助燃物，如氧气、高锰酸钾、过氧化钠等。

可燃物、助燃物和点火源是燃烧的必要条件，如图2-2所示，三者缺一不可。然而，三个条件同时具备的情况下燃烧并不一定能发生，比如点火源的温度不够高、可燃物的数量不足、助燃物的浓度不够等。在这些情况下即使具备了三个条件，也不一定会燃烧。例如，当空气中氧气的浓度降到14%~18%时，木柴的燃烧变得十分缓慢，直至熄灭，这是因为助燃物的浓度不够；在室温20℃的条件下，用明火接触汽油和煤油，汽油会立即燃烧起来，而煤油却不燃，这是因为汽油的蒸气量已经达到燃烧所必需的浓度，而煤油由于蒸气量不够，没有达到燃烧浓度，所以不会发生燃烧；烟囱里冒出的火星，落在易燃的柴草上，就能引起燃烧，若落在大块的木材上，就不能引起燃烧，这是因为火星的温度虽然高，但缺乏足够的热量。反过来，对已经发生的燃烧反应，消灭“三要素”中的任何一个，燃烧便会终止。

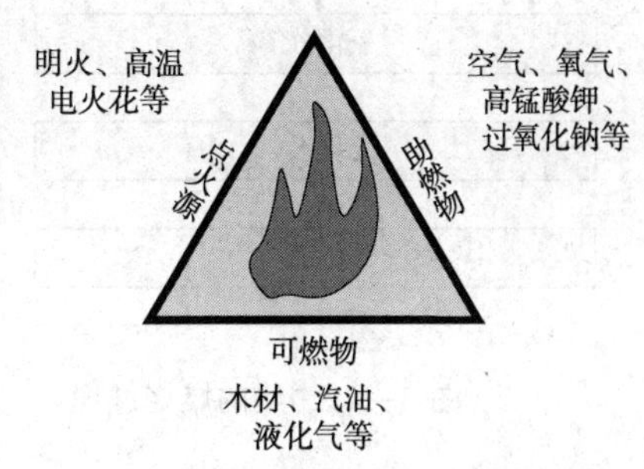

图2-2　燃烧三要素

2. 燃烧的充分必要条件

(1) 可燃物与空气(氧气)有一定的比例

实验表明，当空气中的含氧量低于14%~18%时，大部分的可燃物都不能继续燃烧。

(2) 可燃物(固体材料)要保证一定的含氧量

含氧量通常用氧指数表示，又称为临界氧浓度(COC)，即在规定条件下，能维持可燃物(固体材料)进行的有焰燃烧在氧气和氮气系统中的最低氧浓度。

氧指数是对可燃物(固体材料)可燃性进行评价和分类的一个特性指标，氧指数越高，材料越不易燃烧，阻燃性能越好，反之，则越易燃烧。根据空气中的氧气含量为21%，一般规定：

氧指数<22属于易燃材料；

氧指数在22~27属于可燃材料；

氧指数>27属于难燃材料(阻燃材料)。

(3) 点火源要有一定的点火能量

点火能量是指能够触发燃烧化学反应的能量。最小点火能量是指引起处于爆炸范围内的可燃气体混合物所需的最低能量，用焦耳(J)或毫焦耳(mJ)表示。当可燃混合气体的组成接近燃烧反应的化学恰当反应比例时，所需的最小点火能量最小。

例如，汽油的最小点火能量为0.2mJ，氢气的最小点火能量为0.019mJ。显然，氢气比汽油的危险性大得多。

综上所述，燃烧要是发生，必须具备燃烧的基本条件和充要条件。即可燃物和空气(氧气)有一定的比例和一定的含氧量，点火源要有一定的点火能量。这些条件必须相互结合、相互作用，否则，燃烧就不能发生。

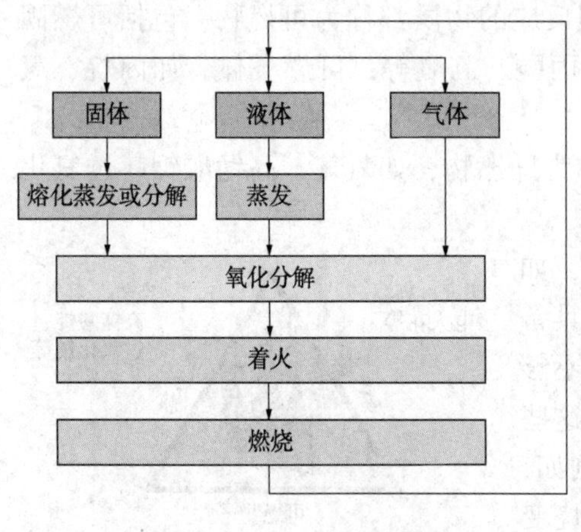

图 2-3　物质的燃烧过程

3. 燃烧过程

可燃物质的燃烧由于燃烧时物质所处的状态不同，燃烧过程也不同。气体最易燃烧，只要达到其本身氧化分解所需的热量便能迅速燃烧。可燃液体的燃烧，首先要在点火源的作用下受热蒸发，然后蒸气氧化进行燃烧，通常称为蒸发燃烧。固体燃烧分为简单物质燃烧和复杂物质燃烧，对于简单物质，如硫、磷等，受热时先熔化，然后蒸发燃烧；对于复杂物质，如煤、沥青等，在受热时先分解成可燃气体和液体，然后可燃气体和液体的蒸气着火燃烧。不同可燃物质的燃烧过程如图 2-3 所示。

例如，木材在受热时的燃烧。在热作用下，温度小于 110℃时，木材中的水分蒸发；当温度达到 150~200℃时，木材开始分解，产生水蒸气、二氧化碳等气体，但不会燃烧；温度大于 200℃时，木材开始炭化，产生少量水蒸气、一氧化碳、氢气等，伴随闪燃现象；继续加热，当温度大于 300℃时，开始剧烈燃烧，产生大量可燃气体，进行稳定的有焰燃烧，直到木材完全分解，有焰燃烧结束。当木材分解产生的可燃气体减少时，有焰燃烧逐渐减弱，氧气开始扩散到炭质表面进行燃烧，当完全不析出可燃气体时后，完全转变为无焰燃烧，直至熄灭。

综上所述，任何可燃物质的燃烧都要经过氧化分解、着火、燃烧三个阶段，由于可燃物质的状态不同，其受热发生的燃烧过程也不同。

2. 1. 2　燃烧类型

根据燃烧的起因不同，燃烧可分为闪燃、着火和自燃三种类型。

1. 闪燃和闪点

在一定温度下，可燃液体表面所产生的蒸气与空气混合，遇见火源产生瞬间的燃烧现象，叫作闪燃。除了可燃液体以外，一些能蒸发出蒸气的固体，如石蜡、樟脑等，当其表面产生的蒸气达到一定的浓度，并与空气混合成可燃气体混合物时，若与明火接触，也能出现闪燃现象。

引起闪燃的最低温度称为闪点。闪燃往往是可燃液体着火的前奏或是火灾的警告，可燃液体的饱和蒸气压越大，闪点越低，越易着火，火灾危险性越大。如乙醚的闪点为 -41. 5℃，氯苯的闪点为 28℃，很显然，乙醚的火灾危险性更大。

值得说明的是，可燃液体之所以会发生一闪即灭的闪燃现象，是因为在闪点温度下液体的蒸发速度小于燃烧速度，蒸发出来的蒸气只能维持短时间的燃烧，而来不及提供足够的蒸气维持稳定的燃烧。常见可燃液体的闪点见表 2-1。

表 2-1　常见可燃液体的闪点

物质名称	闪点/℃	物质名称	闪点/℃	物质名称	闪点/℃
汽油	-50	乙醇	11.1	戊烷	-40
乙醚	-41.5	丙醇	15	己烷	-21.7
乙醛	-38	丁醇	29	氯苯	28
苯	-14	甲酸甲酯	-32	氰化氢	-17.8
甲醇	11	乙酸乙酯	-4	呋喃	-35

闪点可以看作防火安全的指标，根据闪点，可以评定液体的火灾危险性大小。我国将能燃烧的液体分为两类四级。一般把闪点小于45℃的液体称为易燃液体，如乙醇、乙醚、甲苯等。各种液体是易燃还是可燃，就是根据其闪点高低分组的。常见液体的闪点分类级别见表 2-2。

表 2-2　常见液体的闪点分类级别

种类	级别	闪点/℃	举例
易燃液体	Ⅰ	$t \leqslant 28$	汽油、甲醇、乙醇、乙醚、甲苯、丙酮、二硫化碳
	Ⅱ	$28 < t \leqslant 45$	煤油、丁醇
可燃液体	Ⅲ	$45 < t \leqslant 120$	戊醇、柴油、重油
	Ⅳ	$t > 120$	植物油、矿物油、甘油

根据闪点，可以确定液体生产、储存火灾危险性分类，采取相应的消防安全措施，选择灭火剂的供应强度。

2. 着火和燃点

不论是固态、液态还是气态的可燃物质，在助燃物质充足的条件下，达到一定温度时，可燃物质与明火接触引起燃烧，并在点火源移去后仍能保持燃烧的现象称为着火，又叫点燃。例如，用火柴点燃秸秆，就会引起着火。

使可燃物发生持续燃烧的最低温度称为着火点，又叫燃点。燃点越低越容易着火。例如黄磷的燃点为34℃，聚乙烯的燃点为400℃，因此黄磷的火灾危险性更大。表 2-3 列出了部分可燃物质的燃点。

表 2-3　部分可燃物质的燃点

物质名称	燃点/℃	物质名称	燃点/℃	物质名称	燃点/℃
黄磷	34	甲烷	500	布匹	200
松节油	53	松木	250	蜡烛	190
橡胶	120	棉花	210	硫黄	255
聚乙烯	400	醋酸纤维	482	吡啶	482
聚苯乙烯	500	硝酸纤维	180	有机玻璃	260

一般来说，液体的燃点高于闪点，易燃液体的燃点比闪点高1~5℃。物质的闪点在100℃以下时，闪点和燃点差别不大，但对于液体，特别是闪点在100℃以上的，二者相差30℃以上。在没有闪点数据的情况下，也可以用着火点表征物质的火灾。

控制可燃物的温度在燃点以下是预防发生火灾的措施之一。如果两种可燃物质在相同条件下受到点火源的作用，燃点低的先着火。用冷却法灭火的原理就是将可燃物的温度降到燃点以下，迫使燃烧停止。

3. 自燃与自燃点

1）自燃与自燃点

可燃物质不需要接触点火源便能着火的自发燃烧现象，称为自燃。可燃物质发生自燃的最低温度称为自燃点。

自燃点越低，其火灾危险性越大。例如，汽油的自燃点为280℃，甲醇的自燃点为455℃，显然，汽油的火灾危险性更大。表2-4列出了部分可燃物质的自燃点。

表2-4　部分可燃物质的自燃点

物质名称	自燃点/℃	物质名称	自燃点/℃	物质名称	自燃点/℃
甲醇	455	苯	555	汽油	280
乙醇	422	甲苯	535	一氧化碳	605
丙醇	405	乙醚	170	硫化氢	260
乙酸	485	甲烷	537	二硫化碳	102
乙酸乙酯	475	乙烷	515	水煤气	550~650

可燃物质之所以会发生自燃，是因为可燃物质和空气接触都会发生缓慢的氧化反应，但速度很慢，析出的热量也很少，同时不断向四周环境散热，不能像燃烧那样发出光。如果温度升高或其他条件改变，氧化反应就会加快，析出的热量增多，来不及全部散发就积累起来，使温度逐步升高。当到达这种物质燃烧的最低温度即该物质的着火点时，就会自行燃烧起来。

根据促使可燃物质升温的来源不同，自燃可分为受热自燃和自热自燃两种。

可燃物质在外界热源的作用下温度升高达到自燃点而发生的自燃现象，称为受热自燃；可燃物质在没有外来热源的作用时，由于物质内部发生的化学、物理和生物化学作用而产生热量，逐渐积聚使物质发生燃烧的现象，称为自热自燃。

可燃物质发生自热自燃一般是由氧化热、分解热、聚合热、吸附热、发酵热引起的。

① 由于氧化热积蓄引起的自燃。油脂类、煤、金属硫化物等被氧化并产生热量从而引起自燃。如：

$$FeS_2+O_2 \longrightarrow FeS+SO_2$$
$$FeS_2+5/2O_2 \longrightarrow FeO+2SO_2$$
$$2FeO+1/2O_2 \longrightarrow Fe_2O_3$$
$$Fe_2S_3+3/2O_2 \longrightarrow Fe_2O_3+3S$$

② 由分解热引起的自燃，如硝化棉、有机过氧化物等。

③ 由聚合、发酵热引起的自燃，如活性单体在聚合时由于反应失控引起的爆聚、堆积干草的自燃等。

④ 由化学品混合接触引起的自燃，包括接触空气自燃的物质，如黄磷、磷化氢；遇水自燃的物质，如钾、钠、磷化钙、硼氢化物；相互混合而引起自燃的物质，如压缩氧、氯、过氧化钠等，遇有机物时因反应热而自燃。

自热自燃和受热自燃的本质是一样的，它们的区别在于热的来源不同，受热自燃的热来自外部加热，而自热自燃的热来自可燃物质本身的物理或化学效应。另外，受热自燃是从外部向内燃烧，而自热自燃是从可燃物的内部向外炭化、燃烧。由于可燃物质的自热自燃不需要外部的热量，所以在常温甚至低温下也可以燃烧，因此发生自热自燃的可燃物质比其他可燃物质的火灾危险性更大。

2）自燃点测定的影响因素

① 压力。压力越高，自燃点越低，如苯在1个大气压时，自燃点是680℃；在10个大气压时，自燃点为590℃。

② 浓度。当混合物的比例符合该物质氧化反应的化学计量式时，自燃点最低。

③ 容器的直径、材质以及表面的物理状态对自燃点都有影响，如汽油在铁管中测试时，自燃点为685℃；在石英管中测试时，自燃点为585℃；在铂坩埚中测试时，自燃点为390℃。

④ 挥发分。挥发分越多，自燃点越低，如木材的自燃温度是250~350℃，煤的自燃温度是400~500℃。

⑤ 固体物质的粉碎程度。粉碎程度越高，粒度越细，自燃温度越低。如硫铁矿的粒度在0.15~0.20mm时，自燃点为406℃，粒度在0.086~0.10mm时，自燃点为400℃。

⑥ 分子结构的影响。一般而言，同系物的自燃点随分子量增加而减小，如乙醇的自燃点为422℃，丙醇的自燃点为405℃；正构物自燃点小于异构物自燃点，如正丙醇的自燃点为540℃，而异丙醇的自燃点为620℃；饱和碳氢化合物的自燃点大于相应的不饱和碳氢化合物的自燃点，如乙炔的自燃点为305℃，乙烯的自燃点为425℃，乙烷的自燃点为515℃；苯系化合物的自燃点大于相同碳原子数的脂肪族碳氢化合物的自燃点，如苯、甲苯的自燃点分别高于己烷、庚烷的自燃点。

2.1.3 燃烧机理

1. 活化能理论

发生化学反应时，分子间发生相互碰撞，发生相互碰撞的这部分分子称为活化分子。活化分子的能量超出分子平均能量，超出的这部分能量称为活化能，活化分子的数量随着温度的升高而增加。

燃烧属于化学反应，当可燃物质与外部火源接触时，部分分子获得能量成为活化分子，有效碰撞次数增加而发生燃烧反应。例如，氧原子与氢反应的活化能为25.10kJ/mol，在27℃、0.1MPa时，有效碰撞仅为碰撞总数的十万分之一，不会引发燃烧反应；而当与明火接触时，活化分子增多，有效碰撞次数大大增加而发生燃烧反应。

活化能的概念可用图2-4说明，系统由状态Ⅰ变为状态Ⅱ，即由高能状态变为低能状

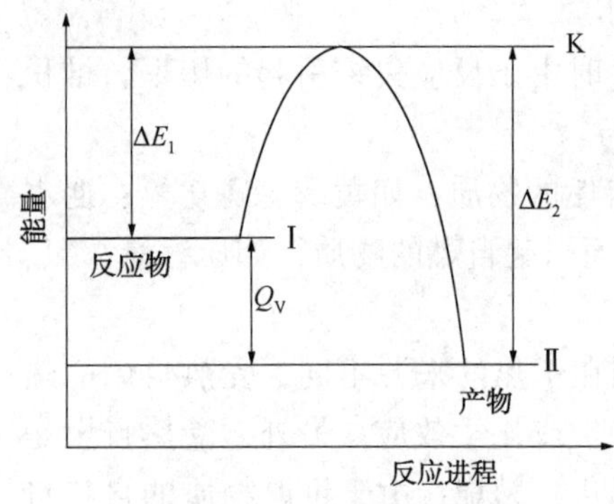

图 2-4　活化能理论示意图

态，该过程是放热过程。状态 K 的能级大小相当于使反应发生所必需的能量，故状态 K 的能级与状态 Ⅰ 的能级之差等于正向反应的活化能 ΔE_1，状态 K 与状态 Ⅱ 的能级之差等于逆向反应的活化能 ΔE_2，ΔE_1 与 ΔE_2 之差等于反应热效应 Q_V。即式(2-1)。

$$Q_V = \Delta E_2 - \Delta E_1 \tag{2-1}$$

2. 过氧化物理论

在燃烧反应中，氧分子首先在热能的作用下断开一个键，被活化为过氧结构—O—O—，然后可燃物质与过氧键结合生成过氧化物，过氧化物不稳定，在受热、摩擦、撞击等条件下，容易分解甚至燃烧或爆炸。

为了解开过氧化物理论的困惑，巴赫提出了一种新的说法，即易氧化的可燃物质具有足以破坏氧分子中单键所需的“自由能”，不是可燃物质本身而是可燃物质的自由基被氧化。这种观点就是近代关于氧化作用的连锁反应理论的基础。

3. 连锁反应理论

燃烧反应是一种化学反应，符合基本的化学规律。近代用连锁反应理论来解释燃烧机理，一切燃烧反应都是连锁反应，理论指出，气态分子间的作用，不是两个分子直接作用结合成产物，而是活化分子自由基与另一个分子产生新基，新基又参与反应，如此连续下去形成一系列的连锁反应。连锁反应分为直链反应和支链反应，一次反应只生成一个自由基的反应是直链反应，一次反应可以生成两个及以上自由基的反应是支链反应。连锁反应由三个阶段组成，即链的引发、链的传递和链的终止。连锁反应理论认为物质的燃烧经历以下过程，可燃物质或助燃物质先吸收能量而离解为自由基，后与其他分子相互作用形成一系列的连锁反应，将燃烧热释放出来。以氢气和氧气的反应举例说明。

(1) 链的引发

在某种能量的作用下使反应物分子断裂生成自由基，这种能量可以是热分解、光、氧化还原等。

$$H_2 + O_2 \longrightarrow 2HO\cdot$$

$$H_2 + M \longrightarrow 2H\cdot + M$$

(2) 链的传递

自由基与其他参与反应的化合物，产生新的自由基，从而使化学反应能够进行下去。

$$HO\cdot + H_2 \longrightarrow H\cdot + H_2O$$

$$H\cdot + O_2 \longrightarrow O\cdot + HO\cdot$$

$$O\cdot + H_2 \longrightarrow H\cdot + \cdot OH$$

$$H\cdot + O_2 + M \longrightarrow HO_2\cdot + M$$

$$HO_2\cdot + H_2 \longrightarrow H_2O + HO\cdot$$

(3) 链的终止

自由基如果与器壁碰撞，或者两个自由基复合，或者与第三个惰性分子相撞后，则失去能量而成为稳定分子，则链被终止。

$$2H\cdot \longrightarrow H_2$$
$$H\cdot + \cdot OH \longrightarrow H_2O$$
$$H\cdot + H\cdot \longrightarrow H_2$$

连锁反应的反应速度与反应物浓度、能量、传播速度、链的生成和销毁速度有关，其表达式为：

$$v=F_c/[f_s+f_c+A(1-\alpha)] \tag{2-2}$$

式中 F_c——反应物浓度函数；

f_s——链在器壁上的销毁因子；

f_c——链在气相中的销毁因子；

A——与反应物浓度有关的函数；

α——链的分支，在直链中为1，支链中大于1。

由于连锁反应理论的提出，用燃烧四面体解释燃烧现象更加科学、准确。从连锁反应角度来讲，燃烧要想发生，必须同时具备可燃物、助燃物、点火源和连锁反应自由基，自由基是燃烧的决定因素，燃烧的本质。如图2-5所示。

连锁反应理论不仅解释了燃烧现象和本质，而且为灭火提供了理论依据。连锁反应理论提出后，用燃烧四面体学说解释燃烧现象更加准确。

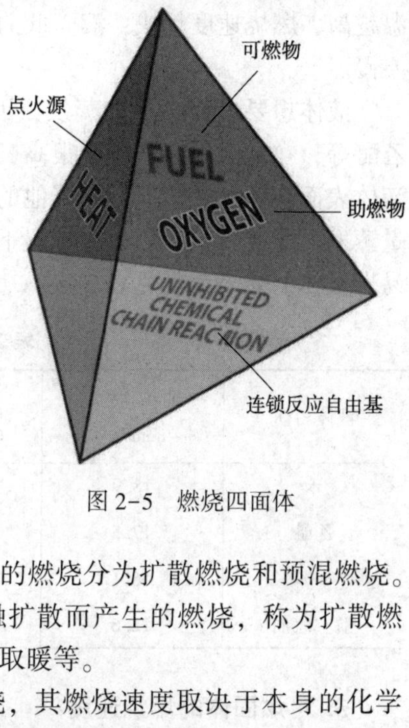

图2-5 燃烧四面体

2.1.4 燃烧速度与热值

由于物质状态的不同，燃烧过程的差异，所以物质的燃烧速度和表述也不同，由燃烧过程可知，物质的燃烧速度一般是气体大于液体大于固体。

1. 可燃气体的燃烧速度

可燃气体主要是指一氧化碳、氢气和烃类。可燃气体的燃烧分为扩散燃烧和预混燃烧。可燃气体从容器或管道中喷出，同周围的助燃剂相互接触扩散而产生的燃烧，称为扩散燃烧，其燃烧速度取决于气体的扩散速度。如用燃气做饭、取暖等。

预混燃烧是可燃气体同助燃气预先混合后进行的燃烧，其燃烧速度取决于本身的化学反应速度，例如煤气泄漏。一般来说，预混燃烧速度比扩散燃烧速度快得多。

由于气体的燃烧不需要像固体、液体那样经过熔化、蒸发等过程，所以燃烧速度很快。气体的燃烧速度随物质的组成不同而不同，简单气体燃烧如氢气只需要经过受热、氧化等过程；而复杂的气体如天然气、乙炔等则要经过受热、分解、氧化过程才能开始燃烧。因此，简单的气体比复杂的气体燃烧速度快。通常，气体的燃烧速度以火焰传播速度来衡量。

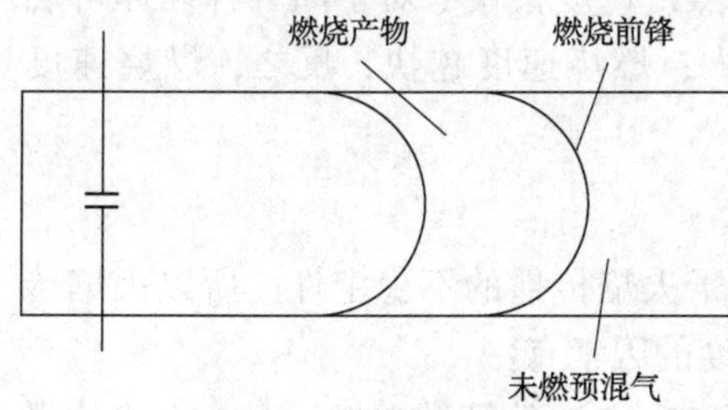

图2-6 长管中的火焰传播

火焰传播速度是指火焰前锋沿其法线方向相对于未燃可燃混合气的推进速度。火焰传播速度可用一根圆管形火焰传播测定器测定，如图2-6所示。

一根管内充满可燃混合气，另一端点燃，形成一个焰面，此焰面从一端传播到另一端，记录火焰传播的时间和距离，即可得火焰传播速度。即式(2-3)：

$$v = \mathrm{d}s/\mathrm{d}t \tag{2-3}$$

式中 v——火焰位移速度，m/s；

t——时间，s；

s——位移，m。

2. 可燃液体的燃烧速度

可燃液体的燃烧速度取决于液体的蒸发速度，其燃烧速度有两种表示方法。一种是以单位时间、单位面积烧掉液体的重量表示，称为液体燃烧的重量速度，单位 $kg/m^2 \cdot h$；另一种是以单位时间内烧掉液体层的高度表示，称为液体燃烧的直线速度，单位 cm/h。影响可燃液体燃烧速度的因素有很多，如液体的初温、液面的高低、液体中的水分含量等。初温越高，燃烧速度越快；液面低的比液面高的燃烧速度更快；含水的比不含水的燃烧速度要慢。

液体想要燃烧必须先蒸发，因此液体的燃烧速度比气体慢。对于易燃液体，如汽油、乙醚等，在常温下蒸气压就很高，所以只要有火星靠近便能着火，随后，火焰便能很快在液体表面蔓延。然而，对于其他的可燃液体，必须在火焰持续作用下，使其表面受热而大量蒸发后才能着火，因此在常温下生产、使用这类液体的厂房火灾爆炸危险性极低。几种易燃液体的燃烧速度见表 2-5。

表 2-5 几种易燃液体的燃烧速度

液体名称	直线速度/(cm/h)	重量速度/($kg/m^2 \cdot h$)	液体名称	直线速度/(cm/h)	重量速度/($kg/m^2 \cdot h$)
苯	18.9	165.37	二硫化碳	10.5	132.97
乙醚	17.5	125.84	丙酮	8.4	66.36
甲苯	16.1	138.29	甲醇	7.2	57.6
航空汽油	12.6	91.98	煤油	6.6	55.11

3. 可燃固体的燃烧速度

可燃固体的燃烧速度一般小于可燃液体，不同的固体物质其燃烧速度差别很大。如萘及其衍生物，燃烧过程是受热熔化、蒸发、汽化、分解氧化，然后才燃烧，一般速度较慢。如硝基化合物，本身含有不稳定的基团，燃烧比较剧烈、速度很快。对于同一种固体可燃物质其燃烧速度还取决于燃烧比表面积，表面积越大，燃烧速度越快，反之，燃烧速度越慢。

4. 影响火焰传播速度的因素

火焰传播速度是火焰相对于静止坐标的速度，由于火焰传播的不稳定性，所以火焰传播速度的测定易受各种因素的影响。影响火焰传播速度的因素有：

① 可燃性物质。某些气体与空气的混合物在直径 25.4mm 的管道中燃烧时，火焰传播速度的实验数据见表 2-6。

表 2-6　部分气体的火焰传播速度

气体名称	最大火焰传播速度/(m/s)	可燃气体在空中的浓度/%	气体名称	最大火焰传播速度/(m/s)	可燃气体在空中的浓度/%
氢	4.83	38.5	丁烷	0.82	3.6
一氧化碳	1.25	4.5	乙烯	1.42	7.1
甲烷	0.67	9.8	炼焦煤气	1.70	17
乙烷	0.85	6.5	焦炭发生煤气	0.73	48.5
丙烷	0.82	4.6	水煤气	3.1	4.3

② 管径。火焰传播速度一般随管径的增大而增大，但当管径达到某个极限值时，火焰速度不再增大。管径小到某一极值时，火焰不能继续传播。表 2-7 列出了管径对火焰传播速度的影响，甲烷的含量为 2.5%时，管径从 6cm 增加到 10cm，火焰传播速度一直增大，当管径大于 10cm 时，火焰传播速度减小。

表 2-7　管径对甲烷火焰传播速度的影响

管径/cm \ 甲烷/%	2.5	10	20	40	60	80
6	23.5	43.5	63	95	118	137
8	50	80	100	154	183	203
10	65	110	136	188	215	236
12	35	74	80	123	163	185
13	22	45	62	104	130	138

③ 混合物中可燃气的浓度。通常情况下，可燃气体的浓度稍大于化学计量比时，火焰传播速度出现最大值。火焰传播速度随惰性气体浓度增加而下降，直至熄灭。

④ 混合气体的初始温度。火焰传播速度随初始温度的升高而加快。

⑤ 混合气体的压力。火焰传播速度随压力的增大而减小。

5. 热值与燃烧温度

我们知道，一摩尔的物质与氧气进行完全燃烧时放出的热量，叫作物质的燃烧热，不同物质燃烧时放出的热量亦不同。例如，1mol 氢气完全燃烧时放出的热量为 285.8kJ，这些热量就是氢气的燃烧热，其反应式为：

$$H_2+1/2O_2 = H_2O \tag{2-4}$$

所谓热值，是指单位质量或单位体积的可燃物质完全燃烧时所放出的热量，通常用 Q 表示，可燃固体和液体的热值以“kJ/kg”表示，可燃气体的热值以“kJ/m^3”表示。可燃物质燃烧爆炸时所达到的最高温度、最高压力及爆炸力均与物质的热值有关。

1）液体和固态可燃物热值的计算

可燃物质如果是液体或者固体，其热值计算公式如下：

$$Q=1000\times Q_r/M \tag{2-5}$$

式中　Q_r——可燃气体的燃烧热，J/m^3；

M——液体或固体可燃物的摩尔质量，g。

2) 气态可燃物热值的计算

可燃物质如果是气态的单质或化合物，其热值计算公式如下：

$$Q=1000\times Q_r/22.4 \tag{2-6}$$

式中　Q_r——可燃气体的燃烧热，J/m^3。

如果可燃物中含有水分和氢元素，热值有高热值和低热值之分。高热值就是可燃物中的水和氢燃烧生成的水以液态存在时的热值；低热值就是可燃物中的水和氢燃烧生成的水以气态存在时的热值。在研究火灾的燃烧中，常用低热值。

可燃物质燃烧时所放出的热量，一部分被火焰辐射散失，另一部分则用于加热燃烧产物。由于可燃物质燃烧所产生的热量是在火焰燃烧区域析出的，因而物质燃烧时的火焰温度称为燃烧温度，热值是决定燃烧温度的主要因素。表 2-8 列出了部分物质的热值与燃烧温度。

表 2-8　部分物质的热值与燃烧温度

物质名称	热值		燃烧温度/℃
	$10^6/(J/kg)$	$10^6/(J/m^3)$	
甲烷	—	39.4	1800
乙烷	—	69.3	1895
乙炔	—	58.3	2127
乙醚	36.9	—	2861
二硫化碳	14.0	12.7	2195
汽油	46.9	—	1200
天然气	—	35.5~35.9	2120

物质的热值越高，其燃烧时释放的热量越多，火焰温度越高，火焰传播速率越快，其火灾危险性越大。

2.2　爆炸及其特性

2.2.1　爆炸概述

1. 爆炸的定义

物质由一种状态迅速地转变为另一种状态，并瞬间以机械功的形式放出大量能量的现象，称为爆炸。爆炸常伴随发光、发热、高压、电离等现象，并且具有很大的破坏作用。

爆炸在化工工业中，一般是以突发事件或偶发事件的形式出现的，而且往往伴随火灾发生。爆炸所形成的危害性严重，损失也较大。

爆炸与燃烧都是由可燃物、助燃物、点火源引起的，本质上都是可燃物质在空气中的氧化反应。不同的是，燃烧一定是化学反应，而爆炸是在有限空间内急剧燃烧、体积迅速膨胀产生的现象，可以是物理变化，也可以是化学变化。

2. 爆炸的破坏作用

1）冲击波的破坏作用

爆炸形成的高温、高压、高能量密度的气体产物，以极高的速度向周围膨胀，强烈压缩周围的静止空气，使压力、密度和温度突然升高，像活塞一样向前推进，产生波状气压向四周冲击。这种冲击波能造成附近建筑物的破坏，其破坏程度与冲击波的能量的大小、建筑物的坚固程度及其与产生冲击波的距离有关。

不同超压对砖墙建筑物的破坏作用如表2-9所示，当超压在30~50kPa时，就足以使建筑物受到强烈破坏；超压在76kPa以上时，就会使砖墙建筑物全部倒塌。

表2-9　不同超压对砖墙建筑物的破坏作用

超压/kPa	建筑物损坏情况	超压/kPa	建筑物损坏情况
<2	基本没破坏	30~50	门窗大部分被破坏，砖墙出现大部分裂纹
2~12	玻璃窗的部分或全部被破坏	50~76	门窗全部破坏，砖墙部分倒塌
12~30	门窗部分被破坏，砖墙出现小裂纹	>76	墙倒物塌

此外，爆炸产生的冲击波对动物造成杀伤作用，不同超压对动物的杀伤作用见表2-10。当超压在25~45kPa时，动物已经出现一个大片内脏出血，当超压大于75kPa时，动物就会死亡。由此可见，爆炸产生的冲击波对建筑物、动物乃至人类都会造成不同程度的损失。

表2-10　不同超压对动物的杀伤作用

超压/kPa	动物杀伤情况
<1	无损伤
1~25	轻伤，出现1/4的肺气肿，2~3个内脏出现血点
25~45	中伤，出现1/3的肺气肿，2~3个内脏出血，一个大片内脏出血
45~75	重伤，出现1/2个肺气肿，三个以上的内脏出血，两个大片内脏出血
>75	伤势严重，无法挽救，死亡

2）飞石和碎片的冲击

化工装置、机械设备、容器等爆炸后，变成碎片飞散出去，会在相当大的范围内造成危害。化工生产事故造成的伤亡中属于爆炸碎片造成的伤亡占很大比例，爆炸碎片的飞散距离一般可达100~500m。

3）发生二次事故

发生爆破时，如果车间、库房里存放可燃物资，会造成火灾；高空作业人员受冲击波或震荡作用，会造成高处坠落事件；粉尘作业场所轻微的爆炸冲击波会使积存在地面上的粉尘扬起，造成更大的二次事故。

3. 爆炸的分类

1）按爆炸产生的原因和性质分类

按照爆炸产生的原因和性质，可分为物理爆炸、化学爆炸、核爆炸三类，前两类比较常见。

① 物理爆炸。由物理因素如状态、温度、压力等变化引起的爆炸，称为物理爆炸，爆炸前后，物质的性质和化学成分均不变。锅炉爆炸就是典型的物理爆炸，因为锅炉的水迅速蒸发产生大量蒸汽，导致蒸汽压力不断升高，当压力超过锅炉的极限压力时，发生爆炸。压力容器、气瓶等发生的爆炸也是物理爆炸。

② 化学爆炸。物质发生激烈的化学反应，使压力急剧上升而引起的爆炸，称为化学爆炸。爆炸前后，物质的性质和成分均发生变化。根据爆炸时发生的化学变化，化学爆炸分为简单分解爆炸、复杂分解爆炸和爆炸性混合物爆炸三类。

a. 简单分解爆炸。爆炸所需的能量是由爆炸本身分解产生的，不一定发生燃烧反应，如叠氮化铅、碘化氮等。

b. 复杂分解爆炸。爆炸时伴有燃烧反应，燃烧反应所需氧是由本身分解时提供的，如炸药。

c. 爆炸性混合物爆炸。爆炸是可燃气体、蒸气、粉尘等与空气混合成一定比例、遇点火源引起的爆炸，如粉尘爆炸。

③ 核爆炸。某些物质的原子核发生裂变或聚变时，释放出巨大能量而发生爆炸。一般情况下，核爆炸的破坏力比物理爆炸、化学爆炸大得多。

2）按爆炸的瞬时燃烧速度分类

按照爆炸的瞬时燃烧速度，可分为轻爆、爆炸和爆轰三类。

① 轻爆。爆炸时的燃烧速度为每秒几米，无多大破坏力，声响也不大。

② 爆炸。爆炸时的燃烧速度为每秒几十米至数百米不等，能在爆炸点引起爆炸激增，有较大的破坏力和巨大的声响。

③ 爆轰。爆炸时的燃烧速度为1000~7000m/s，突然引起极高压力并产生超音速的“冲击波”。

3）按反应的相态分类

按反应的相态，分为气相爆炸，液相爆炸和固相爆炸。

① 气相爆炸包括可燃性气体和助燃性气体混合物的爆炸，气体的分解爆炸，液体被喷成雾状物在剧烈燃烧时引起的爆炸，飞扬、悬浮在空气中的可燃粉尘引起的爆炸等。

② 液相爆炸包括聚合物爆炸、蒸发爆炸以及由不同液体混合所引起的爆炸。

③ 固相爆炸包括一些固体炸药、金属气化而引起的爆炸。

4）按爆炸发生的场合分类

按爆炸发生的场合，可分为密闭空间内爆炸、敞开空间爆炸和半封闭空间内的爆炸。

① 爆炸发生在封闭空间内称为密闭空间的爆炸，如压力容器或管道内的爆炸、厂房内的爆炸等。

② 可燃介质在室外大气中集聚后发生的爆炸称为敞开空间爆炸，如工厂罐区内由于可燃气体泄漏形成的气云爆炸、在空间分布的聚乙烯粉体爆炸等。

③ 某些方向有约束而另外一些方向没有约束的爆炸称为半封闭空间内的爆炸，如煤矿巷道内的瓦斯爆炸等。

4. 其他常见的爆炸

在化工生产中，常见的爆炸有炸药爆炸、粉尘爆炸等。

1）炸药爆炸

炸药分子中含有不稳定的基团且本身含氧，不需要外界供氧就能爆炸。炸药爆炸属于凝聚态爆炸，反应速度极快，在万分之几秒至百分之几秒内完成爆炸，放出大量的热。爆炸时的反应热高达上万千焦，温度可达上千摄氏度并产生高压，能在瞬间由固体转变为大量的气体产物，使体积为爆炸前体积的数百至数千倍。炸药爆炸时产生的高温火焰可引燃周围可燃物而酿成火灾；爆炸产生的高温高压气体所形成的空气冲击波，可造成对周围的破坏，严重的可摧毁建筑物，甚至造成人员伤亡。

2）粉尘爆炸

粉尘爆炸是指悬浮于空气中的可燃粉尘触及外部火源时发生的爆炸。粉尘爆炸的化学反应速率极快，同时释放大量的热，形成很高的温度和压力，具有很强的破坏作用。粉尘爆炸必须具备三个条件，即粉尘本身具有爆炸性、粉尘必须悬浮在空气中并与空气混合到爆炸浓度、有足以引起粉尘爆炸的点火源。

粉尘爆炸具有以下特点：

① 连续性爆炸是粉尘爆炸的最大特点，因初始爆炸将沉积粉尘扬起，在新的空间中形成更多的爆炸性混合物而再次爆炸。

② 粉尘爆炸所需的最小能量较高，一般在几十毫焦耳以上，而且热表面点燃比较困难。

③ 与可燃气体的爆炸相比，粉尘爆炸压力上升缓慢，较高压力持续时间长，释放的能量大，破坏力强。

影响粉尘爆炸的因素有很多，例如各类可燃性粉尘因其燃烧热的高低、氧化速度的快慢、带电的难易、含挥发物质的多少而具有不同的燃爆特性。但从总体看，粉尘爆炸受以下条件约束：

① 颗粒的尺寸。颗粒越细小，其表面积越大，氧吸附也越多，在空中悬浮时间越长，爆炸危险性越大。

② 粉尘浓度。粉尘爆炸与可燃气体、蒸气一样，也有一定的浓度极限，即存在粉尘的上下限。浓度越高，燃点越低，则越容易发生爆炸。

③ 空气的含水量。空气的含水量越高，粉尘的最小引爆能量越高。

④ 含氧量。随着含氧量的增加，爆炸浓度极限范围扩大。

⑤ 可燃气体的含量。有粉尘的环境中存在可燃气体时，会大大增加粉尘爆炸的危险性。

应当注意，造成粉尘爆炸并不一定要所有场所的整个空间都形成爆炸危险浓度，一般，只要粉尘在房屋中成层地附着于墙壁、天花板、设备上就可能引起爆炸。

2.2.2　爆炸极限及其影响因素

1. 爆炸极限

可燃的气体、液体蒸气或粉尘与空气的混合物，遇火源能够发生燃烧或爆炸的浓度范围，称为爆炸极限。所需的最低浓度为爆炸下限，最高浓度为爆炸上限，爆炸极限通常用燃料的体积百分数来表示，如图 2-7 所示。

当混合物中的可燃物的含量较少，浓度小于爆炸下限时，爆炸不会发生；当混合物中可燃物太多而氧化剂太少，浓度高于爆炸上限时，爆炸亦不会发生。表 2-11 列出了一氧化碳(CO)与空气构成的混合物在火源作用下的燃爆实验情况。

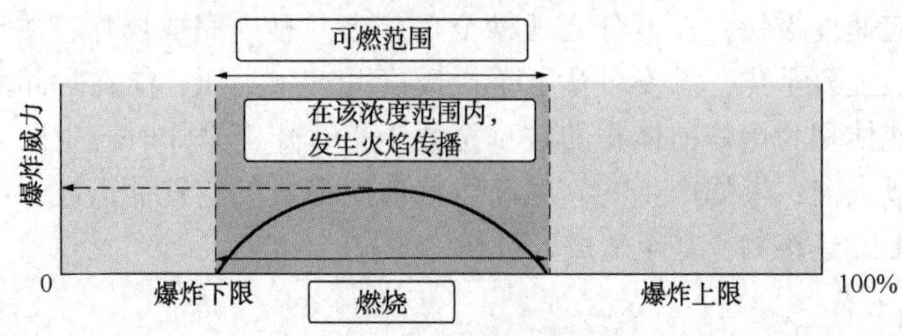

图 2-7　爆炸极限示意图

表 2-11　CO 与空气构成的混合物在火源作用下的燃爆实验情况

CO 在空气中所占体积/%	燃爆情况	CO 在空气中所占体积/%	燃爆情况
0~12.5	不燃不爆	30~74	爆炸逐渐减弱
12.5	轻度爆炸	74	轻度燃爆
12.5~30	爆炸逐渐加强	74~100	不燃不爆
30	爆炸最强		

CO 的燃爆实验情况说明发生爆炸需要一个浓度范围，只有在这个范围内才会发生爆炸，低于下限或高于上限爆炸不会发生。常见物质的爆炸极限见表 2-12。

表 2-12　常见物质的爆炸极限

物质	爆炸下限/%	爆炸上限/%
甲烷	5	15
乙烷	3	12.4
丙烷	2.1	9.5
丁烷	1.8	8.4
戊烷	1.4	7.8
氨气	15	28
乙烯	2.7	36
氢	4	75
环氧乙烷	3	100

根据爆炸极限可以判断物质的危险程度。可燃性混合物的爆炸极限范围越宽，其爆炸危险性越大，这是因为爆炸极限越宽则出现爆炸条件的机会就越多。爆炸下限越低，少量可燃物就会形成爆炸条件；爆炸上限越高，则有少量空气(氧气)进入容器中，就能与容器中的可燃混合物形成爆炸条件。在生产过程中，应根据各种可燃物所具有的爆炸极限的不同特点采取安全措施。

2. 爆炸极限的计算

1）单一组成的可燃气体

（1）闪点法

对单一组成的可燃气体，可以用闪点法计算物质的爆炸下限。如式(2-7)：

$$L_{下}=\frac{P_{下闪}}{P_{总}}\times 100\% \tag{2-7}$$

式中　$L_{下}$——可燃液体蒸气的爆炸下限；

$P_{下闪}$——闪点时的蒸气分压，Pa；

$P_{总}$——混合气的总压，Pa，常压为 1.013×10^5Pa。

（2）化学式估量

Jones 发现，许多碳氢化合物在空气中的爆炸上下限是燃料的化学计量浓度的函数，即式(2-8)、式(2-9)。

$$L_{下}=0.55\sqrt{C_0} \tag{2-8}$$

$$L_{上}=3.5\sqrt{C_0} \tag{2-9}$$

在常压和25℃下：

$$L_{上}=0.65\sqrt{L_{下}} \tag{2-10}$$

式中　C_0——混合气中氧和可燃组分的含量刚好满足计量式时的可燃组分的摩尔分数。

2）组成复杂的可燃气体爆炸极限的计算

组成复杂的可燃气体爆炸极限，可根据各组分的已知爆炸极限求得，即式(2-11)。Le Chatelier法适用于反应活性和活化能相近的各种碳氢化合物混合气爆炸极限计算。

$$L_{下}=\frac{1}{\sum\limits_{i=1}^{n}\frac{y_i}{L_{下i}}}\times 100\%,\ L_{上}=\frac{1}{\sum\limits_{i=1}^{n}\frac{y_i}{L_{上i}}}\times 100\% \tag{2-11}$$

式中　$L_{下}$，$L_{上}$——混合气的爆炸下限和上限；

$L_{下i}$，$L_{上i}$——混合气中组分 i 的爆炸下限和上限；

y_i——混合气中组分 i 的摩尔分数。

3）含有惰性气体组分的可燃混合气爆炸极限的计算

$$L'_{m}=L_{m}\times\left[\left(1+\frac{B}{1-B}\right)\times 100\Big/\left(100+L_m\times\frac{B}{1-B}\right)\right]\% \tag{2-12}$$

式中　L'_{m}——含惰性可燃混合气的 $L_{上}$ 或 $L_{下}$；

L_{m}——混合气中可燃组分的 $L_{上}$ 或 $L_{下}$；

B——惰性组分的含量。

3. 影响爆炸极限的因素

（1）初始温度

一般情况下，温度升高，可导致爆炸极限的范围扩大，使下限降低、上限提高。所以，温度升高会使爆炸的危险性增大。

(2) 初始压力

压力增加，爆炸极限范围扩大，尤其是爆炸上限，显著提高。如表2-13所示，甲烷的初始压力为0.1MPa时，爆炸上限为14.3%、爆炸下限为5.3%，当初始压力增加到1MPa时，爆炸上限变为17.2%、爆炸下限为5.9%，显然，压力增大，爆炸上限显著提高。

表2-13　初始压力对甲烷爆炸极限的影响

初始压力/MPa	爆炸下限/%	爆炸上限/%
0.1	5.3	14.3
1	5.9	17.2
5	5.4	29.4
12.5	5.7	45.7

通常情况下，初始压力增加可使爆炸范围增大。当压力下降到某一数值时，其上限和下限重合，出现一个临界值，如图2-8所示，甲烷在压力133mmHg(1mmHg=133.32Pa)时出现临界值，即上、下限重合；当压力继续下降，系统便成为不燃不爆。因此，在密闭系统内进行负压操作对安全生产最有利。

(3) 惰性气体含量

可燃混合气体中加入惰性气体，可以使混合气体中的氧含量降低，混合气爆炸上限降低。甲烷-氧-惰性气体混合气的爆炸极限如图2-9所示。

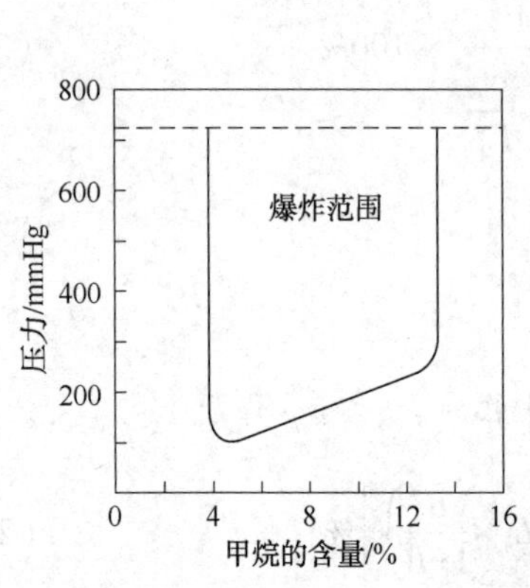

图2-8　甲烷-空气混合气的爆炸极限

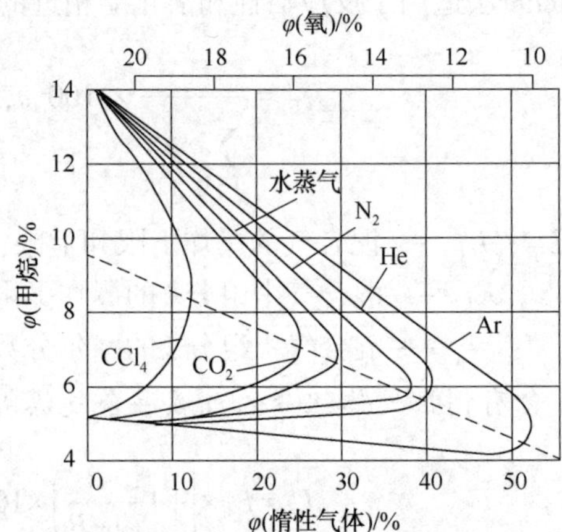

图2-9　甲烷-氧-惰性气体混合气的爆炸极限

由图2-9可知，惰性气体含量增加对甲烷爆炸上限的影响比对下限的影响大，当惰性气体含量增加到一定程度时，可以使爆炸范围为零。

(4) 氧含量

可燃气存在爆炸下限，是由于可燃物浓度太低、氧过量，所以氧含量增加对爆炸下限的影响不大；可燃气存在爆炸上限是由于氧含量不足，所以增加氧含量可使爆炸上限提高。

如甲烷在空气中爆炸极限为5.3%~14%，在纯氧气中的爆炸极限为5.1%~61%。可燃气体在空气与在氧气中的爆炸极限的范围比较见表2-14。

表2-14 可燃气体在空气与在氧气中的爆炸极限

可燃气体	空气/%	氧气/%
甲烷	5.3~14	5.1~61
乙烷	3.0~12.5	3.0~66
丙烷	2.2~9.5	~55
正丁烷	1.8~8.5	1.8~49
异丁烷	1.8~8.4	1.8~48
丁烯	2.0~9.6	3.0~
1-丁烯	1.6~9.3	1.8~58
2-丁烯	1.7~9.7	1.7~55
丙烯	2.4~10.3	2.1~53
氯乙烯	4~22	4~70
氢	4~75	4~94
一氧化碳	12.5~74	15.5~94
氨	15~28	15.5~79

（5）点火能量

混合气体浓度会影响最小点火能量，当可燃混合气的组成接近化学恰当反应比例时，所需的最小点火能量最小。

点火能量对甲烷与空气混合物爆炸极限的影响（容器 $V=7L$）见表2-15。点火能量越大，爆炸范围越宽。

表2-15 点火能量对甲烷与空气混合物爆炸极限的影响

点火能量/J	爆炸范围/%	点火能量/J	爆炸范围/%
1	4.9~13.8	100	4.25~15.1
10	4.6~14.2	10000	3.6~17.5

（6）通道的尺寸和形状

混合气在容器或管道中燃烧时，通道越窄、比表面积越大，分子和器壁碰撞从而使链终止的概率越大，通过器壁散失的热量越多。当通道尺寸小到一定程度时，火焰就会停止蔓延，燃烧停止。

在人们发现和掌握可燃物质的爆炸极限这一规律前，认为所有可燃物质都是很危险的，在认识爆炸极限规律之后，可以根据爆炸极限区分可燃物质的爆炸危险程度，从而尽可能用爆炸性小的物质代替爆炸性大的物质。此外，爆炸极限还可以作为评定和划分可燃物质危险等级的标准。在确定安全操作规程以及研究采取各种防爆技术措施时，也可以根据可燃气体或液体的爆炸危险性的不同，采取相应的有效措施，以确保安全。

4. 粉尘爆炸极限的主要影响因素

(1) 燃烧热

燃烧热高的粉尘，其爆炸下限低，爆炸威力大。

(2) 火源

粉尘爆炸下限是点火源下限参数的函数，火源的强度不同，爆炸下限亦不同。火源强度大时，爆炸下限较低，容易形成达到爆炸的浓度条件。

(3) 粒度

颗粒越细越易飞扬，粉尘粒度较细的，比表面积大，容易反应，发生爆炸时所需要的点火能小，爆炸下限也很低，爆炸危险性更大。

(4) 氧含量

粉尘与空气的混合物，气相中氧的含量增加，粉尘的爆炸下限降低，上限增大，爆炸范围扩展，容易发生爆炸。

(5) 粒子带电性

粉尘在生产过程中，由于相互碰撞，摩擦等作用，几乎总是带一定的电荷。粉尘的电荷量随着温度升高而提高，随表面积增大及气相中含水量减少而增大。越易带电荷的粉尘，越易发生燃烧、爆炸。

5. 评价气体燃爆危险性的主要技术参数

(1) 爆炸极限

可燃气体的爆炸极限是表征其爆炸危险性的主要技术参数之一，爆炸极限范围越宽，爆炸下限浓度越低，爆炸上限浓度越高，则燃烧爆炸危险性越大。

(2) 爆炸危险度

可燃气体或蒸气的爆炸危险性还可以用爆炸危险度来表示，其计算公式如式(2-13)。

$$爆炸危险度=(爆炸上限浓度-爆炸下限浓度)/爆炸下限浓度 \tag{2-13}$$

(3) 爆炸压力和爆炸威力

爆炸压力是可燃混合物爆炸时产生的压力，它是度量可燃性混合物爆炸时产生的热量用于做功的能力。

爆炸威力是反映爆炸对容器或建筑物冲击度的一个量，它与爆炸形成的最大压力有关，同时还与爆炸压力上升的速度有关。

(4) 自燃点

自燃点随压力、密度、容器直径增大而减小；在氧气中测定时，所得自燃点数值一般较低，而在空气中较高；爆炸性混合气体处于爆炸下限浓度或爆炸上限浓度时的自燃点最高，处于完全反应浓度时的自燃点最低。

6. 评价液体爆炸危险性的主要参数

(1) 饱和蒸气压

饱和蒸气是指在单位时间内从液体蒸发出来的分子数等于回到液体里的分子数的蒸气。饱和蒸气压是指饱和蒸气所具有的压力。可燃液体的蒸气压力越大，则蒸气速度越快，闪点越低，火灾爆炸危险性也就越大。

(2) 爆炸极限

可燃液体的爆炸极限可以用仪器测定，也可以通过爆炸上限计算。

(3) 闪点

可燃液体闪点越低，越容易起火燃烧，爆炸危险性越大。

2.3　防火灭火及其相关技术

2.3.1　防火的基本原理

在生产过程中，凡是超出有效范围内的燃烧统称为火灾。一个完整的火灾发展过程分为四个阶段：

① 酝酿期。此阶段没有火焰的引燃。

② 发展期。火苗蹿起，火势很快扩大。

③ 猛烈期。易燃物全面着火，火势扩大蔓延。

④ 衰灭期。灭火措施见效或易燃物燃尽，因而火势逐渐衰落，终至熄灭。

火灾现场依据物质燃烧特性，可划分为 A、B、C、D、E 五类：

A 类火灾指固体物质火灾，这种物质往往具有有机物质性质，一般在燃烧时产生灼热的余烬，如木材、煤、棉、毛、麻、纸张等火灾。

B 类火灾指液体火灾和可熔化的固体物质火灾，如汽油、煤油、柴油、原油、甲醇、乙醇、沥青、石蜡等火灾。

C 类火灾指气体火灾，如煤气、天然气、甲烷、乙烷、丙烷、氢气等火灾。

D 类火灾指金属火灾，如钾、钠、镁、铝镁合金等火灾。

E 类火灾指带电物体和精密仪器等物质的火灾。

生产过程中，对于易燃易爆的物质，在使用过程中应采取安全措施，尽量避免可燃物、助燃物、点火源同时存在。

1. 控制点火源

引起火灾爆炸的点火源主要有明火、静电、电火花、高温体、雷电等。

① 明火。化工生产中的明火主要是指加热用火、维修用火及其他火源。使用明火加热时，要与具有火灾爆炸性的装置保持一定的间距，尽量不使用明火。

加热易燃液体时，用蒸汽、热水或其他加热体代替，若必须使用明火，则要严格遵守安全作业规定；在有火灾爆炸危险的场所，必须采用防爆照明电器；在有易燃易爆物质的工艺加工区，要避免切割和焊接。

② 静电。静电放电具有隐蔽性，设备、人员均可产生静电，静电得不到有效控制可能会引起重大火灾爆炸事故。对静电火花进行防护时，可以在生产过程中加抗静电剂。

③ 电火花。电气设备在运行时都会产生火花，因此电气设备应该符合防火防爆要求。

④ 高温体。高温输送管道、加热装置应与可燃物装置保持间距，避免可燃物落于其上而着火。

⑤ 雷电。雷电是自然界中的静电现象，常见的防雷装置有避雷针、避雷网等。

图 2-10　火灾现场图

案例一　"11·15"上海静安区高层住宅大火

2010年11月15日，上海某公寓正在进行节能改造工程，在北侧外立面进行电焊作业，因电火花落在大楼电梯前室北窗9楼平台，引燃堆积在外墙的聚氨酯保温材料碎屑(如图2-10)。火势随后迅猛蔓延，因烟囱效应引发大面积立体火灾，最终造成58人死亡、71人受伤的严重后果，建筑物过火面积12000m²，直接经济损失1.58亿元。

造成该起事故的直接原因是施工人员违规在10层电梯前室北窗外进行电焊作业，电焊溅落的金属熔融物引燃下方9层位置脚手架防护平台上堆积的聚氨酯保温材料碎块、碎屑引发火灾。这场事故中，引起火灾的点火源主要是电火花，因此，在易燃物周围要严格控制点火源，避免火灾事故的发生。

2. 控制可燃物

1）控制可燃物

控制可燃物就是使可燃物达不到燃烧爆炸所需的数量或浓度，从而消除发生燃爆的物质基础。

2）用不燃或难燃物取代可燃物

如烷的氯代物 CCl_4 是不燃的，可替代汽油作为有机溶剂，但要注意毒性，控制用量；选用沸点较高的溶剂，因为当溶剂沸点在110℃以上时，在18~20℃时使用一般不易形成爆炸浓度。

3）使用惰性气体保护

将惰性气体加入易燃混合物使氧含量低于最小氧气浓度称为惰性化，在易燃物质中混入惰性气体如氮气，可以有效防止燃爆。常用的惰性气体有氮气、氩气。

4）加强通风排气

通风类型按作用范围可分为局部通风和全面通风，按照动力分为自然通风和机械通风。通风时应注意，对有火灾爆炸危险厂房，通风气体不能循环使用；温度高于80℃，通风设备应用不燃烧和不产生火花的材料；设备的一切排气管(放气管)都应伸出屋外，高出附近屋顶，排气不应造成负压，也不应堵塞；对局部通风，应该注意气体的密度。

3. 控制助燃物

控制助燃物，就是使可燃性气体、液体、固体、粉体物料不与空气、氧气或其他氧化剂接触，或者将它们隔离开来，即使有点火源作用，也因为没有助燃物的存在而不致发生燃烧爆炸事故。

4. 控制工艺参数

化工生产过程中的工艺参数主要包括温度、压力、流量、配料等，调节不当都有可能发生事故。

1）温度控制

温度过高反应剧烈，温度过低则不能反应或堵塞管道。

① 及时传热。吸热反应要从外界获得热量，放热反应要及时移走热量。如苯的硝化，温度过高时硝酸分解成二氧化氮，遇可燃物则燃烧；丙烯在聚合过程中是放热反应，若冷却不良，就会引起飞温，导致爆炸。

② 防止搅拌中断。搅拌与传质传热均有关，中断会导致局部高温或反应过激。

③ 正确选用传热材质。常用的热导体有水蒸气、热水、过热水等，要根据反应物的性质合理选用，避免选择容易与反应物料相作用的物质作为传热介质，如不能用水来加热或冷却 Na，因为水会与 Na 发生反应。

2）控制投料速度和物料比

投料速度是由反应速度、工艺参数和装置能力决定的，当进料比失调时，反应进入爆炸区。

2.3.2 灭火方法及灭火设备

1. 灭火方法

灭火的四种方法，是针对可燃物、阻燃物、点火源、连锁反应自由基分别进行控制的方法。

1）隔离法

将着火区与其周围的可燃物隔离，中断可燃物的供给，避免火势蔓延。如把火源附近的可燃、助燃物质搬走，减少和阻止可燃物质进入燃烧区，设法阻拦流散的易燃、可燃液体，拆除与火源相毗邻的易燃建筑物，形成防止火势蔓延的空间地带。

2）冷却法

将灭火剂直接喷射到燃烧的物体上，使其温度降到燃点以下，燃烧停止。也可以将灭火剂喷洒在火源附近的可燃物上，使其温度降至燃点以下，防止形成新的火点。

常用水和二氧化碳作为灭火剂，灭火剂在灭火过程中不参与燃烧过程的化学反应，属于物理方法。

3）窒息法

阻止空气流入燃烧区，或用惰性气体稀释空气，使燃烧物得不到足够的助燃物而熄灭，具体方法有：用不燃或难燃物质覆盖燃烧物；喷洒灭火剂覆盖燃烧物；用水蒸气或氮气、二氧化碳等惰性气体灌注发生火灾的容器、设备；密闭起火建筑、设备和孔洞等。

4）化学中断法

喷入灭火剂消除连锁反应自由基，从而使燃烧反应不能传递下去。这种灭火方法的灭火剂参与到燃烧反应中去，属于化学方法。采用这种方法可使用的灭火剂有干粉和 1211、1301 等卤代烷灭火剂。

2. 灭火剂的分类及应用

1）水与水蒸气

水是最常用的灭火剂，对火源有稀释、冷却和冲击作用，可用于扑救大面积火灾。1kg

水的温度升高1℃需要4.18kJ的热量，其汽化潜热为2.26×10^6J/kg。水蒸气还可使火场氧含量减少，以阻止燃烧，空气中水蒸气的浓度不低于35%时，可有效地灭火。但是遇到遇水燃烧物品如钠、钾、电石等，储存硝酸、硫酸、盐酸区域着火，未切断电源的电气火灾，高温化工设备，密度比水小的易燃液体不能用水扑救。

2）泡沫灭火剂

泡沫灭火剂是由起泡剂、泡沫稳定剂、降黏剂、抗冻剂、防腐蚀剂及大量水组成，它主要是在液体表面形成凝聚的泡沫漂浮层，起到窒息和冷却作用，主要用于扑救液体火灾，分为化学泡沫灭火剂和空气泡沫灭火剂两类。

3）惰性气体灭火剂

惰性气体灭火剂的灭火原理主要是利用惰性气体来稀释燃烧反应区的氧气浓度，使燃烧因缺氧而熄灭。主要用于易燃液体、可燃液体和一般固体物质火灾，扑救电气、精密仪器及贵重生产设备的火灾。但是，不能扑救钾、钠、镁、铝等金属火灾和自身给氧燃烧物质(如硝化纤维)。

4）干粉灭火剂

干粉灭火剂是一种干燥且易于流动的粉末，其成分主要是碳酸氢钠及少量防潮剂等。在灭火时会产生水蒸气、CO_2，吸收大量的热，起到冷却和稀释作用。

干粉灭火剂一般用于扑救可燃气体及电气设备的火灾，对于一般固体的火灾也很有效。特别注意的是干粉灭火剂不能与泡沫灭火剂并用。

根据火灾的类别和现场情况，选用适当的灭火剂，以达到最好的灭火效果。表2-16列出了一些常用灭火剂的适用类型。

表2-16　常用灭火剂的适用类型

灭火剂		火灾种类				
		木材等一般火灾	易燃液体火灾		电气火灾	金属火灾
			非水溶性	水溶性		
水	直流	适用	不适用	不适用	不适用	
	喷雾	适用	一般不用	适用	一般不用	
泡沫	化学泡沫	适用	适用	不适用	不适用	
	蛋白泡沫	适用	适用	不适用	不适用	
	氟蛋白泡沫	适用	适用	不适用	不适用	
	水成膜泡沫	适用	适用	不适用	不适用	
	抗溶性泡沫	适用	一般不用	适用	不适用	
	高倍数泡沫	适用	适用	不适用	不适用	
	合成泡沫	适用	适用	不适用	不适用	
卤代烷烃	1211	一般不用	适用	适用	不适用	
	1301	一般不用	适用	适用	不适用	
	CCl_4	一般不用	适用	适用	不适用	

续表

灭火剂	火灾种类				
	木材等一般火灾	易燃液体火灾		电气火灾	金属火灾
		非水溶性	水溶性		
不燃气体	二氧化碳	一般不用	适用	适用	不适用
	氮气	一般不用	适用	适用	不适用
干粉	钠盐干粉	一般不用	适用	适用	不适用
	磷酸盐干粉	适用	适用	适用	不适用
	金属用干粉	不适用	不适用	不适用	适用

3. 灭火器的分类及应用

灭火器是扑灭初期火灾的有效器材，分为手提式和推车式。常见的有泡沫灭火器、二氧化碳灭火器、干粉灭火器、1211灭火器。

1）泡沫灭火器

泡沫灭火器的灭火原理是灭火时能喷射出大量二氧化碳及泡沫，它们能黏附在可燃物上，使可燃物与空气隔绝，达到灭火的目的。

泡沫灭火器可用来扑灭木材、棉布等固体物质燃烧引起的失火；最适宜扑救汽油、柴油等液体火灾；不能扑救水溶性可燃、易燃液体的火灾（如醇、酯、醚、酮等物质）和带电火灾。

2）二氧化碳灭火器

二氧化碳灭火剂是通过窒息作用和部分冷却作用灭火。二氧化碳具有较高的密度，约为空气的1.5倍。在常压下，液态的二氧化碳会立即汽化，一般1kg的液态二氧化碳可产生约0.5m^3的气体。因而，灭火时，二氧化碳气体可以排除空气而包围在燃烧物体的表面或分布于较密闭的空间中，降低可燃物周围或防护空间内的氧浓度，产生窒息作用而灭火。另外，二氧化碳从储存容器中喷出时，会由液体迅速汽化成气体，而从周围吸收部分热量，起到冷却的作用。

二氧化碳灭火器主要用于扑救贵重设备、档案资料、仪器仪表、600V以下电气设备及油类的初起火灾。

3）干粉灭火器

干粉灭火器主要通过在加压气体作用下喷出的粉雾与火焰接触、混合时发生的物理、化学作用灭火。除扑救金属火灾的专用干粉化学灭火剂外，干粉灭火剂一般分为BC干粉灭火剂和ABC干粉灭火剂两大类，如碳酸氢钠干粉、钾盐干粉、磷酸二氢铵干粉等。

干粉灭火器的使用范围广，一般的火灾都较为适用，也可以用来扑灭石油、有机溶剂、可燃气体等燃烧引起的失火，比较廉价的电气设备的火灾初期也可以用其扑救。

4）1211灭火器

1211灭火器利用装在筒内的氮气压力将1211灭火剂喷射出灭火。

1211灭火器主要适用于扑救易燃、可燃液体、气体、金属及带电设备的初起火灾；扑救精密仪器、仪表、贵重的物资、珍贵文物、图书档案等初起火灾；扑救飞机、船舶、车辆、油库、宾馆等场所固体物质的表面初起火灾。

表 2-17 列出了常见灭火器的类型及性能和使用。

表 2-17 常见灭火器的类型及性能和使用

类型	泡沫灭火器	干粉灭火器	二氧化碳灭火器	1211 灭火器
规格	10L 65~130L	8kg 50kg	<2kg 2~3kg 5~7kg	1kg 2kg 3kg
药剂	碳酸氢钠、发泡剂、硫酸铝溶液	钾盐或钠盐干粉	液体二氧化碳	二氟一氯一溴甲烷、压缩氮气
用途	扑救固体物质或其他易燃液体	扑救石油、石油产品、油漆、有机溶剂、天然气设备火灾	甲类物质的火灾	扑救油类、电气设备、化工纤维原料
性能	10L 喷射时间 60s，射程 8m；65~130L 喷射时间 170s，射程 13.5m	8kg 喷射时间 14~18s，射程 4.5m；50kg 喷射时间 50~55s，射程 6~8m	二氧化碳的射程较近，应接近着火点，保持 3m 以内的距离	1kg 喷射时间 6~8s，射程 2~3m；2kg 喷射时间≥8s，射程≥3.5m；3kg 有效喷射时间≥8s，射程≥4.0m
使用方法	倒置稍加摇动，打开开关，药剂即可喷出	提起圈环，药剂即可喷出	一手拿喇叭，一手打开开关即可	拔出铅封或横销，用力压下压把即可
保养及检查	放在方便处，注意使用期限，防止喷嘴堵塞，冬季防冻，夏季防晒。每年检查一次，泡沫低于四倍时应换药	放在干燥通风处，防潮防湿。每年检查一次气压，质量减少 1/10 时充气	每月测量一次，当质量小于原质量的 1/10 时充气	置于干燥处，勿碰撞，每年检查一次质量

扑救 A 类火灾可选择泡沫灭火器、1211 灭火器；扑救 B 类火灾可选择泡沫灭火器、干粉灭火器、1211 灭火器、二氧化碳灭火器；扑救 C 类火灾可选择干粉灭火器、二氧化碳灭火器等；扑救 D 类火灾可选择专用干粉灭火器，也可用干砂或铸铁屑末代替；扑救 E 类火灾可选择干粉灭火器、二氧化碳灭火器等。

相对于扑灭同一火灾而言，不同灭火器的灭火有效程度有很大差异；二氧化碳和泡沫灭火剂用量较大，灭火时间较长；干粉灭火剂用量较少，灭火时间很短；卤代烷灭火剂用量适中，时间稍长于干粉灭火剂。配置时可根据场所的重要性、对灭火速度要求的高低等方面综合考虑。

2.4 防爆及其相关技术

2.4.1 防爆的基本原理

据统计，化工行业中，80%以上的车间是爆炸性环境。形成爆炸性环境的条件有以下三点：

① 有可燃物质，包括可燃气体、蒸气或粉尘等。

② 可燃物质与空气或氧气混合，形成爆炸性物质，且浓度在爆炸范围内。

③ 有足够的点火源，如火花、高温、静电放电等。

防止爆炸事故的发生，就要避免爆炸的三个条件同时存在，这也是防爆的基本原理。由于空气(氧气)无处不在，很难控制，因此，防止爆炸事故的发生，首先，防止爆炸混合物的形成，设法使混合气的浓度低于爆炸下限；其次，严格控制点火源，易燃易爆物质周围禁止明火；安装泄压装置和防爆装置，切断爆炸的传播途径，即：

1）防止形成爆炸性混合物

（1）控制可燃物和助燃物

在工业生产中不用或少用易燃易爆物质。当然，这只有在工艺上可行的条件下进行，如通过工艺或生产设备的改革，使用不燃溶剂或火灾爆炸危险性较小的难燃溶剂代替易燃溶剂。通常，沸点较高的物质不易形成爆炸浓度，如沸点在110℃以上的液体，在常温下通常不易形成爆炸浓度。

（2）加强通风排气

化工生产中，可能会有可燃性物质泄漏，为了使可燃物的浓度不超过最高容许浓度，可以通风排气降低可燃物的含量。若泄漏物质仅为易燃易爆物质，容许浓度一般低于爆炸下限的1/4，若泄漏物质既是易燃易爆物质又具有毒性，容许浓度只能从毒性的最高容许浓度来决定。

（3）加强密闭

为了防止形成爆炸性混合物，生产设备和容器尽可能密闭，特别是压力设备，应该定期检查密闭性和耐压程度；对于真空设备，应防止空气流入设备内部达到爆炸极限；对于危险设备尽量少用法兰连接；输送危险气体、液体的管道应采用无缝钢管，盛装腐蚀介质的容器，底部尽可能不装开关和阀门；若设备本身不能密封，可采用液封等操作，防止可燃性气体进入厂房；对于容易漏油、漏气的部位应经常检查，设备在运转过程中也应检查气密性，同时，严格控制操作压力。

（4）通入惰性介质

向可燃物与空气的混合物中通入惰性化物质，使混合物中的氧浓度低于爆炸下限，避免发生爆炸。

2）控制点火源

化工生产中，存在许多引起火灾爆炸事故的点火源，如明火、高温、电气火花等，在有火灾爆炸危险的场所，要严格控制点火源。

3）控制工艺参数

① 采用火灾爆炸危险性低的物质和工艺。如用不燃或难燃物料代替可燃物、降低操作温度、压力等。

② 控制工艺投料量。严格按照物料比和投料顺序投料，防止反应失控；减少爆炸性物质在现场的存放量，对于反应放热的工艺，投料速度要适当，以免温度剧增引起爆炸。

③ 控制温度。温度过高会引起剧烈的反应而发生爆炸，正确控制反应温度是防爆所进行的必要控制。

④ 防止物料漏失。物料的跑、冒、滴、漏都有可能造成爆炸事故发生。

4）隔离储存

易燃易爆物质等危险化学品要严格遵守危险化学品的储存原则，储存不当，往往会造成重大事故。如氯酸盐与可燃金属相混时，能使金属燃烧或爆炸。

5）监控报警

安装信号报警器、安全联锁装置等，在出现危险时能及时发出信号，以便及时采取措施。

2.4.2 易燃易爆物质的储存和运输

易燃易爆物质的储存方式，根据物质的理化性质和储存量的大小分为整装储存和散装储存。对量比较小的一般宜装于小型容器或包件中储存，称为整装储存，如袋装、桶装、钢瓶、玻璃瓶装的物品；对储存量特别大的一般采用散装储存，如石油、煤气等。无论何种储存方式都有潜在的火灾危险性。

1. 易燃易爆物质的储存

1）压缩气体和液化气体的储存安全要求

压缩气体和液化气体不得与其他物质共同储存；不得与助燃气体、剧毒气体共同储存；不得与腐蚀性物质混合储存。

2）易燃液体储存的安全要求

易燃液体应储存于通风阴凉处，并与明火保持一定的距离，在一定区域内严禁烟火；盛装易燃液体的容器应保留不少于5%容积的空隙，夏季不可曝晒；易燃液体的储罐在安置时宜选择地势较低的地带，以防止储罐发生火灾时由于液体流淌而发生大范围火灾；罐与罐之间也要保留一定的防火间距，防止或减少油罐着火时的辐射热对邻罐产生影响；此外，闪点低于23℃的易燃液体，仓库温度一般不超过30℃，在气温大于30℃时要采取降温措施；储罐的四周应设置防火堤。

3）易燃固体的储存安全要求

易燃固体应密封堆放；储存易燃固体的仓库要求阴凉、干燥，要有隔热措施，忌阳光照射；易燃固体中氧化剂与还原剂应分开储存。有很多易燃固体有毒，故储存中应注意防毒。

4）爆炸性物质的储存安全要求

爆炸性物质必须存放在专用仓库内；一切爆炸性物质不得与酸、碱、盐类以及某些金属、氧化剂等同库储存；为了通风、装卸和便于出入检查，爆炸性物质堆放时，堆垛不应过高过密；爆炸性物资仓库的温度、湿度应加强控制和调节。

5）易燃易爆物质的仓库建设要求

易燃易爆化学品的仓库应建在城、镇边缘地带，且符合城镇的总体规划要求；仓库在布置时，要综合考虑四周的防火间距，在仓库四周建造耐火不燃的实体围墙，并与仓库区内的建筑物保持不小于5m的防火间距。

易燃易爆物质的储存要把安全放在首位，科学管理，确保其储存安全，严格按照表2-18的规定分类储存。

表 2-18 易燃易爆物质的储存原则

物质类别	储存原则	备注
爆炸性物质，如叠氮化铅、三硝基甲苯等	不得和其他物品同储，必须单独存放	
易燃和可燃液体，如汽油、石油醚、甲苯等	不得和其他物质同储	若数量很少，允许与固体易燃物质隔开后共存
易燃固体，如赛璐珞、赤磷、硫黄、三硝基苯酚等	不得和其他物质同储	赛璐珞必须单独存放
遇水或空气能自燃的物质，如钾、钠、铝粉、黄磷等	不得和其他物质同储	钾、钠需浸入煤油中，黄磷必须浸入水中
助燃气体，如氧气、氯等	除不燃气体和有毒物质外，不得和其他物质同储	氯有毒
可燃气体如氢、乙烯、硫化氢等	除不燃气体外，不得和其他物质同储	

除此之外、炸药不得与起爆器材、爆炸性药品同储，遇水易燃易爆的物质不能露天储存，一切爆炸性物质不得与酸碱盐及某些金属、氧化剂类同库储存。

案例二 危险化学品违规存放引发的爆炸火灾事故

2013 年 4 月，美国某化肥厂发生爆炸，造成 15 人死亡，260 人受伤，150 多座建筑受损。爆炸产生巨大的冲击波，波及方圆 80km，爆炸的强度相当于 2.1 级地震。该化肥厂在事故发生时约存有 240t 硝酸铵和 50t 无水氨，危险品储量超过政府规定上报最低限量的 1350 倍，却没有按照要求向美国国土安全部上报。

该事故发生的直接原因是违规大量储存危险化学品，存储间熔化的硝酸铵受热分解产生氧化气体，与浓烟混合，形成爆炸蒸气云后发生爆炸。因此，在储存易燃易爆物质时，要小于国家规定的最大储存量，防止过量储存引起事故。

案例三 危险品仓库发生二次连续爆炸事故

2015 年 8 月 12 日，天津某公司危险品仓库发生重大爆炸事故。23 时 34 分 06 秒发生第一次爆炸，相当于 15t TNT，发生爆炸的是集装箱内的易燃易爆物品，现场火光冲天，在强烈爆炸声后，高数十米的灰白色蘑菇云瞬间腾起，随后爆炸点上空被火光染红，现场附近火焰四溅。23 时 34 分 37 秒，发生第二次更剧烈的爆炸，相当于 430t TNT，在多个邻近城市均有震感。本次事故中爆炸总能量约为 450t TNT 当量，造成 165 人遇难、8 人失踪、798 人受伤，304 幢建筑物、12428 辆商品汽车、7533 个集装箱受损，直接经济损失 68.66 亿元。

事故直接原因是该公司危险品仓库运抵区南侧集装箱内硝化棉由于湿润剂散失出现局部干燥，在高温(天气)等因素的作用下加速分解放热，积热自燃，引起相邻集装箱内的硝化棉和其他危险化学品长时间大面积燃烧，导致堆放于运抵区的硝酸铵等危险化学品发生爆炸。图 2-11 是事故现场被爆炸力炸出的巨大深坑。

因此，在储存危险化学品时，要全面了解化学品的性质，掌握储存原则，尽量减少或

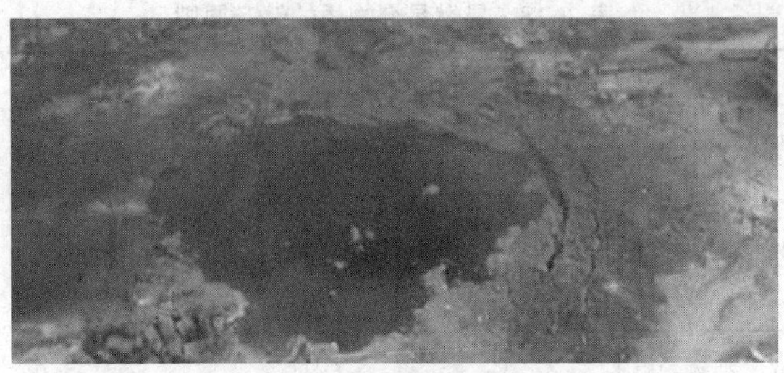

图 2-11　事故现场被爆炸力炸出的巨大深坑

避免安全事故发生。

2. 易燃易爆物质的运输

易燃易爆物质在运输中发生事故比较常见，全面了解易燃易爆物质的安全运输，掌握有关化学品的安全运输规定，对降低运输事故具有重要意义。化学危险品的运输应遵照《危险货物运输规则》，凡是出厂的易燃易爆有毒等物品，应在包装好的物品上清晰印贴专用包装标志。

1）公路运输

汽车装运化学危险物品时，应悬挂运送危险货物的标志。在行驶、停车时要与其他车辆、高压线、人口稠密区、高大建筑物和重点文物保护区保持一定的安全距离、按当地公安机关指定的路线和规定时间行驶。

案例四　违法超运偶氮二异庚腈引起的燃烧爆炸事故

2011 年 7 月，某大型卧铺客车在京珠高速公路河南信阳境内发生重大卧铺客车燃烧事故，在沿途多地装卸货物、上下人员，在山东邹平境内开始超员。此外，该客车违法装运大量危险化学品偶氮二异庚腈，造成 41 人死亡、6 人受伤，直接经济损伤 2342.06 万元。图 2-12 为爆炸事故现场。

图 2-12　爆炸事故现场

造成该起事故的直接原因是该客车违规运输 15 箱 300kg 危险化学品偶氮二异庚腈，并堆放在客舱，在挤压、摩擦、发动机放热等因素下受热分解并发生燃烧爆炸事故。

2）铁路运输

铁路是运输化工原料和产品的主要工具，通常对易燃、可燃液体采用槽车运输，装运其他危险货物使用专用危险品货车。

危险化学品的铁路运输，必须严格执行《危险货物运输规则》《铁路危险货物运输规则》的有关规定。

3）水路运输

船舶在装运易燃易爆物品时应悬挂危险货物标志，严禁在船上动用明火，燃煤拖轮应装设火星熄灭器，且拖船尾至驳船首的安全距离不应小于50m。对闪点较低的易燃液体，在装卸时也有相关要求。

4）管道运输

高压天然气、液化石油气、石油原油、汽油或其他燃料油一般采用管道输送。为保证安全输送，在管线上应安装多功能的安全设施，如有自动报警和关闭功能的火焰检测器、自动灭火系统以及闭路电视，远程监视管道运行状况。

此外，易燃易爆物品的装卸要有专门人员，应按照装运物质的性质，佩戴相应的防护用具；装卸时必须轻装、轻卸，严禁摔拖、重压和摩擦，不得损毁包装容器，并注意标志，堆放稳妥；运输爆炸、剧毒和放射性物品，应指派专人押运，押运人员不得少于2人。

2.5　特殊设备防火防爆技术

2.5.1　压力管道

压力管道是指利用一定压力，输送各种气体或液体的设备。压力管道是一个系统，相互关联、相互影响，牵一发而动全身。在化工生产中，压力管道同化工设备一样，是化工生产装置中不可或缺的一部分。由于管道系统节点多，火灾爆炸事故发生频率高，一旦管道破裂，火灾爆炸事故就容易沿着管道系统扩展蔓延，使事故迅速扩大。预防和控制压力管道火灾爆炸事故的发生，是现在化工安全生产的一项重要工作。

压力管道发生火灾爆炸事故的原因有：

① 管道泄漏。石油化工管道大多运输易燃易爆物品，管道泄漏极易引起燃爆事故。管道泄漏的因素有很多，比如，管道质量不达标，承受压力过大，压力表、安全阀失灵等。

② 管道内形成爆炸性混合物。在停车检修和开车时，管内气体未置换彻底，空气混入管中，形成爆炸性混合物，遇点火源引起爆炸。

③ 管道内超压爆炸。开车中操作失误导致冷却介质供应不足，致使系统超温、超压引发事故；运输物质的管道内发生聚合或分解反应，导致压力异常；还可能是因为管道发生堵塞，导致压力急剧增大，引发爆炸。

④ 材料存在缺陷。弯管加工时所采用的方法与管道材料不符或加工条件不适宜，使管壁厚薄不均；管道在焊接时，出现裂纹、错位等情况；管道在安装时，误用碳钢管代替原设计的合金钢管，使管道的机械强度降低，从而导致管道在运行中发生燃爆事故。

因此，要采取预防措施减少或者避免压力管道火灾爆炸事故的发生。

① 严格选材。选择压力管道时，根据所需运输物质的性质、输送过程中的温度、压力、流量等因素，合理选择管道，不可随意选用或代用。严格进行材料缺陷的非破坏性检查，特别是高压管道，发现有缺陷材料不得投入使用。对管道的焊缝进行外观检查和无损检验，确保焊接质量。

② 在停车检修和开车时，应按规定进行管道置换吹扫工作，检查合格后，方可动火；发现可燃气体倒流入蒸汽管道时，应立即提高蒸汽压力或拆开蒸汽管道上的法兰分段吹扫。

③ 严禁将易形成爆炸性混合气体的氢气与煤气混烧，如工艺需要必须采用此办法时，要有极严格的安全措施。

④ 采取防腐措施，根据运输物质的性质，选择耐腐蚀材料。定期检查管道的腐蚀情况，特别是埋在地下的管道，按照实际情况进行修复和更换。

⑤ 加强防火管理。严禁管道周围堆放易燃易爆物质，严格执行动火作业的规章制度。

⑥ 设置防火防爆安全装置。在容易发生超压爆炸的管道上设置安全阀等防爆泄压装置，在容易着火的管道上设置阻火器或防火阀。在高压和低压系统之间的接点处和容易发生倒流的管道上需设置止回阀和切断阀。在泵和阀门的进口装设管道过滤器防止杂质或夹杂物造成事故。具有着火爆炸危险的输送管道应配备惰性介质管线保护，可燃气体的尾气排放管线应用氮气封或设置阻火器等防止火势蔓延的装置。火灾危险性较大的密集管网系统可设置可燃气体浓度检测报警装置以及时发现火险隐患，可设置水喷淋等灭火设施以便及时扑救初始火灾。

案例五 “11·22”青岛输油管道爆炸事件

2013 年 11 月 22 日，位于山东省的东黄输油管道泄漏原油进入市政排水暗渠，在密闭空间的暗渠内油气积聚遇火花发生爆炸(如图 2-13)，造成 62 人死亡，136 人受伤，直接经济损失 75172 万元。

图 2-13 事故现场

造成该事故的直接原因是输油管道与排水暗渠交汇处管道腐蚀减薄、管道破裂、原油泄漏，流入排水暗渠及反冲到路面。原油泄漏后，现场处置人员采用液压破碎锤在暗渠盖板上打孔破碎，产生撞击火花，引发暗渠内油气爆炸。

石油管道内的介质腐蚀物长时间在高温高压下，导致管道泄漏的事件非常普遍，如果泄漏不能被及时阻止、修复，不仅浪费能源，恶化环境，还会迫使停产或引发火灾、爆炸等灾难性事故。

2.5.2 压力容器

压力容器是指承载一定压力的密闭设备，在化工企业中大量使用，由于介质的腐蚀性、反应条件的苛刻等问题，总会出现一些损坏，造成不必要的损失。在压力容器的使用过程中，如果发生破裂，导致压力瞬间降至外界大气压，就有可能发生爆炸事故。压力容器爆炸分为物理性爆炸和化学性爆炸两种。

当向压力容器充装工作介质或在容器内进行化学反应、热交换等工艺时，工作介质受到容器筒体的约束，即向筒体施加作用力，当作用力不超过筒体的作用应力范围时，压力容器可以正常工作。但当压力容器由于各种原因发生破裂时，容器内的高压气体打破器壁的限制，在极短的时间内迅速膨胀，并以高速释放内部能量，这是一种物理性爆炸。如果工作介质为可燃性气体的压力容器发生破裂，可燃气体大量泄出，并迅速与空气混合。当混合比达到一定的浓度时，便形成可爆性混合气体。由于气体高速流出而产生的静电或碎片撞击而产生的火花，为爆炸提供了条件。于是，在容器破裂后，很快又发生了化学性爆炸，通常被称为二次爆炸。

这两次爆炸往往是相继发生的，中间的间隔时间极短，两次爆炸都要释放能量，第二次化学性爆炸的能量常常要比第一次爆炸气体膨胀的能量大很多。压力容器易燃介质燃烧可以引起爆炸或爆震，可以在压力容器内部或外部空间进行。易燃介质的燃烧反应以极高的速度进行，并有局部超压的冲击波通过管道或设备，称为爆震。爆震与爆炸的区别在于爆震是以超音速传播并造成定向的冲击波，它的峰值压力有时比爆炸形成的冲击波峰压大约 20 倍。

压力容器发生火灾爆炸事故的原因有以下几个方面。

① 压力容器破裂。压力容器在工作压力下破裂，可能是因为在工作压力下器壁的平均应力超过了材料的强度极限或是脆性破裂、疲劳破裂和应力腐蚀断裂；也可能是因为容器内部压力超过工作压力导致容器破裂发生爆炸。

② 安全附件失灵，如压力表失效，无法及时监测压力容器内部的压力，一旦操作压力超出安全范围，很可能发生安全事故。

③ 气瓶错装错用。盛装于气瓶中的气体种类很多，而各种气体的性能不一样，两种混装就可能发生爆炸，如氢气和氧气。这类事故多数是因为气瓶上没有标志。

④ 压力容器存在缺陷，如质量问题、焊缝裂纹、腐蚀严重等。

⑤ 化学反应失控。容器内发生不正常的化学反应，气体体积增大或温度剧增导致压力迅速升高，如硝化、磺化等反应都会放出大量的热，温度没有得到及时冷却，热量积聚致使反应速度加快，压力升高，当压力超过容器的耐压时发生爆炸。

压力容器的爆炸事故是猝不及防的，且多为恶性事故，设备损坏、房屋坍塌乃至人员伤亡都是在一瞬间发生和结束的，其危害性相当大。因此，为避免压力容器发生事故，可以采取以下预防措施。

① 在设计上，应该采用合理的结构，避免使用有缺陷的材料，提高焊接质量，加强检验，及时发现缺陷并采取措施。

② 严格按照投料顺序进行，不得随意更改物料组成，监测反应器内的温度和压力，使反应正常进行。

③ 防止超压。由于种种原因，压力容器在运行中常有超压的可能，为防止事故发生，压力容器应该按其工作性质和容器类别分别安装压力表、安全阀、爆破片等。

④ 及时清理设备内的结焦、污垢等，保证设备传热良好，防止管道阻塞引起压力容器的压力升高，清理出的污物必须送到安全地点处理。

⑤ 反应容器的夹套和冷却系统的水位略低于容器内的液位和液压，防止水漏入反应容

器引发爆炸。

2.5.3 工业锅炉

锅炉是利用燃烧热把水加热或变成蒸汽的热力设备，是一个复杂的组合体。它由三个主要部分组成："锅"和"炉"以及保证"锅"和"炉"正常运行所必需的安全附件，锅是装水的容器，炉是燃料燃烧的地方。在化工企业中使用的锅炉大多是中、大容量的，若发生爆炸，极具杀伤力和破坏力，可把整个锅炉、容器或碎片以很高的速度抛出，并产生冲击波，直接破坏周围的设备和建筑，造成人身伤亡事故。因此，使用锅炉必须加强防火防爆管理。

1. 工业锅炉常见的事故

① 锅炉内缺水使锅筒或炉管过热强度降低，锅筒或炉管破裂，炉内的水或蒸汽迅速喷出形成爆炸。

② 锅炉内缺水，锅筒或炉管过热以至于被烧红，突然加水，形成大量蒸汽，使锅筒或炉管强度降低而破裂，炉内的蒸汽或水迅速喷出形成爆炸。

③ 炉管内水垢增厚，炉管过热强度降低，炉管破裂，炉内的蒸汽或水迅速喷出形成爆炸。

④ 超压爆炸，锅炉的主要承压部件承受的压力超过额定压力导致爆炸。

⑤ 炉膛爆炸，发生炉膛爆炸有三个条件，一是燃料以气态形式积存在炉膛里；二是燃料和空气的混合物达到燃爆的浓度；三是有足够的点火源。发生炉膛爆炸的原因主要是缺乏可靠的点火装置和熄火保护装置，锅炉在运行过程中操作人员操作不当从而发生爆炸。

⑥ 燃烧异常，主要表现在烟道尾部发生二次燃烧和烟气爆炸，导致烟道尾部的受热面受到损坏，从而影响安全运行。

⑦ 锅炉质量有缺陷，锅炉承受的压力并未超过额定压力，但因为部分部件被腐蚀、发生变形等原因，承压能力下降，发生爆炸。

2. 锅炉事故的预防措施

① 严密监视水位，定期校对水位计和水位警报器；若严重缺水，严禁向锅炉内给水；同时，严格监视给水压力和给水流量，使给水流量与蒸汽流量相适应；出现假水位时，及时调整，避免严重缺水或满水。

② 按照规定对锅炉中的水进行化验和检测，锅炉水质必须达到国家标准，水质不合格时要及时对离子交换器进行冲洗处理，定期排污，保证水质合格。

③ 锅炉的使用压力必须小于或等于额定压力，使用压力上限值在压力表上做出明显标识，日常运行时不超过使用压力上限。

④ 在点火前分析炉膛内可燃物的含量，在含量低于爆炸下限时，才可点火；升压过程缓慢进行，防止热应力和热膨胀造成破坏；升压过程中监视仪表指示的变化，及时调整参数。

⑤ 对能直接反应炉内燃烧变化的一些参数加强监视；合理调整二次风挡板的开度，保持炉膛温度；定期清理烟道内的积灰或油垢；保持防爆门良好。

参 考 文 献

[1] 刘景良．化工安全技术与环保[M]．北京：化学工业出版社，2012：37-66.

[2] 姜迪宁．防火防爆工程学[M]．北京：化学工业出版社，2015：132-137.
[3] 黄郑华，李建华．生产工艺防火[M]．北京：化学工业出版社，2015：42-68.
[4] 刘彦伟，朱兆华．化工安全技术[M]．北京：化学工业出版社，2012：36-51.
[5] 陈长宏，吴恭平．压力容器安全与管理[M]．北京：化学工业出版社，2016：154-162.
[6] 智恒平．化工安全与环保[M]．北京：化学工业出版社，2016：20-36.
[7] 温路新，李大成，刘军海．化工安全与环保[M]．北京：科学出版社，2020：160-177.
[8] 王升文，沈发治．化工安全管理与应用[M]．北京：化学工业出版社，2019：51-69.
[9] 高庆坤，丁立波．锅炉运行及事故处理[M]．北京：化学工业出版社，2013：305-312.

课 后 题

一、选择题

1. 下列选项中，不属于燃烧的必要条件的是(　　)。

A. 可燃物

B. 助燃物

C. 热传导

D. 点火源

2. 闪点是判断液体火灾危险性大小以及对可燃性液体进行分类的主要依据。下列选项中，火灾危险性最大的是(　　)。

A. 松节油，闪点为35℃

B. 甲醇，闪点为11℃

C. 苯，闪点为14℃

D. 乙醚，闪点为-45℃

3. 根据火灾分类(GB/T 4968—2008)的规定，气体火灾是(　　)类火灾。

A. A

B. C

C. B

D. D

4. 下列是B类火灾的是(　　)。

A. 固体物质火灾

B. 气体物质火灾

C. 液体物质火灾

D. 金属火灾

5. 泡沫灭火器的灭火原理为(　　)。

A. 冷却作用

B. 窒息作用

C. 隔离

D. 化学中断

6. 可燃物质的自燃点越高，发生火灾爆炸的危险性(　　)。

A. 越小

B. 无关

C. 越大

D. 无规律

7. 可燃粉尘的粒径越小，发生爆炸的危险性(　　)。

A. 越小

B. 无关

C. 越大

D. 无规律

8. 化工原料电石或乙炔着火时，严禁用(　　)灭火。

A. 干粉

B. 干沙

C. 四氯化碳

D. 二氧化碳

9. 可燃物质的爆炸下限越小，其爆炸危险性越大，是因为(　　)。

A. 爆炸极限越宽

B. 爆炸上限越高

C. 可燃物稍有泄漏就有爆炸危险

D. 少量空气进入容器就有爆炸危险

10. 化工厂的防爆车间采取通风良好的防爆措施，其目的是(　　)。

A. 消除氧化剂

B. 控制可燃物

C. 降低车间温度

D. 冷却加热设备

11. 关于爆炸极限下列说法错误的是(　　)。

A. 爆炸极限是评定可燃气体火灾危险性大小的依据

B. 爆炸范围越大，下限越低，火灾危险性就越大

C. 根据爆炸极限可以确定建筑物耐火等级、面积、层数

D. 生产、储存爆炸下限大于10%的可燃气体的工业场所，应选用隔爆型防爆电气设备

二、判断题

1. 如果燃料、氧化剂和点火源同时存在，肯定会发生燃烧现象。(　　)

2. 燃气燃烧反应符合基本的化学反应定律，近代用连锁反应理论来解释燃烧机理。(　　)

3. 发生闪燃的原因是液体蒸发速度大于燃烧速度。(　　)

4. 物质的饱和蒸气压越大，其闪点越高。(　　)

5. 通常气体的预混燃烧速度要比扩散燃烧速度快得多。(　　)

6. 通常情况下，初始压力增加可使爆炸范围降低。(　　)

7. 可燃混合气体中加入惰性气体，可以使混合气中的氧含量降低，导致混合气爆炸上限降低。(　　)

8. 混合气体的浓度会影响最小点火能量，当可燃混合气的组成接近化学恰当反应的比例时，所需的最小点火能最大。(　　)

三、计算题

1. 已知乙醇在闪点时的蒸气分压为25.08mmHg(1mmHg = 133.32Pa)，求乙醇的爆炸下限。

2. 计算丁烷在空气中的爆炸极限。

第3章　化工工艺热风险及评估

本章主要介绍化工过程涉及的物质本身及产品生产过程中可能产生的热风险所造成的危害，通过对典型事例的分析与热风险的评估，提出一些相应的应对措施，以尽可能减少由于操作问题或者反应失控导致的严重事故而产生的人力及物力损失。

20世纪70年代以来，化工行业已经发展成为我国经济的支柱产业，在我国经济构成中占有很大比重。不断更新发展的技术必然要求所用设备有着日新月异的革新，所涉及的化学物质种类和数量也会不断增加。然而，化工行业在带来巨大利益的同时也对人类社会和环境带来一些威胁。化工过程使用的设备与涉及的工艺种类往往纷繁复杂，可能会存在各种各样的风险。对于一种工艺路线，我们必须进行多方面的考虑：不仅要考虑原材料与产品自身风险，包括毒性、爆炸性、腐蚀性等；还需要考虑在石油化工、精细化工等行业产品生产时的工艺会涉及一些危险化学物质反应所采用的温度、压力等条件。一旦生产过程中某些环节发生故障或反应失控，会引发严重事故，对财产、生命和环境造成不可挽回的损失。

近年来，我国化工产品的工艺技术研发和生产路线已逐步完善，但在风险评估方面还有一定欠缺之处。很多国内企业只是注重企业的经济效益，而忽略了正确合理地评估化工过程产生的热风险所带来的危害。因此，为了促进我国化工行业健康迅速地发展，要从本质上解决产品生产路线当中的反应风险问题，研发出适用于企业的风险评估方法，建立完善的风险分析及评估模式。正确地识别工艺过程热风险才能建立有效的控制措施，将研发结果融入工艺路线的设计当中，才能解决好该行业的安全问题。防患未然，降低化工工艺中可能出现的安全隐患，才能保证处理安全问题不仅仅是一种被动模式，而是能从根源上避免严重事故的发生。

化工行业的生产过程中风险因素可以说是无处不在，细微的问题也可能导致严重的后果。总的来说，化工及石油化工等行业的风险可以从两个角度分析，一个角度是化工原材料方面，即储存、使用、废弃材料处理等可能产生的风险，这些要从物质以及反应本身出发，去制定合理的生产工艺；另一个角度是工艺过程会产生的风险，即工艺设计、操作控制、风险预案的制定等产生的风险，这就不可避免地需要找到适宜的风险识别及应对措施管理方法。精细化工与石油化工等行业产品生产的主要风险来自工艺过程中的热风险，生产过程涉及的化学反应大多数是有机化学反应，反应期间会放出大量热量。如果在反应中没有处理好反应所需的温度条件或者在反应后没有合理地移走不需要的热量，那么就会导致在化学反应过程中整个体系热量积聚，造成反应失控或者产生冷却失效的情形。在几乎绝热的情况下，巨大的热量无法转移就会导致体系温度迅速升高，如果达到反应物质的沸点或者分解温度就会使物质发生进一步的反应。上述的结果轻则使产品达不到工艺的生产需求，重则进一步放出大量热量或者产生大量气体，最终导致剧烈的反应发生，甚至会引起爆炸，造成不可逆转的后果。因此，规避化工生产风险的关键举措便是开展必要的风险研究，制定合理的风险应对措施，对化学反应的热风险进行分析和评估。

3.1 热风险的理论基础

3.1.1 热能及比热容

1. 热能介绍

化工过程中涉及的反应大多数是放热的，这意味着在反应过程中释放了热能(Thermal Energy)，如果没有合理地转移或者二次利用释放的热能，可能会导致严重的后果。有机化学反应都不可避免地会放出热量或者吸收热量，根据反应体系的特点转移过多热量对整个工艺过程顺利运转至关重要。

国内外屡屡发生的化工安全事故，让化工安全问题受到人们的关注，其中很多事故都是与热能释放相关的。无化学变化的过程，化学能无变化，而热能的变化就是内能的变化，表现为温度的升降；有化学变化的过程，热能的变化对应于总的分子动能的变化加上总的分子势能变化的一部分，其变化程度相较于无化学变化的反应更剧烈一些。化工过程所要应对的化学反应几乎都是强放热反应，并且很多强放热反应都是在非均相体系中完成的，如硝化反应、水解反应、氧化反应等。这些典型的化学反应都会产生一定的热风险，对整个化工生产造成了很大的威胁。因此，了解化学反应中的热能产生及变化对于热风险的评估有很重要的意义。

在化学反应中，化学能与热能的互相转变往往会伴随热量的转移。针对这一方向，我们便可以通过以下手段来分析热能的变化进而评估热风险：

① 采用差示扫描量热仪器(DSC)来定量分析反应涉及的原料以及产品的热相关性质，包括放热特性以及热分解温度等参数，如果工艺温度与物质的分解温度接近，必须采用等温差示扫描量热，以得到近似绝热的条件下，该反应的最大分解速率达到时间以及过程中的热量；

② 可以利用反应量热仪器(RC1)确定反应的放热情况，最佳效果是找到并控制反应的最低放热温度，使得反应条件较为温和，便于控制；

③ 一些测试如爆炸性测试，包括固体粉尘和可燃液体等测试，结合参与反应物质的化学结构、温度与反应速率的关系来进行爆炸性研究；

④ 通过绝热温升确定达到最大反应速率的时间。

以上列举都是与化学反应中热能有关的测量措施，后文会对相关内容进行具体介绍。通过对热能采用完整的分析与评估手段来确定反应的热风险，才可以进一步优化工艺路线，扩大生产规模。

2. 比热容

根据定义，系统的热容(Heat Capacity)是指在不发生相变化和化学变化的前提下，系统与环境所交换的热与由此引起的温度变化之比。系统与环境交换热的多少应与物质种类、状态、物质的量和交换的方式有关。因此，系统的热容值受上述各因素的影响。另外，温度变化范围也将影响热容值，即使温度变化范围相同，系统所处的始、末状态不同，系统与环境所交换的热值也不相同。所以，由某一温度变化范围内测得的热交换值计算出的热容值，只能是一个平均值，称为平均热容。即式(3-1)：

$$C_{平均}=\frac{Q}{\Delta T} \tag{3-1}$$

式中　Q——吸收(或放出)的热量，J；

ΔT——吸热(或放热)后温度的变化量，K。

但是当系统的温度变化时，平均热容就很难反映系统的真实状态。为此提出了热容的概念，其定义式为

$$C=\frac{\delta Q}{\mathrm{d}T} \tag{3-2}$$

热容的单位为J/K，是系统的广度性质。1mol 物质的热容称为摩尔热容，以 C_m 表示，单位为J/(mol·K)，$C=nC_m$；单位质量(以 m 表示)的物质在压力不变的条件下改变单位温度时所吸收或释放的能量称为定压比热容(Specific Heat Capacity)，常用符号 C_p 表示，单位为kJ/(kg·K)。

$$C_p=\frac{Q}{m\Delta T} \tag{3-3}$$

表3-1列举了一些常见物质的定压比热容 C_p 值。

表3-1　常见物质定压比热容 C_p 值

物质	C_p/[kJ/(kg·K)]	物质	C_p/[kJ/(kg·K)]
水	4.186	丙酮	2.18
甲醇	2.51	甘油	2.43
95%乙醇	2.51	乙酸	2.00
90%乙醇	2.72	90%硫酸	1.47
甲苯	1.76	氢氧化钠	3.27
苯	1.72	氯化钠	3.29

水在不同温度条件下的定压比热容 C_p 值如表3-2所示。

表3-2　水在不同温度条件下的定压比热容 C_p 值

温度 T/℃	C_p/[kJ/(kg·K)]	温度 T/℃	C_p/[kJ/(kg·K)]
0	4.212	120	4.250
20	4.183	140	4.287
40	4.174	160	4.346
60	4.178	180	4.417
80	4.195	200	4.505
100	4.220	300	5.730

由表3-1可知，水具有相对较高的定压比热容，约为4.2kJ/(kg·K)，而大多数无机与有机化合物的热容较低，范围为1~3kJ/(kg·K)。通过表3-2可以看出，比热容通常和

温度相关，且随着温度升高而增加。我们通常用维里方程来描述不同温度下的定压比热容变化，如式(3-4)。

$$C_p = a+bT+cT^2+dT^3 \tag{3-4}$$

式中涉及的参数 a，b，c，d 是物质热容随温度变化的拟合参数，对于一定的物质来说均为常数，相关的化工手册可以查得这些参数。为了得到准确的结果，当反应的温度在更大的范围内变化时，应该考虑这个函数变化，但大多数物质在不同温度下的比热容值变化不大。然而，在冷凝相中，热容随温度的变化很小。此外，如果要评估严重度，比热容应近似于较低的值。因此，可以忽略温度的影响，通常使用在较低的工艺温度下确定的热容来计算绝热温升。

另外，混合物的定压比热容可以通过测试得到，也可以根据混合规则通过不同的化合物的定压比热容估算得到，估算公式如下：

$$C_p = \frac{\sum_i m_i C_{pi}}{\sum_i m_i} \tag{3-5}$$

式中 m_i——混合物中某一组分 i 的质量，kg；

C_{pi}——混合物中某一组分 i 的定压比热容，kJ/(kg·K)。

在工程应用上还会用到定容比热容 C_v 和饱和状态比热容。定容比热容 C_v：单位质量的物质在容积(体积)不变的条件下，温度升高或下降1℃或1K吸收或放出的能量；饱和状态比热容：单位质量的物质在某饱和状态时，温度升高或下降1℃或1K所吸收或放出的热量。

3.1.2 绝热温升

绝热温升是指在绝热条件下的放热反应中，反应物完全转化时所放出的热量可以使物料升高的温度，用 ΔT_{ad} 表示。当一个反应系统不能与周围环境交换能量时，就以绝热条件为主。在这种情况下，反应释放的能量全部被用来提高系统的温度。因此，温升与释放的能量成正比。对大多数反应来说，能量的数量级往往难以衡量。因此，绝热温升是评估失控反应严重程度的一种更方便的方法，也是更常用的标准。下面介绍绝热系统的几种近似情况：

① 只有物料的情形，如大量细锯木屑受潮堆积，包括物料量远大于壳体包装的情形；

② 物料+散热能力很差的壳体形成的绝热系统，包括物料量远大于壳体包装的情形；

③ 物料+冷却加套，当冷却失效时，由开放体系变成绝热体系的情形；

④ 反应过程中热生成速度远远大于散热速度的情形。

化工反应中多为釜式容器，反应的情形几乎可以达到上述情况。因此，要有针对绝热系统温度控制的合理措施。系统的绝热温升可以依据反应热由下式计算得到：

$$\Delta T_{ad} = \frac{\Delta H_m}{mC_p} \tag{3-6}$$

式中 ΔT_{ad}——反应绝热温升，K；

ΔH_m——反应热(焓变)，kJ/mol；

m——参与反应的物料质量，kg；

C_p——物料的定压比热容，kJ/(kg·K)。

当反应体系处于近似绝热的情况下，体系内部的热量无法与外界进行交换，所以对于放热反应，巨大的热量无法及时排出会导致体系温度迅速升高。该式表示的绝热温升对解释量热结果有很重要的意义。当使用量热实验的结果来评估不同的工艺条件时，必须考虑绝热温升这一因素。绝热温升越高，如果冷却系统出现故障，最终温度就会越高。一旦化学反应出现失控，放热反应放出的热量就会导致很严重的后果。因此，可以通过绝热温升来间接衡量一个放热反应失控后所产生破坏的严重程度。

绝热温升是评估化工反应热风险的重要手段，是热风险的关键数据，它关系到化学反应的进展程度，对于整个化学工艺的运转都十分关键。由于工艺设计的不合理、原料问题、温控不当等导致化学反应发生失控，使得体系温度超出设定的常规反应温度，此时温度为工艺温度与绝热温升的加和。如果体系进入温度升高与放热加快的恶性循环中，进而可能会使反应发生二次分解，产生大量气体，最终引发爆炸等事故。通过对绝热温升的估算，根据边界条件得到试样分解的最高温度(绝热温度 T_f)与绝热温升 ΔT_{ad}。如果工艺合成的温度低于反应物的分解温度，那么整个体系会平稳运行，达到预期目的，可以预测风险较小；反之则会导致温度与压力升高，产生的风险会很大。

3.1.3 化学反应热

化工过程涉及的化学反应多数为放热反应，因此，我们讨论的反应热也是针对放热反应而言，这就意味着如果没有正确处理好热量的转移，可能会使反应失去控制。首先提出能量的相关内容：能量单位，焦耳(J)与其他单位的换算关系如下：

① $1J=1N\cdot m=1W\cdot s=1(kg\cdot m^2)/s^2$；

② 1J=0.239cal 或 1cal=4.184J。

随化学反应的进行而放出或吸收的热量称为化学反应热，简称反应热(Reaction Heat)，它通过体系中各物质的焓值变化(以 $\Delta_r H$ 表示)来表征伴随化学反应产生的能量变化。化学反应热有很多形式，比如反应生成热、反应中和热等。对于石油化工与精细化工等行业所涉及的大多数化学反应，反应过程中伴随着热量产生，化学反应中一般用反应焓($\Delta_r H$)或者摩尔反应焓($\Delta_r H_m$)来描述反应热。反应热除与反应本身有关外，还与化学反应发生的条件和反应方程的配平系数有关，所以具体的反应热数据很难从相关手册中查询得到，人们往往是通过反应物与生成物在反应前后的焓值变化来间接表示反应热。物理化学中规定在标准态(100kPa)下，各物质按化学计量方程式进行 1mol 反应的反应热为标准摩尔反应热，记作 $\Delta_r H_m^{\ominus}$，单位为 J/mol 或者 kJ/mol，此时所说的 1mol 即为反应进度 1mol。

同时规定，系统与环境因温度不同而交换的能量称为热，以符号 Q 表示，且热的计量以环境为准：若系统从环境吸热，$Q>0$；若系统向环境放热，则 $Q<0$。和功一样，热也不是状态函数，而是途径函数。对于放热反应体系对应的反应热 $\Delta_r H_m$ 应为负值，吸热反应体系的反应热 $\Delta_r H_m$ 应为正值。表 3-3 列举了一些典型化学反应的焓值。

表 3-3 典型化学反应的焓值

反应类型	$\Delta_r H_m$/(kJ/mol)	反应类型	$\Delta_r H_m$/(kJ/mol)
中和反应(HCl)	-55	聚合反应(苯乙烯)	-60
重氮化反应	-65	加氢反应(烯烃)	-200
磺化反应	-150	硝化反应	-130

对于表 3-3 内的反应热，可以采用测试设备测量而得，也可以利用已有的数据通过热力学函数计算而得，通常有以下几种方法：

(1) 通过实验手段测试反应热

反应热可以采用实验室的高精度测量设备去测得。举例说明，比如可以采用实验室全自动反应量热仪(RC1)测试反应热，通过反应量热实验，记录好完整的放热速率，绘制放热速率曲线并利用软件进行积分，便可以得到反应热数据。

(2) 通过已有的热力学数据进行计算

根据盖斯定律，化学反应热只取决于参与反应的物质的始态与终态，与过程经历的途径无关。因此，反应热可以通过热数据的加和去求得。根据盖斯定律，即一个化学反应不管是一步完成还是分为几步完成，其反应热均是相同的。也就是说，只要确定反应始末态的焓值就可以计算出整个反应的反应热。利用标准摩尔生成热和标准摩尔燃烧热可计算标准摩尔反应热。在各种手册中可以查到的通常是 298.15K 即 25℃下的数据，如要计算其他温度下的反应热，可以根据基希霍夫公式求得。

(3) 通过键能计算反应热

化学反应的本质可以看成化学键的断裂与生成，旧键的断裂与新键的生成必然会伴随着热量的变化。人们通常把拆开某化学键所需要的能量看成该化学键的键能，以 1mol 物质所需的能量为单位。键能通常以符号 E 表示，单位为 kJ/mol，当已知反应物与生成物的平均键能时，可以通过产物与反应物的键能差值来估算反应热的大小，如式(3-7)：

$$\Delta_r H_m = \sum E(\text{反应物}) - \sum E(\text{生成物}) \tag{3-7}$$

(4) 通过绝热温升 ΔT_{ad} 计算反应热

绝热温升与反应热有一定关系，如式(3-6)即说明了反应热与绝热温升可以通过比热容以及质量互相计算。

对于化工过程中的大多数放热反应，反应热的处理与安全问题有很大的关系。因此，能否做好反应热数据的测试，对于化工热风险的评估具有关键意义。

3.1.4 化学反应速率与温度的关系

在考虑化工工艺热风险安全问题时，掌握反应过程的关键在于控制反应速率，而反应速率是失控反应的驱动力。这是因为一个反应的热释放速率与反应速率成正比。因此，反应动力学在反应体系的热行为中起着重要的作用。本节重点讨论反应速率与温度为指数关系的情况，这类反应是我们常见的化学反应类型，也表现出显著的危险性，各方面理论也最为成熟，所以我们在进行反应失控研究时，均以指数关系的放热速率为基准进行研究。为了避免化工失控反应的发生，我们需要控制适宜的温度来保证反应有最佳的反应速率，因为反应速率越快，反应过程中放热速率也就越快，失控的可能性也就越大。

化工行业中很多反应情况都以间歇或者半间歇反应为主，均属于液相均相反应。因此，先介绍均相反应动力学的反应速率问题。均相反应的化学反应速率是指单位时间与体积下反应物某一组分的消耗量或者生成物某一组分的生成量，其表达式如下：

$$r_i = \pm \frac{\mathrm{d}n_i}{V\mathrm{d}t} \tag{3-8}$$

式中 r_i——组分 i 的反应速率，mol/(L·s)；

n_i——组分 i 的物质的量，mol；

V——反应体积，L；

t——反应时间，s。

需要注意的是，对于特定反应，反应速率是唯一确定的，与组分选择无关。为保证速率为正值，而反应物总在消耗，故反应式右端取"-"；产物则在增加，故取"+"。

对于一个单一反应 A ⟶B，A 和 B 组分的反应速率可分别表示为：

$$r_A=-\frac{dn_A}{Vdt},\ r_B=\frac{dn_B}{Vdt} \tag{3-9}$$

在恒容情况下，上式可变为：

$$r_A=-\frac{dc_A}{dt} \tag{3-10}$$

在变容情况下，反应物与生成物的体积变化均会引起组分浓度的变化。

在均相体系中，很多因素如反应组分的浓度、温度、压力、催化剂等都会影响化学反应速率，在压力与催化剂等其他因素一定的情况下，反应速率即为温度与浓度的函数，即：

$$r=f(c,\ T) \tag{3-11}$$

对大多数反应来说，人们对反应机理并没有明确的认知，仍然以实验为基础来确定速率方程。通常温度一定，反应速率常数为一定值，与浓度无关。由此可知，同一温度下比较几个反应的 k 值可以大概知道反应能力的大小，也容易控制反应速率。采用分离变量的方法去处理温度和反应物浓度对反应速率的影响，对于反应级数为 n 的单一反应，速率方程为：

$$r_A=-\frac{dc_A}{dt}=kc_A^n=kc_{A0}^n(1-X_A)^n \tag{3-12}$$

式中 k——速率常数，$mol^{(1-n)}/[L^{(1-n)}\cdot s]$；

c_A——组分 A 的浓度，mol/L；

c_{A0}——组分 A 的初始浓度，mol/L；

X_A——组分 A 的转化率；

n——反应级数。

该式表明，由于 n 为正值，所以反应速率随着转化率的升高而降低，由阿伦尼乌斯(Arrhenius)方程可以得到温度与反应速率的关系，即 k 与温度变化有关：

$$k=A\exp\left(-\frac{E_a}{RT}\right) \tag{3-13}$$

式中 A——指前因子，单位同速率常数 k；

E_a——活化能，J/mol；

R——摩尔气体常数，8.314J/(mol·K)。

另外，范特霍夫(Van't Hoff)规则也可以作为温度对反应速率影响的粗略近似，即对于均相热化学反应，反应温度每升高 10K，其反应速率常数变为原来的 2~4 倍，在缺少数据时进行估计也是有益的。大多数化学反应的反应速率随温度升高而增加，忽略温度对浓度的影响，因此反应速率随温度的变化体现在反应速率常数随温度的变化上。利用绝热温升方程(式中左边为放热速度，右边包含温度变化)：

$$-Q\frac{\mathrm{d}c}{\mathrm{d}t}=C_{\mathrm{p}}\frac{\mathrm{d}T}{\mathrm{d}t} \tag{3-14}$$

式中 Q——吸收(或放出)的热量，J；

c——物料浓度，mol/L；

t——反应时间，s；

C_{p}——物料的比热容，kJ/(kg·K)；

T——反应温度，K。

与阿伦尼乌斯速度方程结合：

$$\frac{\mathrm{d}c}{\mathrm{d}t}=-Ac^{n}\exp\left(-\frac{E_{\mathrm{a}}}{RT}\right) \tag{3-15}$$

式中 A——指前因子，单位同速率常数 k；

n——反应级数；

E_{a}——活化能，J/mol；

R——摩尔气体常数，8.314J/(mol·K)；

T——反应温度 K。

即可得到温度随时间的变化率：

$$\frac{\mathrm{d}T}{\mathrm{d}t}=\frac{Q}{C_{\mathrm{p}}}Ac^{n}\exp\left(-\frac{E_{\mathrm{a}}}{RT}\right) \tag{3-16}$$

出于安全考虑，工艺中温度随时间 t 的变化率最为重要，故把上式中 $\mathrm{d}T/\mathrm{d}t$ 同初始参数联系起来，而将其中 Q/C_{p} 视作常数，并根据边界条件有下式成立：

$t=0$ 时 $c=c_0$，$T=T_0$；

$t=\infty$ 时 $c=0$，$T=T_{\mathrm{f}}$。

因此，对式(3-14)进行积分得：

$$\frac{Q}{C_{\mathrm{p}}}\int_{c_0}^{0}\mathrm{d}c=-\int_{T_0}^{T_{\mathrm{f}}}\mathrm{d}T \tag{3-17}$$

故 Q/C_{p} 可化简为：

$$\frac{Q}{C_{\mathrm{p}}}=\frac{T_{\mathrm{f}}-T_0}{c_0}=\frac{\Delta T}{c_0} \tag{3-18}$$

因为反应中反应物浓度是与反应温度相关的，同时用于升高反应温度的热只能来自物质的反应热，所以推导得到未反应的浓度 c 同反应温度 T 有以下关系：

$$c=\frac{T_{\mathrm{f}}-T}{\Delta T}c_0 \tag{3-19}$$

式中 T_{f}——绝热温度，K；

ΔT——绝热温升，K；

c_0——物料初始浓度，mol/L。

将上式与温度随时间的变化率关系式联立可得绝热系统温升速率方程，该方程更细致地描述了反应速率、浓度与温度的关系，对于热风险的分析十分重要。

$$\frac{\mathrm{d}T}{\mathrm{d}t}=A\left(\frac{T_{\mathrm{f}}-T}{\Delta T}\right)^{n}\Delta Tc_0^{(n-1)}\exp\left(-\frac{E_{\mathrm{a}}}{RT}\right) \tag{3-20}$$

设 $T=T_0$时放热的温升速率为 m_0，则由式(3-20)可得：

$$m_0=A\Delta Tc_0^{(n-1)}\exp\left(-\frac{E_a}{RT_0}\right) \tag{3-21}$$

式中　T_0——反应初始温度，K。

于是温度为 T 时的自放热温升速率 m：

$$m=\frac{dT}{dt}=m_0\exp\left[\frac{E_a}{R}\left(\frac{1}{T_0}-\frac{1}{T}\right)\right]\left(\frac{T_f-T}{\Delta T}\right)^n \tag{3-22}$$

由此便可引出最大反应速率到达时间(T_{MR})：试样或物料到达最大反应速度的时刻 t_m 与在某一温度下的时刻 t 之差(θ)，相当于绝热系统的等待时间或诱导期，是热危险性评价中的一个非常重要的参数。可用下式表示：

$$\theta=t_m-t=\int_t^{t_m}dt \tag{3-23}$$

$$\theta=\int_t^{t_m}dt=\int_T^{T_m}\frac{dT}{A\left(\frac{T_f-T}{\Delta T}\right)^n\Delta Tc_0{}^{(n-1)}\exp\left(-\frac{E_a}{RT}\right)} \tag{3-24}$$

式中　T_m——物料到达最大反应速率时系统的温度，K。

此式可由数值积分计算，在一定的假设条件下，可以得到解析解：

$$\theta=\frac{RT^2}{mE_a}-\frac{RT_m^2}{m_mE_a} \tag{3-25}$$

式中　m_m——物料到达最大反应速率时系统的自放热温升速率，K/s。

通常忽略第二项，于是有：

$$\theta=\frac{RT^2}{mE_a} \tag{3-26}$$

$$又\ m=\frac{dT}{dt}=\frac{Q}{C_p}Ac^n\exp\left(-\frac{E_a}{RT}\right)=\frac{Q}{C_p}K,\ K=Ac^n\exp\left(-\frac{E_a}{RT}\right) \tag{3-27}$$

式中　K——绝热条件下反应温度为 T 时系统对应的反应速度，mol/(L·s)。

最大反应速度达到时间即简化为：

$$T_{MR}=\theta=\frac{C_pRT^2}{QKE_a} \tag{3-28}$$

前述理论是认为来自反应试样(物料)的热全部用来加热反应系统，但在实际分析测定中，一部分反应热用来加热物料反应体系，一部分加热试样容器，故热平衡需加以修正。定义试样容器的修正系数为 ϕ，则经过容器热修正后绝热温升变为：

$$\Delta T_s=\phi\Delta T \tag{3-29}$$

式中　ΔT——绝热温升，K；

　　ΔT_s——经过容器修正后的绝热温升，K。

则修正后最大反应速率达到时间 θ_s 变为：

$$\theta_s=\frac{\theta}{\phi} \tag{3-30}$$

上式说明有容器时最大反应速率达到时间 T_{MR} 比无容器时要长，容器质量越大，到达时间越长。所以，试样(物料)比容器大得多时(ϕ 接近 1.0，相当于无容器)，试样的绝热温升和初期分解放热速度都会变大，不利于安全。这点对于生产安全和热风险评估都很重要。

3.1.5 热平衡

对于化工过程的大多数放热反应来说，热量的平衡是一个重要的问题。及时把反应体系产生的热量移出系统，可以防止体系温度迅速升高。为使反应维持在工艺设定的温度条件下进行，需要有完善的冷却设施，才能保证反应产生的热量与移走的热量几乎持平，使体系内达到一种热量平衡的状态。另外，化学反应热失控的发生与否也主要取决于反应体系产热速率与移热速率之间是否保持平衡。在考虑热过程的安全时，了解热平衡的相关内容也十分必要，明确热平衡的机理不仅适用于实验室规模的测试，也适用于反应堆与工业规模。因此，在分析反应热失控发生机理之前，需要先对反应热平衡及其相关的热平衡项进行一定的了解。

1. 热生成

放热反应中产热速率即放热速率与反应热有关，故产热速率与反应速率以及反应焓变成正比，其关系式可以表述如下：

$$Q_{rx}=r_A V\Delta_r H_m \tag{3-31}$$

式中 r_A——物料 A 的反应速率，mol/(L·s)；

V——反应体积，L；

$\Delta_r H_m$——反应焓变，J/mol；

Q_{rx}——反应热生成速率，即反应的放热速率，W(即 J/s)。

如果将式(3-12)和式(3-13)与式(3-31)联立，则可得下式：

$$Q_{rx}=A\exp\left(-\frac{E_a}{RT}\right)c_{A0}^n(1-X_A)^n V\Delta_r H_m \tag{3-32}$$

分析上式可以得出热生成速率与以下几个因素相关：

① 与温度呈指数相关；

② 与反应体积成正比，随容器尺寸增大而增大；

③ 与物料初始浓度及转化率和反应级数相关。

2. 热移出

根据传热机理的不同，传热的基本方式有三种，即热传导、热对流与热辐射。化工行业生产中常见的传热过程基本都属于热对流和热传导。热对流是指将热量从一个地方带至另一个地方的现象，在化工行业中常见的热对流基本是指流体与反应器壁面接触一定面积时的热量传递。在这里，只考虑反应混合物与冷却介质之间的强制对流传热，热对流发生在接触面上。反应体系通过冷却介质的热移出速率 Q_{ex} 与传热面积 A 和传热动力(反应体系与冷却介质的温差)成正比，表达如下：

$$Q_{ex}=UA(T-T_c) \tag{3-33}$$

式中 Q_{ex}——热移出速率，W；

U——传热系数，W/(m^2·K)；

A——传热面积，m^2；

T——物料温度，K；

T_c——冷却温度，K。

这里 T_c 为能够保证系统稳定运转的冷却介质温度，达到上限即表示为 $T_{c,crit}$。相当于绝热体系的 T_{SADT}(自加热分解温度)。

分析上式可以得出热移出速率与以下几个因素相关：

① 与传热动力即冷却介质与物料温差呈线性关系；

② 与传热面积有关；

③ 与影响传热系数的因素如物料性质、反应器情况等有关。

从安全角度出发，对于容器体积较大的反应器需要重点考虑两个方面：移热速率随温度呈线性变化，移热速率与热交换面积成正比。

3. 热累积

由式(3-32)和式(3-33)可以看出，热生成速率与热移出速率与反应温度以及反应器体积(尺寸)有直接关系。而热累积就来自二者的差异，它将导致反应器内物料的温度变化，即热累积速率(Q_{ac})：

$$Q_{ac}=Q_{rx}-Q_{ex} \tag{3-34}$$

在实验室规模中，热累积体现得不是十分明显，而对于大规模反应，如果出现冷却失效的情况，热移出速率将会在一瞬间变得很小，无法及时排出产生的热量，造成热量失去平衡，有可能会产生爆炸的风险。因此，在进行工艺路线设计时要充分考虑冷却系统能否维持热量平衡，这对于安全生产也极为重要。

3.2 化学反应失控

3.2.1 反应失控的现象、原因及形式

1. 反应失控的现象

化学反应系统尤其是放热反应体系很可能会产生失控现象，如果体系传热不好，导致反应放热而使温度升高，促使反应速率加快，就可能导致反应失控(Runaway Reaction)。体系在经过一个“放热反应加速—温度再升高”的过程，甚至超过了反应器冷却能力的控制极限后，反应物、产物会发生二次分解，生成大量气体，压力急剧升高，最后导致喷料，反应器破坏，甚至燃烧、爆炸的现象。上述反应现象，我们称为“反应失控”，又叫“自加速反应”。

2. 反应失控的原因

反应失控的根本原因在于反应热失去控制，也就是说热量积累与冷却失效是热量失衡的重要因素，由于物质本身的特性与工艺设计的缺陷使热量无法及时排出，反应温度便持续上升，导致反应失控。掌握反应物质与过程的热性质、通过温度控制热的释放与导出，始终是研究反应失控问题的主要方面。

3. 反应失控的形式

化工过程由于热量失去平衡导致失控大致可以分为以下三种形式：

① 某工艺所采用的物质本身就存在热不稳定性，易于分解，导致这些物质在储存、运

输或者使用过程中由于摩擦、碰撞、与热源接触等因素使热量失去平衡造成反应失控。例如：2010 年 7 月，贵州某化工有限公司变换工段发生爆炸事故，造成 8 人死亡、3 人受伤。原因是某变换系统副线管道发生泄漏，气体冲刷产生静电，引爆现场可燃气体（主要是一氧化碳、氢气等），导致空间爆炸。

② 参与反应的物质如果在不符合工艺条件下发生混合往往会引发意外的失控现象，假使这些物质之间有反应性，那么就会在混合中发生不可控的反应，其后果难以想象。这种失控的事故一般属于意外性事故，大都源于人们对于物质的特性以及工艺路线认知不足。例如：2015 年 7 月，庆阳某公司常压装置渣油/原油换热器发生泄漏着火，造成 3 人死亡、4 人受伤。事故的直接原因是常压装置渣油/原油换热器排液口管塞在检修过程中装配错误，导致在高温高压下管塞脱落，342~346℃的高温渣油（其自燃点为 240℃）瞬间喷出，与空气混合导致自燃，引发火灾。

③ 在化学反应的过程中，反应热导致的热失控对整个化工生产的影响最大，产生的威胁也最大。工艺条件建立了不恰当的设计，存在不合理的情况，人为操作失误使得加料不均匀，反应温度过低或者过高都是导致反应失控的条件。在这些条件下发生反应会放出大量热，系统的冷却能力较差会使热量不断积累，进而导致产热速率的进一步增加。由于反应的产热量可以呈指数级增长，而反应器的冷却能力仅随温度呈线性增加，因此冷却能力差，导致温度升高，进而发生失控反应或热爆炸。例如：2006 年 7 月，江苏盐城某化工公司由于在投料试车过程中误操作，在没有冷却循环水的情况下持续向氯化反应釜内通入氯气，同时开启加热升温阀门，最终由于温度过高导致氯化反应失控，反应釜爆炸，造成多人死亡及受伤。诸如此类事故每年都有发生，应当引起重视。

3.2.2　冷却失效

对于很多放热化学反应，反应过程中的主要危险来自反应失控。反应物在较高的温度下反应速率会变快，大量热量会瞬时释放，从而导致反应失控的发生。在放热化学反应中，最严重的情况是冷却过程的突然失效。在冷却失效（Cooling Failure）的情况下，反应所释放的热量不能通过热交换排出，反应系统产生的热量远大于所释放的热量使反应急剧加快，导致反应失控。冷却失效模型首先是由 R. Gygax 提出的，失效情形如图 3-1 所示。

图 3-1 描述了化工过程中放热反应从正常进行到失去控制以至于发生冷却失效与二次分解反应的过程。通过温度随时间变化的曲线描述冷却失效的情形，在反应开始时对体系进行升温，升温至工艺要求温度 T_P 时反应开始。如果冷却系统正常，体系内的热量会被迅速排出，以维持热量平衡，使反应在工艺温度 T_P 下进行至反应结束。但是，如果在反应过程中某一时刻突然发生冷却失效，体系就可以近似看成绝热系统，考虑到反应条件的限制，反应器内未反应物质将继续反应，使系统反应温度升高到最高温度 *MTSR*（Maximum Temperature of the Synthesis Reaction）。在最坏的情况下，未反应完的物料或生成物的分解反应也在绝热条件下开始，此二

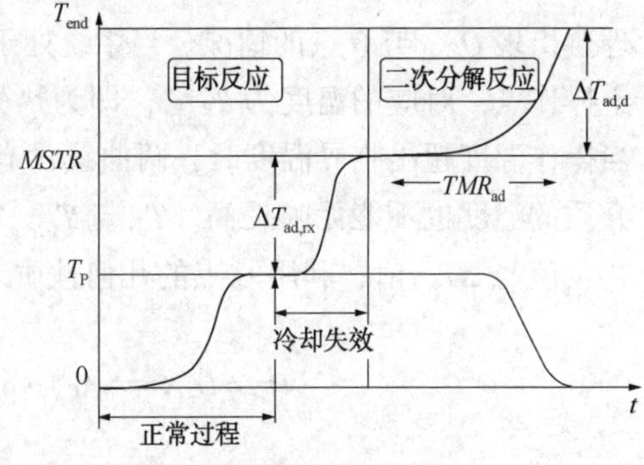

图 3-1　放热反应冷却失效曲线

次放热效应使反应系统的绝热温度进一步升高。在绝热体系中，热分解反应导致温度迅速上升，达到最终温度 T_{end}，$MTSR$ 和 T_{end} 的关系如下：

$$T_{end}=MTSR+\Delta T_{ad,d} \tag{3-35}$$

图 3-1 中其他参数如 $\Delta T_{ad,rx}$ 表示冷却失效后的绝热温升；$\Delta T_{ad,d}$ 表示发生二次分解反应后的绝热温升；TMR_{ad}(Time To Maximum Rate)表示已失控反应体系在绝热条件下达到最大反应速率的时间。

3.2.3 Semenov 热温图

上文提到，反应失控的根本原因在于反应热失去控制，体系热量失去平衡。系统的热平衡可以用 Semenov 热温图来描述，如图 3-2 所示，该图可以充分展现出热平衡问题。

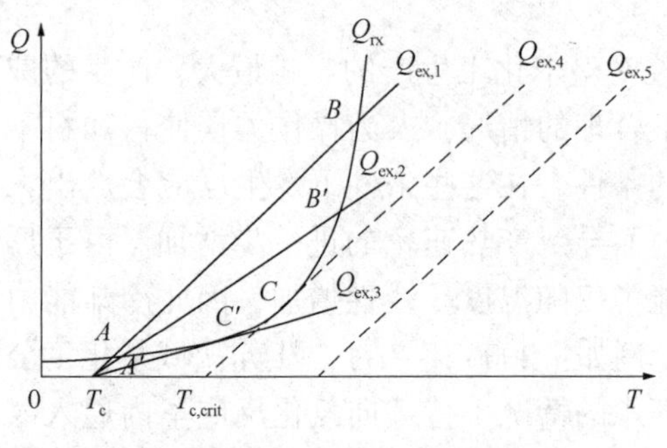

图 3-2　Semenov 热温图

图 3-2 中 Q_{rx} 为热生成速率曲线，可以看出热生成量与温度呈指数关系，同热生成速率表达式(3-30)一致；Q_{ex} 为热移出速率曲线，可以看出热移出量与温度呈线性关系，且斜率为 UA，同热移出速率表达式(3-31)一致；$Q_{ex,4}$ 与 $Q_{ex,5}$ 表示斜率不变的情况下，Q_{ex} 随冷却介质的温度 T_c 平行移动的结果。

如果冷却系统正常运行，系统将处于热平衡状态，即 $Q_{rx}=Q_{ex}$，对应于图 3-2 中的交点 A 与 B。但有区别的是，若在 A 点操作，体系温度若有波动，温度会立即回到 A 点，因为温度稍上升，$Q_{ex}>Q_{rx}$，热量被移出，温度下降。因此，A 点是稳定的操作点。若在 B 点操作，当温度偏低时，$Q_{ex}>Q_{rx}$，温度会恢复正常；当温度偏高时，Q_{rx} 大于 Q_{ex}，温度反而会迅速升高，导致反应失控。

下面讨论一下适宜的操作点：A 点的反应温度低会导致反应速率慢，生产效率低，不利于生产。解决方法为：降低冷却介质循环量使得 Q_{ex} 斜率变小，曲线偏移至 $Q_{ex,2}$ 处，交点变为 A' 与 B' 点，其中 A' 变为新的稳定操作点。但冷却介质循环量也不能无限减小，否则系统会出现 $Q_{ex,3}$ 的现象，也为不稳定操作。另一种方法是保持热移出斜率不变，提高 T_c，同理会出现 $Q_{ex,4}$ 与 $Q_{ex,5}$ 的情况。当系统处于 $Q_{ex,4}$ 时，两曲线相切于 C 点，C 点也是一个不稳定操作点，对应的温度为 $T_{c,crit}$，即为热失控临界温度或不回归温度，是反应体系的温度。当操作温度超出临界温度时，两曲线没有交点，体系自然处于热失控的状态。因此，冷却介质的温度也不能无限提高。T_c 与 $T_{c,crit}$ 的差值为临界温差 ΔT_{NR}。为了求解一定条件下的 $T_{c,crit}$ 值与 ΔT_{NR} 值，利用 C 点的几何性质通过方程组求解而得：

$$Q_{rx}=Q_{ex}\Longleftrightarrow Ac_A^n\exp\left(-\frac{E_a}{RT}\right)V\Delta_r H_m=UA(T_{c,crit}-T_c) \tag{3-36}$$

假设在全混流反应器内发生零级反应并作近似处理推导可得：

$$T_{c,crit}-T_c=\frac{RT_{c,crit}^2}{E_a} \tag{3-37}$$

由此可得临界温差 ΔT_{NR}：

$$\Delta T_{\mathrm{NR}}=T_{\mathrm{c,crit}}-T_{\mathrm{c}}\approx\frac{RT_{\mathrm{c,crit}}^{2}}{E_{\mathrm{a}}} \tag{3-38}$$

式(3-38)表明，热失控临界温度只取决于反应特性(活化能)和热失控临界温度(或称为冷却介质上限温度)。且由式(3-38)可以推导进而判定对于反应器中进行特定的反应是否失控，也可在反应器设计阶段找到适宜的工艺操作温度。

综上所述，要使化工反应处于热平衡的状态，必须使反应热生成速率曲线与热移出速率曲线有两个交点，且较低温度下的操作点是稳态平衡点。为保证化工安全生产，企业要对反应失控以及冷却失效有足够了解，充分考虑与热风险相关的因素将有助于建立完善的热风险评估准则，使化工生产安全进行。

3.2.4　石油化工反应失控事例及原因分析

事例一：2000 年 7 月 2 日，山东省青州市某石油化工助剂总厂两个 500m^3 油罐由于出现反应失控发生爆炸起火，造成 10 人死亡，直接经济损失达 200 余万元。分析事故的直接起因是动火作业时以关闭阀门代替插入盲板，动火点没有与生产系统有效隔绝，罐内爆炸性混合气体漏入正在焊接的管道内，电焊明火引起管内气体爆炸，进而引发油罐内混合气体爆炸。

由此可以看出，造成该事故的本质原因是气体的混合所导致的反应失控。反应温度一旦达到爆炸极限范围就会引发爆炸事故，可以采用添加物料的方式以及温度控制去解决此类问题。因此，在化工生产中要处理好原料、中间物以及产品的存放问题，隔绝放置就会避免创造爆炸发生的条件。

事例二：2006 年 8 月，天津市津南区咸水沽镇某工业园，硝化车间曾发生化工厂爆炸事故，导致 10 人死亡(其中 1 名重伤，12 天后死亡)。车间内 5 号硝化反应釜在滴加浓硫酸的过程中速度控制不当，釜内局部化学反应热量迅速积聚，引发化学反应失控而爆炸，5 号反应釜爆炸的冲击力及爆炸碎片引起 4、6、3 号反应釜相继爆炸，造成人员伤亡。

分析事故的主要原因还是在于劳动组织不合理与不重视隐患整改，企业在岗位职责上存在严重缺陷。事故发生前共投用 7 台反应釜，只有 1 人操作，无法适应该岗位严格控制反应温度的需要，企业对隐患极不重视，整改不力。这次事故发生前，曾发生多次反应超温导致紧急排料的险兆，同时为硝化反应釜供给冷冻水的系统也存在能力不足等问题。对这些隐患，企业法人和主要安全生产负责人均有所了解，但没有引起重视，也未采取有力措施加以整改。由此可见，不仅温度剧烈升高以及冷却失效会引起反应失控，人为的不当操作也会导致反应发生失控，引发严重的安全事故。

事例三：2007 年 5 月 11 日，沧州某公司 TDI 车间硝化装置发生爆炸事故，造成 5 人死亡，80 人受伤，其中 14 人重伤，厂区内供电系统严重损坏，附近村庄几千名群众疏散转移。事故的直接原因是：TDI 车间某硝化系统在处理系统异常时，酸置换操作使系统硝酸过量，甲苯投料后，导致硝化系统发生过硝化反应，生成本应在二硝化系统生成的二硝基甲苯和不应产生的三硝基甲苯(TNT)。

分析发生该事故的本质原因是硝化静态分离器内无降温功能，硝化反应放出大量的热无法移出，静态分离器温度升高后，失去正常的分离作用使反应失控继续发生反应，体系内温度快速上升，硝化物在高温下发生爆炸，并引发甲苯储罐起火爆炸。

事例四：2017 年 7 月 2 日，江西省九江市彭泽县某化工公司一高压反应釜发生爆炸，事故造成 3 人死亡、3 人受伤。事故直接原因为：该企业涉及胺化反应，反应物料具有燃爆危险性，事故发生时冷却失效，且安全联锁装置被企业违规停用，大量反应热无法通过冷却介质移出，体系温度不断升高；反应产物对硝基苯胺在高温下易发生分解，导致体系温度、压力急速升高造成爆炸。该起事故主要是由于系统冷却能力没有达到要求，没有及时处理好体系的热量平衡。事故现场如图 3-3 所示。

图 3-3　江西九江某化工公司爆炸事故图

事例五：2018 年 7 月 12 日，四川省宜宾某公司发生重大爆炸事故，造成 19 人死亡、12 人受伤，直接经济损失 4142 万余元。该公司的设计生产规模为年产 2000t 5-硝基间苯二甲酸、300t 2-(3-磺酰基 4-氯苯甲酰)苯甲酸等，实际生产的却是咪草烟(除草剂)和 1，2，3-三氮唑(医药中间体)。该起事故的直接原因是：该公司在咪草烟生产过程中，操作人员将无包装标识的氯酸钠当作丁酰胺，补充投入 R301 釜中进行脱水操作。在搅拌状态下，丁酰胺-氯酸钠混合物形成具有迅速爆燃能力的爆炸体系，开启蒸汽加热后，丁酰胺-氯酸钠混合物受摩擦及撞击导致釜内温度升高，引起釜内的丁酰胺-氯酸钠混合物发生化学爆炸导致釜体解体；随釜体解体过程冲出的高温甲苯蒸气，迅速与外部空气形成爆炸性混合物使反应失控并产生二次爆炸，进一步扩大了事故后果，造成重大人员伤亡和财产损失。爆炸现场如图 3-4 所示。

图 3-4　四川宜宾某公司爆炸事故图

从上述案例可以看出，工业生产中反应失控造成的事故时有发生，且危险性和破坏性强。导致反应过程中发生失控的原因很多，比如工艺本身存在安全隐患；冷却能力失效；进料的错误；原料被污染；反应温度控制不当；物料分解等副反应放热量过大；催化剂失效或者催化剂使用不当或失效；维护保养的问题；人为误操作等。由此可以看出化工工艺热风险知识对于反应风险研究与工艺评估非常重要，充分考虑反应热风险的相关因素，建立系统性的分析方法将有助于对工艺热风险进行评估，推动安全生产。

3.3　热风险重要安全性参数测试

3.3.1　爆炸性测试

在化工生产过程中，大多数物质或多或少地具有燃爆性，如果超出该物质的爆炸上限，满足爆炸条件，就会发生爆炸事故，产生严重的后果。燃烧风险与爆炸风险都是化工行业生产的重大风险，且发生率较高，所以需要进行爆炸性测试，爆炸性参数是进行热风险评估和爆炸防护的重要依据。在测试时，如果发现运输材料或者中间产物以及产品存在爆炸风险时应该及时制定处理办法，或者及时更换原材料，修改工艺路线避免事故的发生。然而工艺路线涉及多方面的安全及操作问题，重新设计工艺路线往往存在很多意料之外的困难，所以要综合考虑工艺条件的各种因素，以尽可能规避风险发生。本节主要介绍固体粉尘以及可燃液体与气体的爆炸性测试。

1. 固体粉尘测试

工厂中粉尘会频繁出现在各种操作车间当中，凡是呈细粉状态存在的固体都可以称为粉尘。粉尘可能堆积在地面或者某些容器里，在工艺操作时，如果没有及时清理这些粉尘，反应中的气体可能会在空气中与之接触发生燃烧及爆炸，在温度达到粉尘着火温度时也会将粉尘点燃。粉尘爆炸的特点在于能够产生二次爆炸或者多次连环爆炸，发生粉尘爆炸时，冲击波将沉积粉尘再次扬起，短时间内爆炸中心区会形成负压，周围的新鲜空气就会填补进来，形成粉尘云（Dust Cloud），并被其后的火焰引燃而发生二次爆炸。

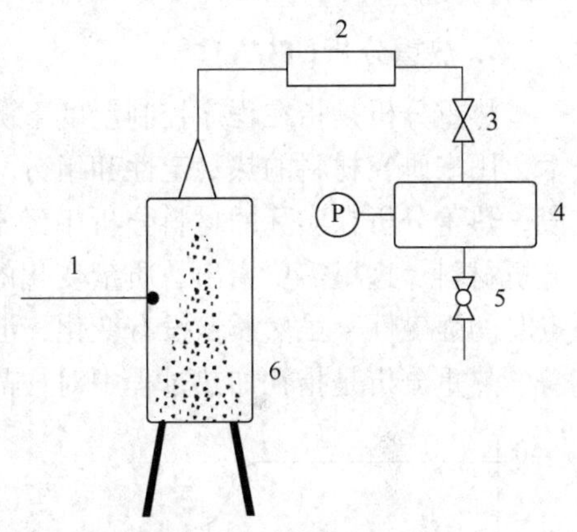

图 3-5　粉尘云着火温度测试装置示意图

1—热电偶；2—盛粉室；3—电磁阀；4—储气罐；5—截止阀；6—粉尘云

图 3-5 为粉尘云的着火温度测试装置，要求管式炉下端有火焰喷出满足着火条件。测试方法是将适量的粉尘放入盛粉室内，将加热炉加热至设定温度与压力，将粉尘喷入加热炉内。若未出现火焰，则继续提高温度并加入相同质量的粉尘进行测试，直到发生剧烈的着火与爆炸。然后将粉尘的质量和压力不变，以 20℃ 的间隔继续降温实验，直至连续 10 次没有发生爆炸即得到该粉尘的着火温度。如有必要，则继续测试从而得到粉尘的爆炸点温度。

2. 可燃液体及气体测试

将可燃液体或者气体注入被加热敞口的燃烧瓶中，在测试时要发生清晰可见的火焰或者爆炸的化学反应，在暗室里观察烧瓶内是否引燃。通过采用不同温度和不同试样量重复实验，把发生引燃时烧瓶的最低温度作为该试样在空气中大气压下的引燃温度，从而得到该类液体或者气体的爆炸温度。如果在某一温度下发生燃烧，也要采取降温的方式重复实验确定试样的爆炸温度。

同样可以通过爆炸容器测试样品的爆炸极限，爆炸极限在热爆炸学中也是一个重要的参数。在化工行业中，很多爆炸事故也是由于可燃液体或者气体达到了爆炸极限的浓度。因此，在进行工艺操作前，要明确采用物料的爆炸温度以及操作环境是否有粉尘存在，以此来规避爆炸风险。

3.3.2 热扫描测试

采用仪器对物料以及反应过程进行扫描测试，获取物质的热稳定性以及分解特性等热相关性质，对工艺生产安全以及风险评估同样有重要意义。其中，热分析是在程序控制温度下，测量物质的物理性质与温度之间关系的一类技术。这类技术主要是通过线性升温（降温）、恒温或者非线性升温（降温）等程序来控制物质（包括中间物以及产品）的温度，以此来测试热力学性质。对样品进行扫描测试的方法有很多种，涉及的设备也是多种多样，可以满足多种数量级的精确测试。常用的实验室测试方法有：热重分析（Thermogravimetric Analysis，TGA）、差热分析（Differential Thermal Analysis，DTA）、差示扫描量热（Differential Scanning Calorimetry，DSC）等。

上述测试方法可以满足实验室规模的小型测试，考察反应物质的热稳定性以及热分解的可能性。但是因为试样的量较小，且分解温度与加热速率有关，虽然能得到测试结果，但稳定性不强。因此，上述实验室测试方法只能代表小规模生产，不能充分反映大规模生产的情况。

1. 热重分析（TGA）

热重分析是指在程序控制温度下测量待测样品的质量与温度变化关系的一种热分析技术，用来研究材料的热稳定性和组分。TGA在研发和质量控制方面都是比较常用的检测手段。热重分析在实际的材料分析中经常与其他分析方法联用，进行综合热分析，全面准确分析材料。这里需要指出，质量变化的定义不是重量变化，而是基于当磁性材料达到居里点时的强磁性。虽然质量没有变化，但会有表观失重。

热重分析是指在加热过程中对样品质量变化的观察，其基本原理通过所采用的热天平工作原理来说明。大致原理是将样品质量变化转变为电磁量，微小的电磁量经放大器放大后会将信号传送给电脑并记录数据。电量与样品质量成正比。待测材料在加热过程中发生升华、蒸发、分解气体或结晶水损失时，其质量会发生变化，电脑便会将这些变化处理得到热重曲线。此时热重曲线不是一条直线，而是一条向下的曲线。通过对热重曲线的分析，可以得到材料的热相关性质。典型的热重曲线如图3-6所示，可以看到试样质量发生了变化。

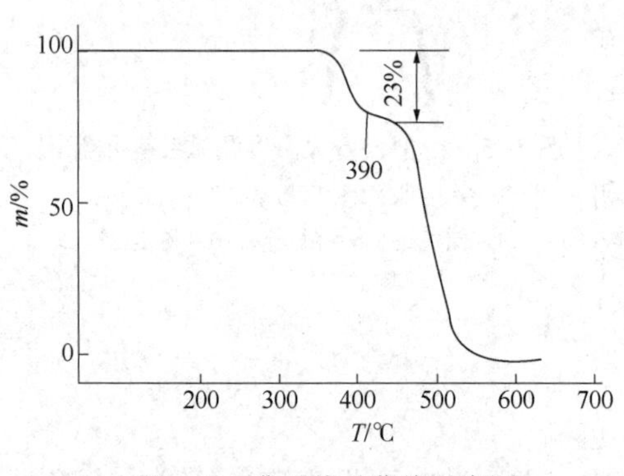

图3-6 典型热重曲线示意图

热重分析的主要特点是定量性强，能准确地测量物质的质量变化及变化的速率。可以说，只要物质受热时发生质量的变化，就可以用热重法来研究其变化过程。该方法主要应用于塑料、化工材料、催化剂、金属材料与复合材料等各领域的研究开发、工艺优化与质量监控。具体典型应用如：金属与气体反应的测定，可用热重法测定反应过程的质量变化与温度的关系，并作动力学分析；有机物和无机物的热分解性研究；爆炸材料的研究；矿物的鉴定(矿物的热重曲线会因其组成、结构不同而表现出不同的特征。通过与已知矿物的热重曲线进行起始温度、峰温、峰面积的对比，可以鉴定矿物)。

2. 差热分析(DTA)

差热分析是在程序控制温度下测定物质和参比物之间的温度差和温度关系的一种技术。物质在受热或冷却过程中发生的物理变化和化学变化伴随着吸热和放热现象，如晶型转变、沸腾、升华、蒸发、熔融等物理变化，以及氧化还原、分解、脱水和离解等化学变化均伴随一定的热效应变化。差热分析正是建立在物质的这类性质基础之上的一种方法，通过差热分析测定，可以得到相应的 DTA 测定曲线。

差热分析基本原理为：把被测试样和一种中性物(参比物)放置在同样的热条件下，进行加热或冷却。在这个过程中，试样在某一特定温度下会发生物理化学反应引起热效应变化：试样一侧的温度在某一区间会变化，不跟随程序温度升高，而是有时高于有时低于程序温度，而参比物一侧在整个加热过程中始终不发生热效应，它的温度一直随程序温度升高，两者之间会出现一个温度差 ΔT，利用某种方法把这个温差记录下来，就得到了差热曲线，再针对该曲线进行分析研究。需要说明的是，当温度升高时，待测样品发生相变，伴随着吸热或放热。遇到熔融等吸热相变时，输入的热量一部分用于克服待测样品的相变热，另一部分用于升温，导致待测样品温度低于参比物；而遇到放热相变时，待测样品温度高于参比物。

差热分析在操作时往往存在一些影响因素，比如：

① 仪器方面：差热分析所用加热炉的结构以及尺寸，如直径越小，长度越长，温度梯度就越小；热电偶的性能以及放置位置若不在中心会影响性能；坩埚的材料与形状也会影响试样反应程度从而间接影响曲线峰形。

② 试样因素：试样的预处理及用量、颗粒度、结晶度、纯度等都会对实验造成影响。如果用量太大，容易使峰重叠，分辨率低；结晶度好，峰形尖锐，结晶度不好，则峰面积要小。

③ 参比物质：参比物质的选择往往影响基线的平稳程度，一般要求参比物质在加热或者冷却时不能发生任何变化。另外，要求参比物质的比热容、导热系数、粒度也要尽可能与试样相近，通常选用 $\alpha-Al_2O_3$ 作为参比物质。

④ 实验条件：温升速率的选择也是一个重要因素，不仅影响出峰位置，而且影响峰面积的大小；同样，DTA 实验测试气氛和压力也可以影响试样发生化学反应时的平衡温度和峰形。

典型的差热分析仪器如 DTA-1250，其示意图如图 3-7 所示。

图 3-7　差热分析仪 DTA-1250 示意图

差热分析可以应用在很多方面。比如：差热分析在硅酸盐工业中能判断原料的易烧性或易熔性，优化选择原料，提供参考依据，达到节能目的。可以用于玻璃科学研究的很多方面，例如玻璃品工艺问题、玻璃分相以及玻璃工业节能等，还可以根据 DTA 结果获得玻璃特征温度，以研究玻璃的热稳定性；还可用于研究不同品种的水泥得到的水化产物，因加热过程中脱水、分解的温度不同，在 DTA 曲线就会呈现出不同的峰等。

3. 差示扫描量热(DSC)

差示扫描量热是在程序升温控制条件下，加入适宜的参比样，测量输入试样和参比样的能量差随温度或时间变化的一种技术。通过 DSC 测试，可以得到物质的热稳定性情况以及热分解可能性。常规的测试要求少量试样即可完成实验室规模的测试，以恒定的加热速率加热，并以惰性物质做参比样，通过传感器检测待测物质的热量变化情况，输出信号强弱即可代表热量变化情况。

差示扫描量热测试的基本原理是当样品发生相变、玻璃化转变和化学反应时，会吸收和释放热量，补偿器就可以测量出如何增加或减少热流才能保持样品和参照物温度一致。通过 DSC 曲线分析吸热峰或者放热峰来评估热相关性质。

与 DTA 相比，克服了试样本身的热效应对升温速率的影响，始终保持试样与参比物之间的温度相同，而且能进行精确的定量分析，在灵敏度和精度方面相较 DTA 都有大幅提高。目前，DSC 技术的温度范围最高已经能够达到 1650℃，极大地拓宽了它的应用前景。

典型的差示扫描量热仪器如德国耐驰公司生产的 DSC 214 以及美国 TA 公司生产的 DSC Q2000，其示意图如图 3-8 所示：

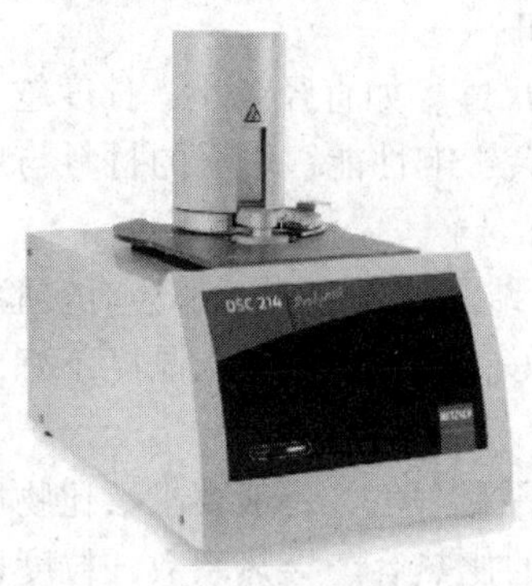

DSC 214

DSC Q2000

图 3-8　差示扫描量热仪示意图

DSC 也有很多方面的应用，比如：研究物质的液晶性质，随着温度升高，具有液晶性质的物质会从固态起经历一系列的相态转化为各向同性的液态。对于高精密度的扫描量热法，可以测量出其中每个相变的相变焓，结合相态的观察可以研究这一系列的相变；可以用于测试样品的氧化稳定性，一般先将样品放入气密性的样品腔中，通入惰性气体比如氮气，然后加热到需要测量氧化稳定性的温度，在保持温度不变的状况下，通入氧气，样品的氧化会产生峰，可以通过改变通入氧气的多少来模拟不同的气体环境；在药物分析上，可以用差示扫描量热法来判断药物的加工条件，比如若药物要求在无定形形态下加工，就需要先作 DSC 曲线，确定结晶温度，然后在结晶温度以下加工。

3.3.3　反应量热测试

前面提到过，对于化工过程中的有机放热反应，反应热的测量非常重要。反应热对于研究反应的特征，工艺路线的设计以及开展热风险评估有着很关键的意义。研究工艺热风险性的典型测试仪器是反应量热仪，在保证实验室规模的测试与实际操作有相同的工艺条件下，可以测试很多近似实际生产的反应，不仅有利于安全分析，而且能测试精准的温度以及反应速率，便于控制反应的进行。其中，主要使用的仪器便是反应量热仪。

反应量热仪介绍如下：

全自动反应量热仪 RC1 是集自动化实验反应器和反应量热器于一体的全自动实验装置。RC1 的反应操作都是在程序控制下完成的，如温度、压力、加料等。它能对整个反应体系的放热量进行精确的计算，通过数据测试以及分析结果，用于进一步的工程放大以及规模生产。同时，还能计算包括反应釜壁周围的热传递数据在内的反应物的比热容，可以利用测得的实验数据进行危险性分析。其装置如图 3-9所示。

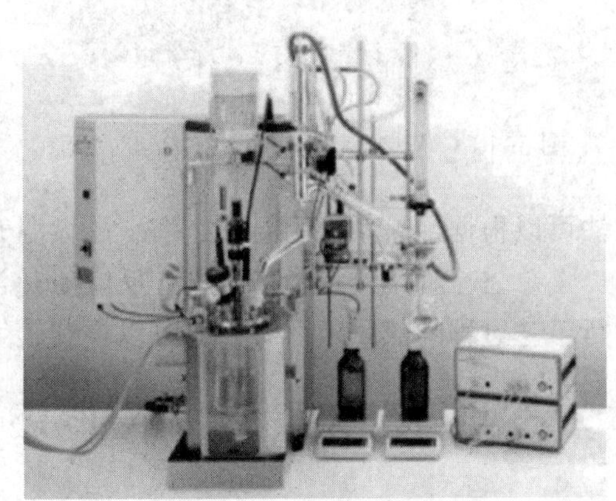

图 3-9　RC1 测试装置示意图

该系统得出的结果可放大至工厂生产条件，或反过来，工厂中的生产过程能缩小到立升规模，从而容易地得以研究和最优化。国外学者描述该设备为“RC1 是在充分考虑安全、经济及环境相容性条件下优化化学反应过程的理想工具”。该设备主要用于安全性研究、反应过程开发、反应过程优化、反应过程设计、扩试和工厂设计、化学合成研究等。

3.3.4　绝热量热测试

在化工生产中，发生反应失控时系统可以近似看作绝热状态，而失控引起的温度上升值也即前面提到过的绝热温升，是热风险评估的重要因素。对于化工行业的放热反应，进行绝热量热测试，可以降低反应失控的风险。因此，在规定工艺条件下进行绝热量热测试工作，利用精密测试仪器测得除绝热温升以外的重要参数，是化工安全生产的重要保障。

加速量热仪(ARC)是反应性化学物质热危险性评价的重要工具之一。其绝热性是通过调整炉膛内温度使其与样品池之间的温度一致来实现的，样品池与压力传感器连接，在测量温度的同时也可进行压力测试，可得到压力与温度随时间变化的关系曲线。它是一种绝热量热计，该仪器通过确保反应物体系和环境之间有最小的热交换来达到绝热的条件。这种最小热交换可以通过使反应物样品与环境间保持最小的温度差来实现。

ARC 测试原理为：阶梯式循环升温。实验时将试样容器在绝热条件下加热到预先设定的初始温度，并经一定的待机时间(通常为 5~10min)以使之达成热平衡，然后观察其放热速度是否超过设定值(通常为 0.02℃/min)。未检出放热时，把试样温度提高一个台阶，一般为 5℃，如上经过待机时间后再检查其放热情况。如此按同样的步高反复阶梯式探索若干次。一旦检测到开始放热，实验系统便自动地进入严密的绝热控制，并按规定的时间间隔记录下时间、温度、放热速度和压力这四个数据。反应完成到自放热速度低于设定值后，便由此温度开始再次进入阶梯式探索。

典型的绝热加速量热仪如德国耐驰公司生产的 ARC 244，其示意图如图 3-10 所示。ARC 测试在化工生产危险评估中也有很多应用，如在不同工作模式下可以测得热动力学参

图 3-10　绝热加速量热仪 ARC 244 示意图

数：温度-时间曲线以及温升速率，从而得到放热反应的初始温度和绝热温升等信息；可以测得最大温升速率到达时间 TMR_{ad}，利用 TMR_{ad} 可以设定在工艺危险产生时的报警信号，便于及时采取应对措施，避免事故发生；同样可以测试自加热分解温度 T_{SADT}，其含义是在实际包装化学品时，具有自反应性的化学物质在 7 日内可以发生自加速分解反应的最低温度。采用 ARC 测试方法可以根据绝热系统的温升速率、最大温升速率到达时间求得自加热分解温度。

总之，利用差示扫描量热、反应量热测试、加速量热等主要测试手段，对化学物质进行工艺过程的热风险性研究，可以得到较为完整的热相关性质，便于保障安全生产。

3.4　化工工艺热风险概述及评估

3.4.1　化工工艺的热风险性简介

首先介绍风险的相关概念，欧洲化学工程联合会(European Federation of Chemical Engineering，EFCE)将风险定义为潜在损失的度量。风险与危险存在差异，具有客观性、不确定性和相对性等特点。危险识别与分析的内容将在第五章进行详细叙述，本节重点介绍风险相关内容。传统上，“风险”被定义为一个潜在事件的严重程度及其发生可能性的组合(通常是产物)。因此，风险评估需要同时评估其严重程度和可能性。同样，对于化工生产的风险，我们可以用风险发生的可能性以及严重度来分析与评估产生破坏的程度。

通常认为，风险为可能性与严重度的乘积：

风险＝可能性×严重度

风险示意图如图 3-11 所示。

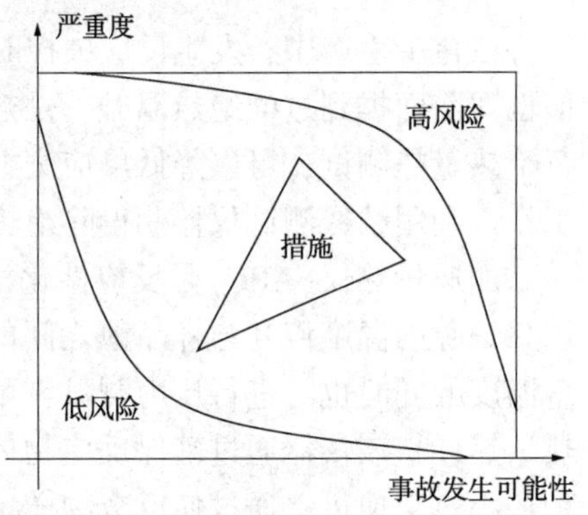

图 3-11　风险示意图

需要注意的是，风险的可能性与严重度并不是简单的乘积关系，它们组合在一起共同影响着风险的严重程度，人们只能根据事故发生的可能性与相应的严重程度去降低风险发生的概率，从而降低风险的损失。因此，人们应该从可能性与严重度两方面去进行热风险的分析与评估。

3.4.2　严重度

严重度是指不受控制的反应释放能量所造成的损害程度。由于精细化学品中的大多数反应是放热反应，放热量越多，失控后的温升越明显。当体系温度超出某些组分的热分解温度时会发生分解反应和二次分解反应，产生气体或者造成材料本身的气化，从而导致系统压力增加。当系统压力升高时，反应容器可能破裂和爆炸，造成人员伤亡和财产损失。反应失控后温度越高，造成后果的严重程度就越高。因此，绝热温升是一个非常重要的指标，它不仅是影响反应温度的重要因素，也是影响失控反应动力学的重要因素。

绝热温升与反应热成正比，可以利用绝热温升来评估放热反应失控后的严重度。当绝热温升达到 200K 或 200K 以上时，反应物料的多少对反应速率的影响不是主要因素，温升导致反应速率的升高占据主导地位，一旦反应失控，体系温度会在短时间内发生剧烈的变化，并导致严重的后果。而当绝热温升为 50K 或 50K 以下时，温度随时间的变化曲线比较平缓，体现的是一种体系自加热现象，反应物料的增加或减少对反应速率产生主要影响，在没有溶解气体导致压力增长带来的危险时，这种情况的严重度低。

利用严重度评估失控反应的危险性，我们遵循苏黎世危险性分析法(Zurich Hazard Analysis，ZHA)可以将危险性分为四个等级，评估准则见表 3-4。

表 3-4 失控反应严重度的评估准则

危险等级	ΔT_{ad}/K	失控时造成的后果
极高级	>400	工厂毁灭性损失
高级	200~400	工厂严重损失
中级	50~200	工厂短期破坏
低级	<50 且无压力影响	批量损失

3.4.3 可能性

可能性是指由于工艺反应本身导致危险事故发生的可能概率大小。目前还没有直接定量测量发生事件概率，或在热过程安全的情况下失控反应的发生可能性的精确方法。然而利用时间尺度，可以对事故发生的可能性进行安全风险评估和响应，并可以在一定条件下设置最严重情况的报警时间，将危险降低或强制分散，以尽可能避免爆炸等恶性事故的发生，确保化工生产的安全。

在工业规模的化学反应中，可以利用失控反应最大速率到达时间 TMR_{ad} 作为时间尺度，进行失控反应的可能性评估。对于工业规模的化工反应来说，如果在绝热条件下失控反应 $TMR_{ad} \geqslant 24h$，人为应对失控反应就有足够的时间，可以采取应急措施，从而减少事故的可能性；如果 $TMR_{ad} \leqslant 8h$，若人为处理则没有足够的时间控制反应失控，无法降低事故发生的概率，从而增加了事故发生的可能性。需要强调的是，事故发生的可能性与很多因素有关，例如设备的运行情况、人员的操作水平、反应物质的危险性等。对于可能性的评估，我们通常使用六等级简化后的三等级准则，见表 3-5。

表 3-5 失控反应可能性的评估准则

简化三等级分类	六等级分类	TMR_{ad}/h
高级	频繁发生	<1
	很可能发生	1~8
中级	偶尔发生	8~24
	很少发生	24~50
低级	极少发生	50~100
	几乎不可能发生	>100

3.4.4 热风险评估

化工工艺过程中对热风险进行评估主要是针对反应过程进行评估，反应热的评估问题是工艺热风险评估的核心问题。人们对放热反应的认知从仅仅意识到有一定的危险性到逐渐摸索出一套科学化、系统化的热风险评估方法，这体现出在设计工艺路线进行安全生产时对热风险评估的重要性。反应发生热失控，究其本质是产生了热累积，避免热失控发生也就意味着要减少热累积，可以通过提高反应速率来实现。但是进一步考虑，提高反应速率等同于放热更迅速，冷却能力不足时温度会激增，很有可能导致物料发生分解。因此，部分学者从整个失控情景出发，不单单局限于目标反应，通过考虑二次分解反应来对反应过程的热危险性进行评估。上文提出了严重度和可能性判据，后面将介绍根据温度参数考虑在冷却失效情形下对热风险进行评估。

在评估了风险的严重程度和发生概率后，就可以评估与失控反应相关的风险。根据3.2.2中R. Gygax提出的冷却失效模型，我们对反应出现冷却失效的情形下，采用风险矩阵法对工艺热风险进行评估。风险矩阵法是将上述可能性和严重度的评估结果进行组合，最终结果分为三种风险类型并提出了降低风险等级的措施，见表3-6。

表3-6 风险矩阵评估表

严重度等级 / 可能性等级	1	2	3	4
4	Ⅱ	Ⅲ	Ⅲ	Ⅲ
3	Ⅰ	Ⅱ	Ⅲ	Ⅲ
2	Ⅰ	Ⅱ	Ⅱ	Ⅲ
1	Ⅰ	Ⅰ	Ⅰ	Ⅱ

表3-6中，等级Ⅰ表示该风险可接受；等级Ⅱ表示采取一定措施如加强安全管理、提高安全水平后可接受；等级Ⅲ则表示该风险不可接受，需要对工艺路线重新设计，使之满足安全生产的要求。

开展化工反应热风险评估，首先要确定物料的热稳定性等热相关性质，再确定目标反应的反应热大小。若反应热较小，则无须进行下一步评估，仅仅是避免接触产生燃烧条件即可，反之则需要分清该能量是来自目标反应还是第二次分解反应。若来自目标反应，则需要研究与该反应失控时可能达到的最高温度 $MTSR$ 有关的因素，如前面提到的反应速率、热累积等；若来自二次分解反应则需要确定该体系在绝热过程中最大反应速率到达时间 TMR_{ad}。尽可能获得全面的参数，有利于简化热风险评估过程。

3.4.5 工艺危险度及分级

分析化工工艺热风险时，要逐步深入，除了风险矩阵法考虑到的 ΔT_{ad} 与 TMR_{ad}，还需要更为精确的数据以直观地进行热风险评估。基于此，根据工艺危险度评估法对工艺风险进行分级，以便依据不同级别采取不同的风险控制措施。

反应工艺危险度评估是精细化工反应安全风险评估的重要评估内容。反应工艺危险度指的是工艺反应本身的危险程度，危险度越大的反应，反应失控后造成事故的严重程度就越大。温度作为评价基准是工艺危险度评估的重要原则，考虑四个重要的温度参数，分别是工艺操作温度 T_p、技术影响的最高温度 *MTT*、失控体系最大反应速率到达时间 TMR_{ad} 为24h 对应的温度 T_{D24}，以及热失控时工艺反应可能达到的最高温度 *MTSR*。

对上述四个温度参数做以下说明：

① 工艺操作温度 T_p：是指反应过程中冷却失效时的初始温度，对于温度控制有重要意义。

② 技术影响的最高温度 *MTT*：对于开放体系，该温度一般为物料的沸点；对于封闭体系，该温度一般为反应容器最大允许压力时对应的温度。

③ TMR_{ad} 为 24h 的温度 T_{D24}：该温度的高低受混合物的热稳定性影响，且可由绝热反应量热仪(ARC)测试获得。

④ 最高温度 *MTSR*：该温度很大程度上取决于工艺反应条件的设计，受未反应物料的累积量影响。

根据上面所述的不同温度水平参数出现的不同次序，可形成不同的类型。由于它们各自的危险度不同，因而可根据危险度指数进行分级。通常分为五个等级，级别越高危险度越大。该分级不仅对风险评估有用，对后期制定风险降低措施也非常有帮助。

① 第一级危险度：$T_p<MTSR<MTT<T_{D24}$，此时 *MTSR* 低于 T_{D24}，不会引发二次分解反应，同时 *MTSR* 低于 *MTT*，系统的温度只有在物料处于热累积情况下长时间停留后才可能到达 *MTT*。此种工艺的危险度低，一般不需要采取特殊的处理措施，溶剂蒸发冷却起到防止失控的冷却作用，当然反应物料不应在热累积条件下超期放置。

② 第二级危险度：$T_p<MTSR<T_{D24}<MTT$，此时 *MTT* 高于 T_{D24}，只有关键物料长时间在热累积情况下停留，才可能引发二次分解反应。此种工艺危险度较低，但要防止热累积，否则可能会引起冲料危险甚至爆炸。

③ 第三级危险度：$T_p<MTT<MTSR<T_{D24}$，此时系统温度升高很快可到达 *MTT*，理论计算 *MTSR* 低于 T_{D24}，不会触发二次分解反应，此时 *MTT* 温度下的放热速率对危险性起决定性作用。出现第三级危险度时，一般可通过装备骤冷装置或降低压力装置控制危险。

④ 第四级危险度：$T_p<MTT<T_{D24}<MTSR$，此时理论上会发生二次分解反应，安全性主要取决于 *MTT* 以及二次分解反应的放热速率。第三级危险度的措施有一定作用，一旦失效则会使整个反应更危险。因此，需要考虑备用的冷却系统。在设计冷凝器和冷却系统时，还必须考虑分解过程的热排放问题。

⑤ 第五级危险度：$T_p < T_{D24} < MTSR < MTT$，此时系统温度很快高于 T_{D24}，但理论计算 *MTSR* 小于 *MTT*，说明二次分解反应会被触发，分解过程中放出的热量将使系统温度达到 *MTT*。如果短时间内无法移走大量热量，就会导致体系更加危险，单纯依靠装备骤冷装置或降低压力装置已无法控制危险。因此，要建立应急措施，如紧急卸料与骤冷等，只能从工艺优化或重新设计工艺路线入手，尽可能减少热累积，保障安全生产。

针对不同的反应工艺危险度等级，需要建立不同的风险控制措施，综合考虑多种风险因素，制定完善的热风险评估机制，才能尽可能规避事故的发生，推动化工行业快速发展。

参考文献

[1] 张桂军，沈发治，薛雪．化工计算[M]．北京：化学工业出版社，2014：15.

[2] 朱炳辰．化学反应工程[M]．北京：化学工业出版社，2011：22.
[3] 王明德．物理化学[M]．北京：化学工业出版社，2015：241.
[4] 张博．危险化学反应动力学及失控风险判据模型研究[D]．天津：天津大学，2020.
[5] 王培昕．化学反应放热失控特性及泄放技术研究[D]．大连：大连理工大学，2014.
[6] 刘兵．反应安全风险评估在精细化工安全生产中的重要性[J]．化工安全与环境，2022，35(22)：8-11.
[7] 邵英杰．低分子量聚丙烯酸合成工艺的热危险性研究[D]．北京：北京石油化工学院，2021.
[8] 程春生，秦福涛，魏振云．化工安全生产与反应风险评估[M]．北京：化学工业出版社，2011：41-51.
[9] 程春生，魏振云，秦福涛．化工风险控制与安全生产[M]．北京：化学工业出版社，2014：125-132.
[10] 弗朗西斯·施特塞尔．化工工艺的热安全：风险评估与工艺设计[M]．北京：科学出版社，2009：51-58.
[11] Gygax R. Scale up principles for assessing thermal runaway risks[J]. Chemical Engineering Progress，1990，2：53-60.

课　后　题

一、选择题

1. 从化学反应热失控危险性角度考虑，下面说法不正确的是(　　)。

A. 半间歇反应工艺比间歇式安全

B. 连续工艺的安全性比半间歇反应工艺好

C. 溶剂蒸发冷却可以起到必要的安全屏障作用，因此溶剂的选择是至关重要的

D. 热危险评估等级为 5 的化学反应在采取严格的保护措施后可投入生产

2. 评价热危险性主要是根据热分析技术，热分析的指标主要有(　　)。

A. 反应开始温度

B. 自加速分解温度

C. 不回归温度

D. 反应速率

E. 发热量

3. 采用 ARC 对某样品进行量热试验，直接测得 $TMR=3h$，绝热温升 = 120℃，已知测量容器的修正系数 $\Phi=1.2$，则此试样在理想绝热环境下的实际 TMR 值为(　　)，绝热温升为(　　)。

A. 2.5h，144℃

B. 2h，150℃

C. 3h，150℃

D. 2h，132℃

4. 下列量热仪器中，(　　)是一种绝热量热计，该仪器通过确保反应物体系和环境之间有最小的热交换来达到绝热的条件。这种最小热交换可以通过使反应物样品与环境间保持最小的温度差来实现。

A. 差示扫描量热仪(DSC)

B. C80 微量量热仪

C. 加速量热仪(ARC)

D. 反应量热仪(RC1/RC1e)

5. 根据危险度指数进行分级，下面属于第四级危险程度的是(　　)。

A. $MTSR<T_p<T_{D24}$

B. $MTSR<T_{D24}<T_p$

C. $T_p<MTSR<T_{D24}$

D. $T_p<T_{D24}<MTSR$

二、判断题

1. 评估反应失控风险时，通常用绝热温升来表征热失控反应的后果严重程度，而用最大反应速率来表征热失控反应引起恶性事故的可能性。(　　)

2. 反应量热仪(RC1/RC1e)既可以为工艺安全评价又可以为工艺优化设计提供依据。(　　)

3. 在热危险性评估中，$MTSR<T_p<T_{D24}$温度排列关系表征了化学反应的热危险性为第三等级。（　）

4. 在DSC图谱中，放热开始温度T_a相对切线放热开始温度T_0更容易读取，故现一般多用T_a，在安全评价应用中常写成TDSC。（　）

5. 风险被定义为潜在事故的严重度和发生的可能性的乘积。（　）

三、填空题

1. 评估反应失控风险时，通常用____________来表征热失控反应的后果严重程度，而用____________来表征热失控反应引起恶性事故的可能性。

2. __________测试方法是指在加热过程中对样品质量变化进行观察，并将样品重量变化转变为电磁量，进而得到__________曲线来表征样品的热性质。

第4章　化工设备安全

4.1　储存设备安全技术

4.1.1　储罐的定义及分类

储罐是用来盛装生产用的原料气、液体、液化气等物料的设备。这类设备属于结构相对比较简单的容器类设备，所以又称为储存容器。按容量来说，一般立式圆筒形储罐的容积大于 10000m^3，习惯称为大型储罐。

按温度划分，可分为低温储罐、常温储罐(<90℃)和高温储罐(90~250℃)。

按压力划分，可分为接近常压储罐(2000Pa~0.1MPa)和低压储罐(-490~2000Pa)。

按其结构特征有立式储罐、卧式储罐及球形储罐等。球形储罐用于储存石油气及各种液化气，大型卧式储罐用于储存压力不太高的液化气和液体，小型的卧式和立式储罐主要作为中间产品罐和各种计量、冷凝罐用，在炼油厂的储运系统中用量最多的是大型的立式储油罐。

按其罐顶的构造可分为固定顶罐、浮顶罐和内浮顶罐。

4.1.2　储罐的结构

1. 储罐的基本结构

储罐属于密闭容器，最常见的形状是圆筒形和球形。无论什么形状，其构造是基本相似的，可以分成三个部分：主要部件是壳体；附件是法兰、接管、支座；安全附件是液面计、安全阀、压力表等。

2. 常见储罐的结构

1）球形储罐

近年来，我国在石油化工、合成氨、城市燃气的建设中，广泛使用了大型球形容器。例如：在石油、化工、冶金、城市煤气等工程中，球形容器被用于储存液化石油气、液化天然气、液氨、液氮、液氧、天然气等物料。由于球形容器多数作为有压存储容器，故又称为球形储罐，简称“球罐”。

球形储罐的结构由球罐本体、支柱和附件组成。球罐本体是由球壳板拼焊而成的一个球形容器，瓜瓣式球罐的球体由赤道带、上温带、上寒带、下温带、下寒带、上极、下极等组成。球罐的支座有柱式、裙式、半埋入式、高架式等多种，一般常用由多根无缝钢管制成的柱式支座。球罐的附件主要有盘梯、阀门、仪表、顶部平台及罐内立梯等。

图 4-1　球形储罐

球形储罐与圆柱形储罐比较有许多优点，在相同容积下，球罐的表面积最小，在压力和直径相同的条件下，球形储罐的内应力最小，并且受力均匀。采用同样的板材时，球罐的壁厚仅为立式储罐壁厚的一半。钢材消耗，一般可减小15%~20%。另外，球罐还有占地面积小、基础工程量小等优点，为此，球形储罐作为压力容器在国内外都得到广泛应用。球形储罐示意图如图 4-1所示。

2）固定顶储罐

固定顶储罐又分为锥顶储罐和拱顶储罐。

(1) 锥顶储罐

锥顶储罐又可分为自支撑锥顶储罐和支撑式锥顶储罐两种。

自支撑锥顶是一种形状接近于正圆锥体表面的罐顶，锥顶坡度最小为 1/16，最大为 3/4。锥顶载荷靠锥顶板周边支撑于罐壁上。自支撑锥顶又分为无加强肋锥顶和加强肋锥顶两种结构，储罐容量一般小于 $1000m^3$。

支撑式锥顶其锥顶荷载主要靠梁或檩条(桁架)及柱来承担。柱子可采用钢管或型钢制造。其储罐容量可大于 $1000m^3$。

锥顶储罐制造简单，但耗钢量较多，顶部气体空间最小，可减少“小呼吸”损耗。自支撑锥顶还不受地基条件限制。支撑式锥顶不适用于有不均匀沉陷的地基或地震荷载较大的地区。除容量很小的罐($200m^3$ 以下)外，锥顶罐在国内很少采用。锥顶储罐示意图如图 4-2 所示。

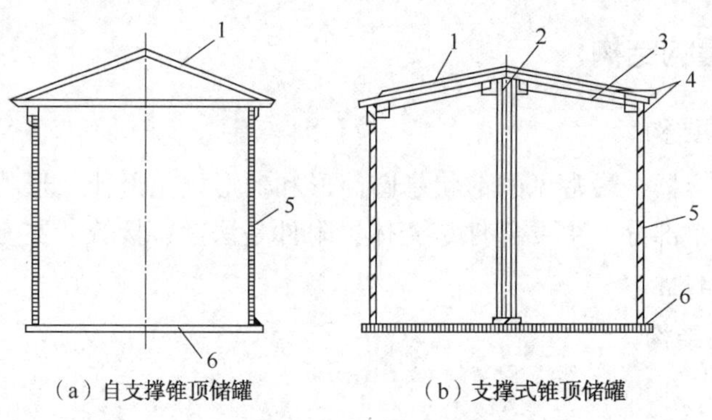

图 4-2　锥顶储罐示意图

1—锥顶板；2—中间支柱；3—梁；4—承压圈；5—罐壁；6—罐底

(2) 拱顶储罐

自支撑拱顶储罐的罐顶是一种形状接近于球形表面的罐顶。自支撑拱顶又可分为无加强肋拱顶(容量小于 $1000m^3$)和有加强肋拱顶(容量 $1000\sim20000m^3$)。有加强肋拱顶由 4~6mm 的薄钢板和加强肋(通常由扁钢构成)，以及拱形架(由型钢组成)构成。自支撑拱顶的荷载靠拱顶板周边支撑于罐壁上(拱形架作罐顶承载结构时，拱形架的周边杆端应与包边角钢焊成整体，但顶板与拱形架的组件之间不得焊接)。拱顶 $R=0.8D\sim1.2D$，它可承受较高的剩余压力，蒸发损耗较小，它与锥顶罐相比耗钢量少但罐顶气体空间较大，制作需用胎具，是国内外广泛采用的一种储罐。拱顶储罐示意图如图 4-3 所示。

图 4-3 拱顶储罐示意图

3）浮顶储罐

浮顶储罐的浮动顶(简称浮顶)是一个漂浮在储液表面上的浮动顶盖，随着储液面上下浮动。浮顶与罐壁之间有一个环形空间，在这个环形空间中有密封元件使得环形空间中的储液与大气隔开。浮顶和环形空间的密封元件一起形成了储液表面上的覆盖层，使得罐内的储液与大气完全隔开，从而大大减少了储液在储存过程中的蒸发损失，而且保证安全，减少大气污染。采用浮顶罐储存油品时，可比固定顶罐减少油品损失 80%左右。

浮顶的形式种类很多，如单盘式、双盘式、浮子式等。双盘式浮顶罐，从强度来看是安全的，并且上下顶板之间的空气层有隔热作用。为了减少对浮顶的热辐射，降低油品的蒸发损失，以及由于构造上的原因，我国浮顶油罐系列中容量为 $1000m^3$、$2000m^3$、$3000m^3$、$5000m^3$ 的浮顶汽油罐，采用双盘式浮顶。双盘材料消耗和造价都较高，不如单盘浮顶经济。$10000\sim50000m^3$ 浮顶油罐考虑到经济合理性，采用单盘式浮顶。总之，浮顶罐容积越大，浮盘强度的校核计算越要严格。浮子式主要用于更大的储罐(如 $100000m^3$ 以上)，一般说来储罐越大，这种形式越省料。

浮顶罐因无气相存在，几乎没有蒸发损耗，只有周围密封处的泄漏损耗，罐内没有危险性混合气体存在，不易发生火灾。故与固定顶罐比较主要有蒸发损耗少、火灾危险性小和不易被腐蚀等优点。

4.1.3 储罐各组件的构造特点

1. 壳体

壳体是化工储运容器最主要的组成部分，储存物料或完成化学反应所需要的压力空间，其形状有圆筒形、球形、锥形和组合形等数种，但最常见的是圆筒形和球形两种。

1）圆筒形壳体

圆筒形壳体的形状特点是轴对称，圆筒体是一个平滑的曲面，应力分布比较均匀，承载能力较强，且易于制造，便于内件的设置和装卸，因而获得广泛的应用，圆筒形壳体由一个圆柱形筒体和两端的封头或端盖组成。

(1) 筒体

筒体的作用是提供工艺所需的空间。

筒体的制作：直径较小(一般小于 500mm)时，圆筒可用无缝钢管制作；直径较大时，可用钢板在卷板机上卷成圆筒或用钢板在水压机上压制成两个半圆筒再用焊缝将两者焊接在一起，形成整圆筒。若容器的直径不是很大，一般只有一条纵焊缝，随着容器直径的增大，由于钢板幅面尺寸的限制，可能有两条或两条以上的纵焊缝。当容器较长时，由于钢板幅面尺寸的限制，也就需要先用钢板卷焊成若干段筒体(某一段筒体称为一个筒节)，再由两个或两个以上的筒节组焊成所需长度的筒体。

(2) 封头(端盖)

凡与筒体焊接连接面不可拆的，称为封头。凡与筒体以法兰连接而可拆的则称为端盖。常见的封头有椭圆形、半球形、碟形、球冠形和锥形。

① 椭圆形封头由半个椭圆球壳和一段高度为 h 的直边部分组成，是储罐最常用的封头。

② 半球形封头实际就是一个半球体，它的优点和球形容器相同。近年来随着制造水平的提高，采用半球形封头越来越多。

③ 蝶形封头又称带折边球形封头。由一个球面，一个某一高度的圆筒直边和连接以上两个部分的曲率半径小于球面半径的过渡部分组成。

④ 球冠形封头是一块深度较小的球面体，结构简单、制造方便，常用作两个独立受压容器的中间分隔封头。

⑤ 锥形封头有两种结构形式：一种是无折边的锥形封头，一般应用于半顶角小于 30°的情况；另一种为带折边的锥形封头，是与筒体连接处的过渡圆弧 r 和高度为 h 的圆筒体部分。

端盖(也称平盖)以法兰连接且可拆。端盖的几何形状包括圆形、椭圆形、长圆形、矩形及方形。人孔是安装在卧式储罐上部的安全应急装置，一般采用端盖(平盖)。通常与防火器、机械呼吸阀配套使用，既能避免意外原因造成罐内急剧超压或真空时损坏储罐而发生事故，又能起到安全阻火作用，是保护储罐的安全装置。端盖具有方便维修、定压排放、定压吸入、开闭灵活、安全阻火、结构紧凑、密封性良好、安全可靠等优点。

2) 球形壳体

容器壳体呈球形，又称球罐，其形状特点是中心对称。

(1) 球形壳体的优点

① 受力均匀，承载能力最高。在相同的壁厚条件下，球形壳体的承载能力最高，即在相同的内压下，球形所需要的壁厚最薄，仅为同直径、同材料圆筒形壳体的 1/2(不计腐蚀裕度)。

② 表面积最小。在相同容积条件下，球形壳体的表面积最小。如制造相同容积的容器，球形的要比圆筒形的节约 30%~40%的钢材。此外，表面积小，用作需要与周围环境隔热的容器，可以节省隔热材料或减少热的传导。

所以，从受力状态和节约用材来说，球形是化工储运容器最理想的外形。

(2) 球形壳体的缺点

① 制造比较困难。球形壳体往往要采用冷压或热压成型，工时成本较高。

② 安装比较困难。球形壳体用于反应、传质或传热时，既不便于内部安装工艺内件，也不便于内部相互作用的介质的流动。

由于球形壳体存在上述不足，所以其使用受到一定的限制，一般只用于中、低压的储装容器，如液化石油气储罐、液氨储罐等。

3) 其他壳体

其他形状的壳体，如锥形壳体，因为用得较少，故不作介绍。

2. 储罐附件

储罐附件主要有法兰，法兰密封，接管、开孔及其补强结构，支座等。

1）法兰

化工储运容器的人孔、进出料管，由于生产工艺和安装检修的需要，需要连接件。所以，连接件是容器及管道中起连接作用的部件，一般采用法兰螺栓连接结构。常见的法兰有：整体法兰、活套法兰、任意式法兰三种类型。

(1) 整体法兰

法兰与法兰颈部为一整体或法兰与容器的连接可视为相当于整体结构的法兰，称为整体法兰。化工储运容器的人孔和进出料管口一般采用整体法兰。

(2) 活套法兰

活套法兰是利用翻边、钢环等把法兰套在管端上，法兰可以在管端上活动。钢环或翻边就是密封面，法兰的作用则是把它们压紧。因为法兰是可以活动的，不直接和管道连接，所以称为活套法兰，也有另一种说法叫松套法兰。

(3) 任意式法兰

任意式法兰是指法兰环开好坡口并先镶在筒体上，再焊在一起的法兰。

2）法兰密封

法兰连接结构是一个组合件，由一对法兰、若干螺栓、螺母和一个垫片所组成。

法兰密封的原理：法兰在螺栓预紧力的作用下，把处于密封面之间的垫片压紧。施加于单位面积上的压力(压紧应力)必须达到一定的数值才能使垫片变形而被压实，密封面上由机械加工形成的微隙被填满，形成初始密封条件。

法兰密封属于静密封，密封元件是密封垫。密封垫有非金属密封垫、非金属与金属组合密封垫、金属密封垫三大类，其常用材料有橡胶、皮革、石棉、纸、软木、聚四氟乙烯、石墨、合金钢、不锈钢、软钢、紫铜、铝和铅等。其中用棉、麻、石棉、纸、皮革等纤维素材质制成的密封垫，其组织疏松，致密性差，纤维间有细微缝隙，很容易被流动介质浸透。在压力作用下，流动介质从高压侧通过这些细微缝隙渗透到低压侧，即形成渗透泄漏。

3）接管、开孔及其补强结构

(1) 接管

接管(也叫管座)是储罐与介质输送管道或仪表、安全附件管道等进行连接的附件。常用的接管有三种形式，即螺纹短管、法兰短管与平法兰。

螺纹短管式接管是一段带有内螺纹或外螺纹的短管，短管插入并焊接在容器的器壁上，短管螺纹用来与外部管件连接，这种形式的接管一般用于连接直径较小的管道，如接装测量仪表等。法兰短管式接管一端焊有管法兰，一端插入并焊接在容器的器壁上，法兰用以与外部管件连接。平法兰接管是法兰短管式接管除掉了短管的一种特殊形式，实际上就是直接焊在容器开孔处的一个管法兰。

(2) 开孔

为了便于检查、清理容器的内部，装卸、修理工艺内件及满足工艺的需要，一般化工储运容器都开设有手孔和人孔。一般手孔的直径不小于150mm。对于内径大于1000mm的容器，如不能利用其他可拆除装置进行内部检验和清洗时，应开设人孔，人孔的大小应能使人能够钻入。

手孔和人孔有圆形和椭圆形两种。椭圆孔的优点是容器壁上的开孔面积可以小一些，而且其短径可以放在容器的轴向上，这就减小了开孔对容器壁的削弱，对于立式圆筒形容器来讲，椭圆形人孔也适宜人的进出。

(3) 开孔补强结构

容器的筒体或封头开孔后，不但减小了容器的受力面积，而且还因为开孔造成结构不连续而引起应力集中，使开孔边缘处的应力大大增加，孔边的最大应力要比器壁上的平均应力大几倍，对容器的安全行为极为不利，为了补偿开孔处的薄弱部位，就需进行补强措施。

补强圈补强结构是在开孔的边缘焊一个加强圈，其材料与容器材料相同，厚度一般也与容器的壁厚相同，其外径约为孔径的 2 倍。加强圈一般贴合在容器外壁上，与壳体及接管焊接在一起，圈上开一个带螺纹的小孔，以备补强周围焊缝的气密性试验之用。

4) 支座

支座是指用以支承容器或设备的重量，并使其固定于一定位置的支承部件。根据支座安装位置不同，分为卧式容器支座、立式容器支座和球形容器支座。

卧式容器支座采用鞍式支座，这是卧式容器使用最多的一种支座形式，一般由腹板、底板、垫板和加强筋组成。立式容器支座采用支承式支座，支承式支座一般由两块竖板及一块底板焊接而成。竖板的上部加工成和被支承物外形相同的弧度，并焊于被支承物上。球形容器支座采用赤道正切柱式支承。

3. 安全附件

安全附件是为了使压力容器安全运行而安装在设备上的一种安全装置。由于储罐的使用特点及其内部介质的化学工艺特性，往往需要在容器上设置一些安全装置和测量、控制仪表来监控工作介质的参数，以保证压力容器的使用安全和工艺过程的正常进行。

1) 安全附件分类

(1) 泄压装置

现代化工工业生产中，经常伴随着高温、高压等危险性的生产条件以及操作。为了避免发生危险，保证生产的安全性，因此普遍需要使用安全泄压装置，储罐的泄压装置有安全阀、防爆片和易熔塞等。

(2) 计量装置

计量装置是指能自动显示容器运行中与安全有关的工艺参数的器具。常见的计量装置有压力表、温度计、液面计等。

(3) 报警装置

报警装置指容器在运行中出现不安全因素致使容器处于危险状态时能自动发出声响或其他明显报警信号的仪器，如压力报警器、温度检测仪。

(4) 连锁装置

连锁装置是为了防止操作失误而设的控制机构，如连锁开关、连动阀等。

2) 最常用安全附件

在压力容器安全附件中，最常用而且最关键的就是安全泄压装置、压力表等。

(1) 安全泄压装置

① 安全阀。安全阀的特点是在容器正常工作压力情况下，保持严密不漏，当容器内压力一旦超过规定，它就能自动迅速排泄容器内介质，使容器内的压力始终保持在最高允许

范围之内。安全阀可分为弹簧式安全阀、杠杆式安全阀、脉冲式安全阀。一般情况下，安全阀尽量安装在容器本体上，液化气要装在气相部位，同时要考虑到排放的安全。

② 防爆片。防爆片又称防爆膜，是一种断裂型安全装置，具有密封性能好，泄压反应快等特点。一般用在高压、无毒的气瓶上，如空气瓶、氮气瓶。

③ 易熔塞。易熔塞是熔化型安全泄压装置，它的动作取决于容器壁的温度，主要用于中、低压的小型容器，在盛装液化气体的钢瓶中应用更为广泛。

此三种安全装置比较，安全阀开启排放过高压力后可自行关闭，容器和装置可以继续使用，而防爆片、易熔塞排放过高压力后不能继续使用，容器和装置也得停止运行。

(2) 压力表

压力表是压力容器上用以测量介质压力的仪表。压力表的常见类型：

① 弹簧式压力表适用于一般性介质的压力容器。

② 隔膜式压力表适用于腐蚀性介质的压力容器。

4.1.4 储罐常见的破坏形式及安全措施

1. 储罐的日常维护

① 储罐在使用时，要制定操作规程和巡回检查维护制度，并严格执行。

② 操作人员巡回检查时，应检查罐体及其附件有无泄漏。收发物料时应注意罐体有无鼓包或抽痕等异常现象。

③ 储罐发生以下现象时，操作人员应按照操作规程采取紧急措施，并及时报告有关部门。

a. 浮顶、内浮顶罐浮盘沉没，或转动扶梯错位、脱轨。

b. 浮顶罐浮顶排水装置漏油。

c. 浮顶罐浮盘上积油。

d. 储罐基础信号孔或基础下部发现渗油、渗水。

e. 常压低温氨储罐及内浮顶罐液位自动报警系统失灵。

f. 储罐罐底翘起(特别是常压低温氨储罐)或设置锚栓的低压储罐基础环墙(或锚栓)被拔起。

g. 重质油储罐突沸冒罐。

h. 接管焊缝出现裂纹或阀门、紧固件损坏，难以保证。

i. 罐体发生裂缝、滑漏、鼓包、凹陷等异常现象，危及安全生产。

j. 发生火灾直接威胁储罐安全生产。

④ 储罐在操作过程中应注意的事项如下：

a. 储罐透光孔在生产过程中应关闭严密。

b. 在检尺取样后应将量油孔盖盖严。

c. 浮顶罐浮顶上的雨雪应及时排除。油蜡、氧化铁等脏物应定期清扫。

d. 必须在浮顶罐、内浮顶罐的油位升高至4m以上后方可开动搅拌器或调和器。

e. 浮顶罐和内浮顶罐正常操作时，其最低液面不应低于浮顶、内浮顶(或内浮盘)的支撑高度。

⑤ 以固定顶罐为例，附件检查维护的主要内容见表4-1。

表 4-1　固定顶罐附件检查维护的主要内容

附件名称	检查内容	维护保养	检查周期
进出口阀门	阀门及垫片的完好程度	阀杆加润滑油，清除油垢，关闭不严时应进行研磨或更换	清罐或全面检查维护时进行
机械式呼吸阀	阀盘和阀座接触面是否良好，阀杆上下是否灵活，阀壳网罩是否破裂。压盘衬垫是否严密，冬季阀体保温套是否良好，阀内有无冰冻，呼吸阀挡板是否完好	清除阀盘上的水珠、灰尘、锈渣，螺栓上加油，必要时调换阀壳衬垫。若呼吸阀挡板腐蚀严重，应予更换	每 3 个月检查维护一次，冰冻季节应加强检查。宜定期对呼吸阀进行标定
阻火器	波纹板阻火片是否清洁，垫片是否严密，有无腐蚀、冰冻、堵塞	清洁或更换波纹板	
升降管（起落管）	试验升降灵活性，检查旋转接头有无破裂，绞车是否灵活好用，钢丝绳腐蚀情况	绞车活动部分加油，钢丝绳涂润滑脂保护，顶部滑轮销轴上油	清罐或全面检查维护时进行
活门操纵装置（保险阀门）	试验灵活性，检查填料函是否渗油，钢丝绳是否完好	活动关节加润滑油，上紧并调整填料，必要时更换钢丝绳及填料	
加热器	加热管腐蚀情况，有无渗漏，支架有无损坏，管线接头有无断裂	进行试压、补漏	
调和器	腐蚀程度，喷嘴有无堵塞	清理喷嘴	
人孔、透光孔	是否渗油或漏气	更换垫片	1 个月
量油孔	孔盖与支座间密封垫是否脱落或老化，导尺槽磨损情况，压紧螺栓活动情况，盖子支架有无断裂	铸铁量油孔应改为铸铝，蝶形螺母及压紧螺栓各活动部位加润滑油，部件损坏及时更换	
液压安全阀	检查封油高度和阀腔	若封油被吹掉应及时加入，清洁阀壳内部，必要时更换封油	3 个月
通气管	防护网是否破损	清扫干净或更换	1 年
排污阀（虹吸阀）	填料函有无渗漏，手轮转动是否灵活，阀体是否内漏	调整填料函或换阀、加双阀	1 个月
泡沫发生器	管内有无油气排出，刻痕玻璃和网罩是否完好	更换已损坏的刻痕玻璃和网罩，压紧螺栓加油防锈	3 个月
液下消防系统	高背压泡沫发生器和爆破片是否完好，控制阀门是否灵活好用，扪盖是否完好	高背压泡沫发生器、爆破片、控制阀门进行检修或更换，配齐扪盖	
水喷淋系统	喷嘴是否堵塞，控制水阀是否灵活好用	清理堵塞的喷嘴，维修阀门	

⑥ 自动脱水器检查维护的主要内容：

定期对自动脱水器进行检查维护，检查连接法兰是否泄漏，过滤器是否堵塞，排水是否正常。对泄漏的法兰换垫，清理过滤器，检修、更换内部配件。

⑦ 对于低压储罐，其检查维护还应增加以下内容：

a. 每年应对其罐顶排气、补气装置(如安全阀、压控阀)进行检查、维护保养和校验，必要时予以检修或更换。对紧急放空阀进行检查和维护，缺少补气装置的罐予以完善。

b. 每年应对其压力表进行校验，必要时予以检修或更换。

c. 每年应对其锚栓进行上油维护。

2. 储罐常见故障与处理

储罐常见故障与处理见表4-2。

表4-2　储罐常见故障与处理

序号	故障现象	故障原因	处理方法
1	浮顶排水装置泄漏，介质自排水装置出口流出	罐内叠管，软管或连接法兰泄漏； 浮顶集水坑泄漏	清罐检修消漏或在排水管上口加手阀暂用； 清罐检修或粘堵消漏
2	机械式呼吸阀堵塞	阻火器波纹板阻火片结冰或有介质堵塞； 阀盘和阀座黏结； 阀杆上下卡阻	清理污物，必要时更换阻火片，加保温设施； 清理阀盘和阀座污物； 维修或更换阀盘和阀杆
3	加热器出口有介质排出	加热器泄漏	清罐或全面检查维护时进行试压、补漏
4	阀门连接法兰或密封泄漏	法兰垫片老化、损坏； 法兰面损坏； 阀杆锈蚀，变形； 密封材料损坏	更换垫片或采取打卡子等； 修复法兰面或更换法兰； 更换阀杆或阀门； 更换密封材料
5	人孔或接管法兰面渗油	垫片老化，损坏； 螺栓未紧固好	更换垫片； 紧固螺栓
6	转动扶梯脱轨	轨道设计安装不合理； 轨道变形； 障碍物阻塞	对轨道设计安装进行改造； 轨道校正； 清除障碍物
7	浮顶密封装置部件变形损坏	设计安装不合理； 障碍物阻塞	对设计安装进行改造； 清除障碍物
8	浮顶或罐壁渗油	腐蚀穿孔、材质或焊接缺陷	清罐进行检修或采用粘补、砸入铅皮等临时措施

续表

序号	故障现象	故障原因	处理方法
9	拱顶罐罐壁或罐顶抽瘪变形	生产操作失误，储罐所需补气量超过呼吸阀的最大补气量； 设计缺陷，呼吸阀的补气量不足； 阻火呼吸阀堵塞； 罐壁或罐顶强度不够	调整、优化操作； 改进设计，加大呼吸阀的补气量； 定期维修防止堵塞； 检修储罐，保证强度
10	罐底泄漏	腐蚀穿孔、材质或焊接缺陷	清罐进行检修

3. 储罐的安全管理

1）安全准备

凡需进罐检查或在罐体上动火的项目，为达到安全作业条件，在检修前应做好以下准备工作：

① 将罐内油品抽至最低位（必要时接临时泵），加堵盲板，使罐体与系统管线隔离。

② 打开人孔和透光孔。

③ 清出底油。轻质油品罐用水冲洗，通入蒸汽蒸罐 24h 以上（应注意防止温度变化造成罐内负压）。重质油罐通风 24h 以上。

④ 排出冷凝液，清扫罐底。

2）注意事项

① 采用软密封的浮顶罐、内浮顶罐动火前原则上应拆除密封系统并将密封块置于罐外，仅进罐检查可不拆除密封系统。若密封系统检查无明显泄漏，不影响动火安全，动火前也可不拆除密封系统。

② 进罐前必须对罐内气体进行浓度分析，安全合格后方可进入。

③ 进罐检查及施工使用的灯具必须是低压防爆灯，其电压应符合安全要求。

④ 动火前必须严格按照有关规定办理相关手续。

4.2 压力容器安全技术

在化工生产过程中需要用承压设备来储存、处理和输送大量的物料。因物料的状态、物理及化学性质不同以及采用的工艺方法不同，所用的承压设备也是多种多样的。在化工生产过程使用的容器中，压力容器的数量多，工作条件复杂，危险性大，压力容器状况的好坏对实现化工安全生产至关重要。因此，必须加强压力容器的安全管理，并设有专门机构进行监察。

一般情况下，压力容器是指具备下列条件的容器：

① 最高工作压力大于或等于 0.1MPa（不含液体静压力，下同）。

② 内直径（非圆形截面指断面最大尺寸）大于或等于 0.15m，且容积（V）大于或等于 $0.025m^3$。

③ 介质为气体、液化气体或最高工作温度高于或等于标准沸点的液体。

4.2.1　压力容器分类和特点

1. 分类

压力容器的类型很多，为有利于安全技术监督和管理，在化工生产过程中，常将压力容器按下面几种分类方法进行分类：

1）按设计压力分类

按照压力容器的设计压力分为低压、中压、高压、超高压四个等级。

① 低压容器(代号 L)0.1MPa≤p<1.6MPa。

② 中压容器(代号 M)1.6MPa≤p<10MPa。

③ 高压容器(代号 H)10MPa≤p<100MPa。

④ 超高压容器(代号 U)p≥100MPa。

2）按工艺功能分类

按照压力容器在生产工艺过程中的作用原理，分为反应容器、换热容器、分离容器、储存容器。在一个压力容器中，如同时具备两个以上的工艺用途时，应按工艺过程中的主要作用来划分。

① 反应容器(代号 R)主要用于完成介质的物理、化学反应的压力容器。如反应器、反应釜、合成塔、变换炉、分解塔、聚合釜、高压釜、煤气发生炉等。

② 换热容器(代号 E)主要用于完成介质的热量交换的压力容器。如热交换器、冷却器、冷凝器、蒸发器、加热器、预热器、电热蒸汽发生器等。

③ 分离容器(代号 S)主要用于完成介质的流体压力平衡和气体净化分离等的压力容器。如分离器、过滤器、吸收塔、缓冲器、洗涤器、干燥塔、汽提塔等。

④ 储存容器(代号 C，其中球罐代号 B)主要用于盛装生产用的原料气体、液体、液化气体等的压力容器。如各种类型的储罐、储槽等。

3）按危险性和危害性分类

按压力等级、容器内介质的危险性及生产中所起的作用等把容器分为三类，即第一类压力容器、第二类压力容器、第三类压力容器。

(1) 符合下列情况之一的，为第一类压力容器

① 低压容器(仅限非易燃或无毒介质)。

② 易燃或有毒介质的低压分离容器和换热容器。

(2) 符合下列情况之一的，为第二类压力容器

① 低压容器(仅限毒性程度为极度和高度危害介质)。

② 低压反应容器和低压储存容器(仅限易燃介质或毒性程度为中度危害介质)。

③ 低压管壳式余热锅炉。

④ 低压搪玻璃压力容器。

⑤ 中压容器。

(3) 符合下列情况之一的，为第三类压力容器

① 高压容器。

② 中压容器(仅限毒性程度为极度和高度危害介质)。

③ 中压储存容器(仅限易燃或毒性程度为中度危害介质，且 $pV \geqslant 10\text{MPa} \cdot \text{m}^3$)。

④ 中压反应容器(仅限易燃或毒性程度为中度危害介质，且 $pV \geqslant 0.5\text{MPa} \cdot \text{m}^3$)。

⑤ 低压容器(仅限毒性程度为极度和高度危害介质，且 $pV \geqslant 0.2\text{MPa} \cdot \text{m}^3$)。

⑥ 高压、中压管壳式余热锅炉。

⑦ 中压搪玻璃压力容器。

⑧ 使用强度级别较高的材料制造的压力容器(指响应标准中抗拉强度规定值下限≥540MPa)。

⑨ 移动式压力容器，包括铁路罐车(介质为液化气体、低温液体)、罐式汽车、液化气体运输车(半挂)、低温液体运输车(半挂)、永久气体运输车(半挂)和罐式集装箱(介质为液化气体、低温液体等)。

⑩ 球形储罐(容积大于等于 50m^3)和低温液体储存容器(容积大于 5m^3)。

4）按压缩器内的介质分类

压力容器按介质的有毒、剧毒和易燃的界限划分如下：

① 盛装剧毒介质的容器。剧毒介质是指进入人体的量小于 50g 即会引起肌体严重损伤或致死作用的介质，如氟、氢氟酸、光气、碳酰氟等。

② 盛装有毒介质的容器。有毒介质是指进入人体量≥50g 即会引起人体正常功能损伤的物质，如二氧化碳、氨、一氧化碳、氯乙烯、甲醇、环氧乙烷、二硫化碳、硫化氢等。

③ 盛装易燃介质的容器。易燃介质是指与空气混合时，其爆炸的下限小于 10%或其上、下限之差大于 20%的介质，如乙烷、乙烯、氢、甲胺、甲烷、氯甲烷、环丙烷、丁烷、丁二烯等。

5）按安装方式分类

按安装方式分为固定式压力容器和移动式压力容器，移动式压力容器在结构、使用和安全方面均有其特殊的要求。

2. 特点

1）压力容器应用的广泛性

压力容器的用途和应用的领域十分广泛，在化学工业、能源工业、科研和军工等国民经济的各个部门都起着重要作用。在化工行业，压力容器是实现正常生产必不可少的重要设备，几乎每一个工艺过程都离不开压力容器。它在化工生产所有的设备中约占 80%，广泛用于传质、传热、化学反应和物料存储等方面。例如，化工生产中常用的空气压缩设备，压缩气体的储运装置，制冷装置的冷凝器、蒸发器、冷冻剂储罐，生产中的各种反应设备等都是压力容器。

2）压力容器是容易发生恶性事故的特殊设备

尽管压力容器类型不同，形状各异，但它们都有共同的特点，即全部是密闭储存介质、承受压力负荷、容易发生事故且危害性较大的特定设备。尤其在化工企业生产中，容器储存的介质又具有易燃、易爆或有毒等性质，一旦发生事故，一方面设备本身爆炸破裂；另一方面还可能造成这些特殊设备内部介质的外泄漏，引起二次爆炸、着火燃烧或毒气弥漫，导致厂毁人亡的恶性事故发生。

3）压力容器对安全的要求高

压力容器是恶性事故易发的设备，即使是小的故障，如泄漏或局部变形，虽然不会直接导致灾难性事故，但要求工厂停车检查或检修。一旦停机，企业直接损失或间接损失有时是非常大的。因此，为了压力容器长期连续安全地生产运行，必须根据生产工艺要求和压力容器的技术性能，围绕压力容器安全管理的几个重要环节(设计、制造、安装、竣工验收、建档立卡、培训教育、精心操作、加强维护、科学检修、定期检验、事故调查和报废处理等)，抓好压力容器安全管理的各项工作，做到压力容器安全运行。

4.2.2 压力容器的主要工艺参数

1. 设计压力、工作压力和计算压力

设计压力是设定的容器顶部的最高压力，与相应的设计温度一起作为容器的基本设计载荷条件，其值不低于工作压力。工作压力是在正常工作条件下，容器顶部可能达到的最高压力。压力系指表压力。计算压力是在相应设计温度下，用以确定元件厚度的压力，包括液柱静压力等附加载荷。当容器各部位或受压元件所承受的液柱静压力小于设计压力的5%时，可忽略不计，此时计算压力就等于设计压力。

当容器上装有安全泄放装置时，其设计压力应根据不同形式的安全泄放装置确定。装设安全阀的容器，考虑到安全阀开启动作的滞后，容器不能及时泄压，设计压力不应低于安全阀的整定压力，即安全阀在运行条件下开始开启的设定压力。整定压力通常可取工作压力的1.05~1.10倍，装设爆破片时，设计压力不小于设计爆破压力加上所选爆破片制造范围的上限。对于盛装液化气体的容器，如果具有可靠的保冷设施，在规定的装量系数范围内，设计压力应根据工作条件下容器内介质可能达到的最高温度确定，否则按相关法规确定。

2. 设计温度

设计温度是容器在正常工作情况下，设定的元件的金属温度(沿元件金属截面的温度平均值)。设计温度与设计压力一起作为设计载荷条件。设计温度不得低于元件金属在工作状态达到的最高温度，对于0℃以下的金属温度，设计温度不得高于元件金属可能达到的最低温度。容器各部分在工作状态下的金属温度不同时，可分别设定每部分的设计温度。在确定最低设计金属温度时，应当充分考虑在运行过程中，大气环境低温条件对容器壳体金属温度的影响。对有不同工况的容器，应按最苛刻工况设计，必要时还需考虑不同工况的组合。元件金属温度通过以下方法确定：传热计算求得；在已使用的同类容器上测定；根据容器内部介质温度并结合外部条件确定。

3. 焊接接头系数

焊缝是容器和受压元件中的薄弱环节。由于焊缝热影响区有热应力存在，形成的粗大晶粒会使其强度和塑性降低，且焊缝中可能存在着夹渣、气孔、裂纹及未焊透等缺陷，使焊缝及热影响区的强度受到削弱，因此需要引入焊接接头系数对材料强度进行修正。焊接接头系数为接头处材料的强度与母材强度之比，反映容器强度受削弱的程度，用φ表示。焊接接头系数的取值与对接接头的焊缝形式及对其进行无损检测的长度比例有关。

钢制压力容器的焊接接头系数规定如下：双面焊对接接头和相当于双面焊的全焊透对接接头，全部无损检测时取$\varphi=1.0$；局部无损检测时取$\varphi=0.85$。单面焊对接接头(沿焊缝金属全长有紧贴基本金属的垫板)，全部无损检测时取$\varphi=0.9$；局部无损检测时取$\varphi=0.8$。

局部无损检测，对低温容器检测长度不得少于各焊接接头长度的 50%，对非低温容器检测长度不得少于各焊接接头长度的 20%，且均不得小于 250mm。

4. 许用应力和安全系数

许用应力是压力容器筒体、封头等受压元件的材料许用强度，是取材料的极限应力与材料安全系数之比而得到的。材料的极限应力有屈服强度、抗拉强度、蠕变极限和持久强度等。安全系数是考虑到材料性能、载荷条件、设计条件、加工制造和操作中的不确定因素而确定的质量保证系数。安全系数与许多因素有关，各国规范中所规定的安全系数与规范所采用的计算方法、选材、制造和检验方面的规定是相适应的。TSG 21—2016《固定式压力容器安全技术监察规程》给出了确定压力容器材料许用应力的最小安全系数。为方便设计和取值统一，GB/T 150 直接给出了压力容器用钢板、钢管、锻件和螺栓在不同温度下的许用应力值。

4.2.3 压力容器制造安全技术

1. 材料及选用

正确选用压力容器制造材料是保证压力容器安全运行的根本措施。大多数压力容器采用金属材料，如普通碳素钢、低合金钢、高合金钢和铝、铜、钛及其合金等有色金属，但其中大部分为钢制容器。所用材料的技术要求必须符合相应的规定，并附有质量保证书。

设计确定钢材的品质与容器的工艺条件密切相关，压力、温度越高，介质特性(毒性和易燃)危害程度越大，意味着操作条件越苛刻，事故危害性也越大，对钢材的性能和质量要求就越严格。压力容器选用的材料应具有良好的综合力学性能，即材料强度高、塑性和韧性好，以及具有良好的制造和加工工艺性。

选材的一般原则是：在保证塑性指标和其他性能的要求下，尽量选择强度指标较高的材料。良好的耐腐蚀性能是指材料抵抗操作介质对其腐蚀破坏的能力，除了不应直接影响设备使用寿命外，还不应影响产品质量。压力容器多采用焊接结构，焊接缺陷往往是容器破坏的根源之一，选用焊接性能好的金属材料非常重要。

1）力学性能要求

（1）强度

材料的强度是指材料抵抗永久变形和断裂的能力。常用的强度包括屈服强度(屈服极限)和抗拉强度(强度极限)，它们是决定材料许用应力的依据。显然，材料的强度越高，设备的截面尺寸越小，越有利于节省金属用量。但是强度较高的材料，一般塑性和韧性较低，制造困难。对于过程设备用材而言，将材料的屈服强度和抗拉强度之比称为屈强比(γ)，屈强比高的钢材，承载能力也高，同时设备材料的塑性储备也将降低，缺口敏感性增加。因此，目前一般用作压力容器的材料，其屈强比 $\gamma>0.7$ 时，在设计与制造中应慎重；若 $\gamma>0.80\sim0.85$，在设备制造中则应有特殊考虑。

对于工作在交变载荷作用下的设备，由于设备材料承受交变应力的作用，材料的断裂与应力的循环次数有关，因此需要考虑材料的抗疲劳性能，使设备承受规定的载荷循环次数。对于工作在高温下的设备还需要考虑材料的持久强度和蠕变强度。所谓持久强度是指材料在规定温度下达到规定时间而不断裂的最大应力，而蠕变强度是在规定温度下引起试样在一定时间内蠕变总伸长率或恒定蠕变速率不超过规定值的最大应力。

（2）塑性

塑性是指材料断裂前，发生不可逆永久变形的能力。工程上常用延伸率 δ 和断面收缩率 ψ 来表示。

延伸率是指试样拉伸试验后总伸长量与原标距长度之比的百分率，根据试验时试样的长度标距不同，将延伸率用 δ_{10} 和 δ_5 表示。在压力容器用钢中通常以 δ_5 来表示材料的延伸率。过程设备用钢必须有较高的 δ_5 值，一般要求大于 16%，低强钢比较容易满足这一要求。为使材料塑性满足要求，必要时可采用热处理的方法调整钢材的强度和塑性，以保证满足基本要求。

断面收缩率是指试样在拉伸后，其紧缩处横截面面积最大缩减量与原横截面面积的百分率。断面收缩率越大，材料的塑性越好。

除上述两项塑性指标之外，对于需通过冷弯成型的过程设备用钢还需考虑材料冷弯性能，冷弯性能是指材料在常温下承受弯曲而不产生裂纹类缺陷的能力。冷弯试验用以考察材料承受弯曲变形的能力，可以模拟过程设备在卷制成型时的工艺情况。为考察钢管的塑性，通常采用压扁试验，用以检验钢管压扁至规定尺寸而不产生裂纹类缺陷的变形性能。

（3）韧性

韧性是指材料断裂前吸收能量的能力，是衡量材料对缺口敏感性的力学性能指标，韧性是材料强度和塑性的综合反映。塑性好的材料其韧性一般也较好，因而强度高且塑性好的材料，其韧性更好。材料的韧性指标通常用冲击韧度值 α_k 表示。材料的冲击韧性试验值主要与材料的化学成分、金相组织、试样的取向、材料的工作历史以及温度等因素有关。

设备的脆性破坏不仅与材料本身的脆性有关，而且与材料中的缺陷、加工状况、操作条件及载荷等因素有关。因此，目前我国通用的梅氏冲击试验值并不能全面反映设备的脆性断裂行为。对于压力容器用钢的韧性要求，应根据容器的设计参数、结构及制造情况来决定。从制造过程中对钢材韧性的要求来说，一般常温压力容器要求其材料的横向梅氏冲击值不低于 $50J/cm^2$。

材料在低温下，其强度指标往往升高，而它的冲击韧度值则陡降，材料由塑性转变为脆性，这种现象称为材料的冷脆性。材料的冷脆性使得过程装备在低温下操作时，容易产生脆性破裂，这种破裂发生前材料往往不产生明显的塑性变形，所以有较大的危险性和突发性，对于低温设备的设计和使用，应重视这一冷脆现象。为防止材料发生冷脆，要求材料的横向梅氏冲击值不低于 $30J/cm^2$。

金属材料的其他机械性能视材料的用途有不同的要求，如用于受固体颗粒冲击的材料，则有硬度指标要求；用于制造压力容器的金属材料，由于钢板通常采用冷卷成型，故要求材料满足一定的冷弯性能指标和缺口敏感性指标。

2）加工性能要求

压力容器的加工制造方法包括铸造、塑性加工、切削和焊接，特别是焊接方法应用非常普遍。为保证制造质量，必须考虑材料的加工工艺性能。

材料制成铸件的难易程度称为可铸性，主要是指液体金属的流动性和凝固过程中的收缩和偏析。收缩性大，容易造成铸件开裂，而偏析则会造成材料的化学成分不均匀，降低材料的性能。过程设备常用塑性加工的方法来成型，这些方法包括锻造、压延、拉拔、轧制及压力加工等，塑性加工性表示材料塑性加工的难易程度，取决于材料的变形能力和变形抗力，变形抗力小的材料变形能力强。对于变形抗力大的材料，在进行塑性加工时往往会对材料进行加热，以减少变形抗力，增加变形能力。

金属材料的切削性是指金属在切削加工时的难易程度，切削性好的金属，切削时消耗的动力小，刀具寿命长，切削物易于折断脱落，切削后表面粗糙度低。过程设备用材要求具有很好的可焊性，可焊性是指用一定的焊接工艺焊接后能获得优质焊接接头的可能性。优质的焊接接头应具备良好的强度、塑性、韧性，且同时应满足不产生焊接缺陷和保持组织结构均匀的条件。决定材料可焊性好坏的主要是材料的化学成分，含碳量低的材料往往具有好的可焊性，材料中的合金元素对可焊性也有一定的影响，工程上常将合金元素的含量折合成碳当量来综合表示材料的可焊性。

3）耐腐蚀性

过程设备常在高温、高压及特定的介质中工作，构成过程设备的材料在这种恶劣的环境下工作会发生腐蚀。因此腐蚀问题是过程设备材料选用的主要依据之一，它的合理选用直接关系到设备的使用寿命、产品产量、产品质量和环境污染等。所以必须根据介质对材料的腐蚀特点，合理地选择材料，同时在设备的设计中，零部件的尺寸要根据设备使用年限和腐蚀速度留有一定的腐蚀裕度。

4）材料的物理性能

过程设备的工作条件和所承担的作用是非常复杂的，因此在材料的选用中还应考虑材料的物理性能，如换热设备应考虑材料的导热系数，高温下工作的零件要考虑材料的熔点，由多种材料制作的设备应考虑材料热胀系数的不同，为消除静电还需考虑材料的导电性等。

5）材料的经济性

在满足设备使用性能的前提下，选用材料还应注意其经济效果。由于碳素钢和普通低合金钢板价格低廉，因此在满足设备的耐腐蚀和力学性能的前提下应优先选用。在过程设备材料选用时还应考虑国家的生产和供应情况，要因地制宜地选取。同时对于同一台设备，所选用的材料品种应尽量少而集中，以便于采购和管理。

2. 结构设计

在压力容器的破坏事故中，有相当一部分是由结构设计不合理造成的。容器结构设计不合理，一方面在制造和使用过程中容易产生缺陷，而且不便于采用无损检测方法及时准确检查出来；另一方面容器各部分结构之间容易产生局部附加应力和应力集中，缺陷和局部高应力都是容器的断裂破坏源。

结构安全设计的一般原则是：避免总体和局部结构不连续；结构不连续处应圆滑过渡；引起应力集中或削弱强度的结构应相互错开，避免高应力叠加；避免采用刚性过大的焊接结构和静不定结构，开孔接管应避开焊缝；对于焊接结构，焊缝尽量避开应力集中区；焊接接头形式应尽量采用等厚度对接焊缝；不等厚度钢板对接时，必须削薄厚钢板；纵横焊缝不能十字交叉，必须错开；碳钢板采用单面坡口焊接时，采用带垫板的对接焊缝；碳钢和不锈钢焊接时，采用过渡件。

结构设计中注意的几个问题：

(1) 结构不连续处应平滑过渡

受压壳体在几何形状突变或其他结构上的不连续，都会产生较高的不连续应力(边缘应力)。因此，设计时应尽量避免，一般采用圆滑过渡或斜坡过渡的形式，防止突变。

(2) 避免高应力区相互叠加

在压力容器中，由于工艺、安装和检修的要求，往往需要开孔或连接接管，从而产生应力集中区。还有容器焊接结构本身存在的应力集中、支座区域的应力集中都是容器中不可避免的一些局部应力较高的区域。设计时应将这些结构相互错开，以防止局部应力叠加造成更恶劣的应力状态。

(3) 注意角焊缝结构设计

压力容器上不连续的部位多采用角焊缝结构。例如筒体与夹套连接、筒体与平封头连接、法兰与管子连接、支座连接部位等。在结构上，角焊缝结构应力比较集中，它受到拉应力、弯曲应力和切应力的作用，焊缝承受弯曲和切应力的能力较弱。在制造上，角焊缝坡口加工难以采用机械加工，多数用手工加工，导致坡口几何尺寸很难保证，此时，特别是第一道焊缝施焊时，会影响焊缝熔池的结晶，影响角焊缝的质量。在焊接上，角焊缝结构很多部位难以采用自动焊接，只有用手工施焊。焊工在施焊过程中由于受体力等因素影响，难以保证焊接质量，有时会出现焊缝未填满、气孔、弧坑、裂纹等缺陷。由于角焊缝的结构，导致焊缝打底后大部分的角焊缝不能在根部进行清根。因此角焊缝中存在的缺陷(如未焊透、未熔合、裂纹)，在交变载荷或冲击的不断作用下缺口不断扩展，常由此导致断裂引起事故。

(4) 避免采用刚性过大的焊接结构

刚性大的焊接结构不仅使焊接构件因施焊时的膨胀和收缩受到约束而产生较大的焊接应力，而且使壳体在操作条件波动时的变形受到约束而产生附加的弯曲应力。因此，设计时应采取措施予以避免。

4.2.4　压力容器制造质量控制

1. 制造缺陷

1) 焊接缺陷

焊接技术始于20世纪初，焊接结构的用材占钢产量的50%左右，广泛用于各个工业部门。影响焊接质量的因素很多，涉及焊接材料、焊接结构、焊接设备、焊接工艺和环境以及焊工的操作水平等。对焊接质量的安全保证主要是对制造容器材料，通过焊接工艺评定确定合理的焊接方法和工艺，并利用无损检测技术检验焊接质量，从而确保焊接结构的安全可靠。

熔化焊接接头形成过程包括加热、熔化、冶金反应、结晶、固态相变等，或可以说包含三个局部过程，即热过程、化学冶金过程、结晶和相变过程。正是这些复杂的物理化学过程使焊接部位存在化学成分不均匀、组织性能不均匀、附加应力较大(焊接应力集中或残余应力)以及焊接缺陷较多等问题。其中焊接缺陷是威胁容器安全的最主要的因素，焊接缺陷按其位置分以下几类：

（1）外部缺陷

外部缺陷包括焊缝成形不良、焊缝尺寸不符合要求，以及咬边、弧坑、过烧、电弧擦伤等表面缺陷。

① 形状缺陷。焊缝表面粗糙；焊道熔敷不均匀；焊缝与母材不圆滑过渡等。

② 尺寸缺陷。焊缝宽度太宽或太窄；焊缝加强高度过高或过低，甚至下陷等。

以上两类缺陷使焊缝的有效承载截面减少，造成局部的应力集中，削弱了抗疲劳强度。产生这些缺陷的原因是焊接坡口角度不当或装配间隙不均匀，焊接规范选择不当或操作控制不当等。

③ 咬边。咬边指焊趾的母材部位产生凹陷或沟槽，主要原因系焊接时焊接工艺参数不当，如焊接电流过大、电弧过长，焊接速度太快，焊接作业位置不正确等。

④ 弧坑。这是在焊接断弧或收弧时，焊道末端形成的低洼部分，产生的主要原因是熄弧时间过短或焊接薄板时焊接电流过大等。

⑤ 其他。烧穿、焊瘤、电弧擦伤等。

以上这些缺陷同样削弱了焊接接头的强度，并造成应力集中和诱发疲劳裂纹。

（2）内部缺陷

内部缺陷包括夹渣、气孔、未焊透、未熔合和裂纹等。焊接缺陷中以焊缝内部缺陷对焊接容器安全的危害最突出。

① 夹渣。夹渣是指残留在焊缝中的非金属夹杂物。产生夹渣的原因往往是操作不当，使熔渣混入熔池；焊缝坡口过小或焊接电流过小或速度太快，使熔渣未及时浮出；每层焊道的熔渣未清理干净而残留在焊缝内等。

② 气孔。熔池金属中的气体在金属凝固时未及时逸出而留下的空穴称为气孔。形成气孔的气体主要来源于周围大气，溶解在母材、焊接材料（焊丝和焊剂）中的气体，以及油或锈等脏物受热分解和焊接时的冶金反应产生的气体等，所以焊接材料和焊接工艺方面导致焊接过程产生气体的因素都是形成气孔的原因，如焊条药皮或焊剂受潮，未按要求烘干；气体保护不良等。气孔和夹渣的存在，减少了焊缝的静承载能力，对疲劳强度则有较大的影响，因为它们虽不完全是裂纹，但也是一种缺口，同样会引起应力集中。

③ 未焊透和未熔合。焊接接头根部未完全熔透的现象称为未焊透；而焊道与母材或焊道之间未完全熔合的现象称为未熔合。产生未焊透的主要原因是坡口尺寸不适当，焊根清理不彻底，焊接电流过小，弧长过大，速度过快等。未熔合则主要是焊接操作所致，如热流过小，电弧偏向等。

上述缺陷，不仅减少了有效承载截面，削弱了焊缝强度，而且也形同缺口，容易引起应力集中，并造成裂纹，影响接头的抗疲劳强度。

④ 裂纹。在焊接缺陷中，裂纹是最严重的一种缺陷，焊接裂纹是导致容器破坏的最直接最主要的原因。

2）焊接裂纹的类别和成因

焊接裂纹若按其产生的温度和时间不同，有热裂纹、冷裂纹和再热裂纹之分。

（1）热裂纹

热裂纹是焊接接头的冷却过程中，温度处于固相线附近的高温区（700~1000℃）产生的焊接裂纹，主要出现在焊缝金属中，少量在热影响区。产生热裂纹主要是由于焊接熔池在结晶过程中存在偏析现象，偏析元素形成的物质多为分布在晶界上的低熔点共晶和杂质，因其最后凝固且强度又低，当受到焊缝冷却收缩的拉力作用时容易产生开裂，所以这种开裂也通常沿晶界发生。如果母材存在低熔点共晶和杂质，在热影响区同样会产生热裂纹。

(2) 冷裂纹

冷裂纹是焊接容器最常见的裂纹，冷裂纹产生在焊缝冷却到马氏体转变温度(200~300℃)或以下的温度，故称冷裂纹。冷裂纹可以在焊后立即出现，也可以延迟一定时间出现，因此也称为延迟裂纹。因延迟裂纹大多为氢致裂纹，也称氢致延迟裂纹。冷裂纹的这种延迟性质，因不能预见可能导致突发事故，所以其比一般的裂纹危险性更大。冷裂纹多数产生在热影响区，也可产生于焊缝中。热影响区裂纹的位置包括焊道下裂纹、焊趾裂纹、根部热影响区裂纹、横向热影响区裂纹等；焊缝金属裂纹的位置有横向裂纹、纵向裂纹和根部裂纹等。冷裂纹有穿晶的，也有晶间的。前者存在于淬硬性较低的钢中，而后者则相反。产生冷裂纹的原因主要是材料的可焊性，即材料形成对冷裂纹敏感的淬硬组织的倾向性；焊缝或热影响区的氢浓度；焊接接头的拘束应力(包括焊接热应力、焊接接头金属组织转变的组织应力、焊件对焊接接头的刚性拘束应力等)等。

(3) 再热裂纹

再热裂纹是当对容器进行消除焊接残余应力退火处理(500~700℃)或经历多道焊或长期高温下使用时，在焊接热影响区的粗晶粒区沿晶界开裂的裂纹。影响产生再热裂纹的因素主要是材料中能引起沉淀强化的碳化物元素，焊接的拘束应力(包括焊接残余应力或应力集中等)，焊接或热处理工艺等。

由上述可知，在容器的焊接制造过程中，容易发生各种焊接缺陷，这些缺陷对容器的安全使用是潜在的威胁，尤其是裂纹性缺陷，所以加强焊接和焊后热处理工艺的监督和焊接的无损检验，及时发现和消除超标的焊接缺陷，是压力容器安全保障体系中十分重要的环节。

3) 成型、组装缺陷

压力容器的主要承压部件，如壳体、封管等多数由钢板通过冷热加工制成。在此成型和组装过程中，由于设备和操作等原因产生各种缺陷，这些缺陷同样对容器的安全造成危害。这些缺陷包括：

(1) 成型缺陷

成型缺陷主要指表面形状的偏差，包括截面不圆度、表面凹凸不平和纵向皱折等。例如，按 GB 150 的规定：凸形封头内表面的形状偏差如图 4-4 所示，当用弦长等于封头内径(3/4)D_i的内样板检查时，其最大间隙不得大于封头内径的 1.25%；封头直边部分的纵向皱折深度应不大于 1.5mm。

(2)组装缺陷

组装缺陷指接头的尺寸偏差，包括圆筒纵缝或环缝对口错边量 b(图 4-5)，环向或轴向形成的棱角 E(图 4-6)。按 GB 150 的规定：如对口处钢板厚度 t_n 不大于 12mm 时，对口错边量 b 应不大于 t_n 的 1/4；当用弦长等于 1/6 内径 D_i，且不小于 300mm 的内样板或外样板检查时，环向形成的棱角 E 不得大于(t_n/10+2) mm，且不大于 5mm；轴向形成的棱角 E，则用长度不小于 300mm 的直尺检查，其值不得大于(t_n/10+2) mm，且不大于 5mm。

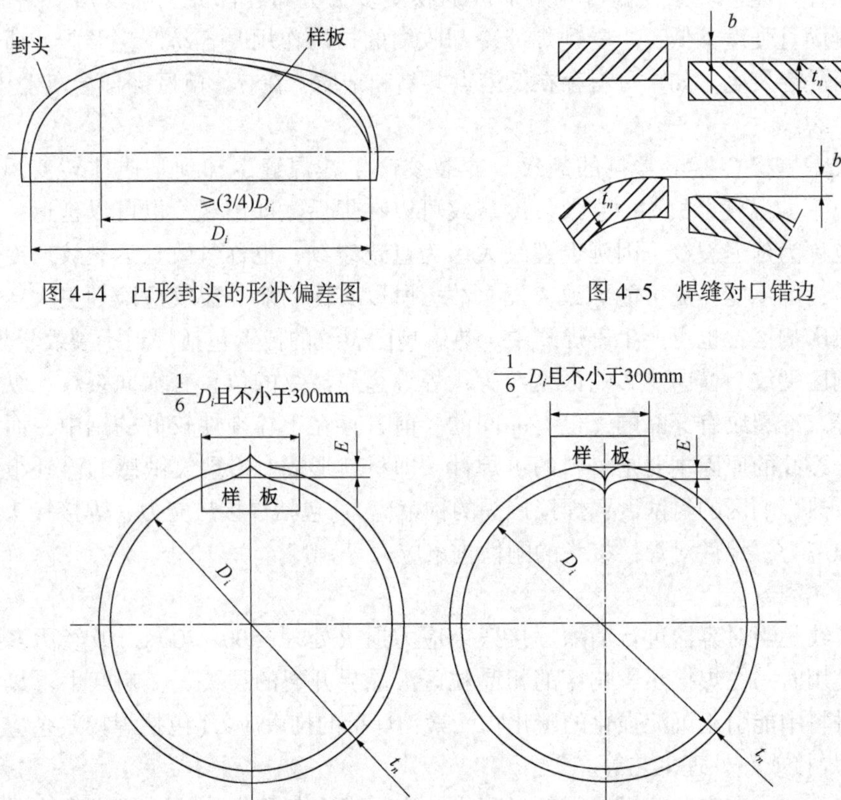

图 4-4 凸形封头的形状偏差图

图 4-5 焊缝对口错边

图 4-6 焊缝棱角

成型缺陷往往引起过大的附加弯曲应力，而焊接接头的对口错边量和棱角等组装缺陷是脆性破裂的根源，影响容器的安全性。

2. 制造检验

压力容器在制造过程中可能产生各种缺陷，而它们都是各种事故的隐患，因此确保容器在制造过程中得到可靠的质量保证是十分重要的。对压力容器制造质量的控制主要体现在设计审查、材料验收、焊接管理、无损检测和压力试验等方面。除设计、材料检查外，本节简要介绍容器制造过程中主要的质量控制或检验要求。

（1）宏观检查

用肉眼直接观察或用量具对容器内外表面进行检查或测量，检查项目包括腐蚀或磨损状况、机械损伤状况、密封状况、变形状况、安全装置和指示仪表状况等。

（2）焊接工艺评定和产品焊接试板

焊接工艺评定是容器制造厂在产品焊接之前，依据所用钢材的焊接性能试验，进行必要的焊接工艺验证性试验。它既验证拟订的焊接工艺的可靠性，还考核施焊设备的能力和人员的素质，因此焊接工艺评定是焊接质量的重要保证。压力容器的焊接工艺评定要求按照 NB/T 47014《承压设备焊接工艺评定》中的规定。焊接控制的另一关键是产品焊接试板，包括试板条件、数量、试板和试样的要求、试样的力学性能检验与评定等，是对焊接材料、焊接工艺和焊接环境的综合考核。

(3) 无损检测

无损检测是不损坏材料而通过射线、超声波、磁粉、渗透和涡流检测等方法对焊接接头内部和表面的缺陷进行检验。各种方法都有其局限性，如超声波检测对裂纹这类平面型缺陷灵敏度比射线探伤高；而射线检测则以检验气孔、夹渣等体积型缺陷较有效；磁粉、渗透检测主要用于检查表面缺陷。

(4) 耐压试验

耐压试验起什么作用、达到什么目的，众说不一，有人认为是发现重大的泄漏；也有认为超设计压力的试验可以考核承受实际使用压力的能力，或容器投入运行前发现设计的错误或潜在的制造缺陷，甚至认为可达到释放某些应力，延缓裂纹的扩展速度的目的。尽管如此，耐压试验仍是容器产品竣工验收的必要检验项目。

耐压试验中的试验介质、试验压力和试验温度等都有规定。通常试验介质采用洁净水或其他无燃爆危险的液体，此时的压力试验也称为液压试验。液压试验的试验压力对固定式钢制压力容器而言，取1.25倍设计压力，并乘以容器材料在试验温度下的许用应力与设计温度下的许用应力之比值。而试验温度与容器材料有关，如碳素钢、16MnR和正火15MnVR钢容器，则规定液体温度不得低于5℃，其他低合金钢不得低于15℃。当设计和支承的容器不允许充满液体或者不允许残留水或其他液体，则需要用空气或其他惰性气体代替液体进行压力试验(也称气压试验)，不过其试验压力和试验温度与液压试验要求不同。气压试验的试验压力取1.15倍设计压力，并乘以容器材料在试验温度下的许用应力与设计温度下的许用应力之比值；其试验温度对碳素钢和低合金钢容器则不得低于15℃。耐压试验时，压力容器壳体的环向薄膜应力，对液压试验，不得超过试验温度下材料屈服点的90%与焊接接头系数的乘积；对气压试验，不得超过试验温度下材料屈服点的80%与焊接接头系数的乘积。

(5) 气密性试验

当介质的毒性程度为极度、高度危害或设计上不允许有微量泄漏的压力容器时，则必须在液压试验后进行气密性试验。气密性试验的试验压力为压力容器的设计压力，对碳素钢和低合金钢容器，试验用气体的温度不得低于5℃。

4.2.5 压力容器安全装置及选用原则

1. 安全泄压装置的作用与类型

压力容器在运行过程中，由于种种原因可能出现容器内压力超过它的最高许用压力(一般为设计压力)的情况。为了防止超压，确保压力容器安全运行，一般都装有安全泄压装置，以自动、迅速地排出容器内的介质，使容器内压力不超过它的最高许用压力。

1) 安全泄压装置的作用

安全泄压装置就是防止超压，保证压力容器安全运行的一种保险装置。容器在正常压力工作时，保持密闭不漏；当容器压力超过规定时，就能把容器内的气体迅速排出，使容器内的压力始终保持在最高许用压力范围以内。它不仅有这一主要功能，还有报警作用。在开放排气时，气体流速较高，可发出较大的声响，成为超压的报警信号。

2) 安全泄压装置的类型

安全泄压装置的类型有阀型、断裂型、熔化型和组合型等。

(1) 阀型安全泄压装置

阀型安全泄压装置就是常用的安全阀，它是通过阀的开放排气降低容器内的压力。特点是仅仅排出容器内高于规定的部分压力，当容器内的压力降至正常操作压力时，即自动关闭。避免了因出现超压就得把全部气体排出而造成的浪费或中断生产，所以广泛应用于各种压力容器。缺点是密闭性差，常有开放滞后现象。

(2) 断裂型安全泄压装置

常用的断裂型安全泄压装置是防爆片和防爆帽，防爆片用于中、低压容器，防爆帽用于超高压容器。它是通过装置元件(防爆片、防爆帽)的破裂排出容器内的气体，特点是密封性能较好，泄压反应快，气体内所含污物对其影响较小等。但是，泄压后不仅防爆片和防爆帽不能继续使用，而且容器也要停止运行，所以一般只用于超压可能性较小或是不易用阀型安全泄压装置的压力容器。

(3) 熔化型安全泄压装置

熔化型安全泄压装置就是常用的易熔塞。它是通过易熔合金的熔化使容器内的气体从已熔化易熔合金形成的孔中排出而泄压的，主要用于因温度升高而发生的超压。因为易熔合金强度低，这种装置的泄放面积不能太大，因此，只能装在需要泄放量很小的压力容器上，多用于液化气体气瓶。

(4) 组合型安全泄压装置

组合型安全泄压装置同时具有阀型和熔化型或阀型和断裂型的特点。常用的有弹簧安全阀和防爆片的组合型。其优点是既克服了阀型安全泄压装置密闭性差的缺点，又可以在排放过高的压力以后使容器继续运行。组合型安全泄压装置的防爆片，可以装在安全阀的入口侧，也可装在出口侧，前者主要是利用防爆片把安全阀和气体隔离，以防安全阀受腐蚀和污物堵塞黏结等。容器超压时，防爆片断裂，安全阀放开排气。待压力降至正常工作值时，安全阀关闭，容器可以继续运行。这种结构要求防爆片断裂对安全阀正常工作无妨碍，并在中间设置检查孔，以便及时发现防爆片的异常现象。防爆片在安全阀的出口侧可使防爆片不受气体的压力与温度的长期作用而产生疲劳，而利用防爆片来防止安全阀的泄漏。这种结构要求及时把安全阀与防爆片之间的气体(由安全阀漏出的)排出，否则将使安全阀失效。

2. 常见安全泄压装置

压力容器常见的安全泄压装置有安全阀、防爆片、防爆帽和易熔塞。

1) 安全阀

压力容器在正常工作压力运行时，安全阀保持严密不漏；当压力超过设定值时，安全阀在压力作用下自行开启，使容器泄压，以防止容器或管线的破坏；当容器压力泄至正常值时，它又能自行关闭，停止泄放。

(1) 安全阀的种类

安全阀按其整体结构及加载机构形式常分为杠杆式和弹簧式两种，它们是利用杠杆与重锤或弹簧弹力的作用，压住容器内的介质，当介质压力超过杠杆与重锤或弹簧弹力所能维持的压力时，阀芯被顶起，介质向外排放，器内压力迅速降低；当器内压力小于杠杆与重锤或弹簧弹力后，阀芯再次与阀座闭合。

弹簧式安全阀的加载装置是一个弹簧，通过调节螺母，可以改变弹簧的压缩量，调整阀瓣对阀座的压紧力，从而确定其开启压力的大小。弹簧式安全阀结构紧凑，体积小，动作灵敏，对振动不太敏感，可以装在移动式容器上，缺点是阀内弹簧受高温影响时，弹性有所降低。

杠杆式安全阀靠移动重锤的位置或改变重锤的重量来调节安全阀的开启压力。它具有结构简单、调整方便、比较准确以及适用较高温度的优点。但杠杆式安全阀结构比较笨重，难以用于高压容器之上。

（2）安全阀的选用

《压力容器安全技术监察规程》规定，安全阀的制造单位，必须有人力资源和社会保障部颁发的制造许可证。产品出厂应有合格证，合格证上应有质量检查部门的印章及检验日期。

安全阀的选用，应根据容器的工艺条件及工作介质的特性，从安全阀的安全泄放量、加载机构、封闭机构、气体排放方式、工作压力范围等方面考虑。安全阀的排放量是选用安全阀的关键因素，安全阀的排放量必须不小于容器的安全泄放量。从气体排放方式来看，对盛装有毒、易燃或污染环境的介质容器，应选用封闭式安全阀。选用安全阀时，要注意其工作压力范围，要与压力容器的工作压力范围相匹配。

（3）安全阀的安装

安全阀应垂直向上安装在压力容器本体的液面以上气相空间部位，或与连接在压力容器气相空间上的管道相连接。安全阀确实不便装在容器本体上，而用短管与容器连接时，则接管的直径必须大于安全阀的进口直径，接管上一般禁止装设阀门或其他引出管。压力容器一个连接口上装设数个安全阀时，则该连接口入口的面积至少应等于数个安全阀的面积总和。压力容器与安全阀之间，一般不宜装设中间截止阀门。对于盛装易燃、毒性程度为极度、高度、中高度危害或黏性介质的容器，为便于安全阀更换、清洗，可装截止阀。但截止阀的流通面积不得小于安全阀的最小流通面积，并且要有可靠的措施和严格的制度，以保证在运行中截止阀保持全开状态并加铅封。

选择安装位置时，应考虑到安全阀的日常检查、维护和检修的方便。安装在室外露天的安全阀要有防止冬季阀内水分冻结的可靠措施。装有排气管的安全阀，排气管的最小截面积应大于安全阀内的出口截面积，排气管应尽可能短而直，并且不得装阀。安装杠杆式安全阀时，必须使其阀杆保持在铅锤的位置。所有进气管、排气管连接法兰的螺栓必须均匀上紧，以免阀体产生附加应力，破坏阀体的同心度，影响安全阀的正常动作。

（4）安全阀的维护和检验

安全阀在安装前应由专业人员进行水压试验和气密性试验，经试验合格后进行调整校正。安全阀的开启压力不得超过容器的设计压力。校正调整后的安全阀应进行铅封。

要使安全阀动作灵敏可靠和密封性能良好，必须加强日常维护检查。安全阀应经常保持清洁，防止阀体弹簧等被油垢脏物所粘住或被腐蚀，还应经常检查安全阀的铅封是否完好。气温过低时，有无冻结的可能性，检查安全阀是否泄漏。对杠杆式安全阀，要检查其重锤是否松动或被移动等。如发现缺陷，要及时校正或更换。安全阀要定期检验，每年至少校验一次。定期检验工作包括清洗、研磨、试验和校正。

2）防爆片

防爆片又称防爆膜、防爆板，是一种断裂型的安全泄压装置。防爆片具有密封性能好、反应动作快以及不易受介质中黏污物的影响等优点。但它是通过膜片的断裂来卸压的，所以卸压后不能继续使用，容器也被迫停止运行。因此它只是在不宜安装安全阀的压力容器上使用。例如：存在爆燃或异常反应而压力倍增，安全阀由于惯性来不及动作；介质昂贵剧毒，不允许任何泄漏；运行中会产生大量沉淀或粉状黏附物，妨碍安全阀动作。

防爆片的结构比较简单。它的主零件是一块很薄的金属板，用一副特殊的管法兰夹持着装入容器的引出短管中，也有把膜片直接与密封垫片一起放入接管法兰的。容器在正常运行时，防爆片虽可能有较大的变形，但它能保持严密不漏。当容器超压时，膜片即断裂排泄介质，避免容器超压而发生爆炸。

防爆片的设计压力一般为工作压力的 1.25 倍，对压力波动幅度较大的容器，其设计破裂压力还要相应大一些。但在任何情况下，防爆片的爆破压力都不得大于容器设计压力。一般防爆片材料的选择、膜片的厚度以及采用的结构形式，均是经过专门的理论计算和试验测试而定的。

运行中应经常检查爆破片法兰连接处有无泄漏，爆破片有无变形。通常情况下，爆破片应每年更换一次，发生超压而未爆破的爆破片应该立即更换。

3）防爆帽

防爆帽又称爆破帽，也是一种断裂型安全泄压装置。它的样式较多，但基本作用原理一样。它的主要元件是一个一端封闭、中间具有一薄弱断面的厚壁短管。当容器的压力超过规定时，防爆帽即从薄弱断面处断裂，气体从管孔中排出。为了防止防爆帽断裂后飞出伤人，在它的外面应装有保护装置。

4）易熔塞

易熔塞是利用装置内的低熔点合金在较高的温度下即熔化，打开通道使气体从原来填充的易熔合金的孔中排出来泄放压力，其特点是结构简单、更换容易，由熔化温度而确定的动作压力较易控制。一般用于气体压力不大，完全由温度的高低来确定的容器，如低压液化气氯气钢瓶上的易熔塞的熔化温度为 65℃。

4.2.6 压力容器的安全问题

1. 应用和特点

压力容器就其广义的定义而言，不仅是用于承装压力流体的密闭容器，从安全使用管理角度而言，更是一类具有潜在爆炸危险的特种设备，一旦发生爆炸事故将造成严重的后果。因此，压力容器与一般机械设备不同，具有应用广泛、操作条件复杂、安全要求高等特点。

压力容器在工业中具有极其广泛的应用，各种形式和规格的压力容器广泛用于石油、天然气、化工、石油化工、能源、制药、食品、航天和交通运输等工业部门，在民用和农业部门也屡见不鲜。但是，压力容器的操作条件十分复杂，甚至近于苛刻。压力从高真空到高压、超高压，温度从 -196℃ 低温到超过 1000℃ 的高温，而处理介质则包含爆、燃、毒、辐(照)、腐(蚀)、磨(损)等数千个品种。操作条件的复杂性使压力容器从设计、制造、安装到使用、检验、改造、维护都不同于一般机械设备，而成为一类特殊的承压设备。

一般压力容器的结构并不复杂，但因其承受各种载荷以及容器破裂瞬间释放出来的破坏能量极大，加上压力容器多数系焊接制造，容易产生各种焊接缺陷，一旦检验、操作失误易发生爆炸破裂，器内的易爆、易燃、有毒的介质将向外泄漏，势必造成极具灾难性的后果。因此，对压力容器本身就要求有足够的强度、刚度和稳定性，以及密封性好等很高要求的安全可靠性。

2. 压力容器事故的特征

压力容器的安全性是一个十分重要而又具工程综合性的问题，影响压力容器安全的因素很多也很复杂。因此，由于各种原因诱发的压力容器事故已经给工厂企业造成了严重的财产损失和人员伤亡。压力容器事故有以下三个主要特征：

1）量大面广

前面已经提到压力容器应用面极广，因此其数量之多。存在如此数量巨大且有潜在爆炸危险性的承压设备，以及地域广泛、数量庞大的设计、制造和维修单位，自然成为国内外政府特别重视其安全的原因。我国政府早在1956年就成立了锅炉安全检查局，专门负责锅炉压力容器的安全管理和监督检查工作，现为国家质量检验检疫总局(简称国家质检总局)特种设备安全监察局。1982年颁布了《锅炉压力容器安全监察暂行条例》并于2003年修订为《特种设备安全监察条例》。

2）事故率高

2019年，市场监督管理总局发布数据显示，截至2018年底，我国特种设备的数量共有1394.35万台，其中压力容器共394.6万台，占比28.3%。2018年，全国发生了与之相关的事故共219起，死亡224人，受伤68人。

3）危害性大

压力容器一旦发生事故其危害非常严重。例如，2008年5月2日17时30分，湖南省湘西市泸溪县某公司1台液氨槽车的驾驶司机将工厂卸氨用橡胶软管与槽车连接好后开始卸氨，约2min后，司机将槽车的卸氨阀开至最大，几秒后，连接软管爆裂，造成4人死亡，1人重伤，16人轻伤，直接经济损失100万元。2006年12月1日13时45分左右，河北省保定市某公司粉煤灰车间用于烘干的一台蒸压釜发生爆炸，冲塌车间屋顶，造成5人死亡，1人受伤。2005年3月21日21时26分，山东省济南市平阴县某公司发生尿素合成塔爆炸重大事故，造成4人死亡，1人重伤，直接经济损失200万元以上。上述例子显然表明压力容器或锅炉一旦发生事故，造成的后果不仅是经济财产损失，生命安全环境都造成重大的危害。

发生压力容器事故很多是出于制造和操作管理上的原因，虽然与一般设备相比，压力容器的事故率较高，危害性也较大，但是同任何事物一样，压力容器也有其安全运行的规律，只要在压力容器的材料、设计、制造、检验、运行管理等的各个环节循其规律、层层设卡、周密防范，完全可以做到减少和避免事故发生，确保压力容器安全、稳定、持久、可靠运行。

综上所述，压力容器是涉及生命安全和较大危险性的承压类特种设备之一。当前，我国承压设备的事故率与发达国家相比较高，安全形势还比较严峻，需要坚持“安全第一、预防为主、综合治理”的基本方针，不断提高安全技术水平和能力，完善法规标准体系建设，加强全过程的安全监管。

4.2.7 压力容器的失效

压力容器失效模式是指容器失效后可观察和测量的宏观特征，按失效原因分类，压力容器失效大致分为强度失效、刚度失效、屈曲失效和泄漏失效等四类。

1. 强度失效

由材料屈服或者断裂引起的压力容器失效，称为强度失效，包括塑性垮塌、局部过度应变(韧性破裂)、脆性断裂、疲劳破裂、蠕变破裂、应力腐蚀破裂等。

1）塑性垮塌

塑性垮塌是指在单调加载条件下压力容器因过量总体塑性变形而不能承载导致的破坏，其特征是破坏后有肉眼可见的宏观变形，如整体膨胀，周长生长率可达10%~50%，破口处壁厚显著减薄，无碎片，在这种情况下，按实测厚度计算的爆破压力与实际爆破压力相当接近。

壁厚过薄和超压是引起容器塑性垮塌的主要原因。导致壁厚过薄的情况大致有两种，分别为厚度未经正确的设计计算和厚度因腐蚀、冲蚀等原因而减薄。操作失误，液体受热膨胀，化学反应失控等均可引起超压，例如，压力较高的气体进入设计压力较小的容器空间，容器内产生的气体无法及时排出等。严格按照标准进行设计、制造，并配备相应的超压释放装置，同时遵循有关规定进行运输、安装、使用、检验和检测，可以避免压力容器在设计寿命内发生塑性垮塌。

2）局部过度应变(韧性破裂)

局部过度应变(韧性破裂)是指压力容器结构不连续处因材料延性耗尽而产生的裂纹或者撕裂。在三向拉应力作用下，材料韧性(断裂应变)会下降。在压力容器结构的不连续区，如螺纹根部，有可能在容器没有塑性垮塌前，就因材料延性耗尽产生裂纹而失效。

3）脆性断裂

脆性断裂是指压力容器未经明显的塑性变形而发生的断裂，这种断裂是在较低应力水平下发生的，断裂时的应力远低于材料强度极限，故又称为低应力脆断，如图4-7所示。其特征是：断裂时容器没有明显的鼓胀；断口齐平并与最大主应力方向垂直；断裂速度极快，易形成碎片。由于脆性断裂时容器往往没有超压，爆破片、安全阀等超压释放装置不会动作，其危险性要比塑性垮塌大得多。

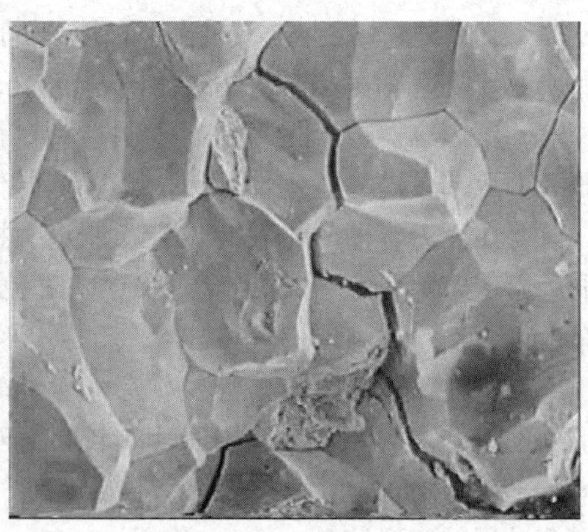

图4-7　脆性断裂示意图

材料脆性和缺陷两种原因都会引起压力容器发生脆性断裂，除材料选用不当、焊接与热处理工艺不合理导致材料脆化外，低温、高压氢环境、中子辐照等也会使材料脆化。压力容器用钢一般韧性较好，但若存在严重的原始缺陷(如原材料的夹渣、分层、折叠等)、制造缺陷(如焊接引起的未熔透、裂纹等)或者使用中产生的缺陷也会导致脆性断裂发生，例如，图 4-8 所示塔体的脆裂。

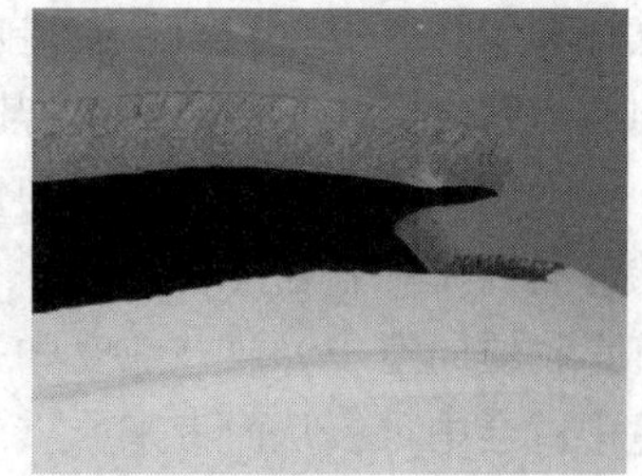

图 4-8　塔体的脆性断裂示意图

4) *疲劳破裂*

疲劳破裂是指在交变载荷作用下，容器在应力集中部位产生局部的永久性损伤，并在一定载荷循环次数后形成裂纹或者裂纹进一步扩展至完全断裂，其特征是每次载荷循环的前半周和后半周在容器的同一部位相继产生方向相反的应变。交变载荷是指大小和方向随时间周期性变化的载荷，它包括运行时的压力波动、开车和停车、加热或冷却时由温度变化引起的热应力变化、振动引起的应力变化、容器接管引起的附加载荷的交变而形成的交变载荷等。

焊接接头容易产生应力集中、焊接缺陷、残余应力和微裂纹。这些因素的综合作用，使得疲劳破裂成为焊接接头的主要失效形式之一。疲劳断裂时容器的总体应力水平较低，断裂往往在容器正常工作条件下发生，没有明显的征兆，是突发性破坏，危险性很大。

5) *蠕变破裂*

蠕变破裂是指在保持应力不变的条件下，应变随时间延长而不断缓慢增加的现象。长期在高温下工作，蠕变会导致压力容器壁厚变薄、直径增大(鼓胀)，甚至造成断裂。从断裂前的变形来看，蠕变破裂具有韧性断裂的特征，而就断裂时的应力而言，蠕变断裂又具有脆性断裂的特征。

6) *应力腐蚀破裂*

应力腐蚀破裂是指金属与其周围介质发生化学或者电化学作用而产生的破坏现象。由均匀腐蚀导致的厚度减薄，或局部腐蚀造成的凹坑，所引起的压力容器失效一般有明显的塑性变形，具有韧性断裂特征；由晶间腐蚀、应力腐蚀等引起的断裂没有明显的塑性变形，具有脆性断裂特征。

2. 刚度失效

由压力容器的变形大到足以影响其正常工作而引起的失效，称为刚度失效。例如，露天安置的塔在风载荷作用下发生过大的弯曲变形，造成塔盘倾斜而影响塔的正常工作。

3. 屈曲失效

在压应力作用下压力容器突然失去其原有的规则几何形状而引起的失效称为屈曲失效。

容器弹性屈曲的一个重要特征是弹性挠度与载荷不成比例，且临界压力与材料的强度无关，主要取决于容器的尺寸和材料的弹性模量。但当容器中的应力水平超过材料的屈服强度而发生非弹性失稳时，临界压力还与材料的强度有关。

4. 泄漏失效

压力容器本体或者连接件失去密封功能，称为泄漏失效。泄漏不仅有可能引起中毒、燃烧和爆炸等事故，而且会造成环境污染。设计压力容器时，应重视各个可拆式接头和不同压力腔之间连接接头(如换热管和管板的连接)的密封性能。

上述压力容器可能发生的任何形式的破裂，最终表现为容器内介质向外泄漏。因泄漏的介质性质和容器工况不同，泄漏造成的灾害和危害也不同。泄漏造成大量易燃、易爆、有毒物质向空中释放并在空中扩散，在有火源条件下会引起燃烧、爆炸，人暴露在这种环境中就会中毒，从而带来严重的人身伤亡、财产损失和环境污染。不仅压力容器本体或各个部件之间的焊接处因发生破裂造成泄漏，压力容器与外接设备(包括管道、阀门等压力附件)和不同压力腔体之间的可拆连接处因密封失效或密封不严而发生泄漏更是屡见不鲜。泄漏造成的灾害，其严重程度和泄漏率(单位时间介质外泄的数量)有关。因此，对压力容器密封连接构件的材料选用、结构设计、安装制造和使用等各个环节采取有效措施，防止压力容器发生泄漏失效，限制压力容器介质泄漏率，是降低压力容器发生事故可能性、提高承压设备安全性的重要保证。

4.2.8 压力容器的定期检验

1. 目的和意义

压力容器的定期检验是指在容器的使用过程中，定期对其进行各种检查，目的是及时查清设备的安全状况，及时发现设备的缺陷和隐患，及时排除险情或采取监控措施，确保压力容器在检验周期内连续的安全运行。压力容器在使用过程中，由于受到内外各种环境因素作用，构造容器的材料会发生物理或化学变化，引起机械性能下降，产生裂纹、变形、磨损等缺陷，包括原材料和制造过程未检测到的微小缺陷产生的扩展。如果这些缺陷不能及早发现或消除，任其发展下去，势必在继续使用过程中导致容器发生泄漏或破裂，最后引起燃烧、爆炸和中毒等严重事故。在这方面，国内外已经有过不少经验和教训。因此，实行压力容器定期检验，及时查清压力容器的安全状况，及早发现存在的缺陷，及时消除缺陷和隐患，防止事故的发生，是确保压力容器长期、可靠、稳定和安全运行的一项有效措施。

2. 检验内容和要求

1) 定期检验的要求

压力容器的使用单位，必须认真安排压力容器的定期检验工作，按照《在用压力容器检验规程》的规定，由取得检验资格的单位和人员进行检验，并将年检计划报主管部门和当地的锅炉压力容器安全监察机构。锅炉压力容器安全监察机构负责监督检查。

2) 定期检验的内容

(1) 外部检验

外部检验指专业人员在压力容器运行中定期的在线检查。检查的主要内容是：压力容器及其管道的保温层、防腐层、设备铭牌是否完好；外表面有无裂纹、变形、腐蚀和局部黄包；所有焊缝、承压元件及连接部位有无泄漏；安全附件是否齐全、可靠、灵活好用；承压设备的基础有无下沉、倾斜，地脚螺丝、螺母是否齐全完好；有无振动和摩擦；运行参数是否符合安全技术操作规程；运行日志与检修记录是否保存完整。

(2) 内外部检验

内外部检验指专业检验人员在压力容器停机时的检验。检验内容除外部检验的全部内容外，还包括以下内容的检验：腐蚀、磨损、裂纹、衬里情况、壁厚测量、金相检验、化学成分分析和硬度测定。

(3) 全面检验

全面检验除内、外部检验的全部内容外，还包括焊缝无损探伤和耐压试验。焊缝无损探伤长度一般为容器焊缝总长的20%。耐压试验是承压设备定期检验的主要项目之一，目的是检验设备的整体强度和致密性，绝大多数承压设备进行耐压试验时用水作介质，故常把耐压试验叫作水压试验。

4.2.9 压力容器的事故分析与处理

1. 事故案例1

1) 事故概况

2004年4月15日21时，重庆某化工总厂氯氢分厂1号氯冷凝器列管腐蚀穿孔，造成含氨盐水泄漏到液氯系统，生成大量易爆的三氯化氮。16日凌晨发生排污罐爆炸，1时23分全厂停车，2时15分左右，排完盐水后4h的1号盐水泵在静止状态下发生爆炸。泵体粉碎性炸坏。

16日17时57分，在抢险过程中，又有连续两声爆响，液氯储罐内的三氯化氮忽然发生爆炸。爆炸使5号、6号液氯储罐罐体破裂解体，并炸出1个长9m、宽4m、深2m的坑，以坑为中心，在200m半径内的地面上和建筑物上有大量散落的爆炸碎片。爆炸造成9人死亡，3人受伤，该事故使重庆市江北区、渝中区、沙坪坝区、渝北区的15万名群众疏散，直接经济损失277万元。

2) 事故原因分析

(1) 事故爆炸直接因素关系链

设备腐蚀穿孔→盐水泄漏进入液氯系统→氯气与盐水中的铵反应生成三氯化氮→三氯化氮富集达到爆炸浓度(内因)→启动事故氯处理装置造成震动引爆三氯化氮(外因)。

(2) 直接原因

① 设备腐蚀穿孔导致盐水泄漏，是造成三氯化氮形成和富集的原因，而三氯化氮富集达到爆炸浓度是事故的直接原因之一。

根据重庆大学的技术鉴定和专家分析，造成氯气泄漏和盐水流失的原因是1号氯冷凝器列管腐蚀穿孔。腐蚀穿孔的原因主要有5个：

a. 氯气、液氯、氯化钙冷却盐水对氯气冷凝器存在普遍的腐蚀作用。

b. 列管内氯气中的水分对碳钢的腐蚀。

c. 列管外盐水中由于离子电位差异对管材发生电化学腐蚀和点腐蚀。

d. 列管与管板焊接处的应力腐蚀。

e. 设备使用时间较长，未适时进行耐压试验，使腐蚀现象未能在明显腐蚀和腐蚀穿孔前及时发现。

1992 年和 2004 年该液氯冷冻岗位的氨蒸发系统曾发生泄漏，造成大量的氨进入盐水，生成了含高浓度铵的氯化钙盐水。1 号氯冷凝器列管腐蚀穿孔，导致含高浓度铵的氯化钙盐水进入液氯系统，生成并大量富集具有极具危险性的三氯化氮爆炸物，为 16 日演变为爆炸事故埋下了重大事故隐患。

②启动事故氯处理装置造成震动，引起三氯化氮爆炸，也是事故的直接原因。

经调查证实，厂方现场处理人员未经指挥部同意，为加快氯气处理的速度，在对三氯化氮富集爆炸的危险性认识不足的情况下，急于求成，判定失误，凭借以前操纵处理经验，自行启动了事故处理装置，对 4 号、5 号、6 号液氯储罐（计量槽）及 1 号、2 号、3 号汽化器进行抽吸处理，在抽吸过程中，事故氯处理装置水封处的三氯化氮因与空气接触和震动而首先发生爆炸，爆炸形成的巨大能量通过管道传递到液氯储罐内，搅动和震动了液氯储罐中的三氯化氮，导致 4 号、5 号、6 号液氯储罐内的三氯化氮爆炸。这表明此次事故对三氯化氮的处理方面，确实存在很大程度的复杂性、不确定性和不可预见性。这次事故是目前氯碱行业现有技术条件下难以预测、没有先例的事故，人为因素不是主导作用。同时，全国氯碱行业尚无对氯化钙盐水中铵含量定期分析的规定，该厂氯化钙盐水十多年来从未更换和检测，造成盐水中的铵不断富集，为生成大量的三氯化氮创造了条件，并为爆炸的发生留下了重大的隐患。

2. 事故案例 2

1）事故概况

2008 年 5 月 6 日 17 时 40 分，兰州某炼化设备有限公司装配车间在对一台编号为 3231 的管壳式换热器进行水压试验时，管程接管与封头的焊缝突然迸裂，造成在该设备上察看试验压力表的 3 名工人被释放出的强大冲击波冲击从设备上飞出落地，最远的达 15m，当场造成 3 人死亡，接管端的封头飞离设备 35m 远后落地。

2）事故原因

(1) 直接原因

① 设备管程、壳程接管的密封结构，设计单位采用的是搭接焊接结构，没有采用全焊透结构，并且未强调焊接具体工艺要求；制造单位在工艺图纸转化时，未将单面奥氏体不锈钢与珠光体低合金钢的焊接按承压焊缝处理，也没有针对此焊缝制定详细的焊接工艺，只是强调采用通用工艺指导焊接，而且不完整。

② 未规定球形封头与接管的组对装配尺寸精度，制造单位装配时，管程、壳程接管部分与封头组对尺寸深度不够，导致焊缝强度受到影响。

③ 缺少专用的水压试验工艺。在水压试验工艺设施使用上，缺少空气排空装置和压力表远程瞭望装置。

④ 水压试验发现漏水时，没有按《固定式压力容器安全技术监察规程》要求，分析原因，制定方案经审批后，严格执行返修工艺，再进行补焊。结果是焊工直接在现场补焊两次之多，而且返修后，连续三次进行水压升压试验，压力上升较快，导致焊缝根部脆性裂

纹扩展，最终搭接接头的角焊缝破裂。

(2) 间接原因

① 制造单位安全管理混乱。缺少必要的检查工艺和工序验收见证资料，工人焊接记录、装配记录不清。工艺纪律执行不严格，未严格执行返修工艺，随意多次补焊。安全意识淡薄，在试验压力下，检查人员到设备顶部检查试验压力。

② 检验单位驻厂监检站未能严格执行《固定式压力容器安全技术监察规程》，对工厂的质量体系运行缺乏必要的控制。对于违规进行返修焊接不加制止。对于不合格的水压试验工艺不经审查合格就开始同意水压试验。而且水压试验属过程监检，水压试验过程中，监检人员不应当离开监检现场。可见，监检单位没有严格执行压力容器监督检验规则，没有落实监检把关的责任。

4.3　化工设备的安全检修

4.3.1　化工设备检修的分类和特点

1. 化工设备检修的分类

化工设备检修可分为计划检修和非计划检修。

计划检修是指企业根据设备管理、使用的经验，生产规律以及设备状况，制订设备检修计划，对设备进行有组织、有准备、有安排、按计划进行的检修。根据检修内容、周期和要求，计划检修又可分为大修、中修和小修，以及单一车间或全厂停水大检修。由于化工装置为设备、机器、公用工程的综合体，因此化工装置检修比单台设备(或机器)检修要复杂得多。

非计划检修是指在生产过程中，因突发性的故障或事故造成设备或装置临时性停车进行的抢修。计划外检修事先无法预料，无法安排计划，而且要求检修时间短，检修质量高，检修的环境及工况复杂，故难度较大。

2. 化工装置检修的特点

化工生产装置检修与其他行业的检修相比，具有复杂性、频繁性、危险性等特点。

化工生产中使用的设备如炉、塔、釜、器、机、泵及罐槽、池等，机械、仪表、管道、阀门等，种类多，数量大，性能和结构不一，这就要求从事检修作业的人员具有丰富的知识和技术素质，熟悉掌握不同设备的结构、原理、性能和特点。装置检修因检修内容多、工期紧、工种多、上下作业、设备内外同时并进，多数设备处于露天或半露天布置，检修作业受到环境和气候等条件的制约，有些要在露天作业，有些要在设备内作业，有些要在地坑或井下作业，有时要上、中、下立体交叉作业，加之外来工、农民工等临时人员进入检修现场机会多，对作业现场环境又不熟悉，从而决定了化工装置检修的复杂性。

化工生产的特点及复杂性决定了化工设备、管道的故障和事故的频繁性，而使计划检修或者非计划检修频繁。

化工生产的危险性大，决定了生产装置检修的危险性亦大。加之化工生产装置和设备复杂，设备和管道中的易燃、易爆、有毒有害、有腐蚀物质等尽管在检修前做过充分的吹扫置换，但仍有可能残存。而检修作业又离不开动火、动土、人员进罐入塔、吊装、登高等作业，客观上具备了发生火灾、爆炸、中毒、化学灼伤、高处坠落、物体打击等事故的条件。因此化工设备检修具有危险性大的特点，同时也决定了设备检修的安全工作的重要地位。

4.3.2 化工设备检修前的准备工作

1. 组织准备

在化工企业中，应根据设备检修项目的多少、任务的大小，按具体情况，提出检修人力，组织设置检修的方案，早做准备。一般大中小修项目可按照企业设备检修任务的分工进行检修。

2. 技术准备

检修的技术准备包括：施工项目、内容的审定；施工方案和停、开车方案的制定；综合计划进度的制定；施工图纸、施工部门和施工任务及施工安全措施的落实等。

3. 材料备件准备

根据检修的项目、内容和要求，准备好检修所需的材料、附件和设备，并严格检查是否合格，不合格的不可以使用。

4. 安全措施的准备

为确保化工检修的安全，除了企业已制定的动火、动土、管内罐内作业、登高、起重等安全措施外，应针对检修作业的内容、范围提出补充安全要求，制定相应的安全措施。明确检修作业程序，进入施工现场的安全纪律，并指派人员负责现场的安全宣传、检查和监督工作。

5. 安全用具准备

根据检修的项目、内容和要求，准备好检修所需的安全及消防用具，如安全帽、安全带、防毒面具以及测氧、测爆、测毒等分析化验仪器和消防器材、消防设施等。

6. 检修器具合理堆放方式

检修用的设备、工具、材料等运到现场后，应按施工器材平面布置图或环境条件妥善布置，不能妨碍通行，不能妨碍正常检修，避免因工具布置不妥而造成工种间相互影响。负责设备检修的单位在检修前需将准备工作内容及要求向检修工人说明。

4.3.3 停车检修前的安全处理

1. 停车操作注意事项

停车方案一经确定，应严格按照停车方案确定的时间、停车步骤、工艺变化幅度，以及确认的停车操作顺序图表，有秩序地进行。

1）停车操作应注意下列问题

① 降温降压的速度应严格按工艺规定进行。高温部位要防止设备因温度变化梯度过大使设备产生泄漏。化工装置中，多为易燃、易爆、有毒、腐蚀性物质，这些物质漏出会造

成火灾爆炸、中毒窒息、腐蚀、灼伤事故。

② 停车段执行的各种操作应准确无误，关键操作采取监护制度，必要时应重复指令内容，克服麻痹思想。执行每一种操作时都要注意观察是否符合操作意图。

③ 装置停车时，所有的机、泵、设备、管线中的物料要处理干净；各种油品、液化石油气、有毒和腐蚀性介质严禁就地排放，以免污染环境或发生事故；可燃、有毒物料应排至火炬烧掉；对残留物料排放时，应采取相应的安全措施。停车操作期间，装置周围应杜绝一切火源。

2）主要设备停车操作

① 制定停车和物料处理方案，并经车间主管领导批准认可，停车操作前，要向操作人员进行技术交底，告之注意事项和应采取的防范措施。

② 停车操作时，车间技术负责人要在现场监视指挥，有条不紊，忙而不乱，严防误操作。

③ 停车过程中，对发生的异常情况和处理方法，要随时做好记录。

④ 对关键性操作，要采取监护制度。

2. 吹扫与置换

化工设备、管线的抽净、吹扫、排空作业的好坏，是关系到检修工作能否顺利进行和人身、设备安全的重要条件之一。当吹扫仍不能彻底清除物料时，则需进行蒸汽吹扫或用氮气等惰性气体置换。

1）吹扫作业注意事项

① 吹扫时要注意选择吹扫介质。炼油装置的瓦斯线、高温管线以及闪点低于130℃的油管线和装置内物料爆炸下限低的设备、管线，不得用压缩空气吹扫。空气容易与这类物料混合形成爆炸性混合物，并达到爆炸浓度，吹扫过程中易产生静电火花或其他明火，发生着火爆炸事故。

② 吹扫时阀门开度应小。稍停片刻，使吹扫介质少量通过，注意观察畅通情况。采用蒸汽作为吹扫介质时，有时需用胶皮软管，胶皮软管要绑牢，同时要检查胶皮软管承受压力情况，禁止这类临时性吹扫作业使用的胶管用于中压蒸汽。

③ 设有流量计的管线，为防止吹扫蒸汽流速过大及管内带有铁渣、锈、垢，损坏计量仪表内部构件，一般经由副线吹扫。

④ 机泵出口管线上的压力表阀门要全部关闭，防止吹扫时发生水击把压力表震坏。压缩机系统倒空置换原则，以低压到中压再到高压的次序进行，先倒净一段，如未达到目的而压力不足时，可由二、三段补压倒空，然后依次倒空，最后将高压气体排入火炬。

⑤ 管壳式换热器、冷凝器在用蒸汽吹扫时，必须分段处理，并要放空泄压，防止液体汽化，造成设备超压损坏。

⑥ 吹扫时，要按系统逐次进行，再把所有管线(包括支路)都吹扫到，不能留有死角。吹扫完应先关闭吹扫管线阀门，后停气，防止被吹扫介质倒流。

⑦ 精馏塔系统倒空吹扫，应先从塔顶回流罐、回流泵倒液、关阀，然后倒塔釜、再沸器、中间再沸器液体，保持塔压一段时间。待盘板积存的液体全部流净后，由塔釜再次倒空放压。塔、容器及冷换设备吹扫之后，还要通过蒸汽在最低点排空，直到蒸汽中不带油

为止，最后停汽，打开低点放空阀排空，要保证设备打开后无油、无瓦斯，确保检修动火安全。

⑧ 对低温生产装置，考虑到复工开车系统内对露点指标控制很严格，所以不采用蒸汽吹扫，而要用氮气分片集中吹扫，最好用干燥后的氮气进行吹扫置换。

⑨ 吹扫采用本装置自产蒸汽，应首先检查蒸汽中是否带油。装置内油、汽、水等有互窜的可能，一旦发现互窜，蒸汽就不能用来灭火或吹扫。

一般说来，较大的设备和容器在物料退出后，都应进行蒸煮水洗，如炼化厂塔、容器、油品储罐等。乙烯装置、分离热区脱丙烷塔、脱丁烷塔，由于物料中含有较高的双烯烃、炔烃，塔釜、再沸器提馏段物料极易聚合，并且有重烃类难挥发油，最好也采用蒸煮方法。蒸煮前必须采取防烫措施。处理时间视设备容积的大小，附着易燃、有毒介质残渣或油垢多少，清除难易，通风换气快慢而定，通常为8~24h。

2）特殊置换

① 存放酸碱介质的设备、管线，应先予以中和或加水冲洗。如硫酸储罐(铁质)用水冲洗，残留的浓硫酸变成强腐蚀性的稀硫酸，与铁作用，生成氢气与硫酸亚铁，氢气遇明火会发生着火爆炸。所以硫酸储罐用水冲洗以后，还应用氮气吹扫，氮气保留在设备内，对着火爆炸起抑制作用。如果进入作业，则必须再用空气置换。

② 丁二烯生产系统，停车后不宜用氮气吹扫，因氮气中有氧的成分，容易生成丁二烯自聚物。丁二烯自聚物很不稳定，遇明火和氧、受热、受撞击可迅速自行分解爆炸。检修这类设备前，必须认真确认是否有丁二烯过氧化自聚物存在，要采取特殊措施破坏丁二烯过氧化自聚物，目前多采用氢氧化钠水溶液处理法直接破坏丁二烯过氧化自聚物。

3. 装置环境安全标准

通过各种处理工作，生产车间在设备交付检修前，必须对装置环境进行分析，达到下列标准：

① 在设备内检修、动火时，氧含量应为19%~21%，燃烧爆炸物质浓度应低于安全值。有毒物质浓度应低于职业接触限值。

② 设备外壁检修、动火时，设备内部的可燃气体含量应低于安全值。

③ 检修场地水井、沟，应清理干净，加盖砂封，设备管道内无余压、无灼烫物、无沉淀物。

④ 设备、管道物料排空后，加水冲洗，再用氮气、空气置换至设备内可燃物含量合格，氧含量在19%~21%。

4. 抽堵盲板

化工生产装置之间、装置与储罐之间、厂际之间，有许多管线相互连通输送物料，因此生产装置停车检修，在装置退料进行蒸、煮、水洗置换后，需要在检修的设备和运行系统管线相接的法兰接头之间插入盲板，以切断物料窜进检修装置的可能。

抽堵盲板应注意以下几点：

① 抽堵盲板工作应由专人负责，根据工艺技术部门审查批复的工艺流程盲板图，进行抽堵盲板作业，统一编号，做好抽堵记录。

② 负责盲板抽堵的人员要相对稳定，一般情况下，抽堵盲板的工作由一人负责。

③ 抽堵盲板的作业人员，要进行安全教育及防护训练，落实安全技术措施。

④ 登高作业要考虑防坠落、防中毒、防火、防滑等措施。

⑤ 拆除法兰螺栓时要逐步缓慢松开，防止管道内余压或残余物料喷出发生意外事故。堵盲板的位置应在来料阀的后部法兰处，盲板两侧均应加垫片，并用螺栓紧固，做到无泄漏。

⑥ 盲板应具有一定的强度，其材质、厚度要符合技术要求，原则上盲板厚度不得低于管壁厚度，且要留有把柄，并于明显处挂牌标记。

5. 临时停车检修

除上述计划停车检修外，停车检修作业的一般安全要求，原则上也适用于小修和计划外检修等停车检修。特别是临时停车抢修，更应树立“安全第一”的思想。临时停车抢修和计划检修有两点不同：一是动工的时间几乎无法事先确定；二是为了迅速修复，一旦动工就要连续作业直至完工。所以在抢修过程中更要冷静考虑，充分估计可能发生的危险，采取一切必要的安全措施，以保证检修的安全顺利。

4. 3. 4 化工设备检修作业的安全要求

1. 检修许可制度

化工生产装置停车检修，尽管经过全面吹扫、蒸煮水洗、置换、抽堵盲板等工作，但检修前仍需对装置系统内部进行取样、分析、测爆，进一步核实空气中可燃或有毒物质是否符合安全标准，认真执行安全检修票证制度。

2. 检修作业安全要求

为保证检修安全工作顺利进行，应做好以下几个方面的工作：

① 参加检修的一切人员都应严格遵守检修指挥部颁布的《检修安全规定》。

② 开好检修班前会，向参加检修的人员进行“五交”，即交施工任务、交安全措施、交安全检修方法、交安全注意事项、交遵守有关安全规定，认真检查施工现场，落实安全技术措施。

③ 严禁使用汽油等易挥发性物质擦洗设备或零部件。

④ 进入检修现场人员必须按要求着装。

⑤ 认真检查各种检修工器具，发现缺陷，立即消除，不能凑合使用，避免发生事故。

⑥ 消防井、栓周围 5m 以内禁止堆放废旧设备、管线、材料等物件，确保消防、救护车辆的通行。

⑦ 检修施工现场，不许存放可燃、易燃物品。

⑧ 严格贯彻谁主管谁负责的检修原则和安全监察制度。

4. 3. 5 化工设备装置的安全检修

1. 动火作业

在化工装置中，凡是动用明火或可能产生火种的作业都属于动火作业。例如，电焊、气焊、切割、熬沥青、烘砂、喷灯等明火作业，凿水泥基础、打墙眼、电气设备的耐压试验、电烙铁、锡焊等易产生火花或高温的作业。

1）动火安全要点

（1）审证

在禁火区内动火应办理动火证的申请、审核和批准手续，明确动火地点、时间、动火方案、安全措施、现场监护人等。审批动火应考虑两个问题：一是动火设备本身；二是动火的周围环境。要做到“三不动火”，即没有动火证不动火，防火措施不落实不动火，监护人不在现场不动火。

（2）联系

动火前要和生产车间、工段联系，明确动火的设备、位置。事先由专人负责做好动火设备的置换、清洗、吹扫、隔离等解除危险因素的工作，并落实其他安全措施。

（3）隔离

动火设备与其他生产系统可靠隔离，防止运行中设备、管道内的物料泄漏到动火设备中来；将动火地区与其他区域采取临时隔火墙等措施加以隔开，防止火星飞溅而引起事故。

（4）移去可燃物

将动火周围10m范围以内的一切可燃物，如溶剂、润滑油、未清洗的盛放过易燃液体的空桶、木筐等移到安全场所。

（5）灭火措施

动火期间动火地点附近的水源要保证充分，不能中断；动火场所准备好足够数量的灭火器具；在危险性大的重要地段动火，消防车和消防人员要到现场，做好充分准备。

（6）检查与监护

上述工作准备就绪后，根据动火制度的规定，厂、车间或安全、保卫部门的负责人应到现场检查，对照动火方案中提出的安全措施检查是否落实，并再次明确和落实现场监护人和动火现场指挥，交代安全注意事项。

（7）动火分析

动火分析不宜过早，一般不要早于动火前的半小时，如果动火中断半小时以上，应重做动火分析。分析试样要保留到动火之后，分析数据应做记录，分析人员应在分析化验报告单上签字。

（8）动火

动火应由经安全考核合格的人员担任，压力容器的焊补工作应由锅炉压力容器考试合格者担任。无合格证者不得独自从事焊接工作，动火作业出现异常时，监护人员或动火指挥应果断命令停止动火，待恢复正常，重新分析合格并经批准部门同意后，方可重新动火。高处动火作业应戴安全帽、系安全带，遵守高处作业的安全规定。氧气瓶和移动式乙炔瓶发生器不得有泄漏，应距明火10m以上，氧气瓶和乙炔发生器的间距不得小于5m。有五级以上大风时不宜高处动火。电焊机应放在指定的地方，火线和接地线应完整无损、牢固，禁止用铁棒等物代替接地线和固定接地点。电焊机的接地线应接在被焊设备上，接地点应靠近焊接处，不准采用远距离接地回路。

（9）善后处理

动火结束后应清理现场，熄灭余火，做到不遗漏任何火种，切断动火作业所用电源。

2）动火作业安全要求

（1）油罐带油动火

油罐带油动火除了检修动火应做到安全要点外，还应注意：在油面以上不准动火；补焊前应进行壁厚测定，根据测定的壁厚确定合适的焊接方法；动火前用铅或石棉绳等将裂缝塞严，外面用钢板补焊。罐内带油油面下动火补焊作业危险性很大，只在万不得已的情况下才采用，作业时要求稳、准、快，现场监护和补救措施比一般检修动火更应该加强。

（2）油管带油动火

油管带油动火处理的原则与油罐带油动火相同，只是在油管破裂，生产无法进行的情况下，抢修堵漏才用。带油管路动火应注意：测定焊补处管壁厚度，决定焊接电流和焊接方案，防止烧穿；清理周围现场，移去一切可燃物；准备好消防器材，并利用难燃或不燃挡板严格控制火星飞溅方向；降低管内油压，但需保持管内油品的不停流动；对泄漏处周围的空气要进行分析，合乎动火安全要求才能进行；若是高压油管，要降压后再打卡子焊补；动火前与生产部门联系，在动火期间不得卸放易燃物资。

（3）带压不置换动火

带压不置换动火指可燃气体设备、管道在一定的条件下未经置换直接动火补焊，带压不置换动火的危险性极大，一般情况下不主张采用。必须采用带压不置换动火，应注意：整个动火作业必须保持稳定的正压；必须保证系统内的含氧量低于安全标准(除环氧乙烷外一般规定可燃气体中含氧量不得超过1%)；焊前应测定壁厚，保证焊时不烧穿才能工作；动火焊补前应对泄漏处周围的空气进行分析，防止动火时发生爆炸和中毒；作业人员进入作业地点前穿戴好防护用品，作业时作业人员应选择合适位置，防止火焰外喷烧伤，整个作业过程中，监护人、扑救人员、医务人员及现场指挥都不得离开，直至工作结束。

2. 检修用电

检修使用的电气设施有两种：一是照明电源，二是检修施工机具电源(卷扬机、空压机、电焊机)。以上电气设施的接线工作须由电工操作，其他工种不得私自乱接。

电气设施要求线路绝缘良好，没有破皮漏电现象。线路敷设整齐不乱，埋地或架高敷设均不能影响施工作业、行人和车辆通过。线路不能与热源、火源接近。移动或局部式照明灯要有铁网罩保护。光线阴暗，设备内以及夜间作业要有足够的照明，临时照明灯具悬吊时，不能使导线承受张力，必须用附属的吊具来悬吊。行灯应用导线预先接地，检修装置现场禁用闸刀开关板。正确选用熔断丝，不准超载使用。

电气设备，如电钻、电焊机等手拿电动机具，在正常情况下，外壳没有电，当内部线路年久失修、腐蚀或机械损伤，其绝缘遭到破坏时，它的金属外壳就会带电，如果人站在地上或设备上，手接触到带电的电气工具外壳或人体接触到带电导体上，人体与脚之间产生了电位差，并超过40V，就会发生触电事故。因此使用电气工具，其外壳应可靠接地，并安装触电保护器，避免触电事故发生。国外某工厂检修一台直径1m的溶解锅，检修人员在锅内作业使用220V电源，功率仅0.37kW的电动砂轮机打磨焊缝表面，因砂轮机绝缘层破损漏电，背脊碰到锅壁，触电死亡。

电气设备着火、触电，应首先切断电源，不能用水灭电气火灾，宜用干粉灭火器扑救；如触电，用木棍将电线挑开，当触电人停止呼吸时，进行人工呼吸，送医院急救。电气设备检修时，应先切断电源，并挂上“有人工作，严禁合闸”的警告牌。停电作业应履行停、复用电手续。停用电源时，应在开关箱上加锁或取下熔断器。

在生产装置运行过程中临时抢修用电时，应办理用电审批手续。电源开关要采用防爆型，电线绝缘要良好，宜空中架设、远离传动设备、热源、酸碱等，抢修现场使用临时照明灯宜为防爆型，严禁使用无防护罩的行灯，不得使用220V电源，手持电动工具应使用安全电压。

3. 动土作业

化工厂区的地下生产设施复杂隐蔽，如地下敷设电缆，其中有动力电缆、信号、通信电缆，另外还有敷设的生产管线。凡是影响到地下电缆、管道等设施安全的地上作业都包括在动土作业的范围内。如，挖土、打桩埋设接地极等入地超过一定深度的作业；用推土机、压路机等施工机械的作业。随意开挖厂区土方，有可能损坏电缆或管线，造成装置停工，甚至人员伤亡。

动土作业安全要求：

① 审证。根据企业地下设施的具体情况，划定各区域动土作业级别，按分级审批的规定办理审批手续。申请动土作业时，需写明作业的时间、地点、内容、范围、施工方法、挖土堆放场所和参加作业人员、安全负责人及安全措施。一般由基建、设备动力、仪表和工厂资料室的有关人员根据地下设施布置总图对照申请书中的作业情况仔细核对，逐一提出意见，然后按动土作业规定交有关部门或厂领导批准，根据基建等部门的意见，提出补充安全要求。办妥上述手续的动土作业许可证方才有效。

② 安全注意事项。为防止动土作业造成的各种事故，作业时应注意以下几点：防止损坏地下设施和地面建筑，施工时必须小心。防止坍塌，挖掘时应自上而下进行，禁止采用挖空底脚的方法挖掘；同时应根据挖掘深度装设支撑；在铁塔、电杆、地下埋设物及铁道附近挖土时，必须在周围加固后，方可进行施工。防止机器工具伤害，夜间作业必须有足够的照明。防止坠落，挖掘的沟、坑、池等应在周围设置围栏和警告标志，夜间设红灯警示。

此外，在可能出现煤气等有毒有害气体的地点工作时，应预先告知工作人员，并做好防毒准备。在挖土作业时如突然发现煤气等有毒气体或可疑现象，应立即停止工作，撤离全部工作人员并报告有关部门处理，在有毒有害气体未彻底清除前不准恢复工作。在禁火区内进行动土作业还应遵守禁火的有关安全规定。动土作业完成后，现场的沟、坑应及时填平。

4. 管内罐内作业

凡是进入塔、釜、槽、罐、炉、器、烟囱、料仓、地坑或其他闭塞场所内进行的作业，均称管内罐内作业。化工检修中管内罐内作业频繁，和动火一样是危险性很大的作业。

管内罐内作业安全要求：

① 可靠隔离。进入管内罐内作业的设备必须和其他设备、管道可靠隔离，绝不允许其他系统中的介质进入检修的管内罐内。

② 切断电源。有电动和照明设备时，必须切断电源，并挂上“有人检修，禁止合闸”的牌子。

③ 进行置换通风。防止危险气体大量残存，并保证氧气充足(氧含量18%~21%)。作业时应打开所有的人孔、手孔等保证自然通风，对通风不良及容积较小的设备，作业人员应采取间歇作业或轮换作业。

④ 取样分析。作业前30min内进行安全分析，分析合格后才能进行作业。作业中应每间隔一定时间就重新取样分析。

⑤ 监护。设专人在外监护，内外要经常联系，以便发生意外时及时抢救。

⑥ 用电安全。管内罐内作业照明、使用的电动工具必须使用安全电压，在干燥的管内罐内电压≤36V，潮湿环境电压≤12V，若有可燃物存在，还应符合防爆要求。在管内罐内进行电焊作业时，人要在绝缘板上作业。

⑦ 个人防护。进入管内罐内作业应按规范戴防护用具，切实做好个人防护。一次作业的时间不宜过长，应组织轮换。

⑧ 急救措施。管内罐内作业必须有现场急救措施，如安全带、隔离式面具、苏生器等。对于可能接触酸碱的管内罐内作业，预先应准备好大量的水，以供急救时用。

⑨ 升降机具。管内罐内作业用升降机具必须安全可靠。化工检修中的管内罐内作业，必须和动火、动土一样，事前应按规定办理审批手续，有关部门负责人应检查各项安全措施的落实情况。作业结束时，应清理杂物，把所有工具、材料等搬出罐外，不得有遗漏。经检修单位和生产单位共同检查，在确认无疑后，方可上法兰加封。

⑩ 进入容器、设备的八个必须：必须申请、办证，并得到批准；必须进行安全隔绝；必须切断动力电，并使用安全灯具；必须进行置换、通风；必须按时间要求进行安全分析；必须佩戴规定的防护用具；必须有人在器外监护，并坚守岗位；必须有抢救后备措施。

5. 高空作业

凡在坠落高度基准面2m以上(含2m)有可能坠落的高处进行的作业，均称为高空作业。

高空作业安全要求：

① 作业人员。患有精神病、癫痫、高血压、心脏病等疾病以及深度近视的人，不准参加高处作业。

② 作业条件。高处作业均须先搭脚手架或采取其他防止坠落的措施后，方可进行。

③ 防止工具材料坠落。高处作业所使用的工具材料、零件等必须装入工具袋，上下时手中不得持物；不准投掷工具、材料及其他物品。

④ 防止触电。高处作业附近有架空电线时，应根据电压等级与电线保持规定安全距离(<110kV为2m，220kV为3m，330kV为4m)，防止导体材料碰触电线。

⑤ 防中毒。在易散发有毒气体的厂房、设备上方施工时，要设专人监护。如发现有毒气体排放，应立即停止作业。

⑥ 气象条件。六级以上大风、暴雨、打雷、大雾等恶劣天气，应停止露天高空作业。

⑦ 注意结构的牢固性和可靠性。登石棉瓦、瓦棱板等轻型材料作业时，必须铺设牢固的脚手板，并加以固定，脚手板上要有防滑措施。

⑧ 禁止上下垂直作业。高空作业时，一般不应垂直交叉作业。凡因工序原因必须上下同时作业时，须采取可靠的隔离措施。

6. 起重与搬运作业

1）起重作业

起重作业是指利用起重机械进行的作业。化工企业在进行设备检修时，起重作业频繁，因此，加强起重作业的安全管理是十分重要的。

起重准备工作：起吊大件的或复杂的起重作业，应制订包括安全措施在内的起吊施工方案，由专人指挥。普通小件的吊运，也要有周密的安排。一般应做到以下几点：

① 根据设备的材质、结构、面积、厚度及内存物料情况进行计算，估重并找出重心，确定捆绑方法和挂钩。

② 察看起重物在上升、浮动、落位、拖运、安放的过程中所通过的空间场地、道路有无电线电缆、管线、地沟盖板等障碍，并采取相应措施确保起重作业在中途不发生意外。

③ 根据重物的体积、形状和重量，确定起吊方法，选定起吊工具。起吊大型设备，先要"试吊"，"试吊"合格，再正式起吊。

起重作业"五好""十不吊"：

a. "五好"：思想集中好；上下联系好；机器检查好；扎紧提放好；统一指挥好。

b. "十不吊"：指挥信号不明或乱指挥不吊；超负荷或重物重量不明不吊；斜拉重物不吊；光线阴暗看不清吊物不吊；重物上面有人不吊；捆绑不牢、不稳不吊；重物边缘锋利无防护措施不吊；重物埋在地下不吊；重物越过人头不吊；安全装置失灵不吊。

2）人力搬运安全管理

① 个人负重。在人力搬运作业中，个人负重最多不超过 80kg。两人以上协力作业，平均每人负重不得超过 70kg。单人负重 50kg 以上，平均搬运距离最好不超过 70m，应经常休息或替换，注意正确的搬运姿势。

② 轻拿轻放。在人力搬运作业中，要做到轻拿轻放，最好有人协助，切忌扔摔。

4.3.6 化工设备检修后的交工验收及开车

1. 装置开车前安全检查

生产装置经过停工检修后，在开车运行前要进行一次全面的安全检查验收。目的是检查检修项目是否全部完工，质量全部合格，职业安全卫生设施是否全部恢复完善，设备、容器、管道内部是否全部吹扫干净、封闭，盲板是否按要求抽加完毕，确保无遗漏，检修现场是否工完、料尽、场地清，检修人员、工具是否撤出现场，达到了安全开工条件。

1）焊接检验

凡化工装置使用易燃、易爆、剧毒介质以及特殊工艺条件的设备、管线及经过动火检修的部位，都应按《固定式压力容器安全技术监察规程》等的要求进行 X 射线拍片检验和残余应力处理。如发现焊缝有问题，必须重焊，直到验收合格，否则将导致严重后果。如某厂焊接气分装置脱丙烯塔与重沸器之间一条直径 80mm 丙烷抽出管线，因焊接质量问题，开车后断裂跑料，发生重大爆炸事故。事故的直接原因是焊接质量低劣，有严重的夹渣和未焊透现象，断裂处整个焊缝有三个气孔，其中一个气孔直径达 2mm，有的焊肉厚度仅为 1~2mm。

2）试压和气密试验

任何设备、管线在检修复位后，为检验施工质量，应严格按有关规定进行试压和气密试验，防止生产时跑、冒、滴、漏，造成各种事故。

一般来说，压力容器和管线试压用水作介质，不得采用有危险的液体，也不准用工业气体或氮气做耐压试验。气压试验危险性比水压试验大得多，曾有用气压代替水压试验而发生事故的教训。

安全检查要点如下：

① 检查设备、管线上的压力表、温度计、液面计、流量计、热电偶、安全阀是否调校安装完毕，灵敏好用。

② 试压前所有的安全阀、压力表应关闭根部阀，有关仪表应隔离或拆除，防止起跳或超程损坏。

③ 对被试压的设备、管线要反复检查，流程是否正确，防止系统与系统之间相互串通，必须采取可靠的隔离措施。

④ 试压时，试压介质、压力、稳定时间都要符合设计要求，并严格按有关规程执行。

⑤ 对于大型、重要设备和中、高压及超高压设备、管道，在试压前应编制试压方案，制定可靠的安全措施。

⑥ 情况特殊，采用气压试验时，试压现场应加设围栏或警示牌，管线的输入端应装安全阀。

⑦ 带压设备、管线，在试验过程中严禁强烈机械冲撞或外来气串入，升压和降压应缓慢进行。

⑧ 在检查受压设备和管线时，法兰、法兰盖的侧面和对面都不能站人。

⑨ 在试压过程中，受压设备、管线如有异常响声，如压力下降、表面油漆剥落、压力表指针不动或来回不停摆动，应立即停止试压，并卸压查明原因，视具体情况再决定是否继续试压。

⑩ 登高检查时应设平台围栏，系好安全带，试压过程中发现泄漏，不得带压紧固螺栓、补焊或修理。

3）吹扫、清洗

在检修装置开工前，应对全部管线和设备彻底清洗，把施工过程中遗留在管线和设备内的焊渣、泥沙、锈皮等杂质清除掉，使所有管线都贯通。如吹扫、清洗不彻底，杂物易堵塞阀门、管线和设备，对泵体、叶轮产生磨损，严重时还会堵塞泵过滤网。如不及时检查，将使泵抽空，造成泵或电机损坏的设备事故。

一般处理液体管线用水冲洗，处理气体管线用空气或氮气吹扫，蒸汽等特殊管线除外。如仪表风管线应用净化风吹扫，蒸汽管线按压力等级不同使用相应的蒸汽吹扫等。吹扫、清洗时应拆除易堵卡物件（如孔板、调节阀、阻火器、过滤网等），安全阀加盲板隔离，关闭压力表手阀及液位计联通阀，严格按方案执行；吹扫、清洗要严，按系统、介质的种类、压力等级分别进行，并应符合现行规范要求；在吹扫过程中，要有防止噪声和静电产生的措施，冬季用水清洗应有防冻结措施，以防阀门、管线、设备冻坏；放空口要设置在安全的地方或有专人监视；操作人员应配齐个人防护用具，与吹扫无关的部位要关闭或加盲板隔绝；用蒸汽吹扫管线时，要先慢慢暖管，并将冷凝水引到安全位置排放干净，以防水击，并有防止检查人烫伤的安全措施；对低点排凝、高点放空，要顺吹扫方向逐个打开和关闭，待吹扫达到规定时间要求时，先关阀后停汽；吹扫后要用氮气或空气吹干，防止蒸汽冷凝液造成真空而损坏管线；输送气体管线如用液体清洗时，核对支撑物强度能否满足要求；清洗过程要用最大安全体积和流量。

4）烘炉

各种反应炉在检修后开车前，应按烘炉规程要求进行烘炉。

① 编制烘炉方案，并经有关部门审查批准。组织操作人员学习，掌握其操作程序和应注意的事项。

② 烘炉操作应在车间主管生产的负责人指导下进行。

③ 烘炉前，有关的报警信号、生产联锁应调校合格，并投入使用。

④ 点火前，要分析燃料气中的氧含量和炉膛可燃气体含量，符合要求后方能点火。点火时应遵守“先火后气”的原则。点火时要采取防止喷火烧伤的安全措施以及灭火的设施。炉子熄灭后重新点火前，必须再进行置换，合格后再点火。

5）传动设备试车

① 编制试车方案，并经有关部门审查批准。

② 专人负责进行全面仔细的检查，使其符合要求，安全设施和装置要齐全完好。

③ 试车工作应由车间主管生产的负责人统一指挥。

④ 冷却水、润滑油、电机通风、温度计、压力表、安全阀、报警信号、联锁装置等，要灵敏可靠，运行正常。

⑤ 查明阀门的开关情况，使其处于规定的状态。

⑥ 试车现场要整洁干净，并有明显的警戒线。

6）联动试车

装置检修后的联动试车，重点要注意做好以下几个方面的工作：

① 编制联动试车方案，并经有关领导审查批准。

② 指定专人对装置进行全面认真的检查，查出的缺陷要及时消除。检修资料要齐全，安全设施要完好。

③ 专人检查系统内盲板的抽加情况，登记建档，签字认可，严防遗漏。

④ 装置的自保系统和安全联锁装置，调校合格，正常运行灵敏可靠，专业负责人要签字认可。

⑤ 供水、供气、供电等辅助系统要运行正常，符合工艺要求。整个装置要具备开车条件。

⑥ 在厂部或车间领导统一指挥下进行联动试车工作。

2. 装置开车

装置开车要在开车指挥部的领导下，统一安排，并由装置所属的车间领导负责指挥开车。岗位操作工人要严格按工艺卡片的要求和操作规程操作。

① 贯通流程。用蒸汽、氮气通入装置系统，一方面扫去装置检修时可能残留部分的焊渣、焊条头、铁屑、氧化皮、破布等，防止这些杂物堵塞管线；另一方面验证流程是否贯

通。按工艺流程逐个检查，确认无误，做到开车时不窜料、不憋压。按规定对装置系统置换，分析系统氧含量达到安全值以下的标准。

② 装置进料。进料前，在升温、预冷等工艺调整操作中，检修工与操作工配合做好螺栓紧固部位的热把、冷把工作，防止物料泄漏。岗位应备有防毒面具。油系统要加强脱水操作，深冷系统要加强干燥操作，为投料奠定基础。装置进料前要关闭所有的放空、排污、倒淋等阀门，然后按规定流程，经操作工、班长、车间值班领导检查无误，启动机泵进料。进料过程中，操作工沿管线进行检查，防止物料泄漏或物料走错流程；装置开车过程中，严禁乱排乱放各种物料。装置升温、升压、加量，按规定缓慢进行；操作调整阶段，应注意检查阀门开度是否合适，逐步提高处理量，直至达到正常生产为止。

4.4　事故案例

应急管理部指出，事故的发生暴露出一些地方和企业安全发展理念不牢、法治意识不强、安全基础薄弱、安全水平不高、安全管理缺失等突出问题，安全生产形势依然严峻复杂，危险化学品重大安全风险防范化解任务依然繁重艰巨。应急管理部表示，防范化解危险化学品重大安全风险、坚决遏制重特大安全事故关系社会长治久安、人民群众生命财产安全，地位突出，意义重大。为维护好人民群众生命财产安全，应急管理部对外公布一批2021年以来发生的化工和危险化学品生产安全事故典型案例。

1. 河南某公司“1·14”中毒事故

2021年1月14日16时20分左右，河南某公司在1#水解保护剂罐进行保护剂扒出作业时，发生一起窒息事故，造成4人死亡、3人受伤，直接经济损失约1010万元。事故的直接原因是，作业人员违章作业，致使作业人员缺氧窒息晕倒，现场人员救援能力不足，组织混乱，导致事故扩大。

主要教训：该公司安全风险辨识不足，未明确高浓度氮气造成的窒息风险；安全技术审查把关不严，未将受限空间与危险化学品管道进行隔离；现场管理不到位，受限空间作业人员佩戴正压面罩后无紧固措施；安全投入不足，未向净化车间配备体积小、适合进出罐作业的正压式呼吸器；应急救援演练针对性不强，未开展特殊受限空间防中毒方案演练。此外，其股东某集团有限公司未落实安全生产责任制，对下属企业高风险作业安全技术措施进行审查、检查责任失管失察。

2. 湖北某公司“2·26”爆炸事故

2021年2月26日16时19分左右，湖北某公司复工复产期间，非法生产甲基硫化物发生爆炸事故，造成4人死亡、4人受伤。初步分析事故的主要原因是，事故单位进行甲基硫化物蒸馏提纯，在更换搅拌电机减速器时，未对蒸馏釜内物料进行冷却，导致釜内甲基硫化物升温，发生剧烈分解爆炸。

主要教训：该公司法律意识淡薄，主要负责人不懂化工，在未经变更、未经设计、未经许可的情况下，借合法生产之名(许可为乙基氯化物)非法组织生产甲基硫化物；一线从业人员文化水平偏低，缺乏安全意识和风险辨识管控能力。

3. 吉林某公司“2·27”中毒事故

2021年2月27日23时10分许，吉林某公司发生一起较大中毒事故，造成5人死亡、

8 人受伤，直接经济损失约 829 万元。事故的直接原因是，长丝八车间部分排风机因停电停止运行，该车间三楼回酸高位罐酸液中逸出的硫化氢无法经排风管道排出，致硫化氢从高位罐顶部敞口处逸出，并扩散到楼梯间内。硫化氢在楼梯间内大量聚集，达到致死浓度。新原液车间工艺班班长在经楼梯间前往三楼作业岗位途中，吸入硫化氢中毒，在对其施救过程中多人中毒，导致事故后果扩大。

主要教训：该公司重要安全设备缺失，未设置固定式有毒气体报警装置，事故通风系统，全线 DCS 集散式自动控制系统和双回路电源供电；风险辨识和管控缺失，未辨识出八纺酸站三楼存在硫化氢中毒风险；事故应急处置不力，未制定现场处置方案，未配备应急器材等管控措施；相关人员安全意识淡薄，安全教育和培训流于形式。

4. 黑龙江某公司“4·21”中毒事故

2021 年 4 月 21 日 13 时 43 分，黑龙江某公司发生一起中毒窒息事故，造成 4 人死亡、9 人中毒受伤，直接经济损失约 873 万元。事故发生在三车间制气工段制气釜停工检修过程中。初步分析事故的主要原因是，在 4 个月的停产期间，制气釜内气态物料未进行退料、隔离和置换，釜底部聚集了高浓度的氧硫化碳与硫化氢混合气体，维修作业人员在没有采取任何防护措施的情况下，进入制气釜底部作业，吸入有毒气体造成中毒窒息。在抢救过程中救援人员在没有防护措施的情况下多次向釜内探身、呼喊、拖拽施救，致使现场 9 人不同程度中毒受伤。

主要教训：该公司法律意识缺失、安全意识淡薄，未落实安全生产主体责任，违规组织受限空间作业；风险辨识和隐患排查治理不到位，未辨识出制气釜检修存在中毒窒息风险；安全管理制度不完善，缺少停车作业内容，对釜内物料退料、置换的操作规定不明确；作业人员岗位培训不到位，未开展特殊作业安全培训；应急处置能力不足，未配备足够应急救援物资和个人防护用品。此外，未依法取得建设项目施工许可证，擅自开工建设，未批先建问题突出。

5. 河北某公司“5·31”火灾事故

2021 年 5 月 31 日 14 时 28 分，河北某公司发生火灾事故，直接经济损失约 3872 万元，未造成人员伤亡。初步分析事故的主要原因是，该公司非法储存，在油气回收管线未安装阻火器和切断阀的情况下，违规动火作业，引发管内及罐顶部可燃气体闪爆，引燃罐内稀释沥青。

主要教训：该公司法律意识淡薄，在储罐建成未验收的情况下，擅自投入使用，非法储存稀释沥青；在动火作业前未进行危险因素辨识，未制定并落实动火作业的安全措施，违章指挥无证人员动火作业。

参 考 文 献

[1] 张松斌．化工设备[M]．北京：化学工业出版社，2017.
[2] 陈星，张慧．化工设备安装与维修[M]．北京：化学工业出版社，2014.
[3] 王学生，惠虎．化工设备设计[M]．上海：华东理工大学出版社，2017.
[4] 刘景良．化工安全技术[M]．北京：化学工业出版社，2014.
[5] 智恒平．化工安全与环保[M]．北京：化学工业出版社，2016.
[6] 刘景良．化工安全技术与环境保护[M]．北京：化学工业出版社，2012.

[7] 马世辉．压力容器安全技术[M]．北京：化学工业出版社，2011.
[8] 陈长宏，吴恭平．压力容器安全与管理[M]．北京：化学工业出版社，2015.
[9] 王学生，惠虎．压力容器[M]．上海：华东理工大学出版社，2018.
[10] 王灵果，姜凤华．化工设备与维修[M]．北京：化学工业出版社，2013.
[11] 许文，张毅民．化工安全工程概论[M]．北京：化学工业出版社，2011.
[12] 蔡凤英，谈宗山，孟赫，等．化工安全工程[M]．北京：化学工业出版社，2009.

课 后 题

一、选择题

1. 下列属于外浮顶储罐附件的是(　　)。

A. 固定罐顶

B. 隔热

C. 浮盘

D. 人孔

E. 密封装置

2. 按安全监察管理分类，压力容器可分为3类，这是根据(　　)。

A. 容器的压力和容积

B. 直径

C. 生产过程中的重要性

D. 介质危害程度(指易燃介质、毒性介质)

3. 压力容器事故的分类有(　　)。

A. 爆炸事故

B. 重大事故

C. 严重事故

D. 一般事故

4. 油品储罐中，起落管的作用为(　　)。

A. 保证出油质量

B. 保护油罐和减少油品蒸发损耗

C. 测量油面高度，取样，测温

D. 防止油罐控制阀破损或检修时罐内油品流出

5. 预防应力腐蚀破裂的措施有(　　)。

A. 选择对介质不敏感的材料

B. 减小频繁开停车、压力或温度波动，维持设备稳定运行

C. 设计时避免应力集中

D. 加缓蚀剂(循环冷却水)

二、判断题

1. 固定顶储罐的缺点是罐顶气体空间大、呼吸损耗大。(　　)

2. 胀油管和进气支管有保护管道安全的作用。(　　)

3. 机械呼吸阀的安全压力和真空度都高于液压安全阀10%。(　　)

4. 保险活门能够保证出油质量。(　　)

5. 当压力容器壳体是无缝钢管时，公称直径均指钢管的外径。(　　)

6. 化工检修的安全处理中，应先置换再装设盲板。(　　)

7. 介质毒性程度为极度、高度危害或设计上不允许有微量泄漏的压力容器，必须在液

压试验后进行气密性试验。气密性试验的试验压力取 1. 15 倍设计压力，并乘以容器材料在试验温度下的许用应力与设计温度下的许用应力之比值。（ ）

8. 起落管是轻质油储罐的专属附件。（ ）

9. 安全阀的优点有：自动开闭，可以调节、不致中断生产。（ ）

10. 压力容器的工作压力是设定的容器顶部的最高压力。（ ）

11. 凡在坠落高度基准面 1m 以上(含 1m)有可能坠落的高处进行的作业，均称为高空作业。（ ）

12. 审批动火应考虑两个问题：一是动火设备本身，二是动火的周围环境。要做到“三不动火”，即：没有动火证不动火，防火措施不落实不动火，监护人不在现场不动火。（ ）

三、填空题

1. 压力容器的破裂失效形式中发生明显塑性变形的是________。

2. 裂纹是焊接工艺当中一种最严重的缺陷，也是导致容器破坏的最直接、最主要的原因。按其产生的温度和时间不同，可分为________。

3. 在正常工作条件下，压力容器顶部可能达到的最高压力是________。

4. 压力容器由于受压部件严重损坏(如变形、泄漏)、附件损坏等，被迫停止运行，必须进行修理的事故称为________。

第 5 章　安全评价与分析

5.1　安全评价概述

5.1.1　安全评价简介

安全评价在我国已经有 30 多年的历史，作为现代安全管理的重要组成部分，体现了以人为本和预防为主的安全管理理念，它能系统、准确地预测生产过程中的危险有害因素，并能够提出有效的控制措施，是预防事故的重要手段，受到行业管理部门和生产经营单位的高度重视，且评价理论、评价方法也得到较快发展。

1. 安全评价的定义

我国制定的安全标准《安全评价通则》(AQ 8001—2007)对安全评价(Safety Assessment)的定义是以实现安全为目的，应用安全系统工程原理和方法，辨识与分析工程、系统、生产经营活动中的危险、有害因素，预测发生事故或造成职业危害的可能性及其严重程度，提出科学、合理、可行的安全对策措施建议，做出评价结论的活动。

上述定义作为中华人民共和国安全生产行业标准颁布，是对安全评价概念的规范和准确阐述。归纳上述定义的描述要点，可以看出安全评价的实质如下：

① 用系统科学的理论和方法辨识危险、有害因素。任何生产系统在其生命周期内均有发生事故的可能。区别只在于发生的频率和事故的严重程度(风险大小)不同。制造、试验、安装、生产和维修过程中普遍存在着危险性。在一定条件下，如果对危险性失去控制或防范不周，就会发生事故，造成人员伤亡和财产损失。为了抑制危险性，避免事故的发生或减少事故造成的损失，就必须对它有充分的认识，掌握危险性发展成为事故的规律，也就是要充分揭示系统存在的所有危险性和形成事故的可能性以及可能造成的损失大小，这被称为系统危险性的辨识过程。

② 预测发生事故或造成职业危害的可能性及其严重程度。在危险、有害因素辨识分析的基础上，对各种可能的事故致因条件进行分析，利用各种定性和定量评价方法衡量或计算该事故发生概率及严重程度(危险的定量化)，预示其风险率。

③ 根据可能导致的事故风险大小，制定科学、合理、可行的安全对策措施。根据系统危险性的辨识结论，确定需要整改或改造的技术设施和防范措施，使辨识的危险性得到抑制和消除，确保最终方案达到技术可靠、经费合理、系统安全的指标体系(或国家标准)。

2. 安全评价的目的和意义

1) 安全评价的目的

安全评价的目的归纳起来有以下几个方面：

① 通过安全评价，查找系统或工程中存在的危险有害因素及可能导致事故后果的严重程度。提出控制和消除危险的安全技术措施能有效提高评价对象本质安全程度。

② 对项目的不同阶段进行安全评价，可及时发现其存在的危险和隐患，及早采取改进和预防措施，可实现全过程安全控制。

③ 通过安全评价，分析系统或工程存在的危险、有害因素，预测导致事故的严重程度，从而为制定安全控制措施的最优方案提供依据。

④ 按照国家行业有关规范、标准、规定等对系统或工程进行检查、评价，找出问题和不足，可以实现安全管理的科学化、标准化、规范化。

2）安全评价的意义

① 对系统进行安全评价可以确认生产经营单位是否符合安全生产条件，对不符合的要及时整改，这是贯彻“安全第一，预防为主，综合治理”安全生产方针的重要手段。

② 通过安全评价，对生产经营单位安全水平做出结论，为安全生产监督管理部门了解生产经营单位安全生产状况，实现宏观控制提供基础资料。

③ 通过安全评价找出来的危险可以得知发展为事故的可能性及造成损失的严重程度，进而可计算出风险率。根据风险率的大小选择安全对策措施，可做到合理的安全投资。

④ 安全评价可真正做到“预防为主”，有效减少事故发生及造成的损失，也是为生产经营单位提高经济效益。

5.1.2 安全评价基本原理

安全评价的原理可归纳为以下四个基本原理，即相关性原理、类推原理、惯性原理和量变到质变原理。

① 相关性原理。相关性是指一个系统，其属性、特征与事故和职业危害存在着因果的相关性。这是系统因果评价方法的理论基础。

② 类推原理。它是根据两个或两类对象之间存在着某些相同或相似的属性，从一个已知对象具有的某个属性来推出另一个对象具有此种属性的一种推理过程。常用的类推方法有：平推推算法，是根据相互依存的平衡关系来推算所缺的有关指标的方法；代替推算法，是利用具有密切联系(或相似)的有关资料、数据，来代替所缺资料、数据的方法；因素推算法，是根据指标之间的联系，从已知的数据推算有关未知指标数据的方法；抽样推算法，是根据抽样或典型调查资料推算总体特征的方法；比例推算法，是根据社会经济现象的内在联系，用某一时期、地区、部门或单位的实际比例，推算另一个类似的时期、地区、部门或单位有关指标的方法；概率推算法，是根据有限的实际统计资料，采用概率论和数理统计方法求出随机事件出现各种状态的概率的方法。

③ 惯性原理。任何事物在其发展过程中，从过去到现在以及延伸至将来，都具有一定的延续性，这种延续性就叫惯性。利用惯性原理进行评价时注意惯性的大小、惯性的趋势。

④ 量变到质变原理。任何一个事物在发展变化过程中都存在着从量变到质变的规律，同样，在一个系统中许多有关安全的因素也都存在着从量变到质变的过程。

5.1.3 安全评价的内容

安全评价是通过运用安全系统工程原理和方法，辨识系统、工程中是否存在风险并加以评价的过程，这一过程包括危险有害因素辨识及危险危害程度评价两部分。

危险有害因素辨识的目的在于辨识危险来源；危险危害程度评价的目的在于确定和衡量来自危险源的危险性、危险程度和应采取的控制措施，以及采取控制措施后仍然存在的危险性是否可以被接受。在实际的安全评价过程中，这两个方面是不能截然分开、孤立进行的，而是相互交叉、相互重叠于整个评价工作中的。安全评价的基本内容如图 5-1 所示。

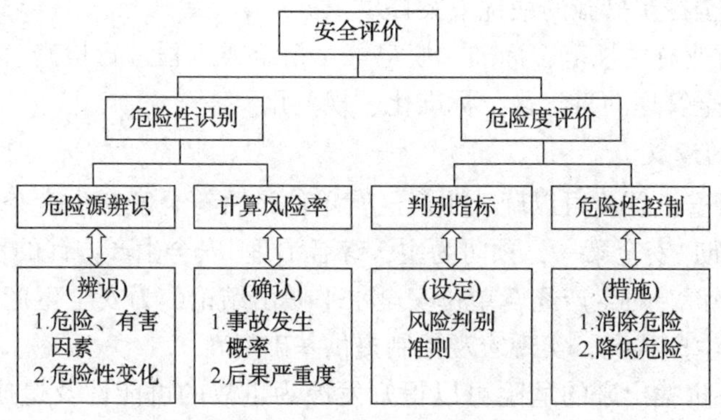

图 5-1 安全评价的内容

5. 1. 4 安全评价方法的分类

安全评价方法分类的目的是根据安全评价对象选择适用的评价方法。安全评价方法的分类方法很多，常用的有按安全评价结果的量化程度分类法、按安全评价的逻辑推理过程分类法等。

1. 按安全评价结果的量化程度分类

按照安全评价结果的量化程度，安全评价方法可分为定性安全评价(Qualitative safety assessment)和定量安全评价(Quantitative safety assessment)。

1) 定性安全评价

定性安全评价方法主要是根据经验和直观判断能力对生产系统的工艺、设备、设施、环境、人员和管理等方面的状况进行定性的分析。安全评价的结果是一些定性的指标，如是否达到了某项安全指标、事故类别和导致事故发生的因素等。属于定性的安全评价方法有安全检查法(Safety Review，SR)、安全检查表分析法(Safety Checklist Analysis，SCA)、专家现场询问观察法(Observation & Inquiries，O&I)、预先危险性分析法(Preliminary Hazard Analysis，PHA)、作业条件危险性评价法(Job Risk Analysis，JRA)、危险和可操作性研究法(Hazard and Operability Study，HAZOP)、事件树分析法(Event Tree Analysis，ETA)、作业条件危险性分析法(LEC)、日本劳动省的“六阶段法”以及人的可靠性分析法(Human Reliability Analysis，HRA)等。

定性安全评价方法的特点是容易理解、便于掌握，评价过程简单。目前定性安全评价方法在国内外企业安全管理工作中被广泛使用。但定性安全评价方法往往依靠经验，带有一定的局限性，安全评价结果有时会因评价人员的经验和经历等不同，产生相当大的差异。同时由于安全评价结果不能给出量化的危险度，所以不同类型的对象之间安全评价结果缺乏可比性。

2）定量安全评价

定量安全评价是运用基于大量的实验结果和广泛的事故资料统计分析获得的指标或规律(数学模型)，对生产系统的工艺、设备、设施、环境、人员和管理等方面的状况进行定量的计算。安全评价的结果是一些定量的指标，如事故发生的概率、事故的伤害(或破坏)范围、定量的危险性、事故致因因素的事故关联度或重要度等。定量安全评价主要有以下两种类型：①以可靠性、安全性为基础，先查明系统中存在的隐患并求出其损失率、有害因素的种类及其危害程度，再与国家规定的有关标准进行比较、量化。常用的方法有：故障树分析法(Fault Tree Analysis，FTA)、模糊数学综合评价法(Fuzzy Mathematics Comprehensive Assessment，FMCA)、层次分析法(Analytic Hierarchy Process，AHP)、固有危险性评价法(Inherent Risk Assessment)、原因后果分析法(Cause Consequence Analysis，CCA)等；②以物质系数为基础，采用综合评价的危险度分级方法。常用的方法有美国道化学公司的“火灾、爆炸危险指数评价法”(Dow Hazard Index，DOW)、英国ICI公司蒙德部“火灾、爆炸、毒性指数评价法”(Mond Index，MI)、“单元危险指数快速排序法”(Unit Hazard Index Quick Sort)等。

2. 按安全评价的逻辑推理过程分类

按照安全评价的逻辑推理过程，安全评价方法可分为归纳推理评价法(Inductive Inference Assessment)和演绎推理评价法(Deductive Inference Assessment)。归纳推理评价法是从事故原因推论结果的评价方法，即从最基本危险有害因素开始，逐步分析导致事故发生的直接因素，最终分析到可能的事故；演绎推理评价法是从结果推论原因的评价方法，即从事故开始，推论导致事故发生的直接因素，再分析与直接因素相关的间接因素，最终分析和查找出致使事故发生的最基本危险有害因素。

3. 按工程、系统生命周期和评价目的分类

按照工程、系统生命周期和评价目的可将安全评价分为安全预评价、安全验收评价、安全现状评价、专项安全评价。这种分类方法是目前国内普遍接受的安全评价分类法。中华人民共和国安全生产行业颁布的《安全评价通则》(AQ 8001—2007)中也采用了这种安全评价分类方法。

5.1.5 安全评价的程序

安全评价的程序包括以下7个方面。

① 前期准备。明确被评价对象，备齐有关安全评价所需的设备、工具，收集国内外相关法律法规、标准、规章、规范等资料。

② 辨识与分析危险、有害因素。根据评价对象的具体情况，辨识和分析危险、有害因素，确定其存在的位置、方式，以及发生作用的途径及其变化的规律。

③ 划分评价单元。评价单元划分应科学、合理、便于实施评价、相对独立具有明显的特征界限。

④ 定性、定量评价。根据评价单元的特性，选择合理的评价方法，对评价对象发生事故的可能性及其严重程度进行定性、定量评价。

⑤ 对策措施建议。依据危险、有害因素辨识结果与定性、定量评价结果，遵循针对

性、技术可行性、经济合理性的原则，提出消除或减弱危险、危害的技术和管理对策措施建议。对策措施建议应具体详细，具有可操作性。按照针对性和重要性的不同，措施和建议可分为应采纳和宜采纳两种类型。

⑥ 安全评价结论。安全评价机构应根据客观、公正、真实的原则，严谨、明确地做出安全评价结论。安全评价结论的内容应包括高度概括评价结果，从风险管理角度给出评价对象在评价时与国家有关安全生产的法律法规、标准、规章、规范的符合性结论，给出事故发生的可能性和严重程度的预测性结论，以及采取安全对策措施后的安全状态等。

⑦ 安全评价报告。安全评价报告是安全评价过程的具体体现和概括性总结。安全评价报告是对评价对象实现安全运行的技术指导文件，对完善自身安全管理、应用安全技术等方面具有重要作用。安全评价报告作为第三方出具的技术性咨询文件，可为政府安全生产监管、监察部门、行业主管部门等相关单位对评价对象的安全行为进行法律法规、标准、行政规章、规范的符合性判别所用。

5.1.6 安全评价方法的选择

安全评价方法是对系统的危险因素、有害因素及其危险、有害程度进行分析、评价的方法。它是进行定性、定量安全评价的工具。安全评价方法有很多种，每种评价方法都有其适用的范围和应用条件，有其自身的优缺点，针对具体的评价对象，必须选用合适的方法才能取得良好的评价效果。如果使用了不合适的安全评价方法，不仅浪费工作时间，影响评价工作正常开展，而且可能导致评价结果严重失真。因此，在安全评价中，合理选择安全评价方法是十分重要的。

1. 安全评价方法的选择原则

在进行安全评价时，应该在认真分析并熟悉被评价系统的前提下，选择安全评价方法。选择安全评价方法应遵循充分性、适应性、系统性、针对性和合理性的原则。

① 充分性原则。充分性是指在选择安全评价方法之前，应该充分分析评价的系统，掌握足够多的安全评价方法，并充分了解各种安全评价方法的优缺点、适应条件和范围，同时为安全评价工作准备充分的资料。也就是说，在选择安全评价方法之前，应准备好充分的资料，供选择时参考和使用。

② 适应性原则。适应性是指选择的安全评价方法应该适应被评价的系统。被评价的系统可能是由多个子系统构成的复杂系统，各子系统的评价重点可能有所不同，各种安全评价方法都有其适应的条件和范围，应该根据系统和子系统、工艺的性质和状态，选择适应的安全评价方法。

③ 系统性原则。系统性是指安全评价方法与被评价的系统所能提供的安全评价初值和边值条件应形成一个和谐的整体，也就是说，安全评价方法获得的可信的安全评价结果必须建立在真实、合理和系统的基础数据之上。被评价的系统应该能够提供所需的系统化数据和资料。

④ 针对性原则。针对性是指所选择的安全评价方法应该能够提供所需的结果。由于评价的目的不同，需要安全评价提供的结果可能是危险有害因素识别、事故发生的原因、事故发生概率、事故后果、系统的危险性等。安全评价方法能够给出所要求的结果才能被选用。

⑤ 合理性原则。在满足安全评价目的、能够提供所需的安全评价结果的前提下，应该选择计算过程最简单、所需基础数据最少和最容易获取的安全评价方法，使安全评价工作量和要获得的评价结果都是合理的，不要使安全评价出现无用的工作和麻烦。

2. 选择安全评价方法的注意事项

选择安全评价方法时应根据安全评价的特点、具体条件和需要，针对被评价系统的实际情况、特点和评价目标，认真地分析、比较。必要时，要根据评价目标的要求，选择几种安全评价方法进行安全评价，相互补充、分析综合和相互验证，以提高评价结果的可靠性。选择安全评价方法时应该注意以下事项。

① 要充分考虑被评价系统的特点。根据被评价系统的规模、组成、复杂程度、工艺类型、工艺过程、工艺参数以及原料、中间产品、产品、作业环境等选择安全评价方法。

② 应考虑评价的具体目标和要求的最终结果。在安全评价中，由于评价目标不同，要求的评价最终结果是不同的，如查找引起事故的基本危险、有害因素，由危险、有害因素分析可能发生的事故，评价系统的事故发生可能性，评价系统的事故严重程度，评价系统的事故危险性，评价某危险、有害因素对发生事故的影响程度等。因此评价人员需要根据被评价目标选择适用的安全评价方法。

③ 必须参考评价资料的占有情况。如果被评价系统技术资料、数据齐全，可进行定性、定量评价并选择合适的定性、定量评价方法。反之，如果是一个正在设计的系统，缺乏足够的数据资料或工艺参数不全，则只能选择较简单的、需要数据较少的安全评价方法。

5.2　危险有害因素识别和重大危险源的辨识

5.2.1　危险、有害因素概述

1. 危险、有害因素的定义

危险是指特定危险事件发生的可能性与后果的结合。有害是指可能造成人员伤害、职业病、财产损失、作业环境破坏的根源或状态。总的来说，危险、有害因素是指能对人造成伤亡，对物造成突发性损坏或影响人的身体健康、导致疾病，对物造成慢性损坏的因素。通常为了区别客体对人体不利作用的特点和效果，人们进一步把其分为危险因素(强调突发性和瞬间作用)和有害因素(强调在一定时间范围内的积累作用)。有时对两者不加以区分，统称危险因素。客观存在的危险、有害物质和能量超过临界值的设备、设施和场所，都可能成为危险因素。

2. 危险、有害因素的分类

1) 导致事故和职业危害的直接原因分类

2009 年 10 月 15 日，中华人民共和国国家质量监督检验检疫总局和中国国家标准化管理委员会发布《生产过程危险和有害因素分类与代码》(GB/T 13861—2009)，将危险有害因素分为 4 大类，分别为“人的因素”“物的因素”“环境因素”“管理因素”。

(1) 人的因素

① 心理、生理性危险和有害因素。心理、生理性危险和有害因素包括体力负荷超限、

听力负荷超限、视力负荷超限及其他负荷超限；健康状况异常；从事禁忌作业；心理异常(包括情绪异常、冒险心理、过度紧张及其他心理异常)；辨识功能缺陷；其他心理、生理性危险和有害因素。

② 行为性危险和有害因素。行为性危险和有害因素包括指挥错误、操作失误、监护失误和其他行为性危险和有害因素，包括脱岗等违反劳动纪律的行为。

(2) 物的因素

① 物理性危险和有害因素。物理性危险和有害因素包括设备、设施、工具、附件缺陷；防护缺陷；电伤害；噪声；振动危害；电离辐射；非电离辐射；运动物伤害(抛射物、飞溅物、坠落物、反弹物等)；明火；高温物体；低温物体；信号缺陷；标志缺陷；有害光照等。

② 化学性危险和有害因素。化学性危险和有害因素包括爆炸品；压缩气体和液化气体；易燃液体；易燃固体；自燃物品和遇湿易燃物品；氧化剂和有机过氧化物；有毒品；放射性物品；腐蚀品；粉尘与气溶胶等。

③ 生物性危险和有害因素。生物性危险和有害因素包括致病微生物(细菌、病毒、真菌等)和传染病媒介物(致害动物、致害植物等)。

(3) 环境因素

① 室内作业场所环境不良。室内作业场所环境不良包括室内地面滑；室内作业场所狭窄；室内作业场所杂乱；室内地面不平；室内梯架缺陷；地面、墙和天花板上的开口缺陷；室内安全通道缺陷；房屋安全出口缺陷；采光照明不良；作业场所空气不良；室内温度、湿度、气压不适；室内给、排水不良；室内涌水等。

② 室外作业场地环境不良。室外作业场地环境不良包括恶劣气候与环境；作业场地和交通设施湿滑；作业场地狭窄；作业场地杂乱；作业场地不平；航道狭窄、有暗礁或险滩；脚手架、阶梯和活动梯架缺陷；建筑物和其他结构缺陷；屋顶、塔楼等；门和围栏缺陷；作业场地基础下沉；作业场地安全通道缺陷；作业场地安全出口缺陷；作业场地光照不良；作业场地空气不良；作业场地温度、湿度、气压不适；作业场地涌水等。

③ 地下(含水下)作业环境不良。地下(含水下)作业环境不良包括隧道或矿井顶面缺陷；隧道或矿井正面或侧壁缺陷；隧道或矿井地面缺陷；地下作业面空气不良；地下火；冲击地压；地下水；水下作业供氧不当等。

④ 其他作业环境不良。其他作业环境不良包括强迫体位(指生产设备、设施的设计或作业位置不符合人类工效学要求，而易引起作业人员疲劳或事故的一种作业姿势)；综合性作业环境不良(显示有两种以上作业环境致害因素，且不能分清主次的情况)等。

(4) 管理因素

① 职业安全卫生组织机构不健全。包括组织机构的设置和人员的配置。

② 职业安全卫生责任制未落实。

③ 职业安全卫生管理规章制度不完善。

④ 职业安全卫生投入不足。

⑤ 职业健康管理不完善。

⑥ 其他管理因素缺陷。

2）参照事故类别分类

这种分类方法所列的危险、有害因素与企业职工伤亡事故处理（调查、分析、统计）、职业病防治和职工安全教育的口径基本一致，因此广为劳动部门、行业主管部门劳动安全卫生管理人员和企业广大职工、安全管理人员所熟悉，易于接受和理解，便于实际应用。但由于该分类法缺少全国统一规定，尚待在应用中进一步提高其系统性和科学性。

（1）伤害程度分类

① 轻伤：指损失工作日低于 105 日的失能伤害。

② 重伤：指损失工作日≥105 日的失能伤害。

③ 死亡。

（2）生产安全事故等级

根据《生产安全事故报告和调查处理条例》（中华人民共和国国务院令第 493 号）将事故等级分为 4 类，见表 5-1。

表 5-1　事故等级

等级	死亡人数	重伤人数	财产损失
特别重大事故	≥30	≥100	≥1 亿元
重大事故	10~30	50~100	5000 万~1 亿元
较大事故	3~10	10~50	1000 万~5000 万元
一般事故	≤2	≤10	≤1000 万元

（3）根据《企业职工伤亡事故分类标准》（GB 6441—1986），综合考虑起因物、引起事故的诱导性原因、致害物、伤害方式等，分为 20 类：

① 物体打击；②车辆伤害；③机械伤害；④起重伤害；⑤触电；⑥淹溺；⑦灼烫；⑧火灾；⑨高处坠落；⑩坍塌；⑪冒顶、片帮；⑫透水；⑬放炮；⑭火药爆炸；⑮瓦斯爆炸；⑯锅炉爆炸；⑰容器爆炸；⑱其他爆炸；⑲中毒和窒息；⑳其他伤害。

（4）根据《企业职工伤亡事故分类标准》（GB 6441—1986），将人的不安全行为归纳为 13 大类，见表 5-2。

表 5-2　人的不安全行为

序号	不安全行为	序号	不安全行为
1	操作失误、忽视安全、忽视警告	1.9	酒后作业
1.1	未经许可开动、关停、移动机器	1.10	冲压机作业、手伸进冲压模
1.2	开动、关停机器未给信号	1.11	工件固定不牢
1.3	开关未锁紧、造成意外转动、通电等	1.12	用压缩空气吹扫铁屑
1.4	忘记关闭设备	2	造成安全装置失效
1.5	忽视警告标志、警告信号	2.1	拆除安全装置
1.6	操作按钮、阀门、扳手等错误	2.2	调整错误造成安全装置失灵
1.7	供料或送料速度过快	3	使用不安全设备
1.8	机器超速运转	3.1	临时不固定设备

续表

序号	不安全行为	序号	不安全行为
3.2	无安全装置设备	7	攀、坐不安全位置
4	用手代替手动操作	8	在起吊物下作业或停留
4.1	用手代替手动工具	9	机器运转加油、检修、焊接、清扫等
4.2	用手清除切屑	10	有分散注意力行为
4.3	不用夹紧固件，手拿工件进行加工	11	忽视使用防护用品
5	物件存放不规范	12	防护用品不规范
6	进入危险场所	12.1	旋转设备附近穿肥大衣服
6.1	进入吊装危险区	12.2	操作旋转零部件戴手套
6.2	易燃易爆场所明火	13	其他类型的不安全行为
6.3	冒险信号		

(5) 根据《企业职工伤亡事故分类标准》(GB 6441—1986)，将物的不安全状态和环境的不良归纳为4大类，见表5-3。

表5-3　物的不安全状态

序号	不安全状态分类	序号	不安全状态分类
1	防护、保险、信号等装置缺陷	2.8	起吊绳索不符合要求
1.1	无防护罩	2.9	设备带病运行
1.2	无安全保险装置	2.10	设备超负荷运转
1.3	无报警装置	2.11	设备失修
1.4	无安全标志	2.12	地面不平
1.5	无护栏或护栏损坏	2.13	设备保养不良、设备失灵
1.6	电气未接地	3	个人防护用品等缺少或缺陷
1.7	绝缘不良	3.1	无个人防护用品、用具
1.8	危房内作业	3.2	防护用品不符合安全要求
1.9	防护罩未在适当位置	4	生产场所环境不良
1.10	防护装置调整不当	4.1	照明不足
1.11	电气装置带电部位裸露	4.2	烟尘弥漫视线不清
2	设备、设施、工具、附件有缺陷	4.3	光线过强、过弱
2.1	设计不当、结构不合安全要求	4.4	通风不良
2.2	制动装置缺陷	4.5	作业场地狭窄
2.3	安全距离不够	4.6	作业场地杂乱
2.4	拦网有缺陷	4.7	地面滑
2.5	工件有锋利倒棱	4.8	操作工序设计和配置不合理
2.6	绝缘强度不够	4.9	环境潮湿
2.7	机械强度不够	4.10	高温、低温

5.2.2　危险、有害因素的识别

1. 设备或装置的危险、有害因素识别

1）工艺设备、装置的危险、有害因素识别

① 设备本身是否能满足工艺的要求。

② 是否具备相应的安全附件或安全防护装置。如安全阀、压力表、温度计、液压机等。

③ 是否具有指示性安全技术措施。如超限报警、故障报警、状态异常报警等。

④ 是否具备紧急停车的装置。

⑤ 是否具备检修时不能自动投入，不能自动反向运转的安全装置。

2）专业设备的危险、有害因素识别

① 化工设备的危险、有害因素识别。化工设备的危险、有害因素识别包括是否有足够的强度；密封是否安全可靠，安全保护装置是否配套，适用性是否强。

② 机械加工设备的危险、有害因素识别。机械加工设备的危险、有害因素识别包括机械加工设备是否遵守磨削机械安全规程，是否遵守剪切机械安全规程，是否遵守起重机械安全规程，是否遵守电机外壳防护等级要求，是否遵守蒸汽锅炉安全技术监察规程，是否遵守热水锅炉安全技术监察规定，是否遵守特种设备质量监督与安全监察规定。

3）电气设备的危险、有害因素识别

① 电气设备的工作环境是否属于爆炸和火灾危险环境，是否属于粉尘、潮湿或腐蚀环境。

② 电气设备是否具有国家指定机构的安全认证标志，特别是防爆电器的防爆等级。

③ 电气设备是否为国家颁布的淘汰产品。

④ 用电负荷等级对电力装置的要求。

⑤ 电气火花引燃源。

⑥ 触电保护、漏电保护、短路保护、过载保护、绝缘、电气隔离、屏护、电气安全距离等是否可靠。

⑦ 是否根据作业环境和条件选择安全电压，安全电压值和设施是否符合规定。

⑧ 防静电、防雷击等电气连接措施是否可靠。

⑨ 管理制度方面的完善程度。

⑩ 事故状态下的照明、消防、疏散用电及应急措施用电的可靠性等。

4）特种机械的危险、有害因素识别

① 起重机械。起重机械的危险有害因素包括基础不牢、超机械工作能力范围运行和运行时碰到障碍物等原因造成的起重机械的翻倒、超载、碰撞、基础损坏、操作失误和负载失落等。

② 厂内机动车辆。厂内机动车辆的危险有害因素包括提升重物动作太快、超速驾驶、突然刹车、碰撞障碍物等原因引起的翻倒、超载、碰撞、楼板不牢固或承载能力不够，载物失落、爆炸及燃烧，在没有乘椅及相应设施时载有乘客等。

③ 传送设备。传送设备的危险有害因素包括夹钳（肢体被夹入运动的物体中）、擦伤、

卷入伤害(肢体被卷入机器轮子、带子之中)、撞击伤害等。

5) 锅炉及压力容器的危险、有害因素识别

① 锅炉及有机载热体炉。锅炉及有机载热体炉的危险有害因素包括锅炉内具有一定温度的带压工作介质失效、承压元件失效、安全保护装置失效等。

② 压力容器及压力管道。压力容器和压力管道的危险有害因素同锅炉的危险有害因素相同，包括压力容器内具有一定温度的带压工作介质失效、承压元件失效、安全保护装置失效等。

6) 登高装置的危险、有害因素识别

主要的登高装置有：梯子、活梯、活动架、脚手架(通用的或塔式的)、吊笼、吊椅、升降工作平台、动力工作平台。其主要的危险、有害因素有：登高装置自身结构方面的设计缺陷，支撑基础下沉或毁坏，不恰当地选择了不够安全的作业方法，悬挂系统结构失效，因承载超重而使结构损坏，因安装、检查、维护不当而造成结构失效，因不平衡造成的结构失效，所选设施的高度及臂长不能满足要求而超限使用，由使用错误或者理解错误而造成的不稳，负载爬高，方式不对或脚上穿着物不合适、不清洁造成跌落，批准使用或更改作业设备，障碍物或建筑物碰撞，液压系统失效，部件卡住。

7) 危险化学品包装物的危险、有害因素识别

① 包装的结构是否合理、有一定的强度，防护性能是否良好。

② 包装的构造和封闭形式是否能承受正常运输条件下的各种作业风险。

③ 包装物与内装物直接接触部分是否有内涂层或进行防护处理。

④ 盛装液体的容器是否能经受在正常运输条件下产生的内部压力。

⑤ 包装封口是否根据内装物性质采用严密封口、液密封口或气密封口。

⑥ 盛装需浸湿或加有稳定剂的物质时，其容器封闭形式是否能有效地保证内装液体(水、溶剂和稳定剂)的百分比，在储运期间保持在规定的范围以内。

⑦ 有降压装置的包装，其排气孔设计和安装是否能防止内装物泄漏和外界杂质进入，排出的气体量不得造成危险和环境污染。

⑧ 复合包装的内容器和外包装是否紧密贴合，外包装是否有擦伤内容器的凸出物。

2. 作业环境的危险、有害因素识别

1) 危险物品的危险、有害因素识别

① 易燃、易爆物质。该类物质在引燃、引爆后短时间内会释放出大量的能量产生危害。

② 有害物质。人体通过皮肤接触或吸入、咽下后，对健康产生危害的物质。

③ 刺激性物质。对皮肤或呼吸道有不良影响的物质。

④ 腐蚀性物质。用化学的方式伤害人身及材料的物质。腐蚀的危险及危害包括造成管道、容器、设备、连接部件的损坏，轻则造成跑、冒、滴、漏，易燃易爆及毒性物质缓慢泄漏，重则由于设备强度降低发生破裂，造成易燃易爆及毒性物质的大量泄漏，导致火灾爆炸或急性中毒事故的发生；腐蚀使电气仪表的受损，动作失灵，使绝缘损坏，造成短路，产生电火花导致事故发生；腐蚀性介质对厂房建筑、基础、构架等会造成损坏等。

⑤ 有毒物质。有毒物质的危险、有害因素识别包括毒物进入体内，溶于体液、血液、淋巴液、脂肪的数量多、浓度大，生化反应强烈，使人中毒；挥发性强的毒物，挥发到空气中的数量大，浓度高，与人体接触或进入人体的毒物数量多；毒物脂肪族烃系列中碳原子数越多，毒性越大；含有不饱和键的化合物化学流行性较大。

⑥ 致癌、致突变和致畸物质。阻碍人体细胞的正常发育生长，致癌物造成或促使不良细胞的发育，造成非正常胎儿的生长，产生死婴或先天缺陷。

⑦ 造成缺氧的物质。造成空气中氧气成分的减少或者阻碍人体有效地吸收氧气的气体。

⑧ 麻醉物质。如有机溶剂等，麻醉作用使脑功能下降。

⑨ 氧化剂。在与其他物质，尤其是易燃物接触时导致放热反应的物质。

⑩ 生产性粉尘。其主要是在生产过程中开采、破碎、粉碎、筛分、包装、配料、混合、搅拌、散粉装卸等产生的粉尘。

2）噪声振动的危险、有害因素识别

噪声能引起职业性噪声聋或引起神经衰弱、心血管疾病及消化系统等疾病的高发，会使操作人员的失误率上升，严重的会导致事故发生。

3）温度与湿度的危险、有害因素识别

温度与湿度的危险、有害因素的表现形式包括：高温造成灼伤，高温、高湿环境影响劳动者的体温调节，水盐代谢及循环系统、消化系统、泌尿系统等；温度急剧变化时，因热胀冷缩，造成材料变形或热应力过大，会导致材料破坏，在低温下金属会发生晶型转变，甚至会引起破裂而引发事故；高温环境会加快材料的腐蚀；高温环境会使火灾危险性增大。

4）辐射的危险、有害因素识别

辐射主要分为电离辐射（如 α 粒子、β 粒子、γ 射线、X 射线）和非电离辐射（如紫外线、射频电磁波、微波等）两类。

3. 生产过程的危险、有害因素识别

① 厂址。从厂址的工程地质、地形地貌、水文、气象条件、周围环境、交通运输条件、自然灾害、消防支撑等方面分析识别。

② 总平面布置。从功能分区、防火间距和安全间距、风向、建筑物朝向、危险有害物质设施、动力设施、道路、储运设施等方面进行分析识别。

③ 道路及运输。从运输、装卸、消防、疏散、人流、物流、平面交叉运输和竖向交叉运输等方面进行分析识别。

④ 建（构）筑物。从厂房的生产火灾危险性分类、耐火等级、结构、层数、占地面积、安全疏散等方面进行分析识别。

⑤ 生产工艺。生产工艺的危险有害因素识别包括新建、改建、扩建项目设计阶段的危险，化工、石油化工工艺过程的危险和一般的工艺过程中的危险等。

5.2.3 重大危险源辨识与分析

1. 重大危险源的辨识标准

重大危险源的辨识标准由英国在 1974 年最早开始研究；欧共体于 1982 年实行《工业活

动中重大事故危险法令》(简称《塞韦索法令》)；1993 年国际劳工组织发布《预防重大工业事故公约》；2000 年我国首次颁布《重大危险源辨识》标准；2002 年我国颁布《安全生产法》和《危险化学品安全管理条例》；2009 年中国安全生产科学研究院与中石化青岛安全工程研究院修订了《重大危险源辨识》，并更名为《危险化学品重大危险源辨识》(GB 18218—2018)。

1）范围

本标准规定了辨识危险化学品重大危险源的依据和方法。

本标准适用于危险化学品的生产、使用、储存和经营等各企业或组织。

本标准不适用于：

① 核设施和加工放射性物质的工厂，但这些设施和工厂中处理非放射性物质的部门除外。

② 军事设施。

③ 采矿业，但涉及危险化学品的加工工艺及储存活动除外。

④ 危险化学品的运输。

⑤ 海上石油天然气开采活动。

2）危险化学品重大危险源的辨识

① 辨识依据。危险化学品重大危险源的辨识依据是危险化学品的危险特性及其数量。

② 危险化学品临界量的确定方法。表 5-4 展示了部分危险化学品名称及其临界值；若一种危险化学品具有多种危险性，按其中最低的临界值确定。

2. 重大危险源的控制与事故预防

1）重大危险源控制的主要内容

（1）重大危险源的辨识

防止重大事故发生的第一步，是辨识和确认重大危险源。对重大危险源实行有效控制首先就要解决对重大危险源的正确辨识。企业应根据其具体情况，认真而系统地在企业内部进行重大危险源辨识工作。

（2）重大危险源的评价

重大危险源的评价是控制重大工业事故的关键措施之一。一般来说，它是对已确认的重大危险源做深入、具体的危险分析和评价。通过对重大危险源的危险性进行评价，评价人员可以掌握重大危险源的危险性及其可能导致重大事故发生的事件，了解重大事故发生后的潜在后果，并提出事故预防措施和减轻事故后果的措施。

（3）重大危险源的管理

在对重大危险源进行辨识和评价后，企业应通过技术措施和组织措施对重大危险源进行严格的控制和管理。其中，技术措施包括化学品的选用，设施的设计、建造、运行、维修以及有计划的检查；组织措施包括对人员的培训与指导，提供保证其安全的设备，对工作人员、外部合同工和现场临时工的管理。

（4）重大危险源的安全报告

安全报告应详细说明重大危险源的情况，可能引发事故的危险因素以及前提条件、安全操作和预防失误的控制措施，可能发生的事故类型、事故发生的可能性及后果、限制事故后果的措施、现场事故应急救援预案等。

表 5-4 危险化学品名称及其临界值

序号	类别	危险化学品名称和说明	临界值/t	序号	类别	危险化学品名称和说明	临界值/t
1	爆炸品	叠氮化钡	0.5	40	易燃液体	环己烷	500
2		叠氮化铅	0.5	41		环氧丙烷	10
3		雷酸汞	0.5	42		甲苯	500
4		三硝基苯甲醚	5	43		甲醇	500
5		三硝基甲苯	5	44		汽油	200
6		硝化甘油	1	45		乙醇	500
7		硝化纤维素	10	46		乙醚	10
8		硝酸铵(含可燃物>0.2%)	5	47		乙酸乙酯	500
9	易燃气体	丁二烯	5	48		正己烷	500
10		二甲醚	50	49	易于自燃的物质	黄磷	50
11		甲烷	50	50		烷基铝	1
12		氯乙烯	50	51		戊硼烷	1
13		氢	5	52	遇水放出易燃气体的物质	电石	100
14		液化石油气	50	53		钾	1
15		一甲胺	5	54		钠	10
16		乙炔	1	55	氧化性物质	发烟硫酸	100
17		乙烯	50	56		过氧化钾	20
18	毒性气体	氨	10	57		过氧化钠	20
19		二氟化氧	1	58		氯酸钾	100
20		二氧化氮	1	59		氯酸钠	100
21		二氧化硫	20	60		硝酸(发红烟的)	20
22		氟	1	61		硝酸(除发红烟的,含硝酸>70%)	100
23		光气	0.3	62		硝酸铵(含可燃物≤0.2%)	300
24		环氧乙烷	10	63	有机过氧化物	硝酸铵基化肥	1000
25		甲醛(含量>90%)	5	64		过氧乙酸(含量≥60%)	10
26		磷化氢	1	65		过氧化甲乙酮(含量≥60%)	10
27		硫化氢	5	66	毒性物质	丙酮合氰化氢	20
28		氯化氢	20	67		丙烯醛	20
29		氯	5	68		氟化氢	1
30		煤气	20	69		环氧氯丙烷	20
31		砷化三氢	12	70		环氧溴丙烷(表溴醇)	20
32		锑化氢	1	71		甲苯二异氰酸酯	100
33		硒化氢	1	72		氯化硫	1
34		溴甲烷	10	73		氰化氢	1
35	易燃液体	苯	50	74		三氧化硫	75
36		苯乙烯	500	75		烯丙胺	20
37		丙酮	500	76		溴	20
38		丙烯腈	50	77		乙撑亚胺	20
39		二硫化碳	50	78		异氰酸甲酯	0.75

(5) 事故应急救援预案

事故应急救援预案是重大危险源控制系统的重要组成部分。它的目的是抑制突发事件，尽量减少事故对人、财产和环境的危害。一个完整的应急预案由两部分组成：现场应急预案(由企业负责制定)和场外应急预案(由政府主管部门制定)。应急预案应提出详尽、实用、明确和有效的技术措施与组织措施。同时，政府有关部门应制定综合性的土地使用政策，确保重大危险源与居民区、工作场所、机场、水库、其他危险源和公共设施的安全隔离。

(6) 重大危险源的监察

强有力的管理及监察对有效控制重大危险源至关重要，是使控制重大危险源的措施得以落实的保证。政府主管部门必须派出经过培训的、考核合格的技术人员定期对重大危险源进行监察、调查和评估，并制定出相应的法规，提出明确要求，以便执行时有章可循。

2) 预防危险、有害因素的注意事项

① 要保证重大危险源安全运行和储存的设备、设施本质安全化。本质安全化是安全生产中的一个必备条件，对于重大危险源而言是十分必要的。

② 采用现代检测手段确保重大危险源安全运行和储存。随着科学技术的飞速发展，监测已不能再用定期检测或肉眼观测的旧手段，而是要改成用现代化仪器、仪表、电子计算机监视。例如，石油液化气储罐的液位计、压力表、温度计等均已利用传感器技术进行监测。在计算机网络普及的今天，传感技术应该同计算机技术结合起来，建立一套测定、分析、报警、应急措施的完善系统，真正做到防患未然。

③ 常规的防范措施不可忽视。企业的广大员工在对重大危险源的管理中逐步积累出一些经验来预防危险源的逆变。如化工企业各种油、气、化学危险品储罐为确保安全而常用的水降温措施，定期试验安全阀，定期清洗储罐，定期防腐除锈等，都是行之有效的办法，也是不可缺少的预防手段。对于这些常规的预防措施，我们还应坚持，这也是发现问题、采取措施的有效手段。

④ 增强人员的安全技术素质，提高安全操作的标准化程度。人的不安全行为是造成危险源事故发生的重要原因，因此，增强危险源管理人员的安全技术素质，是预防事故发生的关键环节。从事危险源管理、操作的人员必须事先经过专业培训、考核，合格后发给证书才能上岗作业。在日常工作中，相关人员还应不断地进行学习、教育掌握各种监测仪器、仪表的用法以及紧急避险措施的实施办法；同时，还应加强安全责任制的落实，促使他们照章作业，精心操作。对于操作者而言，动作行为是受岗位环境、思想情绪、身体状况等因素影响的。许多不安全行为是在不知不觉中发生的，因此，必须使行为规范化、标准化。

5.3 定性安全评价方法

5.3.1 安全检查表法

1. 安全检查表法简介

安全检查表(Safety Check List，SCL)是进行安全检查和诊断的清单，是由一些有经验的并且对工艺、设备及操作熟悉的专业人员，事先对检查对象共同进行详细分析、充分讨论，列出检查项目和检查要点并编制成的表。为防止遗漏，在编制安全检查表时，通常是把检查对象作为系统，将系统分割成若干个子系统，按子系统制定。

安全检查表法是最早开发的一种系统危险性分析方法，也是最基础、最简便的识别危险的方法，该方法应用最多且广泛。目前，安全检查表法在我国不仅用于定性危险性分析，有的还对检查项目给予量化，用于系统的定量安全评价。

安全检查表法之所以被广泛应用是因为它具有以下优点：

① 避免传统安全检查的一些弊端，能全面找出生产装置的危险因素和薄弱环节；

② 简明易懂，易于掌握，实施方便；

③ 应用范围广，项目的设计、施工、验收，机械设备的设计、制造，运行装置的日常操作、作业环境、运行状态及组织管理等各个方面都可应用；

④ 编制安全检查表的依据之一是有关安全的规程、规范和标准，因此用安全检查表法进行检查，有利于各项安全法规和规章制度的执行和落实。

2. 安全检查表编制的步骤和依据

1）编制的步骤

为了保证编制的安全检查表符合客观实际，能全面识别并反映系统的危险性，应先组建一个由工艺、设备、操作及管理人员组成的编制小组，并大致按以下步骤开展工作。

① 熟悉系统。详细了解系统的结构、功能、工艺流程、操作条件、布置和已有的安全卫生设施等。

② 收集有关安全的法规、标准和制度及同类系统的事故资料，作为编制安全检查表的依据。

③ 按功能或结构将系统划分成若干个子系统或单元，逐个分析潜在的危险因素。

④ 根据有关安全的法规制度和过往事故的教训，以及分析人员掌握的理论知识和本单位经验，确定安全检查表的检查内容和要点，并按照一定的格式列成表。

2）编制的依据

编制安全检查表的内容时应主要从以下几方面加以考虑。

① 有关的规程、规范、标准和规定。例如，编制压力容器安全检查表应该按照固定式或移动式安全技术监察规程的要求制定。

② 国内外事故案例。在编制安全检查表时应广泛收集国内外同类装置曾发生的事故，总结事故发生的经验教训，结合本单位实际情况，将可能引发事故的危险因素列在表内经常检查，预防事故发生。

③ 本单位经验。根据本单位工程技术人员、管理人员和操作人员长期工作经验，分析导致事故的各种潜在危险因素，列入表内进行检查。

④ 其他分析方法的结果。对一些可能发生的重大事故可用事故树、故障类型和影响分析等其他方法进行危险性分析，将查出的危险因素也列入安全检查表内，经常检查，防止事故发生。

3. 安全检查表分析实例

某企业安全管理制度单元定性化安全检查表见表5-5。

表 5-5　安全管理制度单元定性化安全检查表

项目	检查内容	检查结果	备注
证照文书	1. 企业营业执照或企业名称预先核定通知书	有	符合
	2. 有关人员安全上岗资格证书	有	符合
	3. 地方法定部门出具的防雷防静电检测报告或检测合格记录	有	符合
	4. 公安消防部门对工艺设施的验收合格文件或消防安全检查意见书	无	不符合
	5. 办公场所产权证明或租赁合同	有	符合
	6. 安全附件的定期检定证书	无	不符合
	7. 锅炉、压力容器的定期检定证书	有	符合
	8. 施工竣工验收合格文件或竣工图	有	符合
安全管理制度	1. 各级各类人员的安全管理责任制和岗位职责	有	符合
	2. 健全的安全管理(包括教育、培训、防火、用火、检修等)制度	有	符合
	3. 完善的经营、销售(包括采购、出入库登记、验收、发放、出售等)管理制度	无	不符合
	4. 建立安全检查(包括巡回检查、夜间和节假日值班)制度	有	符合
	5. 符合国家标准的仓储物品储藏养护制度	管理制度中有“物资储存”篇章	符合
	6. 各岗位安全操作规程	有全公司各岗位安全操作规程	符合
	7. 建立完善的安全生产奖惩制度	有“安全生产管理奖惩实施细则”	符合
	8. 建立设备维修保养制度	有	符合
	9. 特种设备、危险设备的管理制度	无	不符合
	10. 建立有毒有害作业管理制度	管理制度中有“防尘防毒”篇章	符合
	11. 建立消防器材管理制度	有“关于加强消防设施管理制度”	符合
	12. 建立事故台账	有	符合
	13. 建立事故调查处理、隐患整改制度	有	符合
	14. 建立安全装置和防护用品管理制度	有	符合
	15. 建立作业场所的防火、防爆、防毒制度	有	符合
	16. 建立安全作业证制度	有	符合
	17. 建立电气安全管理制度	有	符合
安全管理组织	1. 建立安全管理机构，明确企业、部门安全责任人并签订安全责任书	成立了安全管理机构，但未签订安全责任书	不符合
	2. 配备专职安全管理人员；从业人员在 10 人以下的，有专职或兼职安全管理人员；每班作业现场应不少于 1 名专(兼)职安全管理人员	有公司级专职安全员 1 人，明确了车间安全及班组安全负责人	符合

续表

项目	检查内容	检查结果	备注
安全管理组织	3. 成立全员参与的群众性义务消防安全组织，员工职责明确、操作熟练，熟悉站内灭火器材、设施的分布、种类和操作	成立了全员参与的群众性义务消防安全组织，并明确了职责，进行了消防器材及消防知识学习	符合
从业人员要求	1. 单位主要负责人和安全管理人员经县级以上地方人民政府安全生产监督管理部门考核合格，取得上岗资格	安全科长张某参加了由市安监部门组织的培训，获得培训合格证书；但全公司参加学习的人员人数不够	不符合
	2. 其他从业人员经本单位专业培训或委托专业培训，并经考核合格，取得上岗资格	有培训记录	符合
	3. 特种作业人员按规定考核合格，取得上岗资格	特种作业人员有相应的资格证书	符合
	4. 工作人员应穿工作服上岗	检查时工作人员未做到统一着装	不符合
事故应急救援预案	1. 事故应急救援措施；构成重大危险源的，建立事故应急救援预案，内容一般包括：应急处理组织与职责、事故类型和原因、事故防范措施、事故应急处理原则和程序、事故报警和报告、工程抢险和医疗救护、演练等；不构成重大危险源的，应建立事故应急救援措施	有预案，但内容尚未完善	基本符合
	2. 事故应急救援预案应报上级有关部门批准和备案	该公司无重大危险源	—
	3. 定期演练记录	无	不符合
安全色	在易发生事故的设备、危险岗位按标准涂安全色，设置安全标志	此类安全标志偏少且不够醒目	不符合

5.3.2 危险和可操作性研究

1. 危险和可操作性研究简介

危险和可操作性研究(HAZOP)最早源于1974年英国帝国化学公司，是一种以系统工程为基础，针对化工装置而开发的一种危险性评价方法，目前已扩展到机械、运输等行业。基本过程是以关键词(引导词)引导，找出过程中工艺过程状态的变化(偏差)，然后再继续分析造成偏差的原因、后果及可以采取的对策。

2. 危险和可操作性研究术语

危险和可操作性研究术语及意义见表5-6。

表5-6 危险和可操作性研究术语及意义

引导词	意 义
NONE 空白	设计或操作要求的指标和事件完全不发生
MORE 过量	同标准值相比，数值偏大
LESS 减量	同标准值相比，数值偏小

续表

引导词	意　义
AS WELL AS 伴随	在完成既定功能的同时，伴随多余事件发生
PART OF 部分	只完成既定功能的一部分
REVERSE 相逆	出现和设计要求完全相反的事或物
OTHER THAN 异常	出现和设计要求不相同的事或物

3. 危险和可操作性研究分析步骤

(1) 建立研究小组

建立由设备、工艺、仪表控制等工程技术人员、安全工程师和操作人员组成的研究小组。在经验丰富的组长带领下，确定分析点，引导大家深入讨论。该方法能否成功地查出危险，取决于小组成员的知识和经验。如果他们缺乏知识和经验，这项工作等于浪费时间。

(2) 资料准备

HAZOP 分析要求必须尽可能详尽地准备各种相关资料。包括设计说明书、工艺流程图、平面布置图、设备结构图，以及各种参数的控制和管路系统图，搜集有关规程和事故案例，熟悉工艺条件、设备性能和操作要点。

(3) 分组

将系统划分成若干个部分，明确各部分功能及正常的参数和状态。

(4) 分析偏差

从某一个部分开始，以正常的工艺参数和操作条件为标准，按照引导词逐项分析可能发生的各种偏差，找出原因及可能产生的后果，并确定防范措施。

(5) 结果整理

整个系统分析完毕后，对提出的安全措施进行归纳和整理，以供设计人员修改设计或有关部门参考。

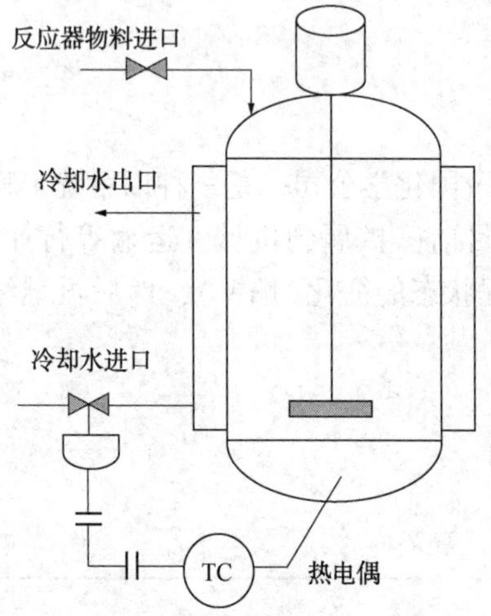

图 5-2　放热反应器的温度控制工艺

4. 危险和可操作性研究分析实例

放热反应器的温度控制工艺如图 5-2 所示，由于反应是放热的，在反应器外面安装了夹套冷却水系统，当冷却能力下降时，反应器温度会增加，从而导致反应速度加快、压力增加。若压力超过反应器的承受能力就会发生爆炸。为控制反应温度，在反应器上安装了温度测量仪并与冷却水进口阀门连接，根据温度控制冷却水流量。该系统在反应中的安全性主要取决于温度的控制，而温度又与冷却水流量有关，因此冷却水流量的控制是至关重要的。

下面用引导词对冷却水流量进行危险和可操作性研究，分析结果列入表 5-7。

通过研究，对上述反应器系统应增加如下几项安全措施：

① 安装高温报警系统，以便温度超过规定值时能提醒操作者。

② 安装高温紧急关闭系统，当反应温度过高时，自动关闭整个系统。

③ 在冷却水进水管和出水管上分别安装止逆阀，防止物料漏入夹套时污染水源。

④ 确保冷却水源，防止污染和供应中断。

⑤ 安装冷却水流量计和低流量报警器，当冷却水流量小于规定值时能及时报警。

另外，在管理方面也要加强，如定期检查设备，保持完好、无渗漏。对工人加强安全教育，严格执行操作规程等。

表 5-7　反应器系统 HAZOP 分析结果

序号	引导词	偏差	原因	后果	建议措施
1	NONE 空白	无冷却水	（1）冷却水源无水 （2）冷却管道堵塞 （3）阀门损坏未打开 （4）气压使阀门关闭	（1）反应器内温度升高 （2）热量失控，反应器爆炸	（1）设置备用冷却水源 （2）安装过滤器，防止杂物进入管线堵塞管道 （3）安装备用控制阀或手动旁路阀门 （4）安装备用控制器 （5）安装高温报警器 （6）安装高温紧急关闭系统 （7）安装冷却水流量计和低流量报警器
2	MORE 过量	冷却水 流量偏高	（1）控制阀失效，开度过大 （2）控制器失效，开度过大 （3）温度传感器损坏，测量失误	反应器温度降低，产物减少	（1）安装备用控制阀 （2）安装备用控制器 （3）安装现场直接显示仪表
3	REVERSE 相逆	冷却水 逆向流动	（1）冷却水源失效导致反向流动 （2）冷却水出口存在背压而反向流动	（1）冷却异常 （2）反应过程失控	（1）在管道上加装止逆阀 （2）安装高温报警器 （3）安装高温紧急关闭系统 （4）安装冷却水流量计和低流量报警器
	AS WELL AS 伴随	冷却水 进入 反应器	反应器壁破损，冷却水压力高于反应器内压力	（1）反应器内物质被稀释 （2）产品报废 （3）反应器过满	（1）安装反应产物分析装置 （2）安装高液位报警装置 （3）安装溢流装置 （4）定期检查维修设备
		产品进入 夹套	反应器壁破损，反应器内压力高于冷却水压力	（1）冷却水被污染 （2）产率下降 （3）冷却能力下降 （4）材料被腐蚀	（1）安装冷却水水质分析仪 （2）冷却水管道上安装止逆阀，防止回流 （3）定期检查维修设备

5.3.3 作业条件危险性评价法

1. 作业条件危险性评价法简介

在某种环境条件下进行作业时，总是具有一定程度的潜在危险。美国学者格雷厄姆和金尼(Graham Kinney)认为，影响危险性的主要因素有：发生事故或危险事件的可能性(L)；暴露于危险环境中的时间(E)；发生事故后可能产生的后果(C)。

因此，某种作业条件的危险性可用下式计算：

$$D=L\times E\times C \tag{5-1}$$

评价标准如下。

(1) 事故发生的可能性

事故或危险事件发生的可能性是事故发生概率的定性描述，不发生的事故概率为0，必然发生的事故概率为10。在实际作业时绝对不发生事故是不可能的，只能说事故发生的可能性极小，规定这种情况的分数值为0.1，对必然要发生的事故分数值给予10，处于这两种情况之间的，规定了若干个中间值，具体内容见表5-8。

表5-8 事故或危险事件发生的可能性分数值

事故或危险事件发生的可能性	分数值	事故或危险事件发生的可能性	分数值
完全会被预料到	10	可以设想，但极少可能	0.5
相当可能	6	极不可能	0.2
不经常	3	实际上不可能	0.1
完全意外，极少可能	1		

(2) 人员暴露于危险环境的频繁程度

人员暴露在危险环境中的时间越多，受到伤害的可能性越大，相应地，危险性也越大。方法中规定人员连续暴露潜在危险环境的分数值为10；分数值为0表示人员根本不暴露于危险环境中，没有实际意义，故规定非常罕见的暴露的分数值为0.5，两者之间规定了若干个中间值，见表5-9。

表5-9 暴露于危险环境中的分数值

暴露于危险环境的情况	分数值	暴露于危险环境的情况	分数值
连续暴露潜在危险环境	10	每月暴露一次	2
逐日在工作时间内暴露	6	每年几次出现在潜在危险环境	1
每周一次或偶然的暴露	3	非常罕见的暴露	0.5

(3) 事故可能造成的后果

事故造成人员伤害的变化范围很大，规定把需要救护的轻伤对应分数值为1，大灾难，许多人死亡的分数值为100，其他情况分数值在1~100，见表5-10。

表 5-10 事故后果分数值

可能结果	分数值	可能结果	分数值
大灾难，许多人死亡	100	严重，严重伤害	7
灾难，数人死亡	40	重大，致残	3
非常严重，一人死亡	15	引人注目，需要救护	1

(4) 危险等级的划分

根据经验，按危险分数 D 的值划分成 5 个危险等级，具体标准见表 5-11。

表 5-11 危险等级

危险分数 D	危险等级	危险对策
>320	极其危险	停产整改
160~320	高度危险	立即整改
70~159	显著危险	及时整改
20~69	可能危险	需要整改
<20	稍有危险	一般可接受，但应该注意防止

2. 优缺点及适用范围

作业条件危险性评价法用于评价人们在某种具有潜在危险的作业环境中进行作业的危险程度。该法简单易行，危险程度的级别划分比较清楚、醒目。由于它是根据经验来确定 3 个因素的分数值及划定危险程度等级，因此，具有一定的局限性。而且它是一种作业条件的局部评价，故不能普遍适用。此外，在具体应用时，此法还应根据自己的经验、具体情况适当加以修正。

5.3.4 危险度评价法

危险度评价法是借鉴日本劳动省“六阶段”的定量评价表，结合我国《石油化工企业设计防火规范》(GB 50160)、《压力容器中化学介质毒性危害和爆炸危险程度分类》(HG 20660)等技术标准规范，编制出危险度评价取值表，以各单元的物料、容量、温度、压力和操作等五项指标进行评定，每一项又分为 A、B、C、D 四个类别，分别给定 10 分、5 分、2 分、0 分，最后根据这些分值之和来评定该单元的危险程度等级，见表 5-12。

表 5-12 危险度评价取值表

项目	分值			
	A(10 分)	B(5 分)	C(2 分)	D(0 分)
物料（指单元中危险、有害程度最大的物质）	1. 甲类可燃气体[①] 2. 甲 A 类物质及液态烃类 3. 甲类固体 4. 极度危害介质[②]	1. 乙类可燃气体 2. 甲 B、乙 A 类可燃液体 3. 乙类固体 4. 高度危害介质	1. 乙 B、丙 A、丙 B 类可燃液体 2. 丙类可燃固体 3. 中、轻度危害介质	不属于 A、B、C 项之物质

续表

项目	分值			
	A(10分)	B(5分)	C(2分)	D(0分)
容量③	1. 气体1000m³以上 2. 液体100m³以上	1. 气体500~1000m³ 2. 液体50~100m³	1. 气体100~500m³ 2. 液体10~50m³	1. 气体<100m³ 2. 液体<10m³
温度	1000℃以上使用，其操作温度在燃点以上	1. 1000℃以上使用，其操作温度在燃点以下 2. 在250~1000℃使用，其操作温度在燃点以上	1. 在250~1000℃使用，其操作温度在燃点以下 2. 在低于250℃时使用，其操作温度在燃点以上	在低于250℃时使用，其操作温度在燃点以下
压力	100MPa	20~100MPa	1~20MPa	1MPa以下
操作	1. 临界放热和特别剧烈的放热反应操作 2. 在爆炸极限范围内或其附近操作	1. 中等放热反应(如烷基化、酯化、加成、氧化、聚合、缩合等反应)操作 2. 系统进入空气或不纯物质，可能发生危险的操作 3. 使用粉状或雾状物质，有可能发生粉尘爆炸的操作 4. 单批式操作	1. 轻微放热反应(如加氢、水合、异构化、烷基化、磺化、中和等反应)操作 2. 在精制过程中伴有化学反应 3. 单批式操作，但开始使用机械等手段进行程序操作 4. 有一定危险的操作	无危险的操作

注：① 见《石油化工企业设计防火规范》(GB 50160—2008)中可燃物质的火灾危险性分类。

② 见《压力容器中化学介质毒性危害和爆炸危险程度分类》(HG 20660—2017)。

③ 有触媒的反应，应去掉触媒层所占空间；气液混合反应，应按其反应的形态选择上述规定。

在安全评价中可以首先对所有工艺单元(装置)进行初步危险度评价，分别确定危险等级，危险度分级表见表5-13，可选择Ⅰ级和Ⅱ级(总分值大于等于11分)的工艺单元(装置)，并继续采用其他评价方法进行风险评价。

表5-13　危险度分级表

总分值	≥16分	11~15分	≤10分
等级	Ⅰ	Ⅱ	Ⅲ
危险程度	高度危险	中度危险	低度危险

5.4　事故树分析法

5.4.1　事故树分析概述

1. 事故树分析简介

事故树分析(Fault Tree Analysis，FTA)是从结果到原因找出与灾害事故有关的各种因素之间因果关系及逻辑关系的分析法。这是一种作图分析方法，做法是把系统可能发生的事故放在图的最上面，称为顶上事件，按照系统构成要素之间的关系，向下分析与灾害事故有关的原因。这些原因可能是其他一些原因的结果，称为中间原因事件(或中间事件)，应继续往下分析，直到找出不能进一步往下分析的原因为止，这些原因称为基本原因事件(或基本事件)。图中各因果关系用不同的逻辑门连接起来，得到的图形就像棵倒置的树。

事故树分析法是20世纪60年代初美国贝尔电话研究所在研究民兵式导弹发射控制系统的安全性时提出来的。后经改进，为预测导弹发射偶然事故做出了贡献。其后波音公司对该法又进行了重大改进并应用。1974年，美国原子能委员会利用事故树分析法对核电站的危险性进行了评价，并发表了著名的《拉斯姆逊报告》，引起世界各国关注。目前许多国家都在研究和应用这种方法。

由于事故树分析法具有能详细找出系统各种固有的潜在的危险因素，简洁、形象地表示事故和各种原因之间因果关系和逻辑关系，既可定性分析也可定量分析等优点，因此在我国航空机械、冶金、化工等工业部门都得到了普遍的推广应用。

2. 事故树分析步骤

(1) 确定和熟悉系统

在分析之前首先要确定分析系统的边界和范围，例如化工装置分析到哪一个设备、哪一个阀门为止。之后则要详细了解分析的系统，包括工艺、设备、操作环境及控制系统和安全装置等。同时还要广泛搜集国内外同行业已经发生的事故。

(2) 确定顶上事件

根据系统的工作原理和事故资料确定一个或几个事故作为顶上事件进行分析。顶上事件一般选择那些发生可能性大且能造成一定后果的事故进行分析。顶上事件可以是已经发生的事故，也可以预想。确定顶上事件时要坚持一个事故编一棵“树”的原则且定义明确，如“反应失控聚合釜爆炸”“氢气钢瓶超压爆炸”等，而“火灾爆炸”“工厂火灾”等这一类事件就太笼统，则难以分析。

(3) 详细分析事故的原因

顶上事件确定之后，就要进一步分析与之有关的各种原因，包括设备元件等硬件故障、软件故障、人的差错以及环境因素，将有关的原因都找出来。原因事件定义也要明确、不能含糊不清。

(4) 确定不予考虑的事件

有些与事故有关的事件发生的可能性很小，如飓风、龙卷风等，编制事故树时可不予考虑，但要事先说明。

(5) 确定分析的深度

在分析原因事件时，分析到哪一层为止，需事先明确。分析得太深，事故树过于庞大，定性定量都有困难；分析得太浅，容易发生遗漏。具体深度应视分析对象和分析目的而定。对于化工生产系统来说，机械设备一般只分析到泵、阀门、管道故障为止；电器设备分析到继电器、开关、马达故障为止。

(6) 编制事故树

从顶上事件开始，采取演绎分析方法，逐层向下找出直接原因事件，直到所有的最基本事件为止。每层事件都按照输入(原因)与输出(结果)之间的逻辑关系用逻辑门连接起来，得到的图形就是事故树。要注意，编事故树时任何一个逻辑门都有输入与输出事件，门与门之间不能直接相连。

(7) 定性分析

事故树编好后，不仅可以直观地看出事故发生的途径及相关因素，还可进行多种计算。事故树定性分析是从事故树结构上求出最小割集和最小径集，进而确定每个基本事件对顶上事件的影响程度，为制定安全措施的先后次序、轻重缓急提供依据。

(8) 定量分析

定量分析就是计算出顶上事件的发生概率，并从数量上说明每个基本事件对顶上事件的影响程度，从而制订出最经济、最合理的控制事故方案，实现系统最安全的目的。

以上步骤不一定每步都做，可根据需要和可能确定。例如，对在生产岗位上工人掌握操作控制要点用的，画出事故树图即可。而要进行定量分析，必须有各种元件故障率和人员失误率数据，否则无法计算。

3. 事故树分析符号及意义

事故树是由一些符号构成的图形，这些符号根据功能可分为三种类型，即事件符号，逻辑门符号和转移符号。表 5-14 列出了一些常用符号及意义。

表 5-14　常见事故树的符号及意义

种类	符号	名称	意义
事件符号		顶上事件或中间原因事件	表示由许多其他事件相互作用而引起的事件。这些事件都可以进一步往下分析，处在事故树的顶端或中间
		基本事件	事故树中最基本的原因事件，不能继续往下分析，处在事故树的底端
		省略事件	由于缺乏资料不能进一步展开或不愿意继续分析而有意省略的事件，也处在事故树的底端
		正常事件	正常情况下该发生的事件，位于事故树的底端
逻辑门符号		与门	表示下面的输入事件都发生，上面输出事件才能发生
	+	或门	表示下面输入事件只有一个发生，就会引起上面输出事件发生
	α	条件与门	输入事件都发生还必须满足条件 α，输出事件才能发生
	+ α	条件或门	任何一个输入事件发生同时满足条件 α，上面输出事件就会发生
	α	限制门	下面一个输入事件发生同时条件 α 也发生，输出事件就会发生

续表

种类	符号	名称	意义
转移符号	△（上方引线）	转入符号	表示此处和有相同字母或数字的转出符号相连接
	△（侧方引线）	转出符号	表示此处和有相同字母或数字的转入符号相连接

5.4.2　事故树的定性分析

1. 布尔代数基础

在事故树分析中常用逻辑运算符号“·”“+”“′”将各个事件连接起来，连接式称为布尔代数表达式，在求最小割集（径集）时要用布尔代数运算法则简化代数式，这些法则如下所述：

（1）交换律

$$A \cdot B = B \cdot A \tag{5-2}$$

$$A + B = B + A \tag{5-3}$$

（2）结合律

$$A + (B + C) = (A + B) + C \tag{5-4}$$

$$A \cdot (B \cdot C) = (A \cdot B) \cdot C \tag{5-5}$$

（3）分配律

$$A + (B \cdot C) = (A + B) \cdot (A + C) \tag{5-6}$$

$$A \cdot (B + C) = A \cdot B + A \cdot C \tag{5-7}$$

（4）吸收律

$$A \cdot (A + B) = A \tag{5-8}$$

$$A + A \cdot B = A \tag{5-9}$$

（5）互补律

$$A + A' = 1 \tag{5-10}$$

$$A \cdot A' = 0 \tag{5-11}$$

（6）幂等律

$$A \cdot A = A \tag{5-12}$$

$$A + A = A \tag{5-13}$$

（7）德·摩根律

$$(A + B)' = A' \cdot B' \tag{5-14}$$

$$(A \cdot B)' = A' + B' \tag{5-15}$$

（8）对合律

$$(A')' = A \tag{5-16}$$

（9）重叠律

$$A + A'B = A + B = B' + BA \tag{5-17}$$

2. 最小割集

事故树中所有的基本事件都发生，则顶上事件必然发生。但是在大多数情况下并非如此，只要某几个甚至某一个基本事件发生就可以引起顶上事件发生。事故树中能使顶上事件发生的基本事件的集合叫割集。所谓集合，就是满足某种条件或具有某种属性的事物的全体。集合的每一个成员称为这个集合的元素。例如一个班级全体学生构成了一个集合，一个车队的全部汽车也构成一个集合。同样一个割集中包含的几个基本事件就组成一个集合，这个集合中的每个基本事件就是它的元素。集合一般用大写字母表示，而用其他字母或数字表示集合的元素，例如，若 a 是集合 A 的一个元素，则记为 $a \in A$（读为 a 属于集合 A）。对一个集合的所有元素要用大括号括起来。例如某集合含有 1、2、3 三个元素，这个集合就写成$\{1, 2, 3\}$或$\{2, 1, 3\}$或$\{3, 1, 2\}$等。一个割集如含有 X_1、X_2 两个基本事件，则记为$\{X_1, X_2\}$。

在一个割集中可能有多余或重复的事件出现，割集和割集之间也有相互包含的情况，必须经过整理和化简，除去那些多余和重复事件，以得到最小割集。最小割集是引起顶上事件发生的最低限度的基本事件的集合。在最小割集里任意去掉一个基本事件，顶上事件就不会发生。事故树有一个最小割集，顶上事件发生的可能性就有一种。要了解事故发生有哪些模式，必须求出事故树的最小割集。

最小割集的求法有许多种，其中还包括一些用计算机求解的程序，这里只介绍两种手工求法。

(1) 布尔代数化简法

这种方法先将布尔函数式化为析取标准形式，再利用布尔代数运算法则即可求出最小割集。

下面以图 5-3 事故树为例，求最小割集。

$$
\begin{aligned}
T &= A \cdot B \\
&= (X_1+C)(X_2+D) \\
&= (X_1+X_2X_3)(X_2+X_4X_5) \\
&= X_1X_2+X_2X_3X_2+X_1X_4X_5+X_2X_3X_4X_5 \\
&= X_1X_2+X_2X_3+X_1X_4X_5
\end{aligned}
$$

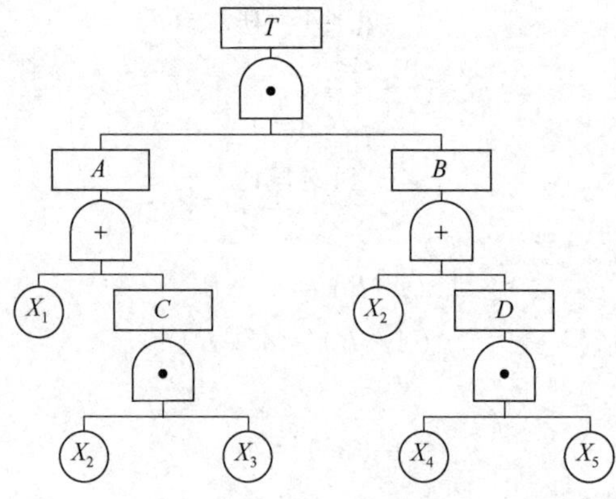

图 5-3　事故树示意图

该事故树有三个最小割集：

$$K_1=\{X_1, X_2\} \qquad K_2=\{X_2, X_3\} \qquad K_3=\{X_1, X_4, X_5\}$$

（2）行列法

行列法又称代换法，是由富赛尔(Fussel)1972 年提出来的，也称富赛尔法。该法是从顶上事件开始，依次将上层事件用下一层事件代换，直到所有基本事件都代完为止。在代换过程中，“或门”连接的事件纵向排列，“与门”连接的事件横向排列。最后会得到若干个基本事件的逻辑积，用布尔代数运算定律化简，就得到最小割集。下面仍以图 5-3 为例，用行列法求事故树的最小割集。

$$T \rightarrow A \cdot B \rightarrow \begin{cases} X_1B \\ X_2X_3B \end{cases} \rightarrow \begin{cases} X_1X_2 \\ X_1D \\ X_2X_3X_2 \\ X_2X_3X_4X_5 \end{cases} \rightarrow \begin{cases} X_1X_2 \\ X_1X_4X_5 \\ X_2X_3 \end{cases}$$

该事故树有三个最小割集：

$$K_1=\{X_1, X_2\} \qquad K_2=\{X_2, X_3\} \qquad K_3=\{X_1, X_4, X_5\}$$

此法求得结果与布尔代数法相同。

3. 最小径集

在事故树中，当所有基本事件都不发生时，顶上事件肯定不会发生。然而，顶上事件不发生常常并不要求所有基本事件都不发生，而只要某些基本事件不发生，顶上事件就不会发生，这些不发生的基本事件的集合称为径集。在同一事故树中，不包含其他径集的径集称为最小径集。如果径集中任意去掉一个基本事件后就不再是径集，那么该径集就是最小径集。所以，最小径集是保证顶上事件不发生的充分必要条件。

下面介绍两种最小径集的求法。

（1）布尔代数法

将事故树的布尔代数式化简为最简合取标准式，式中最大项便是最小径集，若最简合取标准式中含有 m 个最大项，则该事故树便有 m 个最小径集。该方法的计算与最小割集的计算方法类似。

下面以图 5-4 事故树为例，求最小径集。

$$\begin{aligned} T&=A_1+A_2 \\ &=(X_1A_3X_2)+(X_4A_4) \\ &=X_1(X_1+X_3)X_2+X_4(A_5+X_6) \\ &=X_1X_2+X_1X_2X_3+X_4X_5+X_4X_6 \\ &=X_1X_2+X_4X_5+X_4X_6 \\ &=(X_1+X_4X_5+X_4X_6)(X_2+X_4X_5+X_4X_6) \\ &=(X_1+X_4)(X_2+X_4)(X_1+X_5+X_6)(X_2+X_5+X_6) \end{aligned}$$

该事故树有四个最小径集：

$$\{X_1, X_4\} \qquad \{X_2, X_4\} \qquad \{X_1, X_5, X_6\} \qquad \{X_2, X_5, X_6\}$$

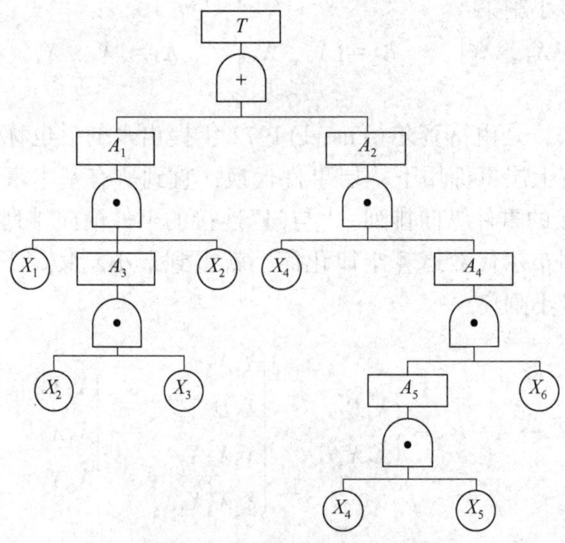

图 5-4　事故树示意图

(2) 对偶树法

根据对偶原理，成功树顶上事件发生，就是其对偶树(事故树)顶上事件不发生。因此，求事故树最小径集的方法是，首先将事故树变换成其对偶的成功树，然后求出成功树的最小割集，即是所求事故树的最小径集。

将事故树变为成功树的方法是，将原事故树中的逻辑或门改成逻辑与门，将逻辑与门改成逻辑或门，并将全部事件符号加上“′”，变成事故的补事件的形式，这样便可得到与原事故树对偶的成功树。

下面仍以图 5-4 事故树为例，用对偶法求最小径集。

首先将图 5-4 的事故树变换为图 5-5 所示的成功树，然后利用求最小割集的方法求最小径集。

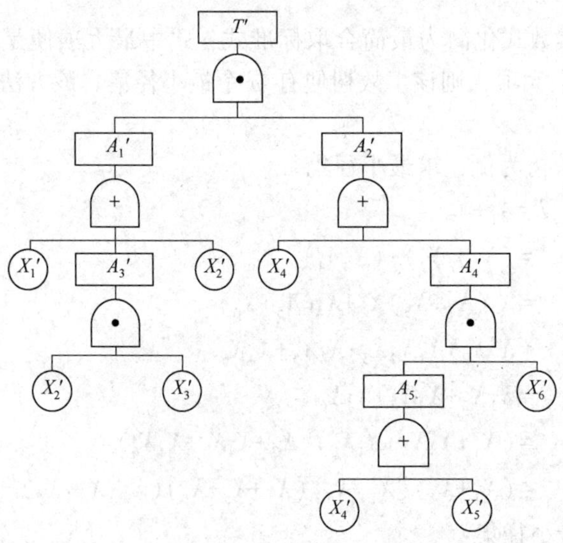

图 5-5　图 5-4 的成功树

$$
\begin{aligned}
T &= A_1'A_2' \\
&= (X_1'+A_3'+X_2')(X_4'+A_4') \\
&= (X_1'+X_2')[X_4'+(X_4'+X_5')X_6'] \\
&= (X_1'+X_2')(X_4'+X_5'X_6') \\
&= X_1'X_4'+X_1'X_5'X_6'+X_2'X_4'+X_2'X_5'X_6'
\end{aligned}
$$

该成功树有四个最小割集：

$\{X_1', X_4'\}$　$\{X_2', X_4'\}$　$\{X_1', X_5', X_6'\}$　$\{X_2', X_5', X_6'\}$

则事故树的最小径集为：$\{X_1, X_4\}$　$\{X_2, X_4\}$　$\{X_1, X_5, X_6\}$　$\{X_2, X_5, X_6\}$

4. 最小割集和最小径集在事故树分析中的作用

① 最小割集表示系统的危险性。事故树中最小割集越多，系统发生事故的可能性(途径)越多，因而就越危险。

② 最小径集表示系统的安全性。事故树中最小径集越多，说明控制顶上事件不发生的方案就越多，因而系统就越安全。

③ 由最小割集可直观地比较各种故障模式的危险性。最小割集中含有基本事件的个数越少，这种事故模式越危险。

④ 从最小径集可选择控制事故的最佳方案。事故树中有几个最小径集，控制顶上事件不发生的方案就有几种。一般控制最小径集中基本事件个数少的省工、省时、经济合算。

⑤ 利用最小割集和最小径集可进行结构重要度分析。

⑥ 利用最小割集和最小径集可对系统进行定量分析和安全评价。

5.4.3　事故树分析实例

编制事故树是事故树分析中最基础也是最关键的一环，只有事故树编得切实合理，才能得到正确的定性定量结果，从而为制定安全防范措施提供可靠依据。下面以氯乙烯悬浮聚合生产聚氯乙烯过程中可能发生的“反应失控聚合釜爆炸”事故为例，说明事故树的编制方法。

在氯乙烯悬浮聚合生产聚氯乙烯的过程中，将溶有引发剂的氯乙烯单体在搅拌作用下，分散成液滴状悬浮于水中，再加入分散剂，使之在一定温度和压力下聚合成颗粒均匀和稳定的聚氯乙烯粒子。聚合反应为放热反应，为及时移走反应热，反应时在聚合釜夹套中通冷却水。反应温度、搅拌速度和引发剂的加入量都直接影响反应速度。反应速度越快则放热越多，釜内的压力也随之升高。当温度升到一定值时，反应无法控制，就会引起聚合釜爆炸，所以在聚合过程中各种工艺参数的控制是非常重要的。

现在聚合反应从加料到出料全过程所有操作参数都采用计算机控制和监测，并设有事故紧急处理系统。当反应发生异常时，计算机会自动将终止剂加入聚合釜，在几秒钟内终止聚合反应，以防止热量大量积聚而爆炸。同时聚合釜上还安装了安全阀和紧急排放口，当安全阀满足不了压力排放要求时，将自动或手动打开紧急排放系统，进一步泄压防止爆炸。

针对这一系统，以“反应失控聚合釜爆炸”为顶上事件进行事故树分析。首先将顶上事件写在图上方矩形方框内。由聚合反应系统知道，只有当“反应异常压力升高”“泄压系统失效”和“紧急处理系统失效”三者都发生且满足“压力超过聚合釜承受能力”时才会发生反应失控聚合釜爆炸。因此第一层逻辑门为条件“与门”。

接下来分析“反应异常压力升高”和“紧急处理系统失效”的直接原因，“泄压系统失效”

的原因不再分析下去，故用省略事件符号表示。造成“反应异常压力升高”的原因是“温度过高”或“搅拌停止”或“引发剂过量”，这三个原因中任一个发生，上面事件就会发生，故它们之间为“或门”关系；“紧急处理系统失效”的原因可能是“计算机控制系统失效”，或者是“加终止剂系统失效”，二者之间也是“或门”关系。

进一步分析第三层原因。“温度过高”是由于“温控失效”或“冷却能力下降”；“搅拌停止”是“电机及传动系统故障”或“停电”造成；“引发剂过量”由“引发剂浓度过高”或“引发剂投入过量”所致，因此这些事件之间都是“或门”关系。

引起“温控失效”的原因是“温度检测系统故障”或“温度调节系统故障”；“冷却能力下降”的原因是“冷却水流量过低”或“冷却水温度高”；“引发剂投入过量”的原因是加引发剂的“监测系统失效”或“切断功能失常”，故它们之间也都是“或门”关系。而引起“引发剂浓度过高”必须是“甲苯溶剂加得少”并且“分析失误”两者同时发生才有可能，因而这两者是“与门”关系。“切断功能失常”是由“阀门故障”或“阀门控制失效”引起，所以这两者之间是“或门”关系。

有些原因事件还可以继续往下分析，但考虑到事故树的规模和分析深度就不再进行下去，因此事故树分析到此为止。根据上面的分析，把上下层原因事件用相应的逻辑门连接起来，即得到如图 5-6 所示的事故树。

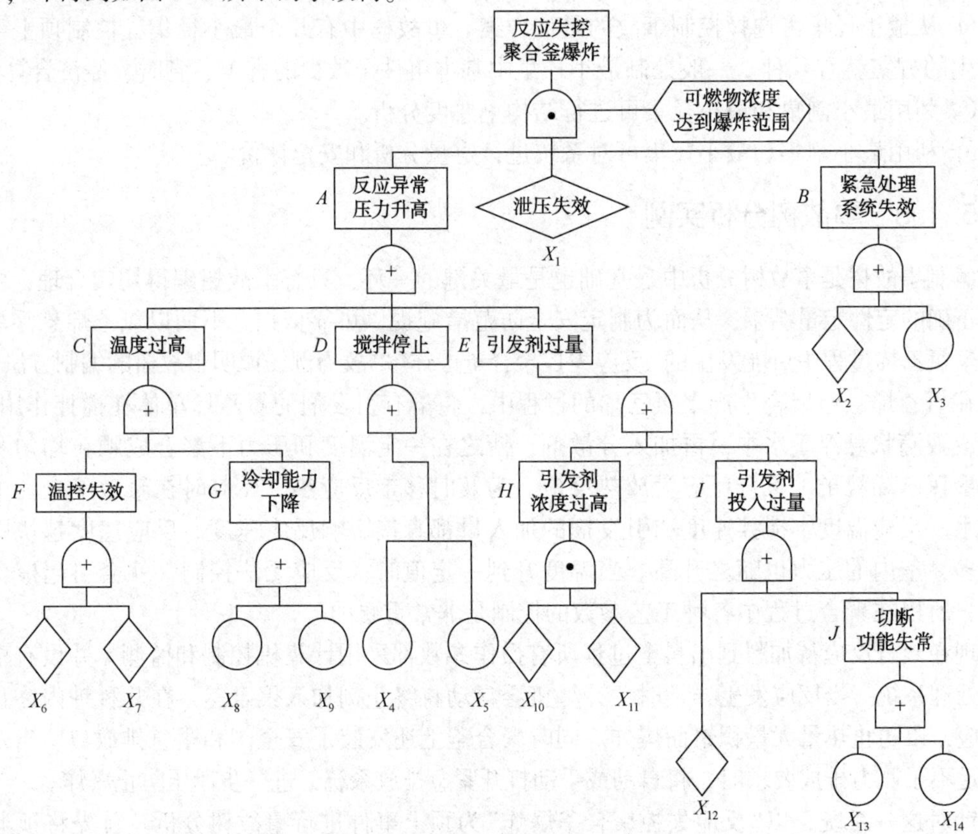

图 5-6 “反应失控聚合釜爆炸”事故树图

X_1—泄压系统失效；X_2—计算机控制失效；X_3—加终止剂系统失效；X_4—电机及传动系统故障；X_5—停电；X_6—温度调节系统故障；X_7—温度检测系统故障；X_8—冷却水流量过低；X_9—冷却水温度过高；X_{10}—甲苯溶剂加得少；X_{11}—分析失误；X_{12}—监测系统失效；X_{13}—阀门故障；X_{14}—阀门控制失效

5.5　定量安全评价方法

5.5.1　危险指数评价法

1. 道化学公司火灾、爆炸危险指数评价法

1964 年，美国道化学公司提出了以物质指数为基础的安全评价方法，进而开发了“火灾、爆炸危险指数评价法”，也可简称为道化法或 DOW 法，后经不断修改完善，在 1993 年推出了第七版。该方法以以往的事故统计资料及物质的潜在能量和现行安全措施为依据，定量地对工艺装置及所含物料的实际潜在火灾、爆炸和反应危险性进行分析评价，可以在一定程度上量化潜在火灾、爆炸和反应性事故的预期损失，确定可能引起事故发生或使事故扩大的装置，向有关部门通报潜在的火灾、爆炸危险性，使有关人员及工程技术人员了解各工艺系统可能造成的损失，以此确定减轻事故严重性和总损失的经济有效的途径。

使用道化学火灾、爆炸危险指数评价法，可以按照如下程序进行。

1）风险分析

道化学公司的“火灾、爆炸危险指数评价法”风险分析流程如图 5-7 所示。

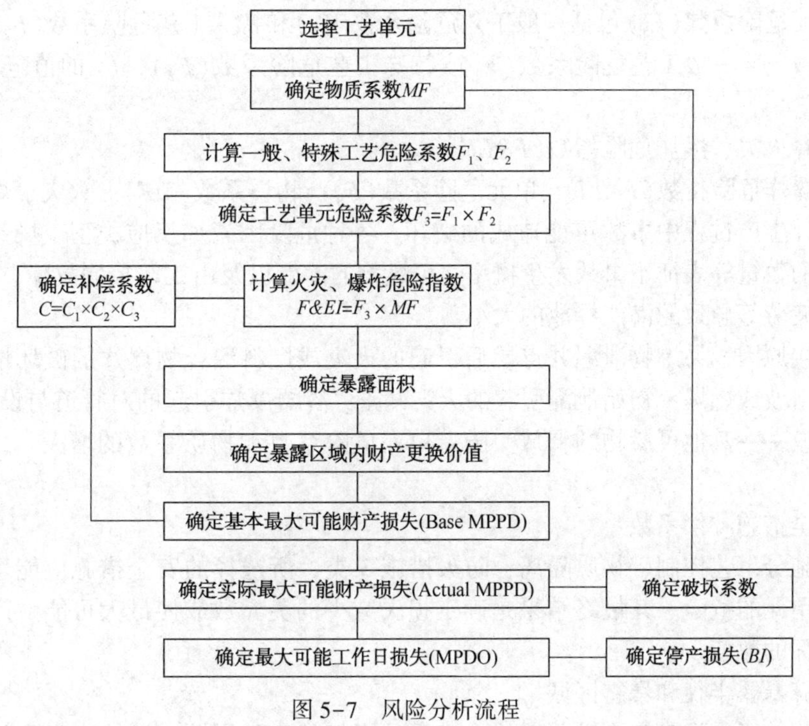

图 5-7　风险分析流程

2）资料准备

需要准备的资料包括：完整的工厂设计方案；工艺流程图；道氏火灾、爆炸指数评价法；火灾、爆炸指数计算表；安全措施补偿系数表；工艺单元危险分析汇总表和生产单元风险分析汇总表。

3）评价计算

(1) 选择工艺单元

第一步是选取并确定工艺单元，工艺单元是工艺装置的任一主要单元，是装置的一个独立部分，与其他部分保持一定的距离，或者用防火墙。恰当工艺单元是指在使用道化法计算火灾、爆炸危险指数时，选择那些对工艺有影响的单元进行评价，这些单元可称为恰当工艺单元，简称工艺单元。

选择恰当工艺单元的重要参数包括：潜在化学能(物质系数)；工艺单元中危险物质的数量；资金密度(每平方米美元数)；操作压力和操作温度；导致火灾、爆炸事故的历史资料；对装置起关键作用的单元。

(2) 确定物质系数(*MF*)

物质系数是表述物质在燃烧或其他化学反应引起的火灾、爆炸时释放能量大小的内在特性，是一个最基础的数值。要研究工艺单元中所有操作环节，以确定最危险状况(在开车、操作、停车过程中最危险物质的泄漏及运行中的工艺设备)中的最危险的物质。物质系数是由美国消防协会规定的 N_F、N_R(分别代表物质的燃烧性和化学活性)决定的。

(3) 计算工艺单元危险系数(F_3)

工艺单元危险系数(F_3)包括一般工艺危险系数(F_1)和特殊工艺危险系数(F_2)。工艺单元危险系数(F_3)=一般工艺危险系数(F_1)×特殊工艺危险系数(F_2)，F_3 的值范围为 1~8，若 $F_3>8$ 则按 8 计。

(4) 计算火灾、爆炸危险指数(*F&EI*)

火灾、爆炸危险指数(*F&EI*)=单元危险系数(F_3)×物质系数(*MF*)。火灾、爆炸危险指数被用来估计生产过程中事故可能造成的破坏。各种危险因素如反应类型、操作温度、压力和可燃物的数量等表征了事故发生概率、可燃物的潜能以及由工艺控制故障、设备故障、振动或应力疲劳等导致的潜能释放的大小。

根据直接原因，易燃物泄漏并点燃后引起的火灾或燃料混合物爆炸的破坏情况分为如下几类：冲击波或燃爆；初始泄漏引起的火灾暴露；容器爆炸引起的对管道与设备的撞击；引起二次事故——其他可燃物的释放。随着单元危险系数和物质系数的增大，二次事故变得愈加严重。

(5) 安全措施补偿系数

安全措施分工艺控制、物质隔离、防火措施 3 类，所选择的安全措施应能切实地减少或控制评价单元的危险。其最终结果是确定损失减少的美元数或使最大可能财产损失降至一个更为实际的数值。

(6) 计算暴露半径和暴露区域

考虑评价单元内设备在火灾、爆炸中遭受的损坏的实际影响，评价人员往往用一个围绕着工艺单元的圆柱体体积来表征发生火灾、爆炸事故时生产单元所承受风险的大小。圆柱体的底面积为暴露区域面积，高等于暴露半径，有时也用球体的体积表示。

(7) 暴露区域财产价值

暴露区域内财产价值可由区域内含有的财产(包括在存物料)的更换价值来确定：更换价值=原来成本×0.82×增长系数。其中，0.82 是考虑了场地平整、道路、地下管线、地基等在事故发生时不会遭到损失或无须更换的系数；增长系数由工程预算专家确定。

(8) 破坏系数的确定

破坏系数由单元危险系数(F_3)和物质系数(MF)确定。它表示单元中的物料或反应能量释放所引起的火灾、爆炸事故的综合效应。其可由单元物质系数(MF)和危险系数曲线的交点求出。

(9) 计算基本最大可能财产损失(Base MPPD)

基本最大可能财产损失=暴露区域面积×暴露区域财产价值。它是假定没有任何一种安全措施来降低损失的。

(10) 计算实际最大可能财产损失(Actual MPPD)

实际最大可能财产损失=基本最大可能财产损失×安全措施补偿系数。它表示在采取适当的防护措施后，事故造成的财产损失。

(11) 最大可能工作日损失($MPDO$)

估算最大可能工作日损失是评价停产损失(BI)的必经步骤，根据物料储量和产品需求的不同状况，停产损失往往等于或超过财产损失。

(12) 计算停产损失(BI)

停产损失(以美元计)按下式计算：$BI=\frac{MPDO}{30}\times VPM\times 0.70$

式中，VPM 为每月产值。

2. 蒙德火灾爆炸危险指数评价法

道化学指数法是以物质系数为基础，并对特殊物质、一般工艺及特殊工艺的危险性进行修正，求出火灾、爆炸的危险指数，再根据指数大小分成 5 个等级，按等级要求采取相应的措施的一种评价法。1974 年英国 ICI 公司蒙德部门在对现有装置和设计建设中装置的危险性研究中，既肯定了道化学公司的火灾、爆炸危险指数评价法，又在其定量评价基础上对道化学第三版做了重要的改进和扩充，增加了毒性的概念和计算，并发展了一些补偿系数，提出了“蒙德火灾、爆炸、毒性指标评价法”。

ICI 公司蒙德部门在对现有装置及计划建设装置的危险性研究中，认为道化学公司的评价方法在工程设计的初期阶段，作为总体研究的一部分，对装置潜在危险性的评价是相当有意义的，同时，通过试验验证了用该方法评价新设计项目的潜在危险性时，有必要在以下几方面做重要的改进和补充。

1) 改进内容

① 引进毒性的概念，将道化学公司的“火灾、爆炸指数”扩展到包括物质毒性在内的“火灾、爆炸、毒性指标”的初期评价，使表示装置潜在危险性的初期评价更切合实际。

② 发展某些补偿系数(补偿系数小于 1)，进行装置现实危险性水平再评价，即采取安全对策措施加以补偿后进行最终评价，从而使评价较为恰当，也使预测定量化更具有实用意义。

2) 扩充内容

① 可对较广范围的工程及设备进行研究。

② 包括了对具有爆炸性的化学物质的使用管理。

③ 通过对事故案例的研究，分析了对危险度有相当影响的几种特殊工艺类型的危险性。

④ 采用了毒性的观点。

⑤ 为设计良好的装置管理系统、安全仪表控制系统，发展了某些补偿系数，对各种处于安全水平之下的装置，可进行单元设备现实的危险度评价。

3）评价程序

ICI 蒙德火灾、爆炸、毒性指标评价法的评价程序如图 5-8 所示。

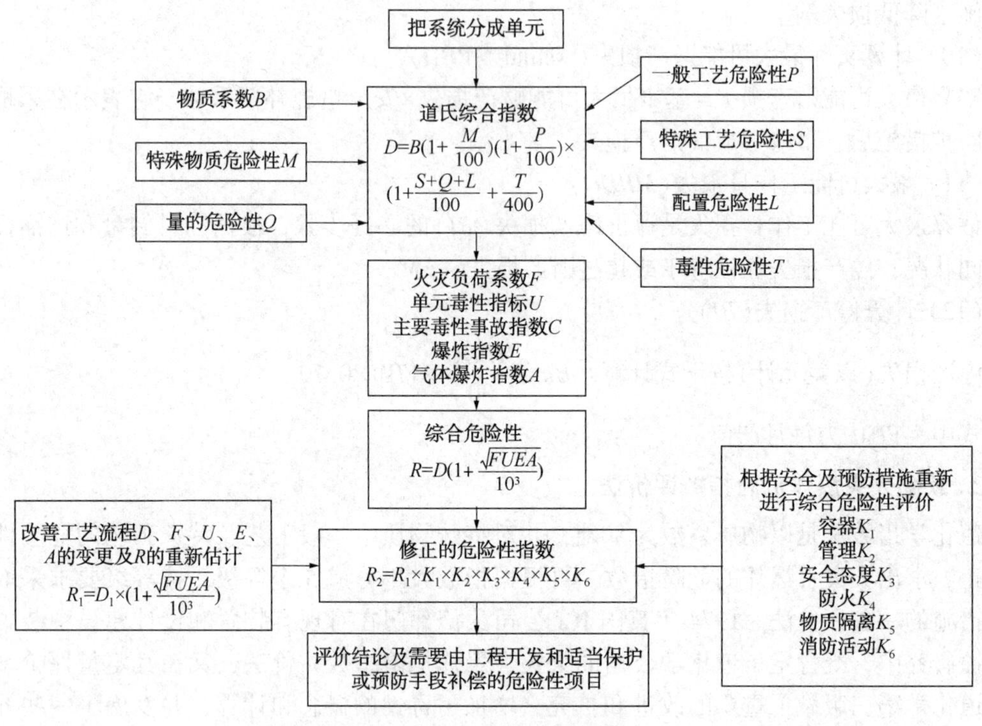

图 5-8　ICI 蒙德法评价程序

ICI 蒙德法首先将评价系统划分成单元，选择有代表性的单元进行评价。评价过程分两个阶段进行，第一阶段是初期危险度评价，第二阶段是最终危险度评价。

（1）初期危险度评价

初期危险度评价是不考虑任何安全措施，评价单元潜在危险性的大小。评价的项目包括：确定物质系数 B、特殊物质危险性 M、一般工艺危险性 P、特殊工艺危险性 S、量的危险性 Q、配置危险性 L、毒性危险性 T。

（2）最终危险度评价

最终危险度评价是在采用安全措施的情况下了解单元潜在危险的程度。蒙德法将实际生产过程中采取的安全措施分为两个方面：一方面是降低事故发生的频率，即预防事故的发生；另一方面是减小事故的规模，即事故发生后，将其影响控制在最小限度。降低事故频率的安全措施包括容器（K_1）、管理（K_2）、安全态度（K_3）三类；减小事故规模的安全措施包括防火（K_4）、物质隔离（K_5）、消防活动（K_6）三类。

5.5.2 统计图表分析法

1. 统计图表法概述

统计是一种从数量上认识事物的方法。事故统计运用科学的统计分析方法，对大量的事故资料和数据进行加工、整理、综合、分析，从而揭示事故发生的规律，为防止事故的发生指明方向。把统计调查所得的数字资料，汇总整理，按一定的顺序填列在一定的表格内，这种表格就叫统计表。简单地说，填有统计指标的表格就叫统计表。任何一种统计表，都是统计表格与统计数字的结合体。利用表中的绝对指标、相对指标和平均指标，可以研究各种事故现象的规模、速度和比例关系。因而，它是事故分析的重要工具。

统计图是一种表达统计结果的形式。它用点的位置、线的转向、面积的大小等来表达统计结果，可以形象直观地研究事故现象的规模、速度、结构和相互关系。统计图表分析法是利用过去的、现在的资料和数据进行统计，推断未来，并用图表表示的一种分析方法。

2. 统计图表的种类

按统计图表的内容、形式和结构，统计图表可以分为几何图(包括条形图、平面图、曲线图等)、象形图(人体图、年龄金字塔图等)、统计图等。在安全管理中，常用到比重图、趋势图、控制图、主次图、因果分析图5种图。

1）比重图

比重图是一种表示事物构成情况的平面图形，可以在平面图上形象、直观地反映事物的各种构成所占的比例。利用比重图可方便地对各事故进行统计分析。要绘制事故比重图，首先要收集事故资料，其次要进行归纳整理及分类分析，在此基础上进行统计计算，求出其比重，再绘制图形。一般情况下，用一定弧度所对应的面积代表该类事故所占的比重，故称为比重图。

2）趋势图

趋势图是按一定的时间间隔统计数据，利用曲线的连续变化来反映事物动态变化的图形。趋势图借助于连续曲线的升降变化来反映事物的动态变化过程，可以帮助我们掌握事故发生规律，预测其未来的变化趋势，以便采取预防措施，降低事故损失。

3）控制图

控制图是在趋势图的基础上做出的，它是在计算出控制界限并在图上标出之后，按事物发展的实际数据及时填图，以控制管理对象。实际上，它是一个标有控制界限的坐标图。横坐标为时间，纵坐标为管理对象的特征值。

4）主次图

主次图是主次排列图的简称，又称分层排列图，简称排列图，是按照数量多少的顺序依次排列的条形图与累计百分比曲线图相结合的坐标图形。主次图的横坐标为分析对象，如工龄、工种、事故类别、事故原因、发生地点、发生时间、受伤部位等。左侧坐标为事故的数量，右侧纵坐标为累计百分比。分析事故发生原因时，用主次图可以清楚、定量地反映出各个因素的大小，帮助我们找出主要原因，即抓住安全工作中的主要矛盾。

5）因果分析图

因果分析图也称鱼刺图或特性因素图。鱼刺图分析法分析安全问题，可以使复杂的原因系统化、条块化，而且直观、逻辑性强，因果关系明确，便于把主要原因弄清楚，鱼刺图中，“结果”表示不安全问题，事故类型；主干是一条长箭头，表示某一事故现象；长箭头两边有若干“枝干”“要因”，表示与该事故现象有直接关系的各种因素，它是综合分析和归纳的结果；“中原因”则表示与要因直接有关的因素。依次类推便可以把事故的各种大小原因客观地、全面地找出来。

3. 评价

统计图表分析法可以提供事故发生及发展的一般特点及规律，可供类比，为预测事故准备条件。其用于中、短期预测较为有效。统计图表分析法的优点是简单易行，但不能考虑事故发生及发展的因果关系，预测精度不高。

使用此法的必要条件是：必须有可靠的历史资料和数据，资料、数据中存在某种规律和趋势，未来的环境和过去相似。

5.5.3 概率评价法

1. 概率评价法概述

概率评价法是一种定量评价法。此法是先求出系统发生事故的概率，如用故障类型及影响和致命度分析、事故树定量分析等方法；在求出事故发生概率的基础上，进一步计算风险率，以风险概率大小确定系统的安全程度。系统危险性的大小取决于两个方面，一是事故发生的概率，二是造成后果的严重度。风险率综合了两个方面因素，它的数值等于事故的概率(频率)与严重度的乘积。其计算式为

$$R=S\times P \tag{5-18}$$

式中 R——风险率，事故损失/单位时间；

S——严重度，事故损失/事故次数；

P——事故发生概率(频率)，事故次数/单位时间。

由此可见，风险率是表示单位时间内事故造成损失的大小。单位时间可以是年、月、日、小时等；事故损失可以用人的死亡、经济损失或是工作日的损失等表示。

计算出风险率就可以与安全指标比较，从而得知危险是否降到人们可以接受的程度。计算风险概率首先必须计算系统发生事故的概率。

生产装置或工艺过程发生事故是由组成它的若干元件相互复杂作用的结果。总的故障概率取决于这些元件的故障概率和它们之间相互作用的关系，故要计算装置或工艺过程的事故概率，必须首先了解各个元件的故障概率。

2. 元件的故障概率

构成设备或装置的元件工作一定时间就会发生故障或失效。所谓故障就是指元件、子系统或系统在运行时达不到规定的功能。不可修复系统的故障就是失效。

元件在规定时间内和规定条件下完成规定功能的概率称为可靠度，用 $R(t)$ 表示。元件在时间间隔 $(0, t)$ 内的可靠度计算式为

$$R(t)=e^{-\lambda t} \tag{5-19}$$

式中 λ——平均故障率；

t——元件运行时间。

部分元件的故障率见表5-15。

表5-15 部分元件的故障率

元件	故障/(次/a)	元件	故障/(次/a)
控制阀	0.60	压力测量	1.41
控制器	0.29	泄压阀	0.022
流量测量(液体)	1.14	压力开关	0.14
流量测量(固体)	3.75	电磁阀	0.42
流量开关	1.12	步进电动机	0.044
气液色谱	30.6	长纸条记录仪	0.22
手动阀	0.13	热电偶温度测量	0.52
指示灯	0.044	温度计温度测量	0.027
液位测量(液体)	1.70	阀动定位器	0.44
液位测量(固体)	6.86	氧分析仪	5.65
pH 计	5.88		

3. 元件的连接及系统故障概率

生产装置或工艺过程是由许多元件连接在一起构成的，这些元件发生故障常会导致整个系统故障或事故的发生。因此，可根据各个元件的故障概率，依照它们之间的连接关系计算出整个系统的故障概率。

元件的相互连接有串联和并联两种情况。

(1) 串联

串联连接的元件用逻辑或门表示，意思是任何一个元件故障都会引起系统发生故障或事故。串联元件组成的系统可靠度计算式为

$$R = \prod_{i=1}^{n} R_i \tag{5-20}$$

式中 R_i——每个元件的可靠度；

n——元件的数量；

$\prod$——连乘。

系统的故障概率 P 的计算式为

$$P = 1 - \prod_{i=1}^{n} (1 - P_i) \tag{5-21}$$

式中 P_i——每个元件的故障概率。

(2) 并联

并联连接的元件用逻辑与门表示，意思是并联的几个元件同时发生故障，系统就会故障。并联元件组成的系统故障概率 P 的计算式为

$$P = \prod_{i=1}^{n} P_i \tag{5-22}$$

系统的可靠度计算式为

$$R = 1 - \prod_{i=1}^{n} (1 - R_i) \tag{5-23}$$

系统的可靠度计算出来后，可由式(5-19)计算总的故障率 λ。

参 考 文 献

[1] 刘双跃. 安全评价[M]. 北京：冶金工业出版社，2010.
[2] 蔡凤英，谈宗山，孟赫，等. 化工安全工程[M]. 北京：科学出版社，2009.
[3] 刘景良. 化工安全技术[M]. 北京：化学工业出版社，2014.
[4] 毕明树，周一卉. 化工安全工程[M]. 北京：化学工业出版社，2014.
[5] 许文，张毅民. 化工安全工程概论[M]. 北京：化学工业出版社，2011.
[6] 刘彦伟，朱兆华，徐丙根. 化工安全技术[M]. 北京：化学工业出版社，2011.
[7] 崔辉，施式亮. 安全评价[M]. 徐州：中国矿业大学出版社，2019.
[8] 刘作华，陶长元，范兴. 化工安全技术[M]. 重庆：重庆大学出版社，2018.
[9] 赵耀江. 安全评价理论与方法[M]. 北京：煤炭工业出版社，2014.
[10] 周波，肖家平，骆大勇. 安全评价技术[M]. 徐州：中国矿业大学出版社，2018.

课　后　题

一、选择题

1. 蒙德法在道化学公司的火灾、爆炸危险指数评价法的基础上增加了(　　)的概念和计算。

A. 反应活性

B. 毒性

C. 腐蚀性

D. 放射性

2. 作业条件危险性评价未涉及的内容是(　　)。

A. 事故发生的可能性

B. 暴露于危险环境的频率

C. 危险严重程度

D. 基本事件的基本结合

3. 根据工程、系统生命周期和评价目的，目前国内将安全评价分为(　　)。

A. 安全预评价

B. 安全验收评价

C. 安全现状评价

D. 安全综合评价

E. 专项安全评价

4.《危险化学品重大危险源辨识》(GB 18218—2018)不适用于(　　)。

A. 炼油厂

B. 军事设施

C. 危险物质的运输

D. 烟花爆竹厂

E. 海上石油天然气开采活动

5. 危险度评价法从单元的哪些方面确定其危险度？(　　)

A. 物质

B. 容量

C. 温度

D. 压力

E. 操作

6. 根据导致事故和职业危害的直接原因，可以将危害因素分为(　　)。

A. 人的因素

B. 物的因素

C. 环境的因素

D. 管理的因素

7. 根据《生产安全事故报告和调查处理条例》(中华人民共和国国务院令第 493 号)，以下哪一项是指造成 30 人以上死亡，或者 100 人以上重伤(包括急性工业中毒，下同)，或者 1 亿元以上直接经济损失的事故？(　　)

A. 特别重大事故

B. 重大事故

C. 较大事故

D. 一般事故

8. 安全评价的原理有(　　)。

A. 因果性原理

B. 相关性原理

C. 类推原理

D. 惯性原理

二、判断题

1. 某单元中有甲乙两种物质，甲的临界量和实际量分别是 5t 和 2. 5t，乙的临界量和实际量分别为 2t、1. 5t，则该单元属于重大危险源。(　　)

2. 最小径集表示系统的安全性，事故树中最小径集越多，说明控制顶上事件不发生的方案就越多，因而系统就越安全。(　　)

3. 按照评价的逻辑推理过程来分，事故树分析是一种归纳推理评价法。(　　)

4. 距离防护原则是指：生产中的危险因素对人体的伤害与距离有关，依照距离危险因素越远，事故的伤害越弱的道理，采取安全距离防护很有效。(　　)

5. 事故树中最小割集越多，系统发生事故的可能性(途径)越多，因而就越危险。(　　)

三、填空题

1. 按照《生产过程危险和有害因素分类与代码》(GB/T 13861—2009)，危险、有害因素可分为______大类。

2. 危险度评价法从单元的______________________________五个方面确定其危险度。

第 6 章　化工废气治理

石油化工行业生产过程中产生的废气成分相对复杂，主要有颗粒物、硫化物、氮氧化物等，它们构成了空气污染的主要来源。石油化工废气污染作为大气污染的来源之一，对自然环境和人类健康都产生了极大的影响。科学有效地治理化工行业废气不仅是化工企业安全运行的基础，也是社会发展的必要条件。因此，在对化工企业废气处理的过程中，要保证资源的回收利用，还要避免产生二次污染物，同时，要做好化工企业排放废气的治理，也是提高化工企业的经济效益以及环境保护效果的基本原则。

本章首先简单介绍化工废气的一些基本概念，并对气体泄漏可能产生的蒸气云爆炸进行危害评估。在了解化工废气的基础知识后，进一步地学习治理废气污染物的一些具体方法。化工废气的产生在石油化工生产中是很常见的，如何去认识它、防范它并施加相应的治理措施至关重要。

6.1　化工废气的概况

6.1.1　废气的来源、分类及特点

1. 来源

许多化工产品在生产过程中都会产生并排出废气，造成空气的污染。其来源有以下几个方面：化工产品生产中所产生的副产品和副反应所产生的废气；产品加工和使用过程中产生的废气，以及破碎、筛分及包装过程中产生的粉尘等；生产技术路线及设备陈旧落后，造成反应不完全、生产过程不稳定，产生不合格的产品或造成的物料跑、冒、滴、漏；因操作失误、指挥不当、管理不善造成废气的排放；化工生产中排放的某些气体，在光或雨的作用下产生的有害气体(图 6-1)。

图 6-1　化工企业废气排放

2. 分类

按照所含污染物性质的不同，化工废气可分为三类：

第一类为含有无机污染物的化工废气，废气含有 SO_2、H_2S、CO 等无机物，主要来自氮肥、磷肥、无机酸、无机盐等制造业；

第二类为有机废气，废气中含有苯系物、酚、醛、醇等，主要来自有机原料及合成材料、农药、染料、涂料等行业；

第三类为既含无机物又含有机物的废气，大部分石油炼制和石油化工排放的废气属于这一类。

3. 特点

化工生产排放的气体，通常含有易燃、易爆、有毒、有刺激性和有臭味的物质。化工废气通常具有以下特点：

① 易燃易爆的气体多。这类气体主要是酮、醛、易聚合不饱和烃等。这些气体若采取的措施不当，易引起火灾、爆炸事故。

② 排放的气体通常有刺激性和腐蚀性。化工行业排放的有刺激性和腐蚀性的气体主要包括：二氧化硫、氮氧化物、氯化氢和氟化氢等。其中二氧化硫和氮氧化物的占比最大。

③ 种类繁多。因为化学工业行业比较多，加上每一种行业所用的化工原料千差万别，造成化工废气种类繁多。

④ 组成复杂、危害性大。化工废气中常含有多种复杂的有毒成分，有些还具有“三致”(致畸、致痛、致突变)特性和恶臭。

⑤ 废气污染物浓度高、难以治理。由于设备陈旧、管理不善、操作水平差等原因，都可能导致原料流失严重，致使废气中污染物浓度过高，且化工和石化行业排放的废气成分复杂，难以治理。

6.1.2 废气的泄漏及扩散模型

石油化工行业使用的危险物质中包括很多种有毒有害气体，如果在生产、储存和运输的过程中由于人为失误或其他原因，导致这些物质泄漏出来，就有可能对周围环境、人员、设备造成巨大的破坏和损失。有毒有害气体泄漏后在空气中扩散过程极为复杂，不同条件下的泄漏会形成不同的扩散源，也会形成不同的扩散形式。在发生气体泄漏事故时，需要使用扩散模型来研究泄漏物质在不同条件下扩散时所表现出来的物理化学过程。应用扩散模型来评估泄漏的后果及影响，这对预防事故和应急救援工作有着极为重要的意义。

1. 泄漏情况分析

下面主要从气体泄漏的设备及气体泄漏的后果来分析具体的泄漏情况。

1) 泄漏的主要设备

易发生泄漏的设备主要包括：管道、挠性连接器、过滤器、阀门、压力容器或反应器、泵、压缩机、储罐、加压或冷冻气体容器及火炬燃烧装置或放散管等10类。每一种设备的典型损坏类型及其典型的损坏尺寸不同，具体如下：①管道，包括管道、法兰和接头；②挠性连接器，包括软管、波纹管和铰接器；③过滤器，由过滤器本体、管道、滤网等组成；④阀门，其典型泄漏情况为：阀壳体泄漏，阀盖泄漏，阀杆损坏泄漏；⑤压力容器或反应器，包括化工生产中常用的分离器、气体洗涤器、反应釜、热交换器、各种罐和容器等；⑥泵，其典型泄漏情况为：泵体损坏泄漏和密封压盖处泄漏；⑦压缩机，包括离心式、轴流式和往复式压缩机，其典型泄漏情况为：压缩机机壳损坏泄漏，压缩机密封套泄漏；⑧储罐，露天储存危险物质的容器或压力容器，也包括与其连接的管道和辅助设备，其典型泄漏情况为：罐体损坏泄漏，接头泄漏和辅助设备泄漏；⑨加压或冷冻气体容器，包括露天或埋地放置的储存器、压力容器或运输槽车等，其典型泄漏情况为：露天容器内部气体爆炸使容器完全破裂，容器破裂而泄漏和焊接点断裂泄漏；⑩火炬燃烧装置或放散管，包括燃烧装置、放散管、多通接头、气体洗涤器和分离罐等，泄漏主要发生在筒体和多通接头部位。

2）泄漏后果

泄漏后果与泄漏物质的数量、易燃性、易爆性、毒性有关，而且与泄漏物质状态(如温度、压力等)有关。常见的组合状态有4种：常压液体、加压液化气体、低温液化气体、加压气体。泄漏物质的物性不同，其泄漏后果也不同。即：①可燃气体泄漏后在环境中达到燃烧极限时，遇到点火源就会发生燃烧或爆炸；②有毒气体泄漏后在大气中扩散，扩散的空间范围广，对周围的影响极大；③液体泄漏：一般泄漏的液态物质会在环境中蒸发成气态，泄漏后果与泄漏物质的性质和储存条件(温度、压力等)有关。如：常温常压下的液体泄漏，这种情况会在地势低洼处形成液池，液体逐渐蒸发过程中遇到引火源就会发生池火灾；加压液化气体泄漏，有些液体泄漏时会产生瞬时蒸发，部分液体将形成一个液池，继续蒸发，通常情况下会全部蒸发；低温液体泄漏，将形成液池，吸收周围热量蒸发，蒸发量低于加压液化气体的泄漏量，高于常温常压下液体的泄漏量。

2. 气体扩散

气体的扩散情况与泄漏气体的性质有关。根据气云密度与空气密度的相对大小，将气云分为重气云、中性气云和轻气云三类。若气云的密度明显大于空气密度则称为重气云，如果气云密度显著小于空气密度则称为轻气云，如果气云密度与空气密度相当则称为中性气云。轻气云和中性气云统称为非重气云。

所谓重气就是指具有重气效应的气体，对重气扩散现象则需要用重气扩散模型来描述，重气扩散模型可用经验模型、箱模型、浅层模型、三维流体力学模型来描述。轻气云密度显著小于空气密度，气云将受到方向向上的浮力作用，称为浮力扩散。如果泄漏气体的分子量较小(如H_2)，泄漏的气体会上浮，扩散到大气层中，危险性相对较小。对中性气扩散现象则需要用中性气扩散模型来描述，中性气云在大气扩散过程的模拟可用高斯模型、三维模型来描述。

3. 扩散模型

1）经验模型

唯象模型是一种典型的经验模型，它是通过一系列图表或关系式来描述泄漏气体在大气中扩散行为的模型。BM模型也是一种经验模型，它是参考大量重气扩散的试验结果，通过无因次的形式绘制成了数据相对应的曲线或列线图，以理查森数为横轴，无因次距离为纵轴，用不同的C_m/C_0(C_m、C_0分别为气云横断面上的平均浓度和初始浓度)试验数据绘制成图，可在图中查到需要的浓度。这些关系式能准确地模拟重气的瞬时或连续释放的分散。VDI模型采用了与BM模型相类似的方法，这种模型也属于经验模型，但这种模型的缺点是没有考虑大气稳定度、地面粗糙度等因素。因此，该模型的预测不够准确，只适用于简单的筛选模型。

2）箱模型

箱模型适用于模拟瞬时释放的重气扩散，该模型的基本假定有：重气云为正立的坍塌圆柱体，圆柱体初始高度是初始半径的一半；在重气云团内部温度、密度和气体浓度等均匀分布；重气云团中心的移动速度等于风速，基本的烟团参数(如半径质量和热焓等)通过对基本的关于时间的常微分方程组的数值积分得到。基本方程组代表的是烟团的水平扩展质量与能量守恒，其他烟团参数通过附加方程来计算。箱模型模拟重气扩散的基本方程包括以下 3 个。

烟团水平扩展方程：

$$dR/dt=u_f \tag{6-1}$$

被卷吸空气质量方程：

$$dM_a/dt=\rho_a(\pi R^2)u_f+\rho_a(2\pi RH)u_e \tag{6-2}$$

能量方程：

$$M(dh_c/dt)=(dM_a/dt)(h_a-h_c)+E_f(\pi R^2) \tag{6-3}$$

式中 R、H、M、h_c——烟团半径、高度、初始质量和单位质量热焓；

ρ_a、M_a、h_a——周围空气密度、被卷吸的空气质量和单位质量热焓；

u_f——重力前沿速度；

u_e——烟团顶部和侧面的卷吸速度；

E_f——单位面积下垫面传输到烟团的热通量。

这 3 个方程形成耦合的线性微分方程组，u_f、u_e 可由经验公式得出，在此基础上利用数值方法可以求解 3 个独立变量 R、M_a 和 H。

3）浅层模型

SLAB(an Atmospheric Dispersion Model for Denser than Air Release)模型是浅层模型的一种，适用于重气释放源的大气扩散模型。该模型能够处理 4 种不同的释放源：地面池蒸发、高于地面的水平射流、一组或高于地面的射流以及瞬时体积源。SLAB 模型通过云层分布的空间平均浓度和某些假定分布函数来计算时间平均扩散气体浓度，模型以空气卷吸作用为假设前提，计算大气湍流层混合和源于地面摩擦影响的垂直风速变化。SLAB 模型把气云的浓度看作与距离的函数，通过求解动量守恒方程、质量守恒方程、组分、能量和状态方程对气体泄漏扩散进行模拟。在预测浓度随时间变化方面，SLAB 模型在稳定、中度稳定及不稳定的大气环境下均能得到较准确的结果。

SLAB 模型的优点是操作简单、快速，局限性在于模型中没有考虑有建筑物存在和地形变化的复杂情况，而且没有考虑纵向浓度变化。

4）高斯模型

DEGADIS(Dense Gas Atmospheric Dispersion)模型是标准的高斯扩散模型，它能够对短期的环境中气体扩散的浓度以及可能会暴露在高于特定有毒化学品限制浓度水平的区域进行准确的模拟预测。该模型假设气云具有均匀的浓度，能够描述在平坦地形和无障碍物的无限空间条件下，重气云在大气中的扩散过程。该模型主要优点是：考虑到风使燃气具有收聚作用；可以对区域进行实际处理；泄漏情况可以根据时间的变化而变化；对于作用于扩散燃气的重力影响和在风的作用下燃气的“收聚”作用所做的处理。

DEGADIS 模型的缺点是：限制由平面泄漏的燃气泄漏后果预测；没有考虑有障碍物的情况。DEGADIS 是一个可以预测综合扩散后果的模型，适用于评估危险性高、高密度燃气和颗粒污染物的泄漏事件。

5）三维流体力学模型

三维流体力学模型解决了箱模型和相似模型中辨识和模拟重气下沉、空气卷吸、气云受热等物理过程中遇到的问题。三维流体力学模型的优势在于对湍流的模拟，湍流模拟方法包括直接和非直接数值模拟，现阶段应用的主要是非直接数值模拟。这类模型通过对湍流进行简化和近似处理克服了直接求解方程的问题。

三维流体力学模型是一种研究模型。这类模型预测模拟能力极强，可以用于预测模拟复杂地形条件的重气云扩散，且具有很好的准确性；局限性在于计算量大，对计算模型硬件的要求高，不适于工业应急应用。

6.1.3 主要的废气污染物及危害

1. 主要废气污染物

大气中污染物按其存在的状态，可概括为颗粒污染物和气态污染物；按其与污染源的关系，可分为一次污染物与二次污染物。直接排入大气的污染物称为一次污染物；大气中污染物之间及污染物与大气某些成分之间进行物理、化学或光化学反应时产生的污染物，称为二次污染物。

1）颗粒污染物

颗粒物：是指除气体之外的包含于大气中的物质，包括各种各样的固体、液体和颗粒，其粒径范围为 0.002～100μm。若按粒子的粒径大小分，可分为总悬浮颗粒物、飘尘和降尘；若按来源和物理性质分，可分为粉尘、烟、飞灰、黑烟和雾。

总悬浮颗粒物（TSP）：是飘浮在大气中的各种粒子的总称，绝大多数是粒径在 100μm 以下的微小固体颗粒和液粒，是目前大气质量评价中的一个通用的重要污染指标。

降尘：一般指粒径大于 10μm 的粒子，在自身的重力作用下会很快沉降下来，所以将这部分的微粒称为降尘。单位面积的降尘量可作为评价大气污染程度的指标之一。

飘尘：能在大气中长期飘浮的悬浮物质称为飘尘。其主要是粒径小于 10μm 的微粒。飘尘粒径小、质量轻，能被人直接吸入呼吸道内造成危害；它能在大气中长期飘浮，易将污染物带到很远的地方，导致污染范围扩大。

粉尘：粉尘系指悬浮于气体介质中的小固体粒子，能因重力作用发生沉降。粉尘的粒径范围一般为 1～200μm。

烟：一般指由冶金过程形成的固体粒子的气溶胶，烟的粒子尺寸很小，一般为 0.01～1μm。

飞灰：飞灰是指燃料燃烧产生的烟气飞出的分散较细的灰分。

黑烟：黑烟一般指由燃料产生的能见气溶胶。

雾：雾是气体中液滴悬浮体的总称。在工程中，雾一般泛指小液体粒子。

2）气态污染物

以气态形式进入大气的污染物称为气态污染物。

硫氧化物：主要指 SO_2、SO_3、H_2S，其中 SO_2 的数量最大，危害也大。如冶炼厂，硫酸厂，磷肥厂，间接浓硝酸、硫酸法制合成酒精、异丙醇，石油化工厂燃烧含硫燃料油等排放 SO_2 数量较多，是最主要的影响大气质量的气态污染物。

氮氧化物：氮氧化物主要是指 NO、NO_2 等，主要来源于燃料的燃烧、工业生产和机动车排气、化工生产中硝酸、硫酸、氮肥、硝酸铵、己二酸等生产的过程中。

碳氧化物：碳氧化物主要包括 CO 和 CO_2，主要来自燃料的燃烧及汽车尾气。

碳氢化合物：指有机废气，包括烷烃、烯烃、芳烃化合物，主要来自石油的不完全燃烧和石油类物质的蒸发。

卤素化合物：指含氯化合物及含氟化合物，如 HCl、HF 等，主要来自氯碱厂、氯加工厂、聚氯乙烯、有机氯农药等生产排放的气体。

2. 污染物的危害

大气中的污染物对空气的污染具有极大的危害性，它会破坏自然环境、影响生态循环，还会对人类生存、动植物健康生长造成危害。为此，以下将分析大气污染的危害性。

1）对气候环境造成危害

气候变暖、温室效应等主要是由大气污染导致的，其主要是由于大气中二氧化碳、甲烷等物质超标，这些物质会影响地面热量向外传递，使得地球表面集聚热量过多，导致地表的温度不断上升，致使部分地区常年面临干旱、风暴等自然灾害。

随着化工行业生产规模不断扩大，各种工程建设数量逐渐增多，使得大气中的颗粒污染物含量提高，对自然环境、生态系统造成严重破坏。二氧化硫排放是造成大气污染的主要原因，排入大气中的二氧化硫在复杂物性变化的同时会产生硫酸盐气溶胶、硫酸雾等，会使生态环境逐渐酸化。

2）对人体造成危害

大气污染中有害气体及颗粒物使得人们长期处于被污染的环境中，这不仅会降低生活质量，还会引发各种疾病，尤其是老人、儿童，他们自身免疫力较低，身心更容易受到损害。通常情况下，颗粒直径如果大于 10μm，可以被排出体外。而 PM10 能够穿过人体第一道屏障，进入肺泡及支气管。PM2.5 穿透能力更强，能够在到达肺部或支气管的同时，与气体产生交换，引发哮喘、咳嗽、呼吸困难等疾病，严重的甚至会造成人体肝功能衰竭。二氧化硫也会对人体造成不利影响，研究表明，如果大气环境中的二氧化硫浓度高于 0.5mg/L，就会对人体健康造成严重危害。除此之外，如果大气环境中二氧化硫与烟尘同时存在，还会提高呼吸道疾病的发病率。

3）对动植物造成危害

大气污染中存在着许多种超标污染物，包括二氧化硫、二氧化碳、氟化物等，这些有毒有害气体会对动植物的生长造成巨大影响，动植物是生态系统中的重要组成部分，具有多样性特征，不同种类的动植物之间存在相互依存、相互制约的关系，一旦某种动植物在大气污染下枯萎或生病，会严重影响其正常生长，甚至导致其濒危灭绝，影响生物多样性，令生态系统失去平衡。

6.1.4 减少废气排放的措施

减少化工废气排放的措施主要从以下五个方面来分析：

1. 采用少废无废技术

采用少废无废技术可直接减少污染物的产生或排放。如润滑油精制加工采用加氢精制代替白土处理，可消除白土粉尘的污染。用加氢精制代替化学精制，可避免产生酸、碱渣及恶臭气体。催化裂化装置催化剂再生，采用CO助燃剂或烧焦罐再生新工艺，均可使再生烟气中的CO充分燃烧，不但避免了排放大量CO污染环境，而且可回收大量能量，减少催化剂的损耗。采用管道调和代替油罐调和，浮顶罐代替拱顶罐储油，均可大大减少烃类气体挥发对环境的污染。

2. 改进设备的密封性能

石油炼制的物料和产品多具有挥发性。改进设备，提高密封性能是现有炼油厂控制废气无组织排放最常使用的方法，如浮顶罐用双密封代替单密封，机泵采用端面密封，选用密封性能好的阀门、管线、法兰和垫片，均可有效地减少烃类气体的挥发和泄漏。又如在隔油池、浮选池上加盖，焦化装置的冷焦水、切焦水循环系统，用半封闭沉淀罐代替大面积隔油池；减压塔真空系统直接冷凝改为间接冷凝；火炬采用低噪声无焰火炬头；均能减少烃类气体的排放和臭味。

3. 回收利用、减少污染

炼油装置的工艺废气中，大部分是烃类气体。对这类可燃性气体，国内炼油厂多采取密闭回收，进一步加工为产品油或液化气，或者作为燃料气供炼油厂自用。对减压塔顶不凝气和焦化装置的放空气，则采用回收作燃料气的方法处理。对于压力设备安全阀启跳排放的气体，目前国内也是采取回收作燃料气加以处理，炼油厂各装置普遍设有可燃气集合管，收集安全阀启跳排出的气体，送入全厂燃料气管网。处理工艺含硫废气，最有效且已普遍采用的方法是回收制造硫黄。对其他工艺废气，亦可通过回收利用予以处理，如制氢装置排出大量纯度很高的CO_2，可通过加压的方法回收，生产液态CO_2或固态CO_2。

4. 节能与燃烧废气排放控制

炼油厂使用的燃料主要是自产的燃料油和燃料气。燃料中的硫、氮在燃烧过程中，形成SO_2和NO随烟气排入大气，污染环境。减少燃烧烟气污染环境的途径，使用更纯净的燃料，如低硫、低氮或脱硫、脱氮的燃料油和燃料气，燃烧烟气高烟囱排放，烟气净化。除此之外，最大限度地降低能耗，减少燃料用量，对于控制燃烧废气的排放也有明显的效果。

5. 加强科学管理、提高操作水平

炼油厂废气的排放与企业的管理水平和生产操作水平密切相关。一方面，生产装置平稳、长周期运行，减少开停工和发生事故的次数，可大大减少因物料跑损和放空形成的废气。另一方面，应合理处置炼油厂检修时排放的废气，充分发挥废气净化设施的作用。

6.2 蒸气云爆炸危害评估

蒸气云爆炸是指可燃气体或蒸气与空气的云状混合物在开阔地上空遇到点火源引发的爆炸。蒸气云爆炸可导致严重的财产损失和人员伤亡，是现代工业灾害中的主要形式之一。2015年8月12日天津滨海新区爆炸事故(图6-2)，第一次爆炸发生在8月12日23时34分6秒，近震震级ML约2.3级，相当于3t TNT。第二次爆炸在30s后，近震震级ML约

2.9 级，相当于 21t TNT。有专业人士称，第二次爆炸相当于一个空气炸弹，威力很大。2020 年 6 月 13 日 16 时，浙江省台州市温岭市 G15 沈海高速公路上发生槽罐车爆炸事故(图 6-3)，造成 19 人死亡，172 人住院治疗。炸飞的槽罐车砸塌路侧的一间厂房并发生了二次爆炸。正是二次爆炸导致了离高速公路 200m 左右的街道严重受损。这里发生的二次爆炸一般是蒸气云爆炸，事故中的第一次燃烧、爆炸，将可燃物气化，或将粉尘与空气形成气溶胶，当气溶胶被点燃，发生第二次爆炸。

图 6-2　天津滨海新区“8 · 12”爆炸事故图

图 6-3　浙江温岭槽罐车爆炸事故图

蒸气云爆炸产生的爆炸波作用、气云外的冲击波作用、高温燃烧作用和热辐射作用，以及缺氧造成的窒息作用，是造成对周围人员伤害，对建筑物、储罐等设备破坏的主要因素。因此，对蒸气云爆炸事故的伤害性进行预测，计算蒸气云爆炸事故的后果及损失，提出相应的预防和保护措施，确保液化石油气罐区的安全生产是十分重要的。

6.2.1　蒸气云爆炸事故机理

蒸气云爆炸是由于气体或易于挥发的液体燃料的泄漏，与周围空气混合形成覆盖很大范围的“预混云”，在某一有限制空间遇点火而导致的爆炸。

蒸气云爆炸事故在液化气储备场所相对易于发生。蒸气云爆炸发生的条件包括液化石油气的泄漏在空气中扩散、延迟点火、局限化的空间等。蒸气云爆炸事故的发生大多数是由储存液化气等物质的设备罐体在机械、化学或热作用下发生破坏而导致大量液化气泄漏所引起的。罐体破裂是导致蒸气云爆炸事故发生的直接原因，因此研究罐体破裂的原因是研究蒸气云爆炸事故机理的重点。液化气容器在受到机械作用、化学作用或热作用时，由于所受作用程度的不同，容器会发生以下几种破裂：容器罐体突然炸裂，产生巨大的冲击力，罐体的碎片以高速向周围抛射出去；容器局部破裂，导致液化气以气液两相的混合物形式从裂口喷出；安全阀动作及失效，导致容器内压力过高而爆炸。

蒸气云爆炸具有以下特点：一般由火灾发展成爆燃，而不是爆轰；蒸气云是加压存储的可燃液体和液化气大量泄漏的结果，储藏温度一般大于它们的常压沸点；参与蒸气云爆炸的可燃气体或蒸气的量一般在 5×10^3kg 以上；参与蒸气云爆炸的燃料最常见的是低分子碳氢化合物；爆源初始尺寸与特征长度相当，并且蒸气云爆炸的能量释放速率比较小，是一种面源爆炸。

6.2.2　影响蒸气云爆炸的因素

蒸气云爆炸是一个复杂的物理化学过程。影响蒸气云爆炸的因素有：蒸气云的特性、周围环境、点火源、气象条件等。

1. 蒸气云特性

影响蒸气云爆炸的因素主要有以下几个：①在相同的环境下，可燃气体反应活性越强，分子扩散越快，则其爆燃产生的火焰速度和超压值越高，产生爆轰的可能性也越大。②可燃气体的浓度，预混气云只有在可燃气体浓度适当(在上、下可燃极限之间)时才能被引爆。化学计量浓度的 11~15 倍时为最危险浓度，其燃烧速度及相应的爆燃反应热也将达到极大值，在此浓度下，爆炸强度最高，破坏效应最严重。③气云的尺寸，一般情况下，可燃气云尺寸越大，爆炸强度越高。

2. 周围环境

(1) 地形影响

地形条件对气云爆炸影响很大。例如在山洼处，可燃气泄漏时可燃气云容易形成体积较大的气云，爆炸过程中，产生的冲击波受到周围山体的反射，强度也会升高。

(2) 约束物与障碍物对爆炸强度的影响

约束物是指在气云边界，把气云限制成一定体积和形状的物体。如果可燃气体的泄漏发生在室内，墙壁就是约束物，如果泄漏发生在室外，高大的建筑物就是约束物。障碍物是指在气云内部，在爆炸过程中火焰波会与其发生碰撞，并最终能够越过的物体。如果可燃气云在有外部约束的区域形成，则爆炸产生的超压上升，潜在的危害就要增大，气云所受的外界约束越多、越大、越复杂，爆炸产生的超压就越高。

3. 点火源

工业现场存在的静电，电闸跳电、电机启动引起的火花，以及高温物体表面都可作为点火源引发蒸气云爆炸。这种工业现场存在的点火源被称为弱点火源，点火能量一般小于 100mJ；相对应，雷管等强点火源，点火能量一般大于 1000J。采用弱点火源点火时，可燃气云爆炸只能发生爆燃，超压在 kPa 量级；而采用强点火源(如高能炸药)点火时，则有可能直接引发爆轰，超压可达 MPa 量级。

4. 气象条件

(1) 环境温度

由于天然气从储罐泄漏出来自身的温度与大气温度可能是不一样的，温度过高或过低就会导致放热或吸热的物理过程，最后天然气温度慢慢变得与周围温度一致，这个过程的长短影响着形成的蒸气云特性，最后影响爆炸强弱。

(2) 大气稳定度

大气稳定度是用来评价空气层垂直对流程度的一个定义词，从极不稳定到稳定中间分为了 6 个等级。大气越不稳定，泄漏出来的天然气在空气垂直层的对流运动越强烈，气体扩散越快，不会发生聚集，危害性越小；反之大气越稳定，大气垂直层的对流运动越缓和，气体不会轻易扩散，全部聚集在一起危害性越强。

6.2.3　蒸气云爆炸预测模型

由于蒸气云爆炸预测模型的特点和复杂性，可将其分成数值模型、物理模型和相关模型三种。数值模型大多数是基于 CFD(Computational Fluid Dynamics)方法；物理模型属于简化模型，可以预测周围的爆炸超压，但该模型简化了蒸气云的爆炸过程，使物理模型的模拟与预测精度受到影响；相关模型是根据实验结果而建立起来的。典型的相关模型包括TNT当量模型、TNO多能模型等。相关模型适用于火灾风险预测领域，因此主要讨论预测蒸气云爆炸的TNT当量法和TNO多能法。

TNT当量法计算简单，便于使用。TNT当量法是以TNT试验数据为基础的方法，预测爆燃的结果准确性低，一般情况下，在蒸气云爆炸近场的预测值往往偏高，而在蒸气云爆炸远场的超压预测值则偏低。TNO多能法优势在于：①考虑了蒸气云的爆炸机理，蒸气云爆炸只有在受到部分约束的条件下，才能产生较强的爆炸波。②具有灵活性，能根据蒸气云所处环境的不同，选取不同的爆炸波模型。TNO多能法局限性包括：①如何根据部分约束的程度和方式来选取爆炸波初始强度，多能法没有提供可操作的规则。②存在多个具有部分约束的区域时，没有明确的处理各区域爆炸产生的爆炸波效应之间相互关系的办法。

6.2.4 TNT当量法

TNT当量法是指如果爆炸事故造成的破坏状况与 Xkg TNT(三硝基甲苯)爆炸造成的破坏状况相当，则将已知能量的可燃物料等同于当量质量的TNT，进一步确定蒸气云爆炸产生的危害性。

1. 蒸气云爆炸的TNT当量

它假设一定的泄漏燃料参与了蒸气云爆炸，对爆炸波有实际贡献，用当量TNT的质量来预测蒸气云爆炸的伤害效应。TNT当量的计算公式如下：

$$W_{TNT}=\alpha WQ/Q_{TNT} \tag{6-4}$$

式中 W_{TNT}——当量TNT质量，kg；

α——对爆炸波的产生有实际贡献的燃料占泄漏燃料的比例(统计平均值为4%)；

W——泄漏的燃料质量，kg；

Q——燃料的燃烧热，J/kg；

Q_{TNT}——TNT的爆炸热，J/kg，一般取值$(4.12\sim4.69)\times10^6$J/kg。

根据蒸气云爆炸事故资料分析，上式中 α 的取值一般为0.02%~15.9%，在50%的蒸气云爆炸事故中，$\alpha\leqslant3\%$；在60%的蒸气云爆炸事故中，$\alpha\leqslant4\%$；在97%的蒸气云爆炸事故中，$\alpha\leqslant10\%$，α 的平均值则为4%。

2. 爆炸伤亡区域

蒸气云爆炸的死亡半径 R_1：

$$R_1=13.6\times(W_{TNT}/1000)^{0.37} \tag{6-5}$$

蒸气云爆炸的重伤半径 R_2：

$$R_2=Z\times(E/P_0)^{1/3} \tag{6-6}$$

$$E=W_{TNT}\times Q_{TNT} \tag{6-7}$$

当 $\Delta P\geqslant10$ 时：

$$\Delta P=1+0.1567Z^{-3} \tag{6-8}$$

当 $1<\Delta P<10$ 时：

$$\Delta P=0.137Z^{-3}+0.119Z^{-2}+0.269Z^{-1}-0.019 \tag{6-9}$$

$$\Delta P = 44000/P_0 \tag{6-10}$$

蒸气云爆炸的轻伤半径 R_3：

$$R_3 = Z\times(E/P_0)^{1/3} \tag{6-11}$$

$$E = W_{TNT}\times Q_{TNT} \tag{6-12}$$

当 $\Delta P\geqslant 10$ 时：

$$\Delta P = 1+0.1567Z^{-3} \tag{6-13}$$

当 $1<\Delta P<10$ 时：

$$\Delta P = 0.137Z^{-3}+0.119Z^{-2}+0.269Z^{-1}-0.019 \tag{6-14}$$

$$\Delta P = 17000/P_0 \tag{6-15}$$

式中 P_0——环境大气压力，Pa；

ΔP——冲击波超压，Pa；

Z——无量纲距离；

E——爆源总能量，kJ。

蒸气云爆炸的安全区：安全区的内径为轻伤区的外径 R_3，外径为无穷大。

蒸气云爆炸的财产损失半径 R_4：

$$R_4 = K_{\text{II}}(W_{TNT}^{1/3})/[1+(3175/W_{TNT})^2]^{1/6} \tag{6-16}$$

式中：财产损失半径按破坏等级为Ⅱ级（常量 $K_{\text{II}}=4.6$），假设此损失半径之外的财产与损失半径之内的财产相抵消。即此半径之内的财产全部损失，此半径之外的财产完好无损失。

3. 爆炸冲击波超压

蒸气云爆炸发生后，对周围人员、建筑物、储罐等设备造成伤害最大的是爆炸产生的冲击波，爆炸冲击波对人员的死亡半径及财产损失采用 TNT 当量法。按照相同能量的 TNT 爆炸所产生的超压来确定，实验数据分别见表 6-1 和表 6-2，虽然存在一定的误差，但距离较远的情况下，相同能量的液化可燃气体爆炸与 TNT 爆炸所产生的超压是近似的。

表 6-1 1000kg TNT 炸药在空气中爆炸所产生的冲击波超压

距离/m	超压/MPa	距离/m	超压/MPa
5	2.94	25	0.079
6	2.06	30	0.057
7	1.67	35	0.043
8	1.27	40	0.033
9	0.95	45	0.027
10	0.76	50	0.0235
12	0.5	55	0.0205
14	0.33	60	0.018
16	0.235	65	0.016
18	0.17	70	0.0143
20	0.126	75	0.013

表 6-2 冲击波超压对建筑物和人员的破坏与伤害情况

超压/MPa	破坏与伤害情况
0.005~0.006	门窗玻璃部分破碎
0.006~0.015	受压面的门窗玻璃大部分破碎
0.015~0.02	窗框损坏
0.02~0.03	墙裂缝，人员轻微损伤
0.04~0.05	墙大裂缝，屋瓦掉下，人员中等损伤
0.06~0.07	木建筑厂房房柱折断，房架松动，人员重伤或死亡
0.07~0.10	砖墙倒塌，人员重伤或死亡
0.10~0.20	防震钢筋混凝土破坏，小房屋倒塌，人员大部分死亡
0.20~0.30	大型钢筋结构破坏，绝大部分人员死亡

6.2.5 TNO 多能法

多能法的基本思想是，只有在部分约束相当强的地区的蒸气云爆炸才能产生强的爆炸波，而其他地区的蒸气云只是单纯燃烧，对爆炸波的产生没有实际贡献。在蒸气云覆盖的地区部分约束的程度不一样，有的地区约束很强，有的地区几乎没有约束。多能法假定爆炸波是由半球形、具有稳定火焰速度的烃-空气混合物爆炸产生的。

TNO 多能法模型是根据初始强度和爆源能量的不同，选用一组不同的爆炸波特性曲线，从而确定不同区域的蒸气云爆炸产生的爆炸波参数，再根据爆炸波参数的大小估计目标的伤害程度。

1. 蒸气云爆炸强度等级选择

TNO 多能法评估爆炸的事故后果需要选用适当的爆源强度等级，通过爆炸冲击波参数的特征曲线，根据无量纲距离或者无量纲持续时间，计算爆炸冲击波的压力和持续时间，如图 6-4 和图 6-5 所示。

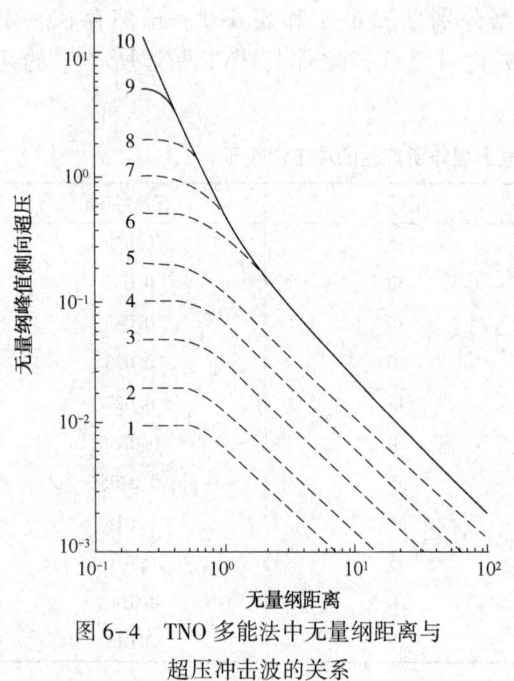

图 6-4 TNO 多能法中无量纲距离与超压冲击波的关系

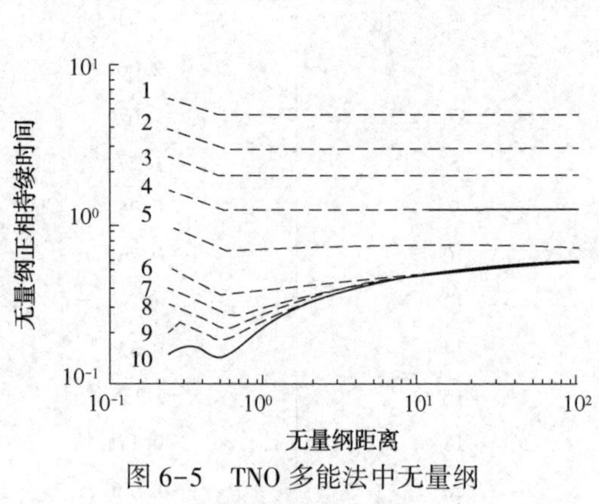

图 6-5 TNO 多能法中无量纲距离和时间的关系

在图 6-4 中，实线表示高强度的爆炸冲击波，虚线表示低强度的爆炸冲击波。爆源强度是一个可变的参数，一般取 1~10 的一个整数，分别与图 6-4 和图 6-5 的曲线对应。每条曲线代表不同的爆源强度，1 代表最弱的爆源强度，10 则代表最强的爆源强度。爆源强度的大小与蒸气云所处空间的受限程度有关，如果有充分的依据，最好选择合适的爆源强度。

2. 爆炸冲击波特征曲线

一般情况下，为了减少评价方法使用的难度，可以使用爆炸波特征拟合曲线代替爆炸冲击波特征曲线，根据现有的拟合曲线直接使用。爆炸冲击波拟合曲线和根据 DNV SAFETY v6.4 中提供的数据，以爆源强度等级 7 为例，其超压 ΔP 与目标位置和爆炸中心距离 R_s 的拟合曲线公式如下。

$$\Delta P=\begin{cases}1 & R_s \leqslant 0.4311 \\ -1.0026R_s+1.4288 & 0.4311<R_s \leqslant 0.8433 \\ 0.4642/(R_s)^{1.5006} & 0.8433<R_s \leqslant 0.307 \\ 10^{-0.5233-1.1108\lg R_s} & 0.307<R_s \leqslant 100 \\ 0.001 & R_s>100\end{cases} \tag{6-17}$$

3. 伤害半径计算

与 TNT 当量法伤害半径计算的原理相似，TNO 多能法也是考虑冲击波对人体器官造成的损伤程度来计算伤害半径。根据相关文献的计算结果，爆炸冲击波的伤害半径(R)与爆炸燃气体积(V)近似符合如下公式。

死亡半径：

$$R_1=1.435V^{1/3} \tag{6-18}$$

重伤半径：

$$R_2=3.405V^{1/3} \tag{6-19}$$

轻伤半径：

$$R_3=6.409V^{1/3} \tag{6-20}$$

6.3 颗粒污染物的净化

关于颗粒污染物的控制与防治工作，可以从不同的角度进行，也就是由不同的专业领域进行这方面的工作。目前有以下 4 个工程技术领域，其中以除尘技术进展较快，也最为主要。

1. 防尘规划与管理

防尘规划与管理的主要内容包括园林绿化的规划管理，以及对粉状物料加工过程和产生粉尘的过程实现密封化和自动化。在生产过程中需要对物料进行破碎、研磨等工序时，要在采用密闭技术及自动化技术的装置中进行。

2. 通风技术

通风技术是指对工作场所引进清洁空气，以替换含尘浓度较高的污染空气。通风技术分为人工通风与自然通风两大类。人工通风又包括单纯换气技术及带有气体净化措施的换气技术；自然通风是指利用建筑物内外空气的密度差引起的热压或室外大气运动引起的风压来引进室外新鲜空气达到通风换气目的的一种通风方式。

3. 除尘技术

包括对原来悬浮在空气中的粉尘和生产过程中产生的粉尘进行捕集、分离，以及对已落到地面或物体表面上的粉尘进行清除。前者可采用干式除尘与湿式除尘等不同方法；后者是采用各种定型的除尘设备进行处理。

4. 防护罩具技术

包括工作人员使用的防尘面罩，及整个车间设置的防护设施。

6.3.1 粉尘的特性

粉尘本身固有的各种物理、化学性质叫作粉尘特性。与防尘方法关系最密切的有颗粒尺寸、分散度、密度和电阻率，此外还有爆炸性、黏附性、粒子形状、亲水性、腐蚀性、磨损性、毒性，等等。

1. 粉尘的粒径

表征粉尘颗粒大小的代表性尺寸叫作粉尘的粒径。粉尘的颗粒大小不同，不但对人体和环境的危害不同，而且对粉尘的吸捕方法以及除尘器的除尘机理和性能都有很大影响，所以，粒径是粉尘的最基本特性之一。对球形粉尘来说，粒径是指它的直径。实际的尘粒大多是不规则的，在选取粒径测定方法时，除需考虑方法本身的精度、操作难易及费用等因素外，还应特别注意测定的目的和应用场合。不同的粒径测定方法，得出不同概念的粒径。因此，在给出或应用粒径分析结果时，还必须说明所用的测定方法。

投影粒径、斯托克斯粒径、空气动力粒径和分割粒径是几种常用的粉尘粒径。投影粒径是指用显微镜法直接观测时测得的粒径；斯托克斯粒径，指与被测粉尘密度相同、沉降速度相同的球形粒子直径；空气动力粒径，指与被测粉尘在空气中的沉降速度相同、密度为 $1g/cm^3$ 的球形粒子直径；分割粒径指某除尘器能捕集一半的粉尘的直径，即除尘器分级效率为50%的粉尘直径，这是一种表示除尘器性能的很有代表性的粒径。

2. 粉尘的密度

粉尘的密度对于重力除尘及离心除尘等装置的性能有很大影响。粉尘的密度有堆积密度和真密度之分。自然堆积状态下单位体积粉尘的质量称为堆积密度(或称容积密度)，它与粉尘的储运设备和除尘器灰斗容积的设计有密切关系。在粉尘(或物料)的气力输送中也要考虑粉尘的堆积密度。密实状态下单位体积粉尘的质量称为真密度(或称尘粒密度)，它对机械类除尘器(如重力沉降室、惯性除尘器、旋风除尘器)的工作和效率具有较大的影响。例如，对于粒径大、真密度大的粉尘可以选用重力沉降室或旋风除尘器，而对于真密度小的粉尘，即使粒径较大也不宜采用这种类型的除尘器。

3. 粉尘的电阻率

粉尘的电阻率对电除尘器和过滤除尘装置的效率有很大的影响，最有利的电捕集范围为 $10^4 \sim 2\times10^{10}\Omega \cdot cm$。当粉尘的电阻率不利于电除尘器捕尘时，需要采取措施来调节粉尘的电阻率，使其处于适合电捕集的范围。

改变粉尘电阻率的常用方法有：①调节温度，一般温度越高则电阻率越大；②加入水分，如采取喷雾增湿，加湿后粉尘导电率增加而电阻率降低；③添加化学药品，添加化学药品可调节粉尘电阻率，如在烟气中加入导电添加剂三氧化硫，可降低粉尘的电阻率。

4. 粉尘的爆炸性

当悬浮在空气中的某些粉尘达到一定浓度时，若存在能量足够的火源(如高温、明火、电火花、摩擦、碰撞等)，将会引起爆炸，这类粉尘称为有爆炸危险性粉尘。爆炸性是某些粉尘特有的，具有爆炸危险的粉尘在空气中的浓度只有在一定范围内才能发生爆炸，这个爆炸范围的最低浓度叫作爆炸下限，最高浓度叫作爆炸上限，粉尘的爆炸上限值很大。

6.3.2 除尘装置的主要性能指标

除尘器是把粉尘从烟气中分离出来的设备，又叫除尘设备。全面评价除尘装置性能应包括技术指标和经济指标两项内容。除尘器的主要技术性能指标用除尘效率、压力损失、可处理的气体量来表达。同时，除尘器的价格、运行和维护费用、使用寿命长短和操作管理的难易也是考虑其性能的重要因素。

1. 总除尘效率的计算

(1) 根据除尘器进口、出口管道内烟气的流量和烟尘浓度计算

已知气体进除尘装置时的含尘流量为 s_1(g/s)，气体含尘浓度为 c_1(g/m^3)，除尘装置出口的含尘流量为 s_2(g/s)，气体含尘浓度为 c_2(g/m^3)，则除尘器除尘总效率 η 为：

$$\eta=\frac{(s_1-s_2)}{s_1}\times 100\% \tag{6-21}$$

如果除尘器进口处的气体流量为 Q_1(m^3/s)，出口处的气体流量为 Q_2(m^3/s)，则除尘器除尘总效率 η 也可表示为：

$$\eta=[1-(c_2Q_2/c_1Q_1)]\times 100\% \tag{6-22}$$

若除尘器完全密闭，稳态等温操作，则进出除尘器的气体量不变，即 $Q_1=Q_2$ 时，则上式可变为：

$$\eta=[1-(c_2/c_1)]\times 100\% \tag{6-23}$$

(2) 根据除尘器进口或出口管道内烟气流量、烟尘浓度和除尘器灰斗收集的尘量计算

$$\eta=\frac{M_c}{(M_c+3.6c_2Q_2)}\times 100\% \tag{6-24}$$

式中 M_c——除尘器灰斗收集的尘量，kg/h。

(3) 两级除尘时总效率的计算

采用两级除尘时，其总效率可按下式计算：

$$\eta=\eta_1+\eta_2-\eta_1\eta_2 \tag{6-25}$$

式中 η_1——第一级除尘器的除尘效率，%；

η_2——第二级除尘器的除尘效率，%。

应当注意，两个型号相同的除尘器串联运行时，由于它们处理粉尘的粒径不同，η_1 和 η_2 是不相同的。

2. 分级除尘效率的计算

除尘器全效率的大小与处理粉尘的粒径有很大关系，例如有的旋风除尘器处理 40nm 以

上的粉尘时，效率接近100%，处理5nm以下的粉尘时，效率会下降到40%左右。因此，只给出除尘器的全效率对工程设计是没有意义的，必须同时说明试验粉尘的真密度和粒径分布或该除尘器的应用场合。要正确评价除尘器的除尘效果，必须按粒径标定除尘器效率，这种效率称为分级效率。用 η_i 表示，i 表示粒径的大小。一般粒径越大，则去除越容易，分级除尘效率越高；而粒径越小，捕集越困难，分级除尘效率也越低。

（1）根据除尘器的进口烟尘和除尘器收尘中某一粒级的频率密度来计算

$$\Delta\eta_i=(f_e/f_i)\eta \tag{6-26}$$

式中 $\Delta\eta_i$——分级效率，%；

f_e——除尘器灰斗收入尘某一粒级的频率密度，%；

f_i——除尘器灰斗进口尘某一粒级的频率密度，%。

（2）根据除尘器的进、出口烟尘某一粒级的频率密度来计算

$$\Delta\eta_i=1-(f_0/f_i)(1-\eta) \tag{6-27}$$

式中 f_0——除尘器出口尘的某一粒级的频率密度，%。

3. 除尘效率与处理量的关系

每一种除尘装置，都有一个标准的处理气体量 Q_H，高于或低于此值都会影响除尘效率；气体的含尘浓度对于除尘效率也有影响。各种形式的除尘器都具有各自的特点，为了发挥不同类型除尘器的优点，实际上常常采用组合的方式，将低效率的除尘装置放在前面、高效率的除尘装置放在后面。如将几台同类型的除尘装置串联使用，则总除尘效率可用下式计算：

$$\eta_{总}=1-(1-\eta_i)^n \tag{6-28}$$

式中 $\eta_{总}$——总除尘效率；

η_i——第 i 级装置的除尘效率；

n——除尘装置的个数。

4. 压力损失

除尘器压力损失是指除尘器气体进出口压强差，单位 Pa，即指含尘气体通过除尘器的阻力，为除尘器的重要性能之一，其值越小越好。压力损失的来源有：气体的黏滞性，器壁的粗糙度，气体在除尘器内流动时产生的涡流等。其计算多由经验和半经验式来确定：

$$W=2.73\times10^{-5}Q\Delta P \tag{6-29}$$

式中 W——耗电量，kW·h；

Q——气体流量，m^3/h；

ΔP——压力损失，Pa。

6.3.3 除尘装置的分类及选用

1. 除尘装置的分类

根据各种除尘装置作用原理的不同，可以分为机械除尘器、湿式除尘器、电除尘器和过滤除尘器四大类。还有一类叫作声波除尘器，除依靠机械原理除尘，还利用了声波的作用使粉尘凝集，高频声压波会引起颗粒强烈振动、碰撞并结合在一起，声波除尘器可用于沉降室或旋风分离器中以加速液体或固体颗粒的分离。

1）机械除尘器

它是在质量力(重力、惯性力、离心力)的作用下，使粉尘与气流分离沉淀的装置。机械除尘器还可分为重力除尘器(重力沉降室)、惯性力除尘器和离心力除尘器(旋风除尘器)。

(1) 重力沉降室

重力沉降室(图6-6)是利用重力沉降作用使粉尘从气流中分离的装置。重力沉降室一般能捕集40~50μm以上的尘粒而不宜捕集20μm以下的尘粒，它的除尘效率低，一般仅为40%~70%，且设备庞大。但压力损失小，$\Delta P=50\sim150\text{Pa}$，且结构简单，投资少，使用方便，维护管理容易，适用于颗粒粗、净化密度大、磨损强的出口粉尘。一般作为多级净化系统的预处理。

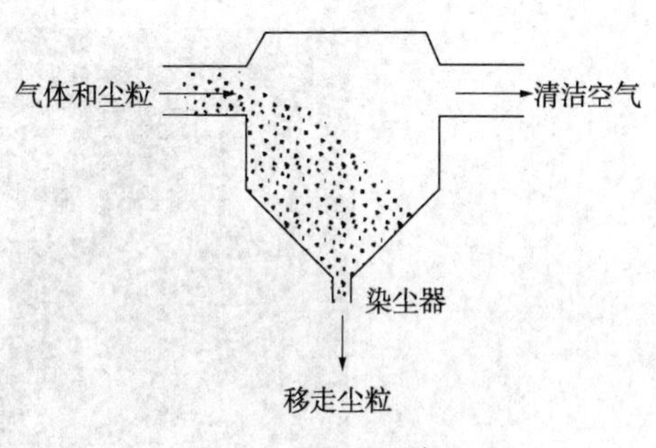

图6-6　重力沉降室

(2) 惯性力除尘器

惯性力除尘器是利用惯性力作用使粉尘从气流中分离的装置，其工作原理是以惯性分离为主，同时还有重力和离心力的作用。惯性力除尘器一般分为回转式和碰撞式(图6-7)两类，阻挡物用挡板、槽形条等。含尘气流的流速越高，惯性力除尘器的除尘效率越高，但流动阻力也相应增大。

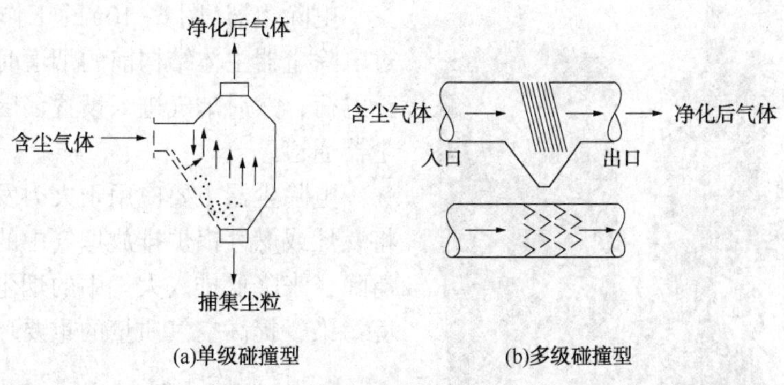

图6-7　碰撞式惯性力除尘器

惯性力除尘器适用于非黏结性和非纤维性粉尘的去除，以免堵塞。宜用于净化密度和颗粒直径较大的金属或矿物粉尘。常用于除尘系统的第一级除尘，捕集10~20μm以上的粗尘粒。

(3) 旋风除尘器

旋风除尘器(图6-8)是利用旋转气流的离心力使粉尘从含尘气流中分离的装置。旋风除尘器的结构简单，运行方便，效率适中(80%~90%)，阻力约1000Pa，适于净化密度较大、粒度较粗(>10μm)的非纤维性粉尘，应用最为广泛，在多级除尘系统中作为前级预除尘。旋风除尘器设备简单、占地小、效率高，适合处理较高浓度烟气，但是压力损失大，不适于腐蚀性气体。

2）湿式除尘器

在除尘设备内水通过喷嘴喷成雾状，当含尘烟气通过雾状空间时，因尘粒与液滴之间的碰撞、拦截和凝聚作用，尘粒随液滴降落下来。这种除尘设备突出的优点是除尘设备内设有很小的缝隙和孔口，可以处理含尘浓度较高的烟气而不会导致堵塞，又因为它喷淋的液滴较粗，所以不需要雾状喷嘴，这样运行更可靠，喷淋式除尘设备可以使用循环水，直至洗液中颗粒物质达到相当高的程度为止，从而大大简化了水处理设施。

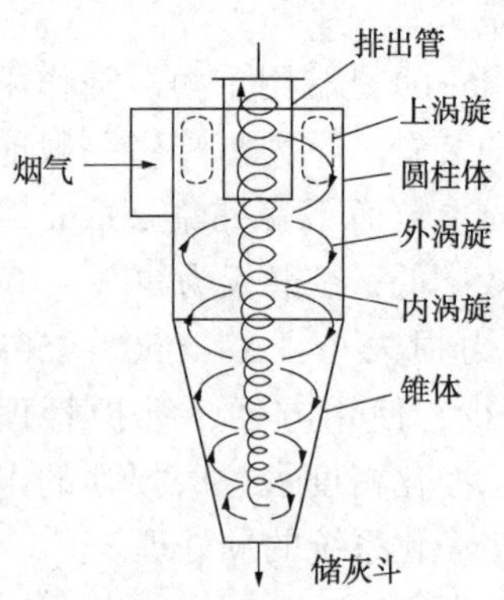

图 6-8　旋风除尘器

湿式除尘器的缺点是设备体积比较庞大，需用水量比较多，有污水，会造成二次污染。也称湿式洗涤器，包括各种喷雾洗涤器、旋风水膜除尘器和文丘里洗涤器(图 6-9)等。

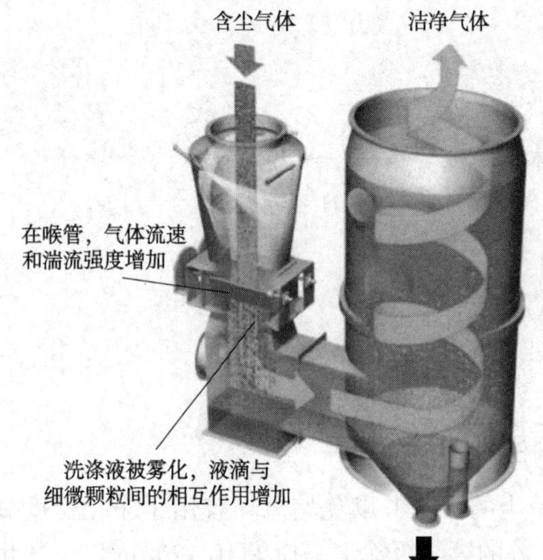

图 6-9　文丘里洗涤器

3) 电除尘器

电除尘器(图 6-10)的工作原理是烟气通过电除尘器主体结构前的烟道时，使其烟尘带正电荷，然后烟气进入设置多层阴极板的电除尘器通道。

电除尘器主要应用于火力发电厂，作用是将燃灶或燃气锅炉排放烟气中的颗粒烟尘加以清除，来降低排入大气中的烟尘量，是改善环境污染，提高空气质量的重要环保设备。

4) 过滤除尘器

过滤除尘器是利用含尘气流体通过多孔滤料层或网眼物体进行分离的装置。过滤式除尘器主要有两类，一类是颗粒层除尘器；另一类是利用纤维编织物做成的滤袋作为过滤介质的除尘器，称为袋式除尘器(图 6-11)。过滤式除尘器以袋滤器为主。袋滤器的除尘效率高，能除掉细微的尘粒，对处理气量变化的适应性强，最适宜处理有回收价值的细小颗粒物。

2. 除尘装置的选用和组合

除尘器的性能指标，通常有下列六项：含尘气体的处理量、除尘效率、压力损失、设备投资及运行费用、占地面积及设备可靠性和使用寿命等。设计或选用除尘器时，要综合这些指标，但是不可能使每一项都达到。因此在选择除尘器时，要根据气体污染源的具体要求来选择除尘方案和除尘装置。

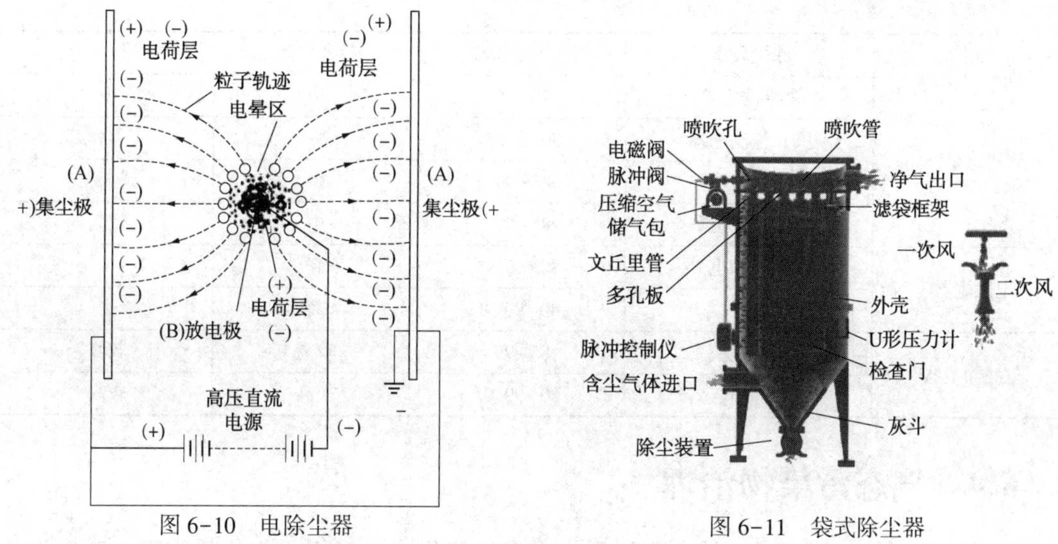

图 6-10　电除尘器　　　　图 6-11　袋式除尘器

根据含尘气体的特性，可以从以下几方面考虑除尘装置的选择和组合：

① 若尘粒粒径较小，几微米以下粒径占多数时，应选用湿式、过滤式或电除尘式等；若粒径较大，以 10μm 以上粒径占多数时，可用机械除尘器。

② 若气体含尘浓度较高时，可用机械除尘；若含尘浓度低时，可采用文丘里洗涤器；若气体的进口含尘浓度较高，而又要求气体出口的含尘浓度低，则可采用多级除尘器串联的组合方式除尘，先用机械式除尘器除去较大的尘粒，再用电除尘或过滤式除尘器等去除较小粒径的尘粒。

③ 对于黏附性强的尘粒，最好采用湿式除尘器，不宜采用过滤式除尘器，也不宜采用静电除尘器。

④ 如采用电除尘器，尘粒的电阻率应在 $10^4 \sim 10^{11}\ \Omega \cdot m$ 范围内。另外，电除尘器只适用于 500℃以下的情况。

⑤ 气体的温度增高，黏性将增大，流动时的压力损害增加，除尘效率也会下降。但温度太低，低于露点温度(露点温度是指空气在水汽含量和气压都不改变的条件下，冷却到饱和时的温度。形象地说，就是空气中的水蒸气变为露珠时候的温度叫露点温度)时，易有水分凝出，使尘粒易黏附于滤布上造成堵塞。

⑥ 气体的成分中如含有易燃易爆的气体时，应先将该气体去除后再除尘。

综上，除尘设备的选择应综合考虑大气环境质量要求、排放标准、设备性能效率、粉尘的特性等方面因素，合理地选择出既经济又有效的除尘装置。现将各种主要除尘设备的性能情况列于表 6-3 中，便于比较和选择。

表 6-3　除尘设备的性能情况

类别	除尘设备	除尘效率/%	设备费用	运行费用
机械式除尘器	重力除尘器	40~60	少	少
	惯性力除尘器	50~70	少	少
	离心力除尘器	70~92	少	中
	多管旋风除尘器	80~95	中	中

续表

类别	除尘设备	除尘效率/%	设备费用	运行费用
湿式除尘器	喷淋洗涤器	75~95	中	中
	文丘里洗涤器	90~99.5	少	高
	自激式洗涤器	85~99	中	较高
	旋风洗涤器	85~99	中	较高
电除尘器	干式静电	80~99.9	高	少
	湿式	80~99.9	高	少
过滤除尘器	颗粒层	85~99	较高	较高
	袋滤式	80~99.9	较高	较高

6.4 气态污染物治理

化学工业所排放到空气中的主要污染物质有二氧化硫、氮氧化物、氟化物、氯化物及各种有机气体等。目前处理气态污染物的方法，主要有吸收法、吸附法、催化转化法、催化燃烧法、冷凝法和生物法等。

6.4.1 吸收法

吸收法是采用适当的液体作为吸收剂，使含有害物质的废气与吸收剂接触，废气中的有害物质被吸收于吸收剂中，使气体得到净化的方法。吸收法处理废气具有设备简单、捕集效率高、一次性投资低等优点，被广泛应用于气态污染物的防治中。

气体吸收可分为物理吸收和化学吸收。

物理吸收：溶解的气体与溶剂或溶剂中的某种成分之间不发生任何化学反应的吸收过程，仅仅是被吸收的气体组分溶解于液体的过程。例如用水吸收醇类和酮类物质。

化学吸收：溶解的气体与溶剂或溶剂中的某种成分产生明显的化学反应的吸收过程，反应速度快，物质发生变化。从废气中去除气态污染物多用化学吸收法。例如用碱液吸收烟气中的 SO_2，用水吸收 NO_x 等。

在处理以气量大、有害组分浓度低为特点的各种废气时，化学吸收的效果要比单纯的物理吸收好得多，因此在用吸收法治理气体污染物时，多采用化学吸收法进行。

1. 吸收液

在吸收法中，选择合适的吸收液至关重要，是处理效果好坏的关键。有化学反应的吸收和单纯的物理吸收相比，前者吸收速率较大。

1）吸收液的选择应考虑以下因素

① 对有害组分的溶解度尽量大，而对其余组分应尽量小；②其蒸气压应尽量低，减少其蒸发损失；③不采用腐蚀性介质；④黏度要低，比热容不大，不起泡；⑤尽可能无毒、难燃，化学稳定性好，冰点要低；⑥来源充足，价格低廉，易再生重复使用；⑦使用中有利于有害组分的回收利用。

2）用于吸收气态污染物质的吸收液有下列几种

① 水，用于吸收易溶的有害气体，当废气中有害物质含量很低时，水的吸收效率也很低。

② 碱性吸收液，用于吸收那些能够和碱发生化学反应的有害酸性气体，如 SO_2、NO_x、H_2S 等。常用的碱性吸收液有：氢氧化钠、氢氧化钙、氨水等。

③ 酸性吸收液，可以增加有害气体在稀酸中的溶解度或发生化学反应。如 NO 和 NO_2 气体能够在稀硝酸中溶解，而且其溶解度比在水中高得多。

④ 有机吸收液，用于有机废气的吸收，如洗油、聚乙醇醚、冷甲醇、二乙醇胺都可作为吸收液，并能够去除一部分酸性气体，如 H_2S、CO_2 等。

2. 吸收塔

吸收法中所用的吸收设备主要作用是使气液两相充分接触，以便很好地进行传递，提供大的接触面积，接触界面易于更新，最大限度地减少阻力和增大推动力。吸收装置主要是塔式容器，常用的吸收装置有填料塔、板式塔、喷淋塔等。

① 填料塔直径一般不超过 800mm，空塔气速一般为 0.3～1.5m/s。填料塔由于结构简单、气液接触效果好，压降较小而被广泛应用。不足之处是填料容易堵塞、损失大，检修不方便。

② 与填料塔相比，板式塔空塔速度较高，处理能力大，但压降损失也较大。优点是结构简单、气体处理量大，缺点是安装要求严格、气量急剧变化时不能操作、压力损失较大。

③ 喷淋塔空塔气速一般为 1.5～6m/s，塔内压降为 250～500Pa，液气比较小，适用于极快或快速反应的化学吸收过程。其特点是结构简单，压降低，不易堵塞，气体处理能力较大，投资费用低；但占地面积大，效率较低。常用于规模较大的锅炉烟气湿法脱硫以及用作预冷却器。

6.4.2 吸附法

吸附法是使气态污染物通过多孔性固体吸附剂，使废气中的一种或多种有害物质吸附在吸附剂表面，将废气中的有害成分分离出来，从而达到净化的目的。吸附法的净化效率高，可回收有用组分，设备简单，操作方便，易实现自动控制，适用于低浓度气体的净化，常用作深度净化或联合应用几种净化方法的最终控制手段。

1. 吸附法分类

根据吸附过程中吸附剂和吸附质之间作用力的不同，可将吸附分为物理吸附和化学吸附。物理吸附是由固体吸附剂分子与气体分子间的静电力或范德华力引起的，两者之间不发生化学作用，是一种可逆过程。化学吸附是由固体表面与被吸附分子间的化学键力所引起的，两者之间结合牢固，不易脱附，该吸附需要一定的活化能，故又称活化吸附。

物理吸附的特点：吸附剂与吸附质之间不发生化学反应；吸附过程进行较快，参与吸附的各相之间迅速达到平衡；物理吸附是一种放热过程，相当于被吸附气体的升华热，一般为 20kJ/mol 左右；吸热过程可逆，无选择性。

化学吸附的特点：吸附剂与吸附质之间发生化学反应，并在吸附剂表面生成一种化合物；化学吸附过程一般进行缓慢，需要很长时间才能达到平衡；化学吸附也是一种放热过程，但比物理吸附热大得多，相当于化学反应热，一般在 84～417kJ/mol；具有选择性，常常是不可逆的。

2. 吸附法全过程

吸附的全过程可分为外扩散、内扩散、吸附和脱附四个过程。外扩散过程是吸附剂外围空间的气体吸附质分子扩散到吸附剂表面的过程，是吸附全过程的第一步；内扩散过程是吸附质分子进入吸附剂微孔中并扩散到内表面的过程；吸附过程是经过外扩散和内扩散到达吸附剂内表面的吸附质分子被吸附在内表面的过程；脱附过程是在吸附质被吸附的同时，部分已被吸附的吸附质分子还可因分子的热运动而脱离固体表面回到气相中的过程。

3. 吸附剂

1）吸附剂再生方法

① 加热解吸再生(变温吸附)：等压下，一般吸附容量随温度升高而减少，故可在低温下吸附，然后在高温加热下吹扫脱附；②降压或真空解吸(变压吸附)：恒温下，吸附容量随压力降低而减少，则可采用加压吸附，减压或真空下脱附；③溶剂置换再生(变浓度吸附)：对不饱和烯烃类等某些热敏性吸附质，可以采用亲合力较强的解吸溶剂进行置换，使吸附质脱附，然后加热，使吸附剂再生。并利用吸附质与解吸剂之间的沸点不同，采用蒸馏的方法分离。

2）吸附剂的选择

工业吸附剂应具备的条件为：具有巨大内表面积、较大的吸附容量的多孔性物质；对不同的气体分子具有很强的吸附选择性；吸附快且再生特性良好；具有足够的机械强度；对酸、碱、水、高温的适应性强；用于物理吸附时要有化学稳定性；价格低廉，来源广泛。

吸附剂的种类很多，可分为天然和合成吸附剂。常用的固体吸附剂有硅胶、矾土(氧化铝)、沸石、焦炭和活性炭等。

① 活性炭是常用的吸附剂。它是由煤、石油焦、木材、果壳等各种含碳物质，在低于773K温度下炭化后再用水蒸气进行活化处理得到，主要用于吸附湿空气中的有机溶剂、恶臭物质，以及烟气中的SO_2、NO_x或其他有害气体。具有比表面积大、吸附及脱附快、性能稳定、耐腐蚀等优点，但具有可燃性，使用温度一般不超过200℃。

② 硅胶是将硅酸钠溶液(水玻璃)用酸处理后得到硅酸凝胶，再经水洗、干燥脱水制得的坚硬多孔的粒状无晶形氧化硅。常用于含湿量较高气体的干燥脱水、烃类气体回收，以及吸附干燥后的有害废气。

③ 活性氧化铝。氧化铝的水合物在严格控制的升温条件下，加热脱水便制成多孔结构的活性氧化铝。活性氧化铝具有良好的机械强度，可用于气体和液体的干燥，石油气的浓缩、脱硫、脱氢，以及含氟废气的治理。

④ 分子筛。分子筛是一种人工合成沸石，具有立方晶体的硅酸盐，属于离子型吸附剂。因其孔径整齐均匀，内表面积大，吸附能力较强，被广泛地用于废气治理中的脱硫、脱氮、含汞蒸气净化及其他有害气体的吸附。

通常，污染物分子较小的选用分子筛，分子较大的应选用活性炭或硅胶；对无机污染物宜用活性氧化铝或硅胶，对有机蒸气或非极性分子则用活性炭。

4. 吸附设备

用于净化气态污染物的吸附设备，可分为固定床、移动床和流化床三种。

1）固定床吸附器

固定床吸附器分为立式、卧式两种，还可按照吸附器的形状分为方形、圆形。固定床吸附器结构简单，操作方便，使用历史最长，应用最广。

立式固定床吸附器适用浓度高、气体量小的废气，对于浓度低、气体量大的废气可采用卧式固定床吸附器。一般可采用两台或更多的固定床吸附器轮换进行吸附与再生操作，当一台吸附器正在进行吸附时，另一台同时进行脱附、干燥与冷却。

2）移动床吸附器

吸附剂由塔顶进入吸附器，依次经过吸附段、精馏段、解吸段，进入塔底的卸料装置，并以一定的流速排出，然后由升扬鼓风机输送至塔顶，再进入吸附器，重新开始上述的吸附循环。移动床吸附器的特点是：处理气量大；适用于稳定、连续、量大的气体净化；吸附和脱附连续完成，吸附剂可以循环使用；动力和热量消耗大，吸附剂磨损大。

3）流化床吸附器

流化床吸附器全塔分为吸附部分和再生部分。上段为吸附部分，废气从管口以一定的速度进入锥体，气体通过筛板向上流动，将吸附剂吹气，在吸附阶段完成吸附过程。吸附后气体进入扩大段，由于气体流速减低，固体吸附剂又回到吸附段，而净化后的气体从出口排出。下段为再生部分，用热气流进行加热再生，再生后的吸附剂用空气提升至吸附塔顶进行循环使用。

6.4.3　催化转化法

1. 原理及分类

催化转化法净化气态污染物是利用催化剂的催化作用，使废气中的有害组分发生化学反应并转化为无害物质或易于去除物质的一种方法。催化转化法净化效率较高，净化效率受废气中污染物浓度影响较小，而且在治理过程中，不需要将污染物与主气流分离，可直接将主气流中的有害物转化为无害物，不产生其他污染。

催化转化法有催化氧化法和催化还原法两种：催化氧化法是使有害气体在催化剂的作用下，与空气中的氧发生化学反应，转化为无害气体的方法；催化还原法是使有害气体在催化剂的作用下，与还原性气体发生化学反应，转化为无害气体的方法。

2. 催化剂

催化转化法的关键是选用合适的催化剂。在废气净化中，一般使用固体催化剂，它主要由活性组分、助催化剂及载体组成。

活性组分是催化剂的主体，是起催化作用的最主要组分，要求活性高且化学惰性大。金属以及它们的氧化物等常用作气体净化催化剂。根据活性组分不同，催化剂可分为贵金属催化剂和非贵金属催化剂两大类。

助催化剂虽然本身无催化作用，但它与活性组分共存时却可以提高活性组分的活性、选择性、稳定性和寿命。

固体催化剂表面一般只有20~30nm的催化剂能起催化作用，为节约催化剂，提高催化剂的活性、稳定性和机械强度，通常把催化剂负载在有一定比表面积的惰性物质上，这种惰性支承物就称为载体。常用的载体有氧化铝、硅藻土、铁矾土、氧化硅、分子筛、活性炭和金属丝等，其形状有粒状、片状、柱状、蜂窝状等。

3. 催化装置

常用的气固催化装置有固定床和流化床两类催化反应器。固定床是净化气态污染物的主要催化反应器。它适用于反应过程热效应小、允许温度波动大的反应体系。一般废气中气态污染物的浓度低，故反应放热量小，因此可适用。固定床结构简单、造价低廉、体积小、空间利用率高、催化剂耗量少。但固定床传热性能差，床内温度分布不匀，催化剂更换不便。

6.4.4 催化燃烧法

1. 原理及分类

燃烧法是通过热氧化燃烧或高温分解的原理，将废气中的可燃有害成分转化为无害物质的方法，又称为焚化法。例如含烃废气在燃烧中被氧化为无害的 CO_2 和 H_2O。

燃烧法分为直接燃烧和催化燃烧两类：

直接燃烧法是把废气中的可燃有害组分当作燃料直接烧掉，只适用于净化含可燃组分浓度高或有害组分燃烧时热值较高的废气。直接燃烧是有火焰的燃烧，燃烧温度高（>1100℃），一般的窑、炉均可作为直接燃烧的设备。催化燃烧是指在催化剂存在下，废气中可燃组分能在较低的温度下进行燃烧。

催化燃烧法与直接燃烧法相比较有许多优点：①起燃温度低，含有机物质的废气在通过催化剂床层时，能在较低温度下迅速完全氧化分解成 CO_2 和 H_2O，能耗小，甚至在有些情况下还能回收净化后废气带走的热量；②适用范围广，催化燃烧可以适用于浓度范围广、成分复杂的几乎所有含烃类有机废气及恶臭气体的治理，例如有机硫化物、氢化物、烃类、有机溶剂、酮类、醇类、醛类和脂肪酸类等；③基本上不产生二次污染，因为有机物氧化后分解成 CO_2 和 H_2O，且净化率一般都在95%以上。此外，低温燃烧能大量减少 NO_x 的生成。催化燃烧的主要缺点是催化剂费用高。

2. 燃烧装置

燃烧法工艺简单、操作方便，而且有机废气浓度越高越有利，并能回收热能。但处理可燃组分含量低的废气时，需要预热耗能。催化燃烧法燃烧的装置是具有换热结构的催化剂反应器，废气通过已达起燃温度的催化床层，迅速发生氧化反应。采用燃烧法时要注意控制燃烧的温度和时间，否则，有机物会碳化成颗粒，以粉尘的形式随烟气排出，造成二次污染。

6.4.5 冷凝法

1. 原理

冷凝法是采用降低废气温度或提高废气压力的方法，使一些易于凝结的有害气体或蒸气态的污染物冷凝成液体并从废气中分离出来的方法。例如，氧化沥青废气先冷凝回收馏出油及大量水分，再送去燃烧净化。

冷凝法的特点：适用于净化高浓度的废气，特别是有害组分单纯的气体；可以作为燃烧与吸附净化的预处理；可用来净化含有大量废水的高温蒸汽；所需设备和操作条件比较单纯，回收物质纯度高。缺点是需要将废气冷却到很低的温度，成本较高。

2. 冷凝器

冷凝器分为表面冷凝器和接触冷凝器两大类。

表面冷凝器是将冷却介质与废气隔开，通过间壁进行热量交换，使废气冷却的设备。这类设备可以回收被冷凝组分，但冷凝效率较差。

接触冷凝器是将冷却介质与废气直接接触进行热量交换的设备。这类设备冷却效果好，但冷凝物质不易回收，易造成二次污染，必须对冷凝物质进行进一步处理。

6.4.6 生物法

废气的生物法净化是利用微生物的生命活动把废气中的气态污染物转化成少害甚至无害物质的净化法。生物净化与其他治理方法相比，具有处理效果好、投资运行费用低、设备简单、易于管理的优点。它最早应用于污水和固体废物处理，现已逐渐应用于废气治理与控制中，特别是微生物降解挥发性有机物、除臭、煤炭脱硫控制燃烧产生的 SO_2 量等方面取得可喜的进展。日本、德国、荷兰等国家成功地将生物法治理含挥发性有机废气的技术用于工业生产有机废气的控制中，其控制效率达90%以上，对污染物浓度变化适应性强、能耗低，并避免了污染物交叉介质的转移等。但目前生物法还只应用于组成较简单的工业废气。

6.5 二氧化硫净化技术

SO_2 是目前大气污染物中含量较大、影响面较广的一种气态污染物。大气中 SO_2 的来源很广，几乎所有的化工行业排出的废气都可能含有 SO_2。我国的 SO_2 排放量高居世界各国前列，SO_2 排放对大气污染和造成的酸雨问题十分严重，经济损失巨大，已成为制约我国经济社会可持续发展的主要因素。因此，控制 SO_2 污染，减少 SO_2 排放势在必行。

6.5.1 二氧化硫净化技术概述

目前，控制 SO_2 污染的方法有许多种，按脱硫工艺与燃烧结合点可分为：燃烧前脱硫，即燃料脱硫；燃烧中脱硫；燃烧后脱硫。燃料脱硫是指燃烧前用物理、化学等方法减少或消除燃料含硫量的工艺；燃烧后脱硫即烟气脱硫。

6.5.2 燃料脱硫

燃料脱硫包括气体燃料脱硫、重油脱硫和煤脱硫。

① 气体燃料脱硫主要是去除气体中含量比较低的硫化氢气体。

② 重油脱硫：原油常压蒸馏分离出蒸馏油和残留油。蒸馏油为轻质油，含硫量比较少，在炼油过程中均已脱除相当的硫分。残留油即重油，黏度大，硫含量高。重油再经减压蒸馏分离得到渣油。原油中的大部分(80%~90%)硫分以苯环状的有机硫化物残留在重油或渣油中，对其采用在催化剂条件下，用高压加氢反应生成硫化氢以脱硫的方法处理。

③ 煤脱硫技术可分为物理法、化学法、气化法、液化法和洗涤法五大类。

6.5.3 烟气脱硫

烟气脱硫是目前技术最成熟，能大规模商业化应用的一种脱硫方式，主要是利用各种碱性的吸收剂和吸附剂捕集烟气中的 SO_2，然后转化为较稳定并且容易机械分离的硫化合物或单质硫，从而达到脱硫的目的。烟气脱硫工艺按脱硫剂和脱硫产物是固态还是液态分为湿法脱硫和干法脱硫。

1. 湿法脱硫

湿法脱硫是用溶液(如水或碱性溶液)吸收烟气中的 SO_2，因此湿法脱硫也被称为吸收法。湿法脱硫气液反应传质效果好，脱硫率高，技术成熟，但脱硫产物难处理，投资较大，且烟温降低不利于排放，烟气需再次耗能加热。湿法脱硫主要包括石灰石-石膏法、钠碱法、双碱法、氨法、海水吸收法和尿素吸收法等。

1) *石灰石-石膏法*

石灰石-石膏法是目前发展比较成熟，运用比较广的脱硫法。此法用石灰石、生石灰或消石灰的乳浊液为吸收剂吸收 SO_2，对吸收液进行氧化可副产石膏，通过控制吸收液的 pH 值，可以副产半水亚硫酸钙。

其反应式为：

$$Ca(OH)_2+SO_2 \longrightarrow CaSO_3 \cdot 1/2H_2O+1/2H_2O$$

$$CaCO_3+SO_2+1/2H_2O \longrightarrow CaSO_3 \cdot 1/2H_2O+CO_2 \uparrow$$

生成的亚硫酸钙，经氧化后制得石膏，即：

$$2CaSO_3 \cdot 1/2H_2O+O_2+3H_2O \longrightarrow 2CaSO_4 \cdot 2H_2O$$

石灰石-石膏法烟气脱硫具有脱硫效率高，运行可靠，脱硫剂资源丰富，价格低廉等优点，是目前燃煤电厂烟气脱硫的主要技术。但该工艺系统存在占地面积大，运行能耗高，成本高，管道易堵塞、结垢、磨损，产生大量石膏、废水等缺点。

2) *钠碱法*

钠碱法是以碳酸钠或氢氧化钠溶液作为吸收剂吸收烟气中的 SO_2。

其反应过程如下：

$$2NaOH+SO_2 \longrightarrow Na_2SO_3+H_2O$$

$$Na_2SO_3+SO_2+H_2O \longrightarrow 2NaHSO_3$$

$$2NaHSO_3+2NaOH \longrightarrow 2Na_2SO_3+2H_2O$$

含 SO_2 废气先经过除尘可以防止吸收塔堵塞，冷却的目的是提高吸收效率。流程：用 NaOH 溶液在吸收塔内吸收 SO_2，使溶液的 pH 值达 5.6~6.0 后，将溶液送至中和结晶槽，再加入 50%浓度的 NaOH 溶液调到 pH 值等于 7，加入适量硫化钠溶液，以去除铁和重金属离子，随后再用 NaOH 将 pH 值调到 12。进行蒸发结晶后，用分离机将亚硫酸钠结晶分离出来。亚硫酸钠晶体经过干燥塔干燥后，再经旋风分离器即可得到无水亚硫酸钠产品。

该法二氧化硫的吸收率可达 95%以上，设备简单，操作方便。但是原料来源紧张，因此只适合小规模处理。

3) *双碱法*

双碱法烟气脱硫技术先采用水溶液性碱金属盐类作为第一吸收剂，如 NaOH、Na_2CO_3、$NaHCO_3$ 等，与烟气中 SO_2 接触吸收，然后将反应后废液再与石灰石或石灰配制成的第二吸收剂反应，使溶液部分得到再生，再生后的溶液可循环利用。

吸收的化学反应式为：

$$2Na_2CO_3+SO_2+H_2O \longrightarrow 2NaHCO_3+Na_2SO_3$$

$$2NaHCO_3+SO_2 \longrightarrow Na_2SO_3+2CO_2+H_2O$$

$$Na_2SO_3+SO_2+H_2O \longrightarrow 2NaHSO_3$$

再生的化学反应式为：

$$2NaHSO_3+CaCO_3 \longrightarrow Na_2SO_3+CaSO_3 \cdot 1/2H_2O\downarrow +CO_2\uparrow +1/2H_2O$$

$$2NaHSO_3+Ca(OH)_2 \longrightarrow Na_2SO_3+CaSO_3 \cdot 1/2H_2O\downarrow +3/2H_2O$$

$$2CaSO_3 \cdot 1/2H_2O+O_2+3H_2O \longrightarrow 2CaSO_4 \cdot 2H_2O$$

双碱法烟气脱硫技术是为了克服石灰石-石膏法容易结垢、磨碎等缺点而发展起来的，主要设计思路是利用水溶性第一吸收剂在塔内与烟气接触吸收，避免钙法脱硫容易出现的问题，然后再用钙基配制成的第二吸收剂对反应后的第一吸收剂进行再生。

4）氨法

氨吸收法以氨水或液氨作为吸收剂，吸收二氧化硫后生成亚硫酸氨，通过氧化得到硫酸铵，之后经过浓缩、结晶得到固体。

其反应式如下：

$$NH_3+H_2O+SO_2 \longrightarrow NH_4HSO_3$$

$$2NH_3+H_2O+SO_2 \longrightarrow (NH_4)_2SO_3$$

$$(NH_4)_2SO_3+H_2O+SO_2 \longrightarrow 2NH_4HSO_3$$

$(NH_4)_2SO_3$ 对 SO_2 有更好的吸收能力，当 NH_4HSO_3 的比例增大时，吸收能力降低，需补充氨将亚硫酸氢氨转化成亚硫酸氨，即进行吸收液再生。反应式为：

$$NH_3+NH_4HSO_3 \longrightarrow (NH_4)_2SO_3$$

根据对脱硫后浆液的不同处理方法，可将氨法脱硫工艺分为氨-硫酸铵法、氨-亚硫酸铵法。

(1) 氨-硫酸铵法

① 酸分解法(又称为氨-酸法)：

吸收液由过量的硫酸分解，再用氨中和以获得硫酸铵，同时制得 SO_2 气体。

其反应式如下：

$$(NH_4)_2SO_3+H_2SO_4 \longrightarrow (NH_4)_2SO_4+SO_2+H_2O$$

$$2NH_4HSO_3+H_2SO_4 \longrightarrow (NH_4)_2SO_4+2SO_2+2H_2O$$

$$H_2SO_4+2NH_3 \longrightarrow (NH_4)_2SO_4$$

② 空气氧化法：

与氨-酸法的区别是：将引出一部分吸收液至混合器内，不是与浓硫酸混合，而是加入氨，使亚硫酸氢铵全部转变为亚硫酸铵，然后送入氧化塔，向塔内鼓入 $10kg/cm^2$ 压力的空气，将亚硫酸铵氧化为硫酸铵。

(2) 氨-亚硫酸铵法

该法也是将吸收液用氨中和，将亚硫酸氢铵转变为亚硫酸铵；与氨-酸法的区别在于该法不再将亚硫酸铵用空气氧化成硫酸铵，而是直接制取亚硫酸铵结晶，分离出亚硫酸铵产品。

氨是一种碱性较强的吸收剂，利用率、脱硫率较高；该反应是气-液或气-气反应，反应速率较快；除此之外，费用低、副产品价值高、能耗少也是其优点。但该工艺存在以下缺点：氨的碱性造成设备、管道腐蚀；氨运输存储问题难以解决；氨挥发造成的气溶胶易形成二次污染等。

5）海水吸收法

海水吸收法主要运用海水自身的碱性实现脱硫。海水吸收二氧化硫后，生成 HSO_3^-、SO_3^{2-}，经空气氧化后生成 SO_4^{2-} 和 H^+，后者与海水中的 CO_3^{2-}、HCO_3^- 发生中和反应，从而恢复海水的 pH 值。该方法的优点包括：建造、运行、维护费用少；吸收剂和脱硫产物无二次污染；吸收容量大；不存在结垢堵塞问题。

6）尿素吸收法

尿素吸收法是用尿素溶液作吸收剂，pH 值为 5~9，SO_2 的去除率与其在烟气中的浓度无关，吸收液可回收硫酸铵。其反应式如下：

$$SO_2+1/2O_2+CO(NH_2)_2+2H_2O \longrightarrow (NH_4)_2SO_4+CO_2$$

此法可同时去除 NO_x，去除率大于 95%。其反应式如下：

$$NO+NO_2+CO(NH_2)_2 \longrightarrow 2H_2O+CO_2+N_2$$

尿素吸收 SO_2 工艺由俄罗斯门捷列夫化学工艺学院开发，SO_2 去除率可达 100%。

2. 干法脱硫

吸附法脱硫属于干法脱硫的一种，最常用的吸附剂是活性炭。由于活性炭表面具有催化作用，使烟气中的 SO_2 被 O_2 氧化成 SO_3，SO_3 再和水蒸气反应生成硫酸。活性炭吸附的硫酸可通过水洗出，或者加热放出 SO_2，从而使活性炭得到再生。活性炭吸附原理如下。

物理吸附：

$$SO_2 \longrightarrow SO_2^*$$

$$O_2 \longrightarrow O_2^*$$

$$H_2O \longrightarrow H_2O^*$$

化学吸附：

$$2SO_2^* + O_2^* \longrightarrow 2SO_3^*$$

$$SO_3^* + H_2O \longrightarrow H_2SO_4^*$$

$$H_2SO_4^* + nH_2O \longrightarrow H_2SO_4 \cdot nH_2O^*$$

总反应：

$$SO_2+H_2O+1/2O_2 \longrightarrow H_2SO_4$$

该法适用于大气量烟气的脱硫处理，但得到的 H_2SO_4 浓度很低，需浓缩才能用，且吸附剂要不断再生，操作麻烦，限制了该法的使用。

6.6 氮氧化物净化技术

氮氧化物是指一系列由氮元素和氧元素组成的化合物，包括 N_2O、NO、N_2O_3、NO_2、N_2O_4 等，通常用 NO_x 表示，其中主要是 NO、NO_2。NO_x 对人体和环境危害极大，可直接导致人体呼吸道损伤；NO_x 具有明显的红棕色，并且在太阳光照射下，会引起光化学烟雾而造成严重的大气污染；NO_x 也易溶于水发生反应生成硝酸形成酸雨。近年来，国家对 NO_x 排放量越来越重视，要求也越来越严格，因此要选用合理的治理方法，兼顾经济效益和环境效益。

6.6.1 氮氧化物净化技术概述

1. 氮氧化物形成的机理

氮氧化物形成的机理分别是，燃料型 NO_x：燃料中含有的氮的化合物在燃烧过程中氧化产生 NO_x；热机理型 NO_x：当燃料在高温下完全燃烧时，空气中的氮被氧化，从而产生大量的 NO_x。

2. 氮氧化物净化方法

目前，工业上治理氮氧化物废气的方法很多，普遍采用的有燃烧法、吸收法、催化还原法、固体吸附法、生物法等。

以上几种治理 NO_x 废气的方法各有优缺点，但是随着 NO_x 排放指标的进一步提高，单一的方法不能将废气中的 NO_x 彻底脱除，很多企业达不到国家要求的标准，需要更新或改进技术，以降低尾气 NO_x 的排放，很多企业运用联合的工艺来处理 NO_x 废气，并取得了很好的效果。

如：山东某化肥集团采用将含有高浓度 NO_x 的废气先经过尿素吸收装置，吸收处理后的尾气 NO_x 浓度降低，再进入活性炭吸附装置进行脱除，脱除净化后的尾气排放，而吸附 NO_x 的活性炭经脱附工艺进行解析，解析出的 NO_x 可返回系统利用。

河北沧州某集团有限公司采用氧化吸收法和非选择性催化还原法的组合工艺，最终 NO_x 的排放浓度仅为0.0003~0.0038mg/m^3，远远低于国家要求的排放标准，取得了很好的效果。

6.6.2 燃烧法

燃烧法的优势在于：保证了燃料的充分利用，放出最大能量；可以避免大量空气过剩，以防止产生大量的氮氧化物，造成环境污染，故燃烧时还应尽量减少过剩的空气量。据资料报道，采用分段燃烧的方法，即第一阶段采用高温燃烧，第二阶段采用低温燃烧，其过程需吹入二次空气，可以使燃烧废气中 NO_x 的生成量较原来降低30%左右。

6.6.3 吸收法

采用吸收法脱除 NO_x，是化学工业生产过程中比较普遍采用的方法。有许多物质可以作为吸收 NO_x 的吸收剂，使之对含 NO_x 废气的治理，可以采用多种不同的吸收方法。一般将吸收法大致归纳为以下几种类型：①水吸收法；②酸吸收法(硫酸法、稀硝酸法等)；③碱液吸收法(烧碱法、纯碱法、氨法等)；④还原吸收法；⑤氧化吸收法等。从工艺、投资及操作费用等方面综合考虑，目前采用比较多的是碱液吸收法、还原吸收法及氧化吸收法。

1. 水吸收法

水吸收 NO_x 时，水与 NO_2 反应生成 HNO_3 和 HNO_2。生成的 HNO_2 很不稳定，快速分解后会放出部分 NO。常压时 NO 在水中的溶解度非常低，0℃时为7.34mL/100g 水，沸腾时完全逸出，它也不与水发生反应。因此常压下该法效率极低，不适用于 NO 占总 NO_x 95%的废气治理。提高压力(约0.1MPa)可以提高对 NO_x 的吸收率，通常被作为工业生产中多级废气治理的最后一道工序。

2. 酸吸收法

稀硝酸吸收法是工业中普遍采用的方法。由于NO在12%以上的硝酸中的溶解度比在水中大100倍以上，所以可用硝酸吸收NO_x废气。硝酸吸收NO_x以物理吸收为主，最适用于应用或生成硝酸的化工工业尾气处理，因为可将吸收的NO_x返回原有装置回收为硝酸。影响吸收效率的主要因素有：①温度，温度降低，吸收效率急剧增大。温度从38℃降至20℃，吸收率由20%升至80%。②压力，随着吸收压力升高，NO_x吸收率不断增大。当吸收压力从0.11MPa升高至0.29MPa时，吸收率由4.3%增大到77.5%。③硝酸浓度，吸收率随硝酸浓度增大呈现先增加后降低的变化，即有一个最佳吸收的硝酸浓度范围。当温度为20~24℃时，吸收效率较高的硝酸浓度范围为15%~30%。此法工艺流程简单，操作稳定，并且可以将NO_x回收为硝酸。但气液比较小，酸循环量较大，能耗较高。

3. 碱液吸收法

1）烧碱法

用NaOH溶液来吸收NO_2及NO，其反应式为：

$$2NaOH+2NO_2 \longrightarrow NaNO_3+NaNO_2+H_2O$$

$$2NaOH+NO \longrightarrow 2NaNO_2+H_2O$$

只要废气中所含的NO_x中的NO_2与NO的摩尔比大于或等于1时，NO_2及NO均可被有效吸收，生成的硝酸盐可以作为肥料。

2）纯碱法

采用纯碱法吸收NO_x的反应式为：

$$Na_2CO_3+2NO_2 \longrightarrow NaNO_3+NaNO_2+CO_2$$

$$Na_2CO_3+NO_2+NO \longrightarrow 2NaNO_2+CO_2$$

因为纯碱的价格比烧碱要便宜，故有逐步取代烧碱法的趋势，但是纯碱法的吸收效果比烧碱法差。据有的厂家实践，采用28%的纯碱溶液，两塔串联流程，处理硝酸生产尾气，NO_x的脱除效率为70%~80%；在碱液中添加适当氧化剂，可以提高效率，但处理费用也有所增加。

3）氨法

氨法是用氨水喷洒含NO_x的废气，或者是向废气中通入气态氨，使氮氧化物转变为硝酸铵与亚硝酸铵。其反应式为：

$$2NO_2+2NH_3 \longrightarrow NH_4NO_3+N_2+H_2O$$

$$2NO+1/2O_2+2NH_3 \longrightarrow NH_4NO_2+N_2+H_2O$$

$$2NO_2+1/2O_2+2NH_3 \longrightarrow NH_4NO_2+2NO+H_2O$$

由于氨法是气相反应，速率很快，反应瞬间即可完成，可以有效地进行连续运转。效率比较高，NO_x的去除率可达90%。此方法的缺点是处理后的废气中带有生成的硝酸铵与亚硝酸铵，形成雾滴，产生白色的烟雾，扩散到大气中造成二次污染。

4. 还原吸收法

目前，还原吸收法主要有两种：一种是氯-氨法；另一种是亚硫酸盐法。

① 氯-氨法是利用氯的氧化能力与氨的中和还原能力去除 NO_x 的方法，其反应式如下：

$$2NO+Cl_2 \longrightarrow 2NOCl$$

$$NOCl+2NH_3 \longrightarrow NH_4Cl+N_2+H_2O$$

$$2NO_2+2NH_3 \longrightarrow NH_4NO_3+N_2+H_2O$$

此种方法 NO_x 的去除率比较高，可达 80%~90%，产生的 N_2 对环境也不存在污染的问题，但是，由于同时还有氯化铵及硝酸铵产生，呈白色烟雾，需要进行电除尘器分离，处理白色烟雾的二次污染。因此，本方法的推广使用受到限制。

② 亚硫酸盐法是一种采用亚硫酸盐水溶液吸收 NO_x 的方法，其原理亦是将 NO_x 吸收并还原为氮气。其反应式为：

$$2NO+2SO_3^{2-} \longrightarrow N_2+2SO_4^{2-}$$

$$2NO_2+4SO_3^{2-} \longrightarrow N_2+4SO_4^{2-}$$

此外，采用酸性尿素水溶液处理 NO_x 废气的方法已在国防科工委工程设计研究院等单位较早开展试验、研究工作，现已逐渐引起人们的重视。

5. 氧化吸收法

用氧化剂先将 NO 氧化成 NO_2，然后再用吸收液加以吸收。例如日本的 NE 法是采用碱性高锰酸钾溶液作为吸收剂，其反应式为：

$$KMnO_4+NO \longrightarrow KNO_3+MnO_2\downarrow$$

$$3NO_2+KMnO_4+2KOH \longrightarrow 3KNO_3+H_2O+MnO_2\downarrow$$

此法 NO_x 的去除率达 93%~98%。这类方法效率高，但运转费用也比较高。

6.6.4　催化还原法

催化还原法是指在催化剂存在下，使用还原剂将氮氧化物还原为氮气的方法。

非选择性催化还原法(Non-Selective Catalytic Reduction，NSCR)是在钯催化剂作用下，反应温度为 550~800℃时，用 H_2、CH_4、CO 或由它们组成的燃料气作为还原剂，将废气中的 NO_x 和氧一并还原。

选择性催化还原法(Selective Catalytic Reduction，SCR)，此法因其脱除 NO_x 的效率高，一般为 80%~90%，还原剂用量少，得到最广泛应用。这种方法是以氨(NH_3)作为还原剂喷入废气，在较低温度和催化剂的作用下，将 NO_x 还原成 N_2 和 H_2O。

6.6.5　固体吸附法

固体吸附法包括分子筛法、硅胶法、活性炭法和泥煤法等。

1. 分子筛法

常用的分子筛有泡沸石、丝光沸石等。它们对 NO_2 有较高的吸附能力，但是对于 NO 基本不吸附。采用丝光沸石分子筛，吸附处理硝酸尾气，可使尾气中二氧化氮的含量由 0.3%~0.5%下降到 0.0005%以下；但是合成的丝光沸石成本比较高，采用天然沸石还必须经过加工处理，即将原矿石粉碎到粒度为 80 目左右，在沸腾的稀盐酸溶液中处理，以除去矿石中的可溶性物质。

此方法的缺点是设备体积庞大，成本较高，再生周期比较长。

2. 硅胶法

此法是以硅胶为吸附剂，硅胶先将 NO 催化氧化成 NO_2 并加以吸附，再经过加热便可解吸。

当 NO_x 中的 NO_2 含量高于 0.1%，NO 的含量在 1%~1.5%时，采用硅胶吸附法效果良好。但气体中含固体杂质时，不宜采用此法，因为固体杂质会堵塞吸附剂空隙而使其失效。

3. 活性炭法

活性炭对 NO_x 的吸附过程是伴有化学反应的过程。NO_x 被吸附到活性炭表面后，活性炭对 NO_x 有还原作用，其反应式为：

$$2NO+C \longrightarrow N_2+CO_2$$

$$2NO_2+2C \longrightarrow N_2+2CO_2$$

活性炭对 NO_x 的吸附容量较小，仅为吸附二氧化硫的 1/5 左右，因而需要活性炭的数量较大。另外，活性炭的解吸再生较为麻烦，处理不当又会发生二次污染，故实际应用有困难。

6.6.6 生物法

微生物净化氮氧化物有硝化和反硝化两种机理。适宜的脱氮菌在有外加碳源的情况下，以氮氧化物为氮源，将氮氧化物同化合成为有机氮化合物，成为菌体的一部分(合成代谢)，脱氮菌本身获得生长繁殖，而异化反硝化作用(分解代谢)则将 NO_x 最终还原成氮。NO_x 中 NO_2 和 NO 溶解于水的能力差别较大，因此净化机理也不同。在有氧的条件下，NO 也会同时被亚硝化细菌氧化成 NO_2^-，进而被硝化细菌氧化成 NO_3^-。

生物净化法具有设备简单、运行费用低、便于管理、安全性好、无二次污染等优点，但目前运用生物法净化 NO_x 尾气的研究还处于起步阶段。

6.7 其他气体污染物治理技术

6.7.1 有机废气的治理

有机废气治理是指用多种技术措施，通过不同途径减少石油损耗、减少有机溶剂用量或排气净化以消除有机废气污染。常用的有机废气的治理方法有直接燃烧、催化燃烧、吸附法、吸收法、冷凝法、生物法等。多数情况下，石油化工行业因排气浓度高，宜采用冷凝、吸收、直接燃烧等方法；涂料施工、印刷等行业因排气浓度低，宜采用吸附、催化燃烧等方法。

1. 含烃类废气的直接燃烧

对含烃(碳氢化合物)类废气的处理采用直接燃烧法，就是利用烃类在高温下易氧化燃烧，完全氧化时生成 CO_2 和 H_2O 的这一性质。在石油炼制厂和石油化工厂，通常把加工油气和燃料气体排放到火炬燃烧器进行燃烧。直接燃烧法只适用于净化可燃有害组分浓度较高的废气，或用于净化有害组分燃烧时热值较高的废气。

2. 有机废气的催化燃烧

有机废气的催化燃烧工艺与直接进行燃烧相比有着起燃温度低及能耗低的显著特点。

催化燃烧工艺主要是利用热力破坏法进行有机废气的净化，通过对有机废气中的有机成分进行氧化和裂解分解后转化成无污染成分的二氧化碳和水。

催化燃烧工艺特点：①可同时去除多种有机废气中的有机污染成分，操作简单、运行稳定；②启动系统采用电加热或者天然气加热，运行维护费用较低；③设有多重安全保护措施，确保系统的稳定运行；④不产生废水和第二次污染；⑤净化效率均值可达到97%以上。

3. 吸附法

吸附法是利用多孔性固体物质表面上未平衡或未饱和的分子力，把气体混合物中的一种或几种有害组分吸留在固体表面，将其从气流中分离而除去的净化操作过程。吸附法已成为有机废气处理技术的首选方法，具有能耗低、工艺成熟、去除率高、净化彻底、易于推广的优点，有很好的环境和经济效益。缺点是设备庞大，流程复杂，吸附剂需要再生，且当废气中有胶粒物质或其他杂质时，吸附剂易中毒。

4. 吸收法

吸收法的原理是气体混合物采用某种液体处理时，在气-液相接触过程中，气体混合物中不同成分在同一液体中的溶解度不同，气体中一种或几种溶解度高的成分会进入液相，从而改变气相中各成分的相对浓度，即混合气体被分离净化。

在用吸收法处理气态污染物的过程中，根据吸收质与吸收剂是否发生化学反应，将其分为物理吸收和化学吸收。前者在吸收过程中进行纯物理溶解过程，如用水吸收 CO_2 或 SO_2；而后者在吸收中常伴有化学反应的发生。化学吸收法中化学反应的存在增加了吸收的传质系数和吸收驱动力，提高了吸收速率。因此，在处理各种以气量大、有害成分浓度低为特征的废气时，化学吸收效果比物理吸收效果好得多。

5. 冷凝法

冷凝法主要是利用物质在不同温度下具有不同饱和蒸气压这一物理性质，采用将系统温度降低或者提高系统压力的方法，使处于蒸气状态的气态污染物冷凝并且从废气中分离出来的过程。

冷凝法设备简单，操作方便，并容易回收较纯产品，用于去除高浓度有害气体更有利。但该方法不适合用于净化低浓度有害气体，净化低浓度有害废气时选择活性炭吸附法。

6. 生物法

生物法处理废气是利用微生物的生命过程把废气中的气态污染物分解转化成少害或无害物质。自然界中存在各种各样的微生物，几乎所有无机的和有机的污染物都能被微生物转化。生物法不需要再生和其他高级处理过程，与其他净化法相比，具有设备简单、能耗低、安全可靠、无二次污染等优点，但其缺点是不能回收利用污染物质。

生物法处理有机废气一般要经历以下四个步骤：

① 废气中的污染物首先同水接触并溶解于水中；

② 溶解于液膜中的污染物扩散到生物膜，被微生物捕获吸收；

③ 微生物将污染物转化为生物量、新陈代谢副产品或者 CO_2、H_2O 等；

④ 生化反应产物 CO_2 从生物膜表面脱附并反扩散进入气相本体，而 H_2O 则被保留在生物膜内。

6.7.2 硫化氢废气的治理

大气中 H_2S 污染的主要来源是人造纤维、天然气净化、硫化染料、石油精炼、煤气制造、造纸、食品工业等生产过程及污水处理、垃圾处理场有机物腐败过程。硫化氢被认为是一种神经毒物，对人体的侵害方式多从呼吸道进入，吸入过量会造成人体中毒。需要注意的是，硫化氢气体的中毒包括急性和慢性两种，其中急性中毒会使人体伴有头痛、智力下降等后遗症。在我们的日常生活和工作的环境中，去除硫化氢气体是非常重要的。当前，在硫化氢废气处理过程中，常用的方法包括吸收法、氧化法和活性炭吸附法。

1. 吸收法

第一，物理吸收法。主要是通过有机溶剂的方法完成对硫化氢的吸收。第二，化学吸收法。化学吸收法主要是利用 $pH=7\sim11$ 的强碱弱酸进行。较为常用的方法包括 3 种：乙醇胺法，即通过乙醇胺会和酸性气体产生化学反应生成盐类的低温吸收、高温解收的性质，将气体中所含有的硫化氢等酸性气体去除；氨水吸收法，此种处理方法对反应设备要求不高，材料的价格也经济实惠，特别是氨厂和焦化厂中更为适用，其不足在于脱硫效率相对较差；碳酸钠酸碱盐溶液法，这种处理方法主要是利用强碱弱酸盐溶液呈碱性的反应原理。

2. 氧化法

氧化法主要包括干法氧化法、湿法氧化法两种类型。

干法氧化法包括克劳斯法、氧化铁脱硫法和复合锌脱硫法。

① 克劳斯法能将硫化氢转化成硫黄，在脱硫中对含有硫化氢的气体进行回收，在减少空气污染方面成果显著。由于这种脱硫方法的回硫纯度高达 99%，因此在天然气加工和石油加工行业中较为常用。

② 氧化铁脱硫法具有工艺简单、能耗低的特点。采用此方法的脱硫剂多选用氧化铁，如选用赤泥进行脱硫，其铁的活性会大增，且使用寿命更长，优于人工氧化铁和沼泽铁。

③ 复合锌脱硫法：氧化锌废气处理法采用氧化锌作为脱硫剂，但是该方法只适合处理 H_2S 浓度较低气体且不能恢复氧化锌脱硫剂的脱硫性能。

湿法氧化法包括氧化铁悬浮液吸收法、有机催化剂氧化法和砷碱法等几种类型。湿法氧化法处理能力大，且湿法最显著的特点是操作弹性大。湿法氧化还具有如下的特点：脱硫效率高，可使净化后的气体含硫量较低，可将 H_2S 一步转化为单质硫，不产生其他污染；既可在常温常压下操作，又可在加压下操作；大多数脱硫剂可再生，可以降低成本。

3. 活性炭吸附法

活性炭吸附法，是利用活性炭这种固体脱硫剂对硫化氢进行氧化脱硫并将其吸附的过程。在浓度较低的硫化氢处理中效果更好、速度更快，加之其具有工艺简单、操作温度环境要求不高的特点，因而在轻工业和化工业中较为常用。其不足在于活性炭的采购成本高，耗损量大、再利用水平低、硬度差等。在考虑到我国的基本国情和当前技术的情况下，这种脱硫方法在国内并不适合大范围推广应用。

6.7.3　氯化氢废气的治理

1. 冷凝法

对于高浓度的HCl废气，可根据HCl蒸气压随温度迅速下降的原理采用冷凝的方法，先将废气冷却，再回收利用HCl。可采用石墨冷凝器利用深井水或自来水间接冷却，废气温度降到零点以下，HCl冷凝下来，废气中的水蒸气也冷凝下来，形成10%~20%的盐酸，此法很难除净氯化氢气体，一般仅作为处理高浓度HCl气体的第一道净化工艺，再与其他方法组合，可得到较满意的结果。

2. 水吸收法

回收空气中HCl废气使用最广泛的方法还是吸收法，吸收剂常为水。HCl在水中的溶解度很大，含HCl 3.15mg/mL的废气，水一次吸收后可降至0.25mg/mL，吸收率达99.9%。用水吸收HCl时，常有两种状态，即等温吸收和绝热吸收。等温状态中可从含有低沸点物的气体中得到较高浓度的酸。绝热状态吸收的依据是利用吸收热来蒸发水和分离易挥发性的有机化合物。该法的广泛应用还在于水廉价无毒，水吸收设备和工艺流程都很简单，净化效率高，操作方便，应用广，可回收HCl自用或作为成品外售，都有一定的经济价值。

3. HCl废气的综合利用

HCl废气主要产生于化工、电镀、造纸、油脂等工业的生产过程中，特别是酸洗工艺中常有大量HCl废气产生。对于HCl废气一定要做到合理治理，有效利用。对HCl的回收利用主要有以下三点：

① 生产盐酸：HCl气体(在填料塔或膜式吸收塔)用水吸收可生产盐酸，15%左右的盐酸可作金属清洗剂。

② 生产高纯HCl气体：HCl气体可采用吸收、解吸、冷凝、过滤、吸附工艺生产高纯HCl气体。这种高纯HCl气体可制取氯化铵和金属氯化物，也可用来水解一些有机化合物，还可与其他化工原料直接加工成相应的产品，如制取二氯丙醇、二氯异丙醇、环氧氯丙烷、氯磺酸、二氯化碳、二氯乙烷等化工产品。

③ 生产氯气(Cl_2)：由于有机氯化技术的迅速发展，引起氯气的短缺，况且有机氯化过程中约有一半的氯转化为HCl，其数量极大。可利用催化氧化法、Shell-Chlor法、MT-Chlor法、硝酸氧化法等将HCl废气转化为有使用价值的Cl_2。

6.7.4　氟化物废气的治理

含氟废气主要来源于磷肥工业，氢氟酸、氟化铝、氟化钠等无机氟化物生产及使用过程，含氟化合物的制造过程，如含氟农药的制造等。氟化物废气的增加会对周围的生存环境造成巨大的影响。微量的氟化物，也会对人类和动植物造成极大的危害。因此必须对氟化物废气加以治理及回收利用，以适应国家关于改善环境、保护和合理利用自然资源的规定。常见的氟化物废气的治理方法有干法净化和湿法吸收。

1. 干法净化

干法净化是将含氟废气通过装填有固体吸附剂的吸附装置，使氟化氢和四氟化硅与吸附剂发生化学反应将氟化物除去的一种方法，因此也称作化学吸附法。各种氟化物、氧化物、氢氧化物、碳酸盐、氯化物、硫化物及其他金属无机化合物等都可作为氟化氢的吸附剂。化学吸附剂的选择与废气量和组成有关。

2. 湿法吸收

绝大多数工业含氟气体的主要组分为氟化氢和四氟化硅。根据这两种气体易溶于水和某些溶液中的特性，通常采用水、氢氟酸和氟硅酸溶液或碳酸钠、氢氧化铵、氟化铵、氢氧化钙、氯化钠、硫酸钾等溶液作为吸收剂，经过几段吸收来净化治理和回收氟化物。

6.7.5 恶臭废气的治理

恶臭气体产生于污水处理、冶金、制药、石油、塑料、城市垃圾处理等多个行业。据统计，恶臭废气主要有硫化氢、氨、苯系物、酚、低分子脂肪酸、胺类、醛类、酮类、醚类、卤代烃、杂环氮和硫化物等。这些物质具有活性基团，易被氧化，一旦活性基团被氧化，则气味就消失，各种除臭方法就是基于这一原理。目前常用的恶臭废气治理方法有物理方法和化学方法两种。

1. 物理方法

物理方法主要是采用活性炭、沸石等比表面积大的活性介质通过范德华力将气体分子吸附在多孔介质的表面，使恶臭物质由气相转移至固相，达到去除臭味的目的。该工艺成本低、操作简单、吸附效果好、不产生其他污染，但对高浓度臭气处理效率较低，吸附介质只能一次性使用，适用于低浓度、低温度的恶臭气体。

2. 化学方法

化学方法是采用强氧化剂，如臭氧、高锰酸盐、次氯酸盐、氯气、二氧化氯、过氧化氢等来氧化恶臭物质，将其转变成无臭或微臭物质的方法。臭氧处理法在污水处理厂的恶臭去除方面应用比较成功。然而当污水处理厂产生的废气中污染物浓度很高时，臭氧不能完全氧化这些污染物。另外，未使用的残余臭氧本身又造成了二次污染。臭氧氧化的缺点为能耗高和处理不当时的臭氧污染。

6.7.6 酸雾的治理

酸雾的形成主要有两种途径：一是酸溶液表面蒸发，酸分子进入空气，吸收水分并凝聚而形成酸雾滴；二是酸溶液内有化学反应并产生气泡，气泡上浮出液面后爆破，将液滴带出至空气中形成酸雾。目前控制酸雾排放的主要方法有静电除雾法、酸雾净化液吸收法和机械酸雾净化法。

1. 静电除雾法

湿式静电除雾器是一种静电除雾器系列产品。其工作原理是通过静电控制装置和直流高压发生装置，将交流电变成直流电送至除雾装置中，在电晕线(阴极)和酸雾捕集极板(阳极)之间形成强大的电场，使空气分子被电离，瞬间产生大量的电子和正、负离子，这些电子及离子在电场力的作用下做定向运动，构成了捕集酸雾的媒介。同时使酸雾微粒荷电，这些荷电的酸雾粒子在电场力的作用下做定向运动，抵达捕集酸雾的阳极板上。之后，荷电粒子在极板上释放电子，于是酸雾被集聚，在重力作用下流到除酸雾器的储酸槽中，这样就达到了净化酸雾的目的。

2. 酸雾净化液吸收法

酸雾净化液吸收法一般包括水洗法和碱液中和法。碱液吸收常用的吸收剂有10%的Na_2CO_3、4%~6%的NaOH和NH_3等的水溶液。所采用净化废气处理设备主要有洗涤塔、泡沫塔、填料塔、斜孔板塔等。其主要净化机理是使气、液两相充分接触，酸、碱中和，从而提高净化效率。液体吸收法的优点是设备投资较低，工艺较简单。

3. 机械酸雾净化法

这类废气处理方法的原理是借用重力、惯性力或离心力的作用使雾滴与气体分离，从而达到净化目的。常用的设备有折流式除雾器、离心式除雾器等。

6.7.7　汽车尾气的净化技术

汽车尾气同样属于废气的一种。最根本的汽车尾气治理的方法就是改变汽车的动力，如开发电动汽车来代替燃料汽车。这种方法使汽车从根本上不产生或者很少产生污染气体。采用设计优良的发动机，改善燃烧室结构，采用新材料，提高燃油质量等都能使汽车排气污染减少，但是不能达到“零排放”。

也可以采用一些先进的机外净化技术对汽车产生的废气进行净化。控制汽车尾气排放，减少汽车尾气污染的最有效的手段就是汽车尾气净化催化剂。尾气净化催化剂主要是贵金属作催化剂和稀土催化剂。贵金属催化剂主要选用铂、钯等作催化剂，具有活性高、寿命长、净化效果好等优点，但难以大范围推广；稀土催化剂是采用稀土、碱土金属和一些碱金属制备的催化剂；也有用稀土加少量贵金属制备的催化剂。

6.7.8　二氧化碳的排放控制及综合利用

二氧化碳的排放控制分为两个方面：一是源头控制，二是末端控制。源头控制指的是节约用能，提高能源利用率和转换率；采用燃料替代，大力发展低碳的化石燃料、可再生能源和新能源。末端控制也分为两个途径，一是二氧化碳捕获，二是二氧化碳储存。

我国正在推行低碳经济与二氧化碳绿色化经济的发展方式。所谓低碳经济，就是以低能耗、低污染为基础的清洁生产。二氧化碳绿色化经济，实质上就是“3R”(减量化 reduce，再利用 reuse，资源化 recycle)经济。第一是提高能源的利用效率，从高碳到低碳；第二是再利用；第三是资源化，形成二氧化碳产业结构链，将二氧化碳作为21世纪的碳能源，走循环经济道路。

参 考 文 献

[1] 智恒平. 化工安全与环保[M]. 北京：化学工业出版社，2011.

[2] 杨永杰. 化工环境保护概论[M]. 2版. 北京：化学工业出版社，2017.

[3] 汪大翚，徐新华，赵伟荣. 化工环境工程概论[M]. 3版. 北京：化学工业出版社，2019.

[4] 刘景良. 化工安全技术与环境保护[M]. 北京：化学工业出版社，2012.

[5] 苑丹丹，李世刚，黄义聪，等. 石油化工气体泄漏扩散模型研究进展[J]. 化学工业与工程技术，2013，34(2)：21-26.

[6] 黄沿波，梁栋，李剑峰，等. 重气扩散模型分类方法[J]. 安全与环境工程，2008，15(4)：71-76.

[7] 郑远攀. 工业危险物质(重气)扩散数学模型研究综述[J]. 安全与环境学报，2008(3)：106-110.

[8] 杨光辉. 大型油罐火灾爆炸危害性研究[D]. 青岛：中国石油大学(华东)，2007.

[9] 张玉若. 特殊工况下可燃蒸气云爆炸的动力学过程模拟及其事故后果分析[D]. 太原：中北大学，2007.

[10] 胡迪. 液化石油气储罐泄漏风险评价的研究[D]. 青岛：中国石油大学(华东)，2010.

[11] 金军. 蒸气云爆炸事故的风险评估方法[J]. 消防技术与产品信息，2014(12)：25-27.

[12] 付思强，黄斌. 油田轻烃储罐的蒸气云爆炸后果模拟[J]. 科学技术与工程，2010，10(27)：6637-6641.

[13] 杨黎辉. 湿法烟气脱硫技术现状[J]. 当代化工研究，2017(11)：104-105.

[14] 夏豪杰，陈祖云. 烟气脱除 SO_2 技术研究及应用进展[J]. 硫酸工业，2022(2)：5-9.

[15] 王纪超，闫亚丽. 含氮氧化物废气治理方法概述[J]. 工业技术创新，2015，2(3)：375-379.

[16] 柳龙. 石油化工企业污水厂有机废气处理现状[J]. 石油化工技术与经济，2021，37(6)：46-50.

[17] 彭贵海. 含汞废物料再利用回收汞后的废气治理[J]. 资源信息与工程，2017，32(3)：180-181.

[18] 程显峰，吴丽梅. 大气污染物——酸雾的控制技术研究[J]. 应用能源技术，2006(6)：19-21.

[19] 邓莎，周键. 汽车尾气污染控制技术研究进展[J]. 化工设计通讯，2020，46(8)：213-214.

课　后　题

一、选择题

1. 化工废气的特点有(　　)。
A. 易燃易爆气体较多
B. 具有刺激性和腐蚀性
C. 组成复杂、危害性大
D. 废气污染物浓度高，难以治理
2. 化工废气的扩散形态有(　　)。
A. 重气扩散
B. 浮力扩散
C. 中性气扩散
D. 连续稳定扩散
3. 减少化工废气排放的措施包括(　　)。
A. 采用少废无废技术
B. 改进设备的密封性能
C. 回收利用，减少污染
D. 节能与燃烧废气排放控制
E. 加强科学管理，提高操作水平
4. TNO 模型的唯一可变参数有(　　)。
A. 爆炸波初始强度
B. 温度
C. 压力
D. 距离
5. 调节尘粒电阻率的方法有(　　)。
A. 调节温度
B. 调节压力
C. 添加水分
D. 添加化学药品
6. 湿法去除 SO_2 常用的吸收液有(　　)。
A. 氨法
B. 钠碱法
C. 钙碱法
D. 活性炭
7. 常用去除氮氧化物的方法有(　　)。
A. 吸收
B. 吸附
C. 催化转化

D. 冷凝

8. 吸附剂脱附的方法有(　　)。

A. 降低温度

B. 降低压力

C. 溶剂置换

D. 提高温度

二、判断题

1. 蒸气云爆炸是一个复杂的物理化学过程，涉及的影响因素众多。其中主要的影响因素有：蒸气云的特性、周围环境、天气情况，以及点火源特性等。(　　)

2. 全面评价除尘装置性能应包括技术指标和经济指标两项内容。(　　)

3. 黏附性较强的尘粒可以用过滤式除尘器去除。(　　)

4. 钠碱法吸收 SO_2 的优点是成本低廉，缺点是挥发损耗大。(　　)

5. 在治理气态污染物的吸收法中，选择合适的吸收液至关重要，是处理效果好坏的关键。有化学反应的吸收和单纯的物理吸收相比，后者吸收速率较大。(　　)

三、问答题

1. 简述大气中不同的废气污染物对生态环境的危害。

2. 简述除尘装置的种类及如何根据废气的特性，选取合适的除尘装置。

第7章　化工废水的处理

在化工生产过程中，需要用到大量的水资源，同时在这个过程中也会产生大量的化工废水。化工废水具有成分复杂、污染物种类多、生化需氧量高、营养化物质多、pH值超标、温度高等性质，会造成水体不同性质和不同程度的污染，进而危害人类的健康，影响工农业生产。本章将对物理法、化学法和生物法三种化工废水处理方法，以及常用的化工废水的处理技术展开描述，将化工废水处理达标以后排放或者进行再次利用。

7.1　废水

7.1.1　化工废水的来源

① 化工生产的原料和产品在生产、包装、运输、堆放的过程中因一部分物料流失又经雨水或用水冲刷而形成的废水。

② 化学反应不完全而产生的废料。受反应条件和原料纯度的影响，任何反应都有一个转化率的问题，一般的反应转化率只能达到70%~80%。未反应的原料虽然可以经分离或提纯后再使用，但在循环使用过程中，由于杂质越积越多，积累到一定程度就会妨碍反应的正常进行，如催化剂中毒现象。这种残余的浓度低且成分不纯的物料常常以废水形式排放出来。

③ 化学反应中副反应生成的废水。化工生产中，在进行主反应的同时，经常伴随着一些副反应产生副产物，这些副产物一般可回收利用。在某些情况下，如数量不大，成分比较复杂，分离比较困难，分离效率也不高，回收经济不合算等，常不回收利用而作为废水排放。

④ 冷却水。化工生产常在高温下进行，因此，需要对成品或半成品进行冷却。采用水冷时，就会排放冷却水。若采用冷却水与反应物料直接接触的直接冷却方式，则不可避免地排出含有物料的废水。

⑤ 一些特定生产过程排放的废水。如焦炭生产的水力割焦排水，蒸汽喷射泵的排出废水，蒸馏和汽提的排水与高沸残液，酸洗或碱洗过程排放的废水，溶剂处理中排放的废溶剂，机泵冷却水和水封排水等。

7.1.2　化工废水的分类

根据化工废水中污染物的化学类别可分为含有机物的废水、含无机物的废水和既含有机物又含无机物的废水。

第一类为含有机物的废水，主要来自基本有机原料、合成材料(合成塑料、合成橡胶、合成纤维)、农药、染料等行业排出的废水；

第二类为含无机物的废水，如无机盐、氮肥、三酸两碱(硝酸、硫酸、盐酸、氢氧化钠、碳酸钠)等行业排出的废水；

第三类为既含有机物又含无机物的废水，如氯碱、感光材料、涂料等行业。

如果按废水中所含主要污染物分类，则有含氰废水、含酚废水、含硫废水、含氟废水、含铬废水、含有机磷化合物废水、含有机物废水等。

7.1.3 化工废水的特点

由于化工种类繁多，所以化工废水的成分也很复杂，具体的化工废水的特点如下。

① 废水排放量大。化工生产中需要进行化学反应，化学反应要在一定的温度、压力及催化剂等条件下进行。因此，在生产过程中工艺用水及冷却水用量很大，故废水排放量大。废水排放量约占全国工业废水总量的30%，居各工业系统之首。

② 污染物种类多。水体中的烷烃、烯烃、卤代烃、醇、酚、醚、酮及硝基化合物等有机物和无机物，大多是化学工业生产过程中或一些行业应用化工产品的过程中所排放的。

③ 污染物毒性大，不易生物降解。所排放的许多有机物和无机物中不少是直接危害人体的毒物。许多有机化合物十分稳定，不易被氧化，不易为生物所降解。许多沉淀出来的无机化合物和金属有机物可通过食物链进入人体，对健康极为有害，甚至在某些生物体内不断富集。

④ 废水中有害污染物较多。全国化工废水中主要有害污染物年排放总量为215万t左右，其中主要有害污染物如废水中氰化物的排放量占总氰化物排放量的一半，而汞的排放量则占全国排放总量的2/3，六价铬的排放量占全国总排放量的12%。

⑤ 化工废水的水量和水质视其原料路线、生产工艺方法及生产规模不同而有很大差异。一种化工产品的生产，因所用原料的不同，采用生产工艺路线的不同或生产规模的不同，所排放废水的水量及水质也不相同。

⑥ 污染范围广。由于化工具有行业多、厂点多、品种多、生产方法多及原料和能源消耗多等特点，造成污染面广。

7.1.4 化工废水的危害

1. 危害人体健康

水体污染通过两条途径危害人们的健康。污染物直接从饮用水中进入人体；或间接通过食物链在食物中富集，再转入人体中，在人体内累积形成危害，如各种公害病就是在这种情况下发生的。水污染后，通过饮水或食物链，污染物进入人体，会引起人急性或慢性中毒，砷、铬、铵类等还可诱发癌症。如被寄生虫、病毒或其他致病菌污染的水，会引起多种传染病和寄生虫病。被重金属污染的水，对人的健康均有危害。被镉污染的水、食物，人饮食后，会造成肾、骨骼病变，摄入硫酸镉20mg就会造成死亡。铅造成的中毒，会引起贫血，神经功能紊乱。六价铬有很大毒性，会引起皮肤溃疡，还有致癌作用。饮用含砷的水，会发生急性或慢性中毒，砷使许多生物酶受到抑制或失去活性，造成机体代谢障碍，皮肤角质化，引发皮肤癌。有机磷农药会造成神经中毒。有机氯农药会在脂肪中蓄积，对人和动物的内分泌、免疫功能、生殖机能均可造成危害。稠环芳烃多数具有致癌作用。氰化物也是剧毒物质，进入血液后，与细胞的色素氧化酶结合，使呼吸中断，造成呼吸衰竭窒息死亡。人类五大疾病(伤寒、霍乱、胃肠炎、痢疾、传染性肝炎)均由水的不洁引起。

2. 影响工农业生产

工业生产要消耗大量的水，如若使用有污染的水，会使产品质量下降。如造纸厂用水不当，白纸上出现各种颜色的斑点，使产品质量大大降低。水体污染后，废水需要经过处理后使用，因此增加了处理费用，造成了能源的浪费，这样不仅直接影响成本，还可能损坏机器设备，甚至造成停工停产。这也是工业企业效益不高，产品质量不好的影响因素。农业使用污水，大片农田遭受污染，降低土壤质量的同时会使作物减产，品质降低。引用污水灌溉，有害物会在粮食、蔬菜和水产品中富集，造成食物链中毒，使人畜受害。海洋污染的后果也十分严重，如石油污染，造成海鸟和海洋生物死亡。

3. 对水生生态系统的危害

污染物进入水体后，改变了原有的水生生态系统的结构和组成，使之发生变化，不适应新环境的水生生物会大量死亡，使水生生态系统变得越来越简单、脆弱。在正常情况下，氧在水中有一定溶解度。溶解氧不仅是水生生物得以生存的条件，而且氧参与水中的各种氧化还原反应，促进污染物转化降解，是天然水体具有自净能力的重要原因。含有大量氮、磷、钾的生活污水的排放，使大量有机物在水中降解放出营养元素，促进水中藻类丛生，植物疯长，使水体通气不良，溶解氧下降，甚至出现无氧层，致使水生植物大量死亡，水面发黑，水体发臭，形成死湖、死河、死海，进而变成沼泽。这种现象称为水的富营养化。富营养化水体底层堆积的有机物质在厌氧条件下分解产生的有害气体，以及一些浮游生物产生的生物毒素也会伤害水生动物。富营养化的水臭味大、颜色深、细菌多，这种水的水质差，不能直接利用。

7.1.5 化工废水的利用

1. 降低排放量，循环使用废水

减少污水的排放量是防止废水污染的主要措施，同时近年来，许多国家开始注重发展生产工艺的闭路循环技术，将生产过程中所产生的废水最大限度地加以回收再生和循环使用。从我国的情况看，工业用水的循环率逐年提高，这是节约用水所努力的成果。

2. 回收废水中有价值的物质

回收有用物质，变害为利是治理工业废水的重要特征之一。比如，用铁氧体法处理电镀含铬废水，处理 $1m^3$ 含 100mg/L CrO_3 的废水，可生成 0.6kg 左右的铬铁氧体，铬铁氧体可用于制造各类磁性元件，同时废水经处理后防止了二次污染发生，变害为利。对印染工业的漂洗工段排出的废碱液进行浓缩回收，已成为我国普遍采用的工艺，回收的碱返回到漂洗工序。在采用氰化法提取黄金的工艺中，产生的贫液中 CN^- 的浓度达 500~1000mg/L，且含铜 200~250mg/L，无疑有很高的回收价值，如果不回收就排放还会造成严重污染。一些金矿采用酸化法回收氰化钠和铜，获得了较高的经济效益，其尾水略加处理即可达到排放标准。又如，用重油造气生产合成氨，不可避免会产生大量的含炭黑废水，采用萃取或过滤方法回收废水中的炭黑，供油墨、油漆、电池等行业作为原料，不仅污染问题得到有效解决，而且有较好的经济效益。此外，还有影片洗印厂从含银废液中回收银；印刷厂从含锌废液中回收锌；废碱、废酸中可回收利用碱和酸等。合理回收利用废水中有价值的物质，不仅有利于减少环境污染，而且有利于经济发展，是值得大力研究开发的重要课题。

7.2 废水中溶解物的扩散与水质指标

7.2.1 水体中的污染物

化工生产排放废水按其种类和性质的不同可分为以下几种。

① 含无机物的废水主要来自无机盐、氮肥、磷肥、硫酸、硝酸、纯碱等工业生产时排放的酸、碱、无机盐及一些重金属和氰化物等。通常将含有酸、碱及一般无机盐的废水称为无机无毒物，将含有金属氰化物的废水称为无机有毒物。

② 含有机物的废水主要来自基本有机原料、三大合成材料、农药、染料等工业生产排放的碳水化合物、脂肪、蛋白质、有机氯、酚类、多环芳烃等。通常将含有碳水化合物、脂肪、蛋白质等易于降解物质的废水称为有机无毒物(也称需氧有机物)，将含有酚类、多环芳烃、有机氯等的废水称为有机有毒物。

③ 含石油类的废水主要来自石油化工生产的重要原料、各种动力设施运转过程消耗的石油类废弃物等。

7.2.2 水体污染扩散

污染物在水体的运动形式有三种：推流迁移、分散迁移以及污染物的衰减和转化。三种运动的作用是使污染物浓度降低。

1. 推流迁移

污染物在水流作用下产生的迁移作用。推流作用只改变水流中污染物的位置，并不能降低污染物的浓度。

2. 分散迁移

① 分子扩散：由分子的随机运动引起的质点的分散现象。分子的扩散过程服从菲克第一定律——分子扩散的质量通量与扩散物质的浓度梯度成正比。

② 湍流扩散：在河流水体的湍流场中质点的各种状态(流速、压力、浓度等)的瞬时值相对于其平均值的随机脉动而导致的分散现象。

③ 弥散：由空间各点湍流流速时平均值和流速时平均值的空间平均值的系统差别所产生的分散现象。分子的弥散过程可以用菲克第一定律来描述——分子弥散的质量通量与弥散物质的湍流平均浓度梯度成正比。

3. 污染物的衰减和转化

根据进入水体中的污染物类型分为保守物质(如重金属，很多高分子有机化合物)的衰减和转化以及非保守物质(如可生物降解的有机物)的衰减和转化。

保守物质：进入水体后，随着水流改变空间位置，由于分散作用不断向周围扩散而降低其初始浓度，但不会改变总量。应严格控制排放，因为水环境对其没有净化能力。

非保守物质：进入水体后，随着水流改变空间位置，由于分散作用不断向周围扩散而降低其初始浓度，还因污染物的自身衰减而加速浓度下降，减少总量。

7.2.3 废水的水质指标

水质指标是对水体进行监测、评价、利用以及污染治理的主要依据，因此，必须对废水按规定指标进行全面的分析监测。水质分析监测按国家规定的标准进行。

1. 废水的物理指标

废水的物理指标包括色度、浊度、残渣和悬浮物、电导率等。

1）色度

水的感官性状指标之一。当水中存在着某种物质时，可使水着色，表现出一定的颜色，即色度。规定 1mg/L 以氯铂酸离子形式存在的铂所产生的颜色，称为 1 度。

2）浊度

表示水因含悬浮物而呈浑浊状态，即对光线透过时所发生阻碍的程度。水的浊度大小不仅与颗粒的数量和性状有关，而且同光散射性有关，我国采用 1L 蒸馏水中含 1mg 二氧化硅为一个浊度单位，即 1 度。

3）残渣和悬浮物

在一定温度下，将水样蒸干后所留物质称为残渣。它包括过滤性残渣(水中溶解物)和非过滤性物质(沉降物和悬浮物)两大类。悬浮物就是非过滤性残渣。

4）电导率

电导率是截面为 $1cm^2$，高度为 1cm 的水柱所具有的电导。它随水中溶解盐浓度的增加而增大。电导率的单位为 s/cm。

2. 废水的化学指标

根据废水中污染物质的性质，一般可用酸碱度(pH)、生化需氧量(BOD)、化学需氧量(COD)、总有机碳(TOC)、总氮(TN)、氨氮(NH_3-N)、总磷(TP)、无机盐、重金属含量等化学指标来说明污水的化学污染特性。

1）pH 值

城市污水 pH 值呈中性，一般为 6.5~7.5。通常工业废水的排放会造成 pH 值的变化，引起水体的污染。

2）生化需氧量

由于污水中所含成分十分复杂，很难一一分析确认，因此，在污水处理中，常常用生化需氧量这一综合指标反映污水中有机污染物的浓度。生化需氧量是在指定的温度和指定的时间段内，微生物在分解、氧化水中有机物的过程中所需要的氧的数量，生化需氧量的单位一般采用“mg/L”。

完全生化需氧量测定需要历时 20d 以上，在实际应用时不可行。根据研究观测，微生物的好氧分解速率开始很快，约至 5d 后其需氧量即达到完全分解需氧量的 70%左右，因此在实际操作中常常用 5d 生化需氧量 BOD_5 来衡量污水中有机污染物的浓度。城市污水的 BOD_5 一般在 300~400mg/L，工业污水的 BOD_5 则有较大差别，有的高达数千毫克每升。

尽管 BOD_5 是城市污水处理中常用的有机污染分析指标，但由于存在测定时间长，污水中难以生化降解的污染物含量高时测定误差大，工业废水中往往含有生物抑制物影响测定结果等缺点，所以在废水水质测定中还可选用化学需氧量水质指标。

3）化学需氧量

COD 的测定是将污水置于酸性条件下，用重铬酸钾强氧化剂氧化水中有机物时所消耗的氧量，单位为 mg/L。COD 测定时间短，一般为几个小时，不受水质限制。但 COD 测定不像 BOD_5 测定那样直接反映生化需氧量，另外还有一部分无机物也被氧化，因此也有一些误差。一般在工业废水测定中广泛采用。

4）总有机碳

总有机碳的分析目前在国内外日趋增多，主要是为了解决快速测定和自动控制而发展起来的。总有机碳 TOC 是用总有机碳仪在 900℃高温下将有机物燃烧氧化计算出的总含碳量。总有机碳测定仅需几分钟，并且数值与 BOD、COD 有着一定的相关关系。但是由于总有机碳仪价格很贵，以前在国内外还不像 BOD_5、COD 那样是一种普及的手段。现在，随着在线监测的普及应用，TOC 仪的普及率也正在不断提高。

5）总氮、氨氮和总磷

氮、磷是污水中的营养物质，在城市污水生化过程中需要一定的氮、磷消耗在微生物的新陈代谢增殖中，但这仅是污水中氮、磷的一小部分，大部分氮、磷仍将随出水排入水体中，从而导致水体中藻类的超量增长，造成富营养化问题。因此，现代城市的污水处理开始注重氮、磷的处理。

总氮是污水中各类有机氮和无机氮的总和，氨氮是无机氮的一种。总磷是污水中各类有机磷与无机磷的总和。

7.2.4 废水的排放指标

根据污水排放去向，即污水受纳水体的不同，需要将污水处理到一定的程度，满足相应的排放标准，以保证自然水体的水质功能不受影响，保证水资源的可持续利用。

我国现行的用于控制城市污水处理厂出水排放限值的标准是《城镇污水处理厂污染物排放标准》（GB 18918—2002），该标准根据污染物的来源及性质，将污染物控制项目分为基本控制项目和选择控制项目两类。基本控制项目主要包括影响水环境和城镇污水处理厂一般处理工艺可以去除的常规污染物，以及部分一类污染物，共 19 项；选择控制项目包括对环境有较长期影响或毒性较大的污染物，共计 43 项。基本控制项目必须执行，选择控制项目由地方环境保护行政主管部门根据污水处理厂接纳的工业污染物的类别和水环境质量要求选择控制。其中基本控制项目的常规污染物标准值分为一级标准（又分 A 标准和 B 标准）、二级标准、三级标准；一类重金属污染物和选择控制项目不分级。

表 7-1 和表 7-2 分别列出了 GB 18918—2002 对基本控制项目最高允许排放浓度（日均值）和部分一类污染物最高允许排放浓度（日均值）的要求。

表 7-1　基本控制项目最高允许排放浓度（日均值）　　单位：mg/L

序号	基本控制项目	一级标准		二级标准	三级标准
		A 标准	B 标准		
1	化学需氧量（COD）	50	606	100	120①
2	生化需氧量（BOD_5）	10	20	30	60①

续表

序号	基本控制项目		一级标准		二级标准	三级标准
			A 标准	B 标准		
3	悬浮物(SS)		10	20	30	50
4	动植物油		1	3	5	20
5	石油类		1	3	5	15
6	阴离子表面活性剂		0.5	1	2	5
7	总氮(N)		15	20	—	—
8	氨氮(N)②		5(8)	8(15)	25(30)	—
9	总磷(以P计)	2015年12月31日前建设	1	1.5	3	5
		2006年1月1日起建设	0.5	1	3	5
10	色度		30	30	40	50
11	pH		6~9			
12	粪大肠菌群数(个/L)		103	104	104	—

注：①下列情况按去除率指标执行：当进水 COD 大于 350mg/L 时，去除率应大于 60%；BO 大于 160mg/L 时，去除率应大于 50%。

②括号外数值为水温>12℃时的控制指标，括号内数值为水温≤12℃时的控制指标。

表 7-2　部分一类污染物最高允许排放浓度(日均值)　　单位：mg/L

序号	项　目	标准值	序号	项　目	标准值
1	总汞	0.01	5	六价铬	0.05
2	烷基汞	不得检出	6	总砷	0.1
3	总镉	0.01	7	总铅	0.1
4	总铬	0.1			

一级标准的A标准是城镇污水处理厂出水作为回用水的基本要求。当污水处理厂出水引入稀释能力较小的河湖作为城镇景观用水和一般回用水等用途时，执行一级标准的A标准。

城镇污水处理厂出水排入 GB 3838 地表水Ⅲ类功能水域(划定的饮用水水源保护区和游泳区除外)、GB 3097 海水二类功能水域和湖、库等封闭或半封闭水域时，执行一级标准的B标准。

城镇污水处理厂出水排入 GB 3838 地表水Ⅳ、Ⅴ类功能水域或 GB 3097 海水三、四类功能海域，执行二级标准。

非重点控制流域和非水源保护区的建制镇的污水处理厂，根据当地经济条件和水污染控制要求，采用一级强化处理工艺时，执行三级标准，但必须预留二级处理设施的位置。

7.3　化工废水的处理方法

7.3.1　物理法

物理法是借助于物理作用分离或去除污水中的不溶性悬浮物或固体的单元操作过程。其目的在于去除那些在大小或性质方面不利于后续处理过程的物质，如大块漂浮物和泥沙等。物理处理技术采用的方法主要有调节、筛滤、沉淀和重力分离等；采用的处理设备和装置有格栅、筛网、沉砂池、沉淀池等。根据废水处理程度不同，这些操作技术可单独使用，也可作为整个污水处理过程中的预处理和后续处理工艺。

1. 调节

多数污水的水质、水量不太稳定，具有很强的随机性，尤其是当操作不正常或设备产生泄漏时，污水的水质就会急剧恶化，水量也会大大增加，往往会超出污水处理设备的处理能力，给操作带来很大困难，使设备难以维持正常操作。这时，就要进行水量的调节与水质的均衡。

1）水量调节

水量调节比较简单，一般只需设置一个简单的水池，保持必要的调节池容积并使出水均匀。常用水量调节池是一种改变水位的储水池。进水为重力流，出水用泵提升。池中最高水位不高于进水管设计水位，有效水深 2~3m，最低水位为死水位。

2）水质调节

水质调节的目的是对不同时间或不同来源的污水进行混合，使流出水质比较均匀。

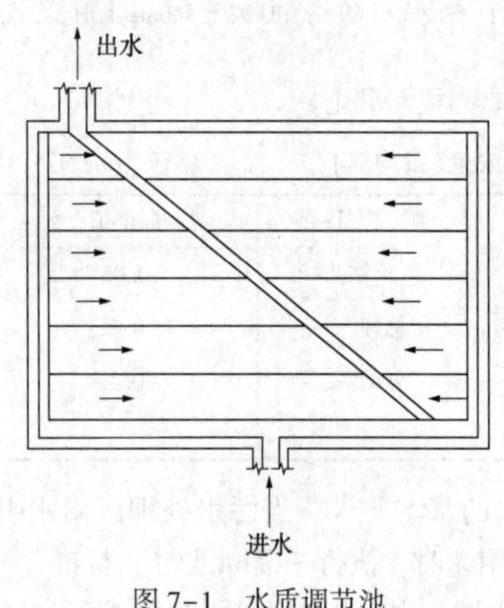

图 7-1　水质调节池

常用设备为水质调节池(图 7-1)，其特点是出水槽沿对角线方向设置，污水由左右两侧进入池内，经过不同的时间流到出水槽，从而使先后过来的、不同浓度的废水混合，达到自动调节均匀的目的。在池内设置许多折流隔墙，污水从调节池的起端流入，在池内来回折流，延迟时间，充分混合、均衡；剩余的流量通过设在调节池上的配水槽的各投配口等量地投入池内前后两个位置，从而使先后过来的、不同浓度的废水混合，达到自动调节均匀的目的。

2. 筛滤

筛滤是去除废水中粗大的悬浮物和杂物，以保护后续处理设施正常运行的一种预处理方法。筛滤的设备包括格栅和筛网。

1）格栅

格栅是由一组平行的金属栅条制成的框架，斜置在进水渠道上，或泵站集水池的进口处，用于拦截污水中大块的呈悬浮或漂浮状态的污物。格栅由栅条和框架组成，倾斜或直立在进水渠道中。格栅基本形状如图 7-2 所示。

格栅的种类较多，按格栅栅条的间隙，可分为粗格栅(50~100mm)、中格栅(10~40mm)、细格栅(3~10mm)三种。新设计的废水处理厂一般都采用粗、中两道格栅，甚至采用粗、中、细三道格栅。

格栅按清渣方式可分为人工清渣和机械清渣两种，按构造形状不同可分为平面格栅、曲面格栅和回转式格栅。在污水处理中，应根据污水的特点，结合实际情况来选择格栅的类型。

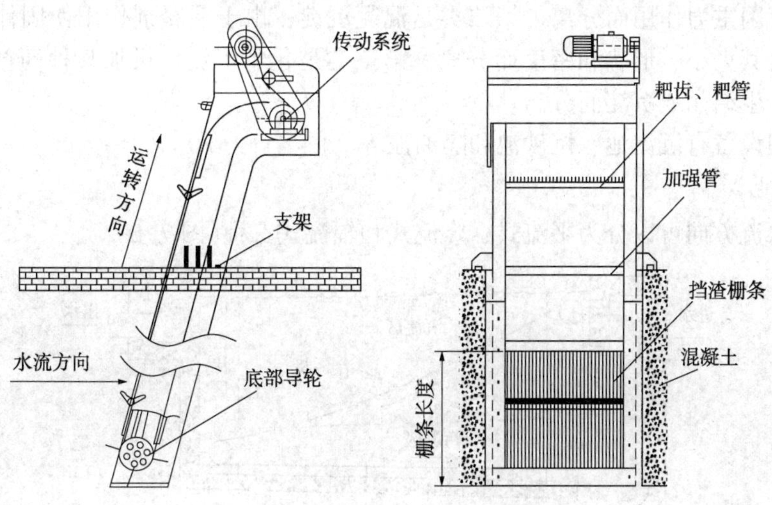

图 7-2　格栅除污机的构造

2）筛网

对于含有长 1～20mm 的纤维类杂物的废水，呈悬浮状的细纤维不能通过格栅去除，如不清除，则可能堵塞排水管道和缠绕水泵叶轮，破坏水泵的正常工作。这类悬浮物可用筛网去除，且具有简单、高效、不加化学药剂、运行费低、占地面积小及维修方便等优点。

筛网通常用金属丝或化学纤维编制而成，它的空隙比格栅更小。与格栅相比，筛网主要用来截留尺寸较小的悬浮固体，尤其适宜于分离和回收废水中细碎的纤维类悬浮物(如羊毛、棉布毛、纸浆纤维和化学纤维等)，也可用于城市污水和工业废水的预处理以降低悬浮固体含量。筛网可以做成多种形式，如固定式、圆筒式、板框式等。表 7-3 是几种常用筛网除渣机的比较。

表 7-3　常用筛网除渣机的比较

类　型		适用范围	优　点	缺　点
筛网	固定式	从废水中去除低浓度固体杂质及毛和纤维类，安装在水面以上时，需要水头落差或水泵提升	平面筛网构造简单，造价低；梯形筛丝筛面，不易堵塞，不易磨损	平面筛网易磨损，易堵塞，不易清洗；梯形筛丝筛面构造复杂
	圆筒式	从废水中去除中低浓度杂质及毛和纤维类，进水深度一般小于 1.5m	水力驱动式构造简单，造价低；电动梯形筛丝转筒筛，不易堵塞	水力驱动式易堵塞；电动梯形筛丝转筒筛构造较复杂，造价高
	板框式	常用深度 1～4m 可用深度 10～30m	驱动部分在水上，维护管理方便	造价高，更换较麻烦；构造较复杂，易堵塞

3. 沉淀

水中悬浮颗粒依靠重力作用，从水中分离出来的过程称为沉淀。沉淀法是利用废水中悬浮状污染物与水的密度不同，借助重力沉降作用使其与水分离的方法，可以去除水中的砂粒、化学沉淀物、混凝处理所形成的絮体和生物处理后的污泥，也可用于沉淀污泥的浓缩。沉淀法有三类。第一类是自然沉淀，就是水中固体颗粒在沉淀的过程中不改变大小、形状和密度，因重力作用而分离。第二类是混凝沉淀，由于混凝剂作用使固体颗粒互相接触吸附，改变其大小、形状和密度而分离。第三类是化学沉淀，投加某种药剂，使溶解于水中的杂质产生结晶或沉淀而分离。

沉淀处理设备有沉淀池、沉砂池和隔油池等。

1）沉淀池

按池内水流方向可以分为平流式、竖流式和辐流式三种(图 7-3)。

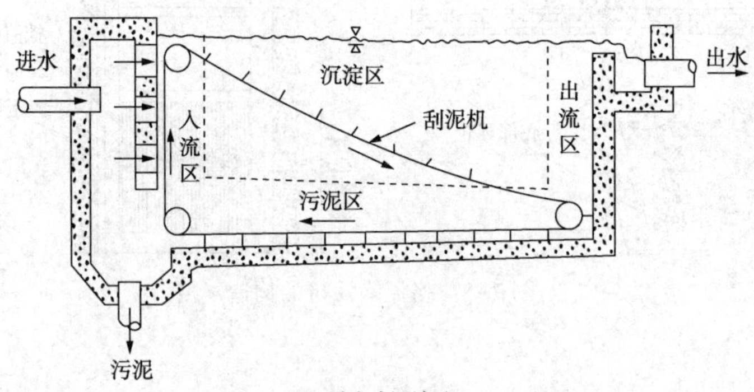

(a)平流式沉淀池

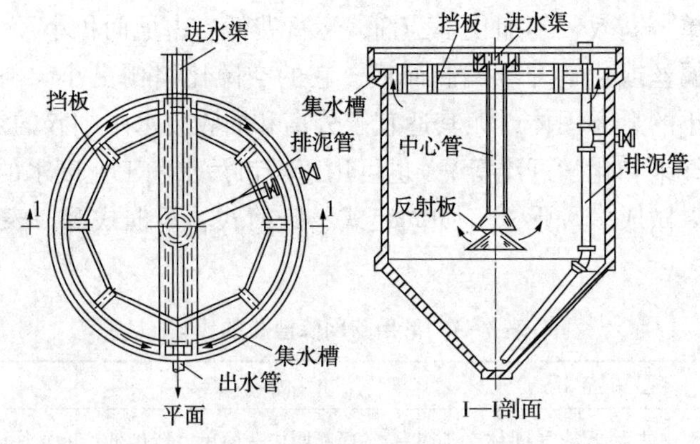

(b)竖流式沉淀池

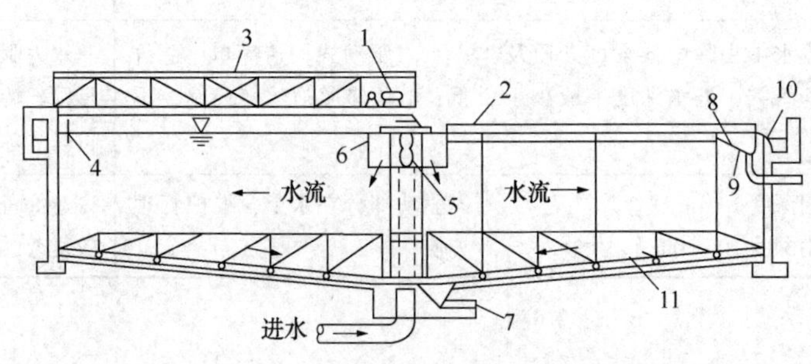

(c)辐流式沉淀池

图 7-3　沉淀池

1—驱动；2—装在一侧桁架上的刮渣板；3—桥；4—浮渣挡板；5—转动挡板；6—转筒；7—排泥管；8—浮渣刮板；9—浮渣箱；10—出水堰；11—刮泥板

(1) 平流式沉淀池

在平流式沉淀池内，水是按水平方向流过沉降区并完成沉降过程的。

图7-3(a)是设有刮泥机的平流式沉淀池。废水由进水槽经淹没孔口进入池内。在孔口后面设有挡板或穿孔整流墙，用来耗能稳流，使进入水沿过流断面均匀分布。在沉淀池末端设有溢流堰(或淹没孔口)和集水槽，澄清水溢过堰口，经集水槽排出。在溢流堰前也设有挡板，用于阻隔浮渣，浮渣通过可转动的排渣管收集和排出。池体下部进水端有泥斗，斗壁倾角为50°~60°，池底以0.01~0.02的坡度倾向泥斗。当刮泥机缓慢行走时，刮泥板就将池底的沉泥向前推入泥斗，而位于水面的刮板则将浮渣推向池尾的排渣管。泥斗内设有排泥管，开启排泥阀时，泥渣便在静水压力作用下由排泥管排出池外。

(2) 竖流式沉淀池

竖流式沉淀池的表面多呈圆形，也有采用方形和多角形的。为了池内水流分布均匀，池径不宜太大，一般在8m以下，多介于4~7m。沉淀池上部呈圆柱状的部分为沉淀区，下部呈截头倒圆锥状的部分为污泥区，在二区之间留有缓冲层(0.3m)。

污水从进水槽进入池中心管，并从中心管的下部流出，经过反射板的阻拦向四周均匀分布，沿沉淀区的整个断面上升，沉淀后的出水由四周溢出。流出区设于池四周，采用自由堰或三角堰，堰口最大负荷为1.5L/(m·s)。当池的直径大于7m时，为集水均匀，还可以设置辐射式集水槽与池边环形集水槽相通。

(3) 辐流式沉淀池

辐流式沉淀池常为直径较大的圆形池，直径一般介于20~30m，但变化幅度可为6~60m，最大甚至可达100m，池中心深度为2.5~5.0m，池周深度则为1.5~3.0m。

2) 沉砂池

沉砂池的作用是去除废水中密度比较大的无机颗粒，如泥沙、煤渣等，一般设在泵站前，以便减轻无机颗粒对水泵、管道的磨损；也可设于初次沉淀池前，以减轻沉淀池负荷并改善污泥处理构筑物的处理条件。

(1) 平流式沉砂池

平流式沉砂池由入流渠、出流渠、闸板(闸槽)、水流部分及沉砂斗组成。

平流式沉砂池具有截留无机颗粒效果较好、工作稳定、构造简单、排砂方便等优点。普通平流式沉砂池的主要缺点是沉砂中夹杂有约15%的有机物，对被有机物包覆的砂粒，截留效果不佳，沉砂易于腐化发臭，增加了沉砂后续处理的难度。目前推广使用的曝气沉砂池，则可以在一定程度上克服这些缺陷。

(2) 曝气沉砂池

曝气沉砂池是一个长形渠道，沿渠道壁一侧的整个长度上，距池底60~90cm处设置曝气装置，在池底设置沉砂斗(图7-4)。

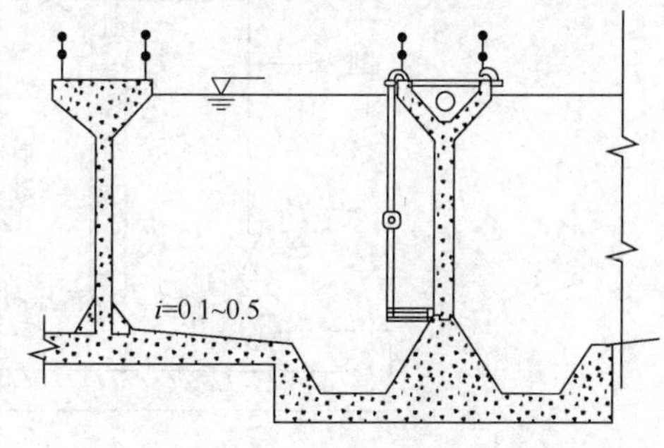

图7-4　曝气沉砂池

i—池底倾斜度

曝气沉砂池沉砂中有机物的含量低于5%，具有预曝气、脱臭、防止污水厌氧分解、加速污水中油类的分离等特点。

污水在池中存在两种运动形式，其一为水平流动(流速一般为0.1m/s，不得超过0.3m/s)，同时，由于在池的一侧有曝气作用，因而在池的横断面上产生旋转运动，整个池内水流产生螺旋状前进的流动形式。旋转速率在过水断面的中心处最小，而在池的周边最大。空气的供给量要保证在池中污水的旋流速率达到 0.25～0.4m/s。由于曝气以及水流的螺旋旋转作用，污水中悬浮颗粒相互碰撞、摩擦，并受到气泡上升时的冲刷作用，使黏附在砂粒上的有机物得以去除，沉于池底的砂粒较为纯净，有机物含量只有5%左右，长期搁置也不至于腐化。

4. 浮选

向污水中通入空气，使之产生大量的微小气泡，以这些微小气泡作为载体，使污水中微细的疏水性悬浮颗粒(固态颗粒或液态颗粒)黏附在气泡上，随气泡浮升到水面，形成泡沫层，然后用机械方法撇除，从而达到分离杂质、净化污水的目的。

该法适用于从污水中分离脂肪、油类、纤维等其他低密度固体，浓缩剩余活性污泥和化学混凝后的污泥。

1）浮选过程

浮选过程包括微小气泡的产生，微小气泡与固体或液体颗粒的黏附，以及上浮分离等步骤。实现浮选分离必须满足以下几个条件：①必须向水中提供足够数量的微小气泡；②必须使分离的物质呈悬浮态；③必须使气泡与悬浮的物质产生黏附作用。

废水通入气泡后，并非任何悬浮物都能与之黏附。预分离的悬浮物质能否与气泡黏附在一起取决于该物质的润湿性，即被水润湿的程度。

对于亲水性难浮选的物质，如纸浆纤维、煤粒、重金属离子等，若采用浮选法处理，一般需加一些浮选剂以改变颗粒表面性质，使其表面转化成疏水性物质而与气泡吸附。常用的浮选剂有松香油、煤油产品，硬脂酸、脂肪酸及其盐类等。有时还需投加一定量的表面活性剂作为起泡剂，使水中气泡形成稳定的微小气泡，产生的气泡越小，总表面积越大，吸附水中悬浮物的机会越多，对提高浮选效果越有利。但表面活性剂用量不能超过限度，否则泡沫在水面上聚集过多，导致严重乳化，这将显著降低浮选效果。

2）浮选法的分类

浮选流程根据气泡的产生可以分为溶气浮选、布气浮选、电解气浮选三类。

（1）溶气浮选法

溶气浮选是使空气在一定压力下溶解于水中，并达到过饱和状态，然后突然将污水减到常压，此时溶解于水中的空气，便以微小气泡的形式从水中逸出，流程如图 7-5 所示。

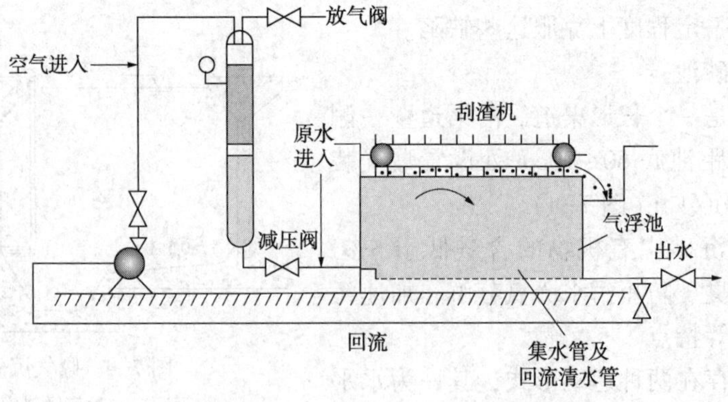

图 7-5　溶气浮选法工艺流程

溶气浮选形成的气泡粒度很小，气泡直径 80μm 左右，粒径均匀，且操作过程中可人为控制气泡与污水接触时间。因此，溶气浮选的净化效果好，在污水处理领域应用广泛。

(2) 布气浮选法

布气浮选是利用机械剪切力，将混合于水中的空气粉碎成小的气泡，以进行气浮选的方法。按粉碎气泡方法的不同，布气浮选又可以分为泵吸水管吸气浮选、射流浮选、叶轮浮选以及曝气浮选四种。

泵吸水管吸气浮选是最原始也是最简单的一种浮选方法。该法的优点是设备简单，其缺点是由于水泵工作特性的限制，吸入空气量不能过多，一般不大于吸水量的 10%(体积分数)，否则将破坏水泵吸水管负压工作。

射流浮选是采用以水带气的方式向污水中混入空气进行浮选的方法。

叶轮浮选是在浮选池底部设有旋转叶轮，其上部装有带孔眼的轮套，轮套中心有曝气管。当电动机带动叶轮旋转时，在曝气管中产生局部真空，空气和水即沿曝气管和孔底逸出时，悬浮的杂质或乳化油黏附于气泡周围，随之浮至水面形成泡沫，由不断缓慢转动的刮板机将其刮出池外。叶轮浮选设备构造如图 7-6 所示。

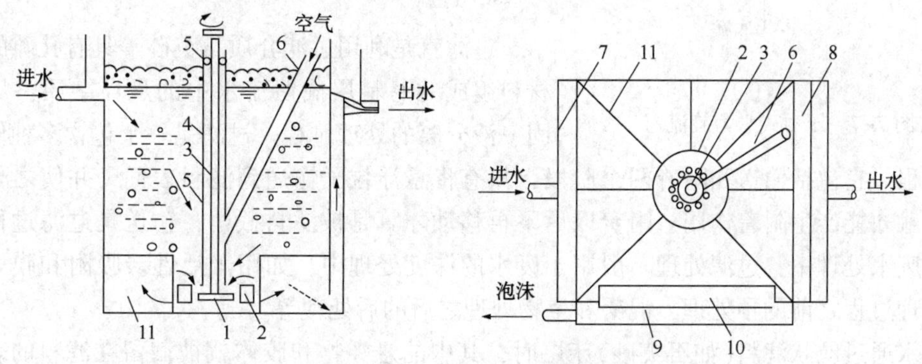

图 7-6 叶轮浮选设备构造

1—叶轮；2—盖板；3—轮轴；4—轴套；5—轴承；6—进气管；7—进水槽；8—出水槽；9—泡沫槽；10—刮沫板；11—整流板

曝气浮选是用鼓风机将空气直接打入装在浮选池底部的充气器，使空气形成细小的气泡均匀地进入污水中进行浮选。充气器可用扩散板(如多孔瓷板)、微孔管(如陶瓷管、塑料管等)、穿孔管等制成。

(3) 电解气浮选法

电解气浮选法是对污水进行电解，这时在阴极产生大量的氢气泡，氢气泡的直径极小，仅有 20~100μm，起着浮选剂的作用。污水中的悬浮颗粒黏附在氢气泡上，随氢气泡上浮，从而达到净化污水的目的。与此同时，在阳极电离形成的氢氧化物起着混凝剂的作用，有助于污水中的污染物上浮或下沉。

5. 离心

废水中的悬浮物借助离心设备的高速旋转，在离心力的作用下与水分离的过程叫离心分离。其原理为含有悬浮污染物质的污水在高速旋转时，由于悬浮颗粒(如乳化油)和污水受到的离心力不同，从而达到分离的目的。

离心分离设备按离心力产生的方式不同可分为水力旋流器和高速离心机两种类型。

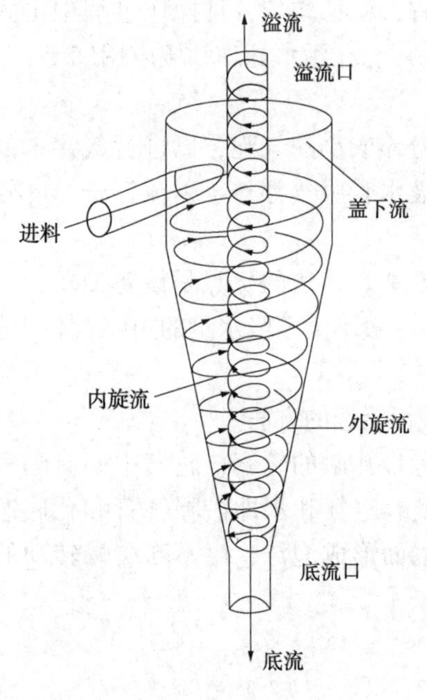

图 7-7 压力式水力旋流器

水力旋流器有压力式(图 7-7)和重力式两种，其设备固定，液体靠水泵压力或重力(进出水头差)由切线方向进入设备，造成旋转运动产生离心力。高速离心机依靠转鼓高速旋转，使液体产生离心力。压力式水力旋流器，可以将废水中所含的粒径 5μm 以上的颗粒分离出去。进水的流速一般应在 6~10m/s，进水管稍向下倾 3°~5°，这样有利于水流向下旋转运动。

压力式水力旋流器具有一些优点，即体积小，单位容积的处理能力高，构造简单，使用方便，易于安装维护。缺点是水泵和设备易磨损，设备费用高，耗电较多。一般只用于小批量的、有特殊要求的废水处理。

6. 过滤

过滤就是利用过滤介质石英砂等具有孔隙的粒状材料组成的滤料层截留流水中的悬浮杂质，从而使固、液分离的处理过程。过滤是一个包含多种作用的复杂过程。它包括输送和附着两个阶段，只有将悬浮粒子输送到滤料表面，并使之与滤料表面接触才能产生附着作用，附着以后不再移动才算是被滤料截留，输送是过滤过程的前提。在废水处理中，过滤处理一般用于废水的深度处理中，如用于活性炭吸附和膜处理等深度处理过程之前的预处理，混凝和生物处理之后的后处理等。

污水通过粒状滤料(如石英砂)床层时，其中的悬浮物和胶体就被截留在滤料的表面和内部空隙中，这种通过粒状介质层分离不溶性污染物的方法称为粒状介质过滤。影响过滤效率的因素主要如下：

1）滤速

滤池的过滤速度要适当。过慢，则会使滤池出水量降低，处理水量减少。为达到一定出水量，必须增大过滤面积，增加设备台数，也就要增加投资。滤速过快，不仅增加了水头损失，而且会缩短过滤周期，降低出水质量。滤速一般选择为 10~12m^2/h。

2）反洗

反洗的目的是除去积蓄在滤层中的泥渣，恢复滤池的过滤能力。为了把泥渣冲洗干净，必须有一定的反洗速(强)度和时间。对于石英砂滤料，反洗强度为 15L/(s·m^2)，对于无烟煤则为 10~12L/(s·m^2)。反洗时间要充足，一般为 5~10min，反洗时的滤层膨胀率为 25%~50%。只有反洗效果好，才能使滤池的运行良好。

3）水流的均匀性

无论是运行还是反洗，都要求各截面的水流分布均匀、不偏流。要使水流均匀，主要是配水系统(出、入水装置)要设计合理、安装得当，并经常检查其完好状况。

7. 膜分离

1) 定义

利用膜的某些特性进行物质分离的技术和方法，称为膜分离法，主要有扩散渗析、电渗析、超过滤和反渗透等四项处理工艺。

2) 分类

(1) 渗析

有一种半渗透膜，它能允许水中或溶液中的溶质通过。用这种膜将浓度不同的溶液隔开，溶质即从浓度较高的一侧透过膜而扩散到浓度较低的一侧，这种现象称为渗析作用，简称渗析、浓差渗析或扩散渗透。电渗析是利用具有选择性的离子交换膜在外加直流电场的作用下，使水中的离子作定向迁移，并有选择性地通过带有不同电荷的离子交换膜，从而达到溶质和溶剂分离的一种物理化学过程。透过膜的推动力主要有浓度差(扩散渗析)、电位差(电渗析)。渗析所用的薄膜主要是渗析膜或离子交换膜。常用仪器为电渗析器，如图 7-8 所示。

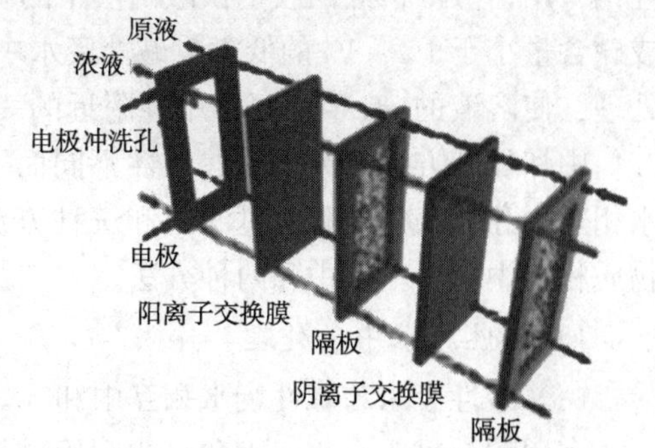

图 7-8　电渗析器

(2) 超过滤

超过滤是一种利用膜分离技术的筛分过程，以膜两侧的压力差为驱动力，以超过滤膜为分散介质，在一定压力下，当原液流过膜表面时，超过滤膜表面密布的许多细小的微孔只允许水及小分子物质通过，而原液中体积大于膜表面微孔径的物质则被截留在膜的进液侧，成为浓缩液，从而达到对原液净化、分离和浓缩的目的。

(3) 反渗透

当渗透平衡时，溶液两侧液面的静水压差称为渗透压。如果在浓度较高的溶液液面上施加大于渗透压的压力，在这个外压作用下，使高浓度溶液中的水通过膜流向低浓度溶液一侧的方法就是反渗透作用。

以上几种处理方法及应用见表 7-4。

表 7-4　膜分离法及其在污水处理中的应用

分离方法	推动力	膜的类型	用途
扩散渗析	浓度差	渗析膜	分离溶质，回收酸、碱等
电渗析	电位差	离子交换膜	分离离子，用于酸、碱回收，苦咸水淡化
反渗透	压力差	反渗透膜	分离小分子溶质，用于海水淡化、去除无机离子或有机物质
超过滤	压力差	超滤膜	截留相对分子质量大于 500 的分子，去除黏土、植物油、油漆、微生物等

7.3.2　化学法

化学法就是通过化学反应和传质作用去除废水中呈溶解、胶体状态的污染物质或将其转化为无毒物质的废水处理方法。

1. 中和法

酸、碱废水是两种重要的工业废液，酸、碱废水排放到水体，使水体的 pH 值发生变化，破坏自然缓冲作用，消灭或抑制微生物生长，妨碍水体自净。酸碱还可大大增加水中的无机盐类和水的硬度，从而导致地下水的硬度不断升高。

根据含酸(碱)废水所含酸(碱)量的差异，对其处理方法不同。酸含量大于3%~5%的高含量含酸废水，常称为废酸液；碱含量大于1%~3%的高含量含碱废水，常称为废碱液。这类废酸液、废碱液往往要采用特殊的方法回收其中的酸和碱，例如用蒸发浓缩法回收苛性钠，用扩散渗析法回收钢铁酸洗液中的硫酸。由于酸含量小于3%~5%的低含量酸性废水或碱含量小于1%~3%的低含量碱性废水中酸或碱含量低，回收的价值不大，常采用中和法处理，使溶液的 pH 值恢复到中性附近的一定范围内，消除其危害。

中和处理方法因废水的酸碱性不同而不同。针对酸性废水，主要有酸性废水与碱性废水相互中和、药剂中和及过滤中和三种方法。而对于碱性废水，主要有碱性废水与废酸性物质相互中和、药剂中和两种方法。

1）酸性废水中和处理

(1) 酸性废水与碱性废水相互中和

利用酸、碱废水相互中和，或利用碱性废渣中和含酸废水，或利用废酸、烟道气等中和含碱废水。这种方法节省中和药剂，设备简单，处理费用低，但酸碱废水流量及浓度时有变化，处理效果往往不稳定。

利用碱性废水中和处理酸性废水，如厂内或区内也有碱性废水排出，则可利用碱性废水来中和酸性废水“以废治废”。此时应进行中和能力的计算，即参与反应的酸和碱的物质的量应相同。如碱量不足，还应补充碱性药剂；如酸量不足，则应补充酸来中和碱。在中和过程中，酸碱双方的物质的量恰好相等时称为中和反应的等当点。强酸强碱互相中和时，由于生成的强酸强碱盐不发生水解，因此等当点即中性点，溶液的 pH 值等于7.0。但中和的一方若为弱酸或弱碱，由于中和过程所生成的盐的水解，尽管达到等当点，但溶液并非中性，pH 值大小取决于所生成盐的水解度。

(2) 药剂中和

药剂中和法能处理任何浓度、任何性质的酸性废水，对水质和水量波动适应性强，中和药剂利用率高。主要的药剂包括石灰(CaO)、苛性钠、碳酸钠、石灰石、电石渣等，其中最常用的是石灰。药剂的选用应考虑药剂的供应情况、溶解性、反应速率、成本、二次污染等因素。

石灰的投加可分为干法和湿法。干法可采用利用电磁振荡原理的石灰振荡设备投加，以保证投加均匀。该法设备简单，但反应较慢，反应不彻底，投药量大(需为理论量的1.4~1.5倍)。当石灰呈块状时，则不宜用干投法，可采用湿投法，即将石灰在消解槽内先消解成40%~50%含量后，投入乳液槽，经搅拌配成5%~10%含量的氢氧化钙乳液，然后投加。消解槽和乳液槽中可用机械搅拌或水泵循环搅拌，以防止产生沉淀。投配系统采用溢流循环方式，即输送到投配槽的乳液量大于投加量，剩余量溢流回乳液槽，这样可维持投配槽内液面稳定，易于控制投加量。

中和反应在反应池内进行。由于反应时间较快，可将混合池和反应池合并或机械搅拌，停留时间采用5~10min。

投药中和法有两种运行方式：当废水量少或间断排出时，可采用间歇处理，并设置2~3个池子进行交替工作。当废水量大时，可采用连续流式处理，并可采取多级串联的方式，以获得稳定可靠的中和效果。图7-9为常用的药剂中和处理工艺流程。

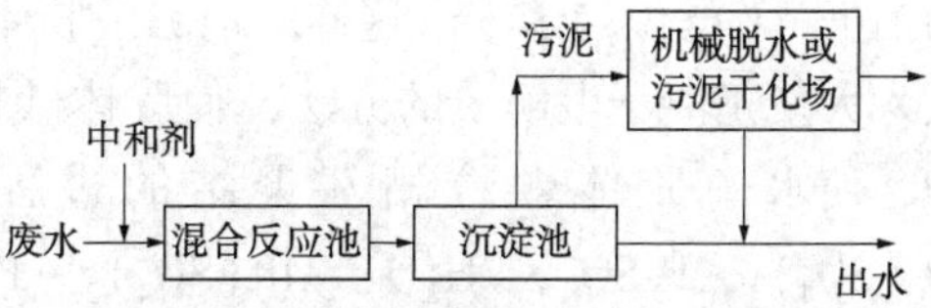

图7-9 药剂中和处理工艺流程

(3) 过滤中和

过滤中和法是选择碱性滤料填充成一定形式的滤床，酸性废水流过此滤床即被中和。过滤中和法与投药中和法相比，具有操作方便、运行费用低、劳动条件好及产生的沉渣少(是废水体积的0.1%)等优点，主要缺点是进水硫酸浓度受到限制。常用的滤料有石灰石、大理石、白云石三种，其中前两种的主要成分是$CaCO_3$，而第三种的主要成分是$CaCO_3 \cdot MgCO_3$。

滤料的选择与废水中含何种酸以及含酸浓度密切相关。因滤料的中和反应发生在滤料表面，如生成的中和产物溶解度很小，就会沉淀在滤料表面形成外壳，影响中和反应的进一步进行。以处理含硫酸废水为例，当采用石灰石为滤料时，硫酸浓度不应超过1~2g/L，否则就会生成硫酸钙外壳，使中和反应终止。当采用白云石为滤料时，由于$MgSO_4$的溶解度很大，产生的沉淀仅为石灰石的一半，因此废水含硫酸浓度可以适当提高，不过白云石有个缺点，就是反应速率比石灰石慢，这影响了它的应用。当处理含盐酸或硝酸的废水时，生成的盐溶解度都很大，则采用石灰石、大理石、白云石作滤料均可。

2）碱性废水的中和处理

(1) 利用废酸性物质中和处理

废酸性物质包括含酸废水、烟道气等。烟道气中CO_2含量可高达24%，有时还含有SO_2和H_2S，故可用来中和碱性废水。

利用酸性废水中和碱性废水和利用碱性废水中和酸性废水原理基本相同。

用烟道气中和碱性废水一般在喷淋塔中进行。废水从塔顶布水器均匀喷出，烟道气则从塔底鼓入，两者在填料层间逆流接触，完成中和过程，使碱性废水和烟道气都得到净化。根据资料介绍，用烟道气中和碱性废水，出水的pH值可由10~12降到中性。该法的优点是以废治废、投资省、运行费用低；缺点是出水中的硫化物、耗氧量和色度都会明显增加，还需进一步处理。

(2) 药剂中和

常用的药剂有硫酸、盐酸及压缩二氧化碳。硫酸的价格较低，应用最广。盐酸的优点是反应物溶解度高，沉渣量少，但价格较高。用无机酸中和碱性废水的工艺流程与设备，和药剂中和酸性废水基本相同，在此不再赘述。用CO_2中和碱性废水，采用设备与烟道气处理碱性废水类似，均为逆流接触反应塔。用CO_2作中和剂可以不需pH控制装置，但由于成本较高，在实际工程中使用不多，一般均用烟道气。

2. 混凝法

1）定义

混凝是指向水中投加药剂，使水中的胶体物质产生凝聚和絮凝，形成沉淀而去除的过程。

凝聚是通过双电层作用而使胶体颗粒相互聚结的过程。要使胶体颗粒沉淀，就必须使微粒相互碰撞而黏合起来，也就是要消除或者降低ξ电位。由于天然水中胶体大都带负电荷，可向水中投入大量带正离子的混凝剂，当大量的正离子进入胶粒吸附层时，扩散层就会消失，ξ电位趋于零。这样就消除了胶体微粒之间的静电排斥，而使微粒聚结。这种通过投入大量正离子电解质的方法，使胶体微粒相互聚结的作用称为双电层作用。根据这个机理，使水中胶体颗粒相互聚结的过程称为凝聚。换言之，凝聚就是向水中加入$Al_2(SO_4)_3$、$FeSO_4 \cdot 7H_2O$、$AlK(SO_4)_2 \cdot 12H_2O$、$FeCl_3 \cdot 6H_2O$等凝聚剂，以中和水中带负电荷的胶体微粒，使胶体微粒变为不稳定状态，从而达到沉淀的目的。

絮凝是通过高分子物质的吸附作用而使胶体颗粒相互黏结的过程。高分子混凝剂溶于水后，会产生水解和缩聚反应而形成高聚合物，这种高聚合物的结构是线型结构，线的一端拉着一个胶体颗粒，另一端拉着另一个胶体颗粒，在相距较远的两个微粒之间起着黏结架桥作用，使得微粒逐步变大，变成大颗粒的絮凝体。因此，这种由于高分子物质的吸附架桥而使微粒相互黏结的过程，就称为絮凝。换言之，絮凝是向水中投加高分子絮凝剂，帮助已经中和的胶体微粒进一步凝聚，使其更快地凝成较大的絮凝物，从而加速沉淀。

根据分散相粒度不同，污水可分为三类。分散相粒度在0.1～1nm的称为真溶液。分散相粒度在1～100nm的称为胶体溶液。分散相粒度大于100nm的称为悬浮溶液。其中粒度在100μm以上的悬浮溶液可采用沉淀或过滤处理，而粒度在1nm～100μm的部分悬浮溶液和胶体溶液可采用混凝处理。

混凝处理的对象主要是污水中的细小悬浮颗粒和胶体微粒，这些颗粒很难用自然沉淀法从水中分离出去。

混凝就是向污水中投加混凝剂来破坏胶体的稳定性，使细小悬浮颗粒和胶体微粒聚集成较粗大的颗粒而沉淀，从而与水分离，使污水得到净化。混凝法是给水和污水处理中应用非常广泛的方法。它既可以降低原水的浊度、色度等感观指标，又可以去除多种有毒有害污染物；它既可以自成独立的处理系统，又可以与其他单元过程组合，作为预处理、中间处理和最终处理，还经常用于污泥脱水前的浓缩。混凝法与污水的其他处理方法比较，其优点是设备简单，维护操作易于掌握，处理效果好，间歇或连续运行都可以；缺点是由于不断向污水中投药，运行费用较高，沉渣量大，且脱水较困难。

2）混凝剂

在水处理中，能够使水中的胶体微粒相互黏结和聚结的物质，称为混凝剂。混凝处理中常用的混凝剂见表7–5。

表7–5 常用混凝剂分类

分类			混凝剂
无机类	低分子	无机盐类	硫酸铝、硫酸铁、硫酸亚铁、铝酸钠、氯化铁、氯化铝
		碱类	碳酸钠、氢氧化钠、氧化钙
		金属电解产物	氢氧化铝、氢氧化铁
	高分子	阳离子型	聚合氯化铝、聚合硫酸铝
		阴离子型	活性硅酸

续表

分类			混凝剂
有机类	表面活性剂	阴离子型	月桂酸钠、硬脂酸钠、油酸钠、松香酸钠、十二烷基苯磺酸钠
		阳离子型	十二烷胺醋酸、十八烷胺醋酸、松香胺醋酸、烷基三甲基氯化铵
	低聚合度高分子	阴离子型	藻朊酸钠、羧甲基纤维素钠盐
		阳离子型	水溶性苯胺树脂盐酸盐、聚乙烯亚胺
		非离子型	淀粉、水溶性醛树脂
		两性型	动物胶、蛋白质
	高聚合度高分子	阴离子型	聚丙烯酸钠、水解聚丙烯酰胺、磺化聚丙烯酰胺
		阳离子型	聚乙烯吡啶盐、乙烯吡啶共聚物
		非离子型	聚丙烯酰胺、聚氯乙烯

3）混凝过程中的混凝机理

（1）吸附作用

由于混凝剂特别是高分子物质，形成胶体时有较大的活性表面，在水中起着吸附架桥作用，吸附水中的胶体杂质，而使水中微粒相互黏结成大颗粒，然后用沉淀的方法去除胶体物质。

（2）中和作用

混凝剂在水中产生大量的高电荷的正离子，天然水中的胶体物大都带负电，二者相互中和，消除胶体微粒之间的静电斥力，且能长成大颗粒，借自重沉降而去除。

（3）表面接触作用

絮凝过程是以微粒作为核心在其表面进行的，使微粒表面相接触，并黏结成大颗粒，通过沉淀而去除。

（4）过滤作用

絮凝在水中沉降的过程，犹如一个过滤网下降，包裹着其他微粒一起沉降。

4）助凝剂

在水处理中，有时使用单一混凝剂不能取得良好的效果，需要投加辅助药剂以提高混凝效果，这种辅助药剂称为助凝剂。常用助凝剂可以分为两类。

① 调节或改善混凝条件的助凝剂，如 CaO、$Ca(OH)_2$、Na_2CO_3、$NaHCO_3$ 等碱性物质，可以提高水的 pH 值。Cl_2 作为氧化剂，可以去除有机物对混凝剂的干扰，并将 Fe^{2+} 氧化为 Fe^{3+}（在亚铁盐做混凝剂时更为重要）。

② 改善絮凝体结构的高分子助凝剂，如聚丙烯酰胺、骨胶、海藻酸钠、活性硅酸等。

5）影响混凝效果的主要原因

（1）水温

低温时混凝效果差，絮凝缓慢。首先，无机盐类混凝剂在水解时是吸热反应，水温低时水解十分困难。其次，低温的水黏度大，水中杂质的热运动减慢，彼此接触碰撞的机会减少，不利于相互凝聚。同时，水流的剪力增大，絮凝体的成长受到阻碍。因此，水温低时混凝效果差。水温升高，分子之间的扩散速度加大，有利于混凝反应的进行。通常最佳温度为 20~29℃。

(2) 水的 pH 值和碱度

对于 $Al(OH)_3$ 来说，水中 pH 值过高或者过低，都会使 $Al(OH)_3$ 溶解度增大。只有在 pH=8 左右，才能生成难溶的 $Al(OH)_3$ 胶体物质。对于 $Fe(OH)_3$ 来说，水解性优于铝盐，而且水解产物的溶解度极小，因此，pH 值对于铁盐混凝剂的影响比较小。只有在 pH<3 时，铁盐混凝剂的水解才受到抑制，或者碱性很强的情况下，才有可能重新溶解。对其他混凝剂需具体计算求得。

(3) 水中杂质的成分、性质和浓度

水中的杂质如粒径细小而均匀，则混凝效果差。颗粒的浓度过低也不利于混凝。水中如存在大量的有机物质，则有机物质会吸附于胶粒，使胶粒失去原有胶体微粒的特性而具备有机物的高度稳定性，影响混凝效果。水中溶解盐类的浓度，如果引起阴离子增加，与胶体微粒带的电荷相同，也影响混凝效果。

(4) 混凝剂投加时与水的混合速度

水和混凝剂的混合速度关系到混凝剂在水中分布的均匀性和胶体颗粒间的碰撞机会。混凝剂刚加入水中时，混合速度宜快，使生成的大量小颗粒氢氧化物胶体迅速扩散到水中，并与杂质反应。混合以后，混合速度不宜过快，以免打碎已生成的絮凝。

(5) 水力条件

混凝过程的混合阶段，要求混凝剂与废水快速均匀混合；在反应阶段，要求搅拌强度随矾花的增大而逐渐降低。

此外，混凝效果还与混凝剂的用量及其混合的均匀性等有关。

6) 混凝设备与操作

整个混凝工艺过程包括混凝剂的配制与投加、混合、反应、澄清几个步骤。

(1) 混凝剂的配制与投加

混凝剂的配制与投加方法分为干法投加和湿法投加两种，其优缺点比较见表 7-6。

表 7-6　药剂干投法与湿投法优缺点比较

投加方式	优　点	缺　点
干投法	设备占地小 设备被腐蚀的可能性小 当要求加药量突变时，易于调整投加量 药液较为新鲜	用药量大时，需要一套破碎混凝剂的设备 混凝剂用量少时，不易调节 劳动条件差 药剂与水不易均匀混合
湿投法	容易与原水充分混合 不易阻塞入口，管理方便 投量易于调节	设备占地大 人工调制时，工作量较繁重 设备容易受腐蚀 当要求加药量突变时，投药量调整较慢

(2) 混凝剂投加设备

目前较常用的药剂投加设备主要有计量泵、水射器、虹吸定量投药设备和孔口计量设备。其中计量泵最简单可靠，生产型号也较多。图 7-10 为水射器投药设备，主要用于向压力管内投加药液，使用方便。图 7-11 为虹吸定量投药设备，利用空气管末端与虹吸管出口中间的水位差不变，因而投药量恒定而设计的投配设备，可以通过改变虹吸管进、出口的高度差来调节投配量。孔口计量设备主要用于重力投加系统，溶液液位由浮子保持恒定。

溶液由孔口经软管流出，只要孔上的水量不变，投药量就恒定。

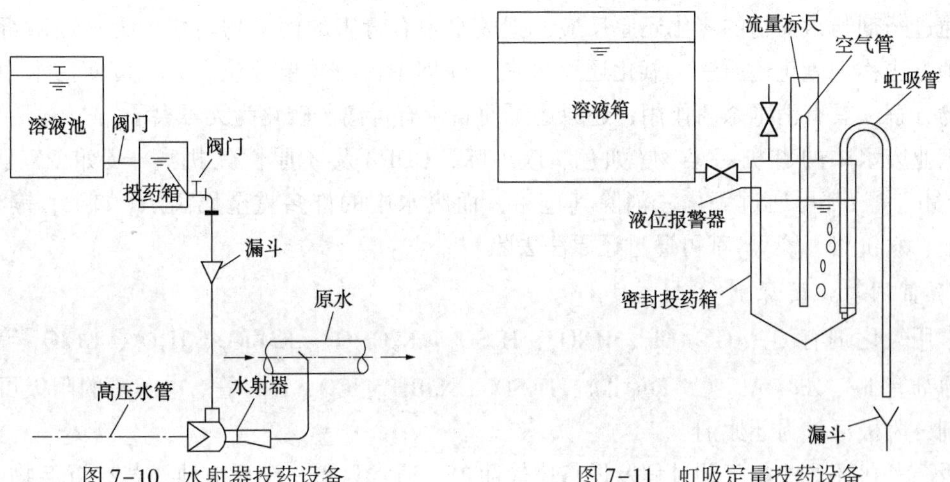

图 7-10　水射器投药设备　　　　图 7-11　虹吸定量投药设备

(3) 混合设备

当药剂投入废水后在水中发生水解反应并产生异电荷胶体，与水中胶体和悬浮物接触，形成细小的絮凝体，这一过程就是混合。混合过程在 10~30s 内完成，一般不应超过 2min，对混合的要求是快速而均匀。快速是因混凝剂在污水中发生水解反应的速率很快，需要尽量造成急速扰动以生成大量细小胶体；均匀是为了使化学反应在污水中各部分得到均衡发展。

混合的动力来源有水力和机械搅拌两类。因此，混合设备也分为两类，采用机械搅拌的有机械搅拌混合槽、水泵混合槽等；利用水力混合的有管道式、穿孔板式、涡流式混合槽等。

(4) 反应设备

混合完成后，水中已经产生细小絮体，但还未达到自然沉降的粒度，反应设备的任务就是使小絮体逐渐絮凝成大絮体而便于沉淀。反应设备应有一定的停留时间和适当的搅拌强度，使小絮体相互碰撞，并防止产生的大絮体沉淀。若搅拌强度太大，则会使生成的絮体破碎，且絮体越大，越易破碎，因此在反应设备中，沿着水流方向搅拌强度应越来越小。

混凝反应设备也有机械搅拌和水力搅拌两类。机械搅拌反应池多为长方形，用隔板分为数格，每格装一搅拌叶轮，叶轮有水平和垂直两种。图 7-12 为机械搅拌反应池示意图。

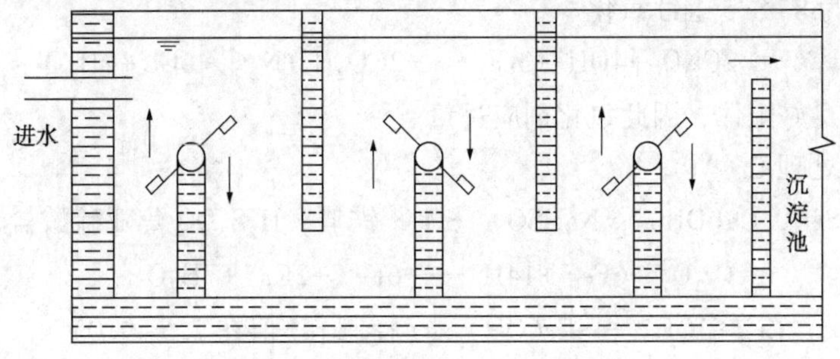

图 7-12　机械搅拌反应池示意图

3. 氧化还原法

通过药剂与污染物的氧化还原反应，把废水中有毒害的污染物转化为无毒或微毒物质的处理方法称为氧化还原法。氧化还原法在水处理中占有重要地位。氧化可使污水中部分有机物分解，具有消毒杀菌作用；还原还可使高价有毒离子转化为无毒离子。

工业废水中的有机污染物（如色、嗅、味、COD）及还原性无机离子（如 CN^-、S^{2-}、Fe^{2+}、Mn^{2+}等）都可通过氧化法消除其危害，而废水中的许多重金属离子（如汞、镉、铜、银、金、六价铬、镍等）都可通过还原法去除。

1）常用氧化还原剂

常用氧化剂有 O_2、O_3、Cl_2、HNO_3、H_2SO_4、$K_2Cr_2O_7$、$KMnO_4$、H_2O_2、$KClO_3$ 等，常用还原剂有 Fe、Zn、Al、C、Fe（Ⅱ）、H_2SO_3、$NaBH_4$、CO、H_2S 等。电解槽的阳极可作为氧化剂，阴极可作为还原剂。

投药氧化还原法的工艺过程及设备比较简单，通常只需一个反应池，若有沉淀物生成，需进行固液分离及泥渣处理。

2）氯化机理

污水的氯化机理是使 Cl_2 发生歧化反应，形成 HClO 强氧化剂。其作用是消毒，降低 BOD，消除或减少色度和气味。

3）氧化还原反应实例

（1）Cl_2 或 ClO^- 处理 CN^-

氯系氧化剂包括氯气、次氯酸钠和二氧化氯等。

氯气（Cl_2）易溶于水，并迅速水解，歧化为 HCl 和 HClO。次氯酸及其盐有很强的氧化性，且在酸性溶液中有更强的氧化性。氯氧化法处理含氰废水是分两个阶段来完成的。

第一阶段，CN^-氧化成氰酸盐，要求 pH 值控制在 10~11，反应时间 10~15min。第二阶段，在 pH 值为 8~8.5 的条件下，将氰酸盐氧化成 N_2，反应在 1h 之内完成。处理设备主要是反应池和沉淀池。

第一阶段：控制 pH 值为 10~11

$$CN^- + 2OH^- + Cl_2 \longrightarrow CNO^- + 2Cl^- + H_2O$$

第二阶段：控制 pH<4，发生水解

$$CNO^- + 2H_2O \longrightarrow CO_2\uparrow + NH_3\uparrow + OH^-$$

或者 pH 值为 8~8.5 继续氧化

$$2CNO^- + 4OH^- + 3Cl_2 \longrightarrow 2CO_2\uparrow + N_2\uparrow + 6Cl^- + 2H_2O$$

由于 CN^-是良好配体，因此氧化剂应过量。

（2）还原法处理 Cr（Ⅵ）

还原剂：$FeSO_4$，$Ca(OH)_2$，$NaHSO_3$，SO_2，铁屑，$H_2S_2O_5$（焦亚硫酸盐）。

$$Cr_2O_7^{2-} + 6Fe^{2+} + 14H^+ \longrightarrow 6Fe^{3+} + 2Cr^{3+} + 7H_2O$$

$$Cr^{3+} + 3OH^- \longrightarrow Cr(OH)_3\downarrow \text{（控制 pH 值在 7.5~9.0）}$$

(3) 空气氧化处理含硫废水

氧气的化学氧化性是很强的，且 pH 值降低，氧化性增强。但是用 O_2 进行氧化反应的活化能很高，因而反应速率很慢，这就使得在常温、常压、无催化剂时，空气氧化法(曝气法)所需反应时间很长，使其应用受到限制。如果设法断开氧分子中的氧氧键(如高温、高压、催化剂、γ 射线辐照等)，则氧化反应速率将大大加快。湿式氧化法处理含大量有机物的污泥和高浓度有机废水，就是利用高温(200~300℃)、高压(3~15MPa)强化空气氧化过程的一个例子。

(4) 药剂还原法

① 废水中六价铬的去除：

在废水处理中，目前采用化学还原法进行处理的主要污染物有 Cr(Ⅵ)、Hg(Ⅱ)、Cu(Ⅱ)等重金属。

废水中剧毒的六价铬($Cr_2O_7^{2-}$ 或 CrO_4^{2-})可用还原剂还原成毒性极微的三价铬。常用的还原剂有亚硫酸氢钠、二氧化硫、硫酸亚铁。还原产物 Cr^{3+} 可通过加碱至 pH=7.5~9 使之生成氢氧化铬沉淀，而从溶液中分离出去。还原反应在酸性溶液中进行(pH<4 为宜)。还原剂的耗用量与 pH 值有关。例如，若用亚硫酸作还原剂，pH=3~4 时，氧化还原反应进行得最完全，投药量也最省；pH=6 时，反应不完全，投药量较大；pH=7 时，反应难以进行。

② 汞(Ⅱ)的去除：

除汞(Ⅱ)常用的还原剂为比汞活泼的金属(铁屑、锌粉、铝粉、钢屑等)、硼氢化钠、醛类、联胺等。废水中的有机汞通常先用氧化剂(如氯)将其破坏，使之转化为无机汞后，再用金属置换。

4. 吸附法

吸附法是将活性炭、黏土等多孔物质的粉末或颗粒与废水混合，或让废水通过由其颗粒状物组成的滤床，使废水中的污染物质被吸附在多孔物质表面上或被过滤除去。

目前，废水处理中主要采用活性炭吸附法，广泛应用于给水处理中去除微量有害物质和悬浮物质，废水脱色，去除难以降解的有机物以及一些如汞、铬、银、铅、镍等重金属离子。

1) 吸附剂

吸附剂必须是一种多孔物质，具有很大的比表面积。作为工业吸附剂，它必须满足以下条件：

① 固体物：活性炭、磺化煤、矿渣、硅藻土、黏土、腐殖酸。

② 吸附容量直接与吸附剂的总表面积(主要是内孔表面积)有关，总面积越大，吸附容量也越大。

③ 可以再生。

④ 吸附能力强。

⑤ 选择性好。

⑥ 化学性稳定。

2）特点

应用范围广，处理程度高，适应性强，可回收有用物质，设备紧凑。

3）吸附操作方式与设备

在污水处理中，吸附操作分为静态吸附和动态吸附两种。

（1）静态吸附

静态吸附操作是污水在不流动的条件下进行的吸附操作，为间歇操作方式。主要用于少量废水处理和科研，在实际处理过程中应用较少。

（2）动态吸附

动态吸附就是污水在流动条件下进行的吸附，吸附操作是一个连续的过程。它是把污水连续地通过吸附型填料层，使污水中的杂质得到吸附。吸附剂经过一定时间的吸附后，吸附能力逐渐降低，吸附后出水中未被吸附的污染物逐渐增多，当超过规定的浓度后，再流出水的水质就不符合要求，应停止进水，需将吸附剂进行再生。常用动态吸附设备主要有固定床、移动床、流化床。

① 固定床是污水处理中常用的吸附装置，如图 7-13 所示。当污水连续地通过填充吸附剂的设备时，污水中的吸附质便被吸附剂吸附。若吸附剂数量足够，从吸附设备流出的污水中吸附质的浓度可以降低到零。吸附剂使用一段时间后，出水中的吸附质的浓度逐渐增加；当增加到一定数值时，应停止通水，将吸附剂进行再生。吸附和再生可在同一设备内交替进行，也可将失效的吸附剂排出，送到再生设备进行再生。因这种动态吸附设备中，吸附剂在操作过程中是固定的，所以叫固定床。

固定床根据水流方向又分为升流式和降流式两种。降流式固定床中，水流自上而下流动，出水水质较好，但经过吸附后的水头损失较大。而且处理悬浮物较多的污水时，为了防止悬浮物堵塞吸附层，需定期进行反冲洗。对于较大量的污水处理，多采用平流式或降流式吸附滤池。平流式吸附滤池把整个池身分为若干小的吸附滤池区间，这样的构造可以使设备连续不断地工作，当某一段进行吸附层的再生时，污水仍可进入其余的区段进行处理，不至于影响全池工作。

根据处理水量、原水水质及处理要求，固定床可分为单床和多床。多床又分为并联与串联两种，前者适于大规模处理，出水水质要求低；后者适于少量处理，出水水质要求高。

② 移动床的运行操作方式如图 7-14 所示。原水从吸附塔底部流入和吸附剂进行逆流接触，处理后的水从塔顶流出。再生后的吸附剂从塔顶加入，接近吸附饱和的吸附剂从塔底间歇地排出。移动床的优点是占地面积小，连接管路少，基本上不需要反冲洗。缺点是难以均匀地控制炭层，操作要求严格，不能使塔内吸附剂上下层互混。

③ 流化床。流化床吸附剂在塔中处于膨胀状态，塔中吸附剂与污水逆向连续流动。流化床是一种较为先进的床型。与固定床相比，可使用小颗粒的吸附剂，吸附剂一次投加量较少，不需反冲洗，设备小，生产能力大，预处理要求低。但运转中操作要求高，不易控制，同时对吸附剂的机械强度要求较高。目前应用较少。

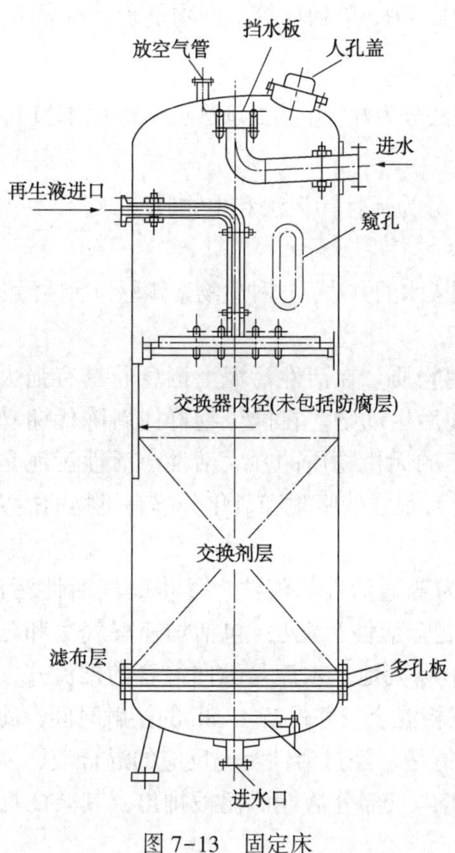

图 7-13　固定床

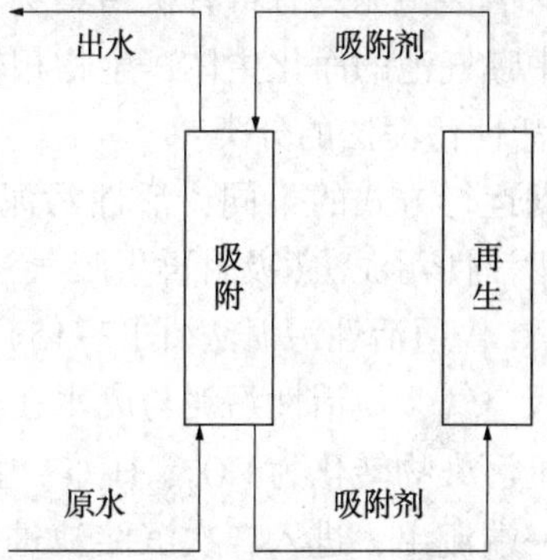

出水
吸附剂
吸附
再生
原水
吸附剂

图 7-14　移动床的运行操作方式

7.3.3　生物法

生物处理法就是利用微生物的新陈代谢作用降解转化有机物的过程。随着化学工业的发展，污染物成分日渐复杂，废水中含有大量的有机污染物，如仅采用物理或化学的方法很难达到治理的要求。利用微生物的新陈代谢作用，可对废水中的有机污染物进行转化与稳定，使其无害化。

1. 微生物的分解

水体中的微生物种类很多，不同的微生物在不同的条件下，对有机物的转化产物不同。不同微生物分解产物的情况见表 7-7。

表 7-7　不同微生物分解产物的情况

有机物中基本元素	C	H	N	S	P
好氧菌	CO_2、CO_3^{2-}、HCO_3^-	H_2O	NO_3^-、NO_2^-	SO_4^{2-}、HSO_4^-	PO_4^{3-}、HPO_4^{2-}、$H_2PO_4^-$
厌氧菌	CH_4	CH_4	NH_4^+、NH_3	H_2S、HS^-、S^{2-}	PH_3

由表 7-7 可以看出，微生物种群不同，生成的产物不同。好氧生化处理中，有机物分别转化成 CO_2、H_2O、NO_3^-、SO_4^{2-}、HSO_4^-、PO_4^{3-}、HPO_4^{2-}、$H_2PO_4^-$ 等，基本无害；在厌氧生化处理中，有机物先被转化成中间的有机物（如有机酸、醇类等）以及 CO_2、H_2O，其中有

机酸又被甲烷菌继续分解，最终产物为 CH_4、NH_3、H_2S、PH_3 等，产物复杂，有异味。

2. 生物处理法的分类

根据参与的微生物种类和供氧情况，生物处理法分为好氧生物处理法及厌氧生物处理法。

1）好氧生物处理法

依据好氧微生物在处理系统中的生长状态可分为活性污泥法和生物膜法。

（1）活性污泥法

活性污泥法是利用悬浮生长的微生物絮体处理废水的方法，这种生物絮体称为活性污泥。

① 活性污泥的作用：

活性污泥是活性污泥处理系统中的主体作用物质。在活性污泥上栖息着具有强大生命力的微生物群体，包括细菌、真菌、原生动物和后生动物。在微生物群体新陈代谢功能的作用下，活性污泥具有将有机污染物转化为稳定的无机物质的强大活性。活性污泥是活性污泥法中曝气池的净化主体，生物相较齐全，具有很强的吸附和氧化分解有机物的能力。

② 活性污泥法的分类：

根据运行方式的不同，活性污泥法主要分为普通活性污泥法、逐步曝气活性污泥法、生物吸附活性污泥法(吸附再生曝气法)和完全混合活性污泥法(包括加速曝气法和延时曝气法)等。普通活性污泥法(图 7-15)采用窄长形曝气池，水流是纵向混合的推流式，按需氧量进入空气，使活性污泥与废水在曝气池中互相混合，并保持4~8h 的接触时间，将废水中的有机污染物转化为 CO_2、H_2O、生物固体及能量。经过活性污泥反应的混合液，从曝气池的另一端流出，进入二次沉淀池进行固液分离，一部分活性污泥被排出，其余的回流到曝气池的进口处重新使用。

普通活性污泥法对溶解性有机污染物的去除效率为 85%~90%，运行效果稳定可靠，使用较为广泛。其缺点是抗冲击负荷性能较差，所供应的空气不能充分利用，在曝气池前段生化反应强烈，需氧量大，后段反应平缓而需氧量相对减少，但空气的供给是平均分布的，结果造成前段供氧不足，后段氧量过剩的情况。

（2）生物膜法

污水的生物膜处理法是与活性污泥法并列的一种污水好氧生物处理技术。这种处理法的实质是使细菌和菌类一类的微生物以及原生动物、后生动物一类的微型动物附着在滤料或某些载体上生长繁育，并在其上形成膜状生物污泥——生物膜。污水与生物膜接触，污水中的污染物作为营养物质，为生物膜上的微生物所摄取，从而使污水得到净化。

2）厌氧生物处理法

废水的厌氧生物处理是指在无分子氧的条件下通过厌氧微生物(或兼氧微生物)的作用，将废水中的有机物分解转化为甲烷和二氧化碳的过程。厌氧过程主要依靠三大主要类群的细菌，即水解产酸细菌、产氢产乙酸细菌和产甲烷细菌的联合作用完成。因而应划分为三个连续的阶段(图 7-16)。

第一阶段为水解酸化阶段。复杂的大分子有机物、不溶性的有机物先在细胞外酶的作用下水解为小分子、溶解性有机物，然后渗透到细胞体内，分解产生挥发性有机酸、醇类、醛类物质等。

第二阶段为产氢产乙酸阶段。在产氢产乙酸细菌的作用下，将第一个阶段所产生的各种有机酸分解转化为乙酸和 H_2，在降解有机酸时还形成 CO_2。

第三阶段为产甲烷阶段。产甲烷细菌利用乙酸、乙酸盐、CO_2 和 H_2 或其他一碳化合物转化为甲烷。

采用厌氧法处理污水，需要的时间较长，处理水发黑，有臭味，出水 BOD 浓度仍然很高，所需的处理设备庞大，一般污水有机物浓度超过 1%(约为 10000mg/L)采用厌氧生化处理。好氧生化处理则多用于处理有机污染物浓度较低或适中的污水。

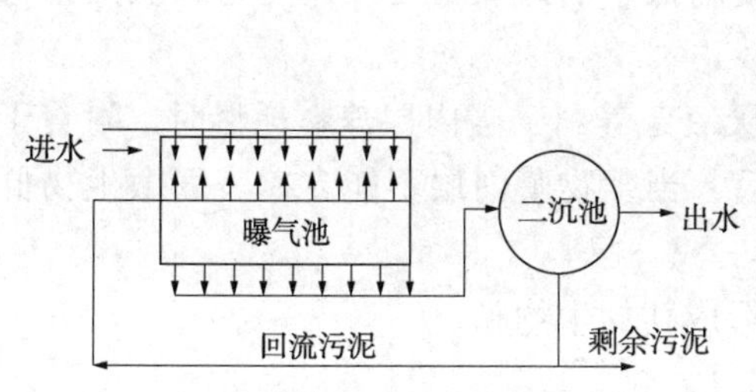

图 7-15 普通活性污泥法的工艺流程

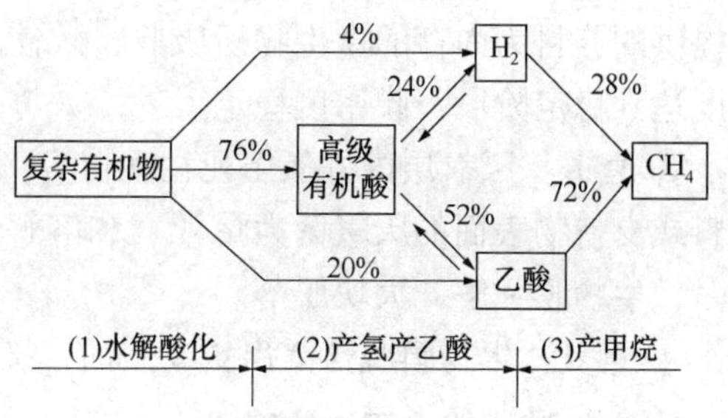

图 7-16 厌氧发酵的三个阶段及 COD 转化率

3. 生物膜法的工艺特点

① 膜上的微生物种类丰富且存有世代时间较长的微生物。膜上微生物类型广泛，且能形成较长的食物链，使剩余污泥量明显减少，减轻污泥处理与处置的费用。生物膜法污泥龄与污水停留时间无关系，因此，像一些增殖速率慢、世代时间较长的亚硝化细菌、硝化细菌，都可以在膜上繁衍、增殖，使生物膜法具有一定的脱氮功能。

② 微生物量多，处理能力大。生物膜法具有较高的处理能力，不仅用于城市污水的处理，还可用于高浓度难降解的工业废水处理。

③ 污泥的沉降性能良好，无污泥膨胀问题。生物膜上脱落下来的生物污泥密度大，个体也较大，污泥易于沉淀，易达到固、液分离的目的。在活性污泥法中因污泥膨胀问题而导致固、液分离困难和处理效果降低一直是工艺运行的一个棘手问题，而生物膜法中微生物是附着生长，即使丝状细菌大量繁殖，也不会导致污泥膨胀，相反还可以利用这些具有较强分解能力的菌种来提高处理效果。

④ 耐冲击负荷，能处理低浓度废水。生物膜中微生物受水质、水量变化的影响较小，有一定的耐冲击负荷能力，即使在一段时间内中断进水或工艺出现问题，也不会对生物膜的功能造成致命的影响，通水后会较快恢复活性。

生物膜法不仅可处理高浓度的废水，且对低浓度污水同样具有较好的处理效果，这点是活性污泥法无法比拟的。

⑤ 易于维护管理，经济节能。生物膜法不需污泥回流系统，多数生物膜反应器，采用自然通风供氧，无须曝气，节省能源，动力费用较低，且易于维护管理。

当然生物膜法在运行中也存在着一些不足，如工艺需较多的填料和支撑结构，会提高基建投资，出水易携带着脱落下来的生物膜，细小的悬浮物分散在水中，使处理水的澄清度下降。但综合比较起来，生物膜法还是有着它独特的优势。

根据污水与生物膜接触形式不同，生物膜法可分为生物滤池、生物转盘和生物接触氧化法等。

4. 生物膜法的净化步骤

生物膜法对污水的净化作用可以分为四步：

① 初生：当有足够数量的有机营养物、矿物盐和溶氧(DO)时，微生物在填料表面繁殖，形成薄的胶质黏膜，此时密度较低，随着细菌生长繁殖加速，膜层逐渐加厚，膜密度速增。

② 成熟：膜达到一定厚度时，水中营养物和 O_2 不能扩散到膜内层，外层为好氧层，内层为厌氧层。内层好氧菌无 O_2 而开始死亡，开始进行厌氧呼吸，好氧菌死亡的菌体溶解所提供的养料为尚存的微生物所吸收，致使膜密度降低。当好氧菌死亡速度与厌氧菌生长速度达到稳定阶段，膜密度稳定。

③ 衰退：厌氧层内好氧菌死亡和自溶，成为厌氧菌养料，当内层养料耗尽时，附着于填料或支持物表面的厌氧菌大量死亡和溶解。随后，当生物膜内层不能支撑表面微生物群体时，生物膜瓦解，大块脱落。

④ 重复：生物膜脱落露出更新表面，又逐渐形成新的生物膜。

5. 生物膜法的主要构筑形式

① 塔式生物滤池：适用于水量大，有机物浓度较高的场合(图 7-17)。

② 生物转盘：适用于水量不大，有机物浓度较高的场合(图 7-18)。

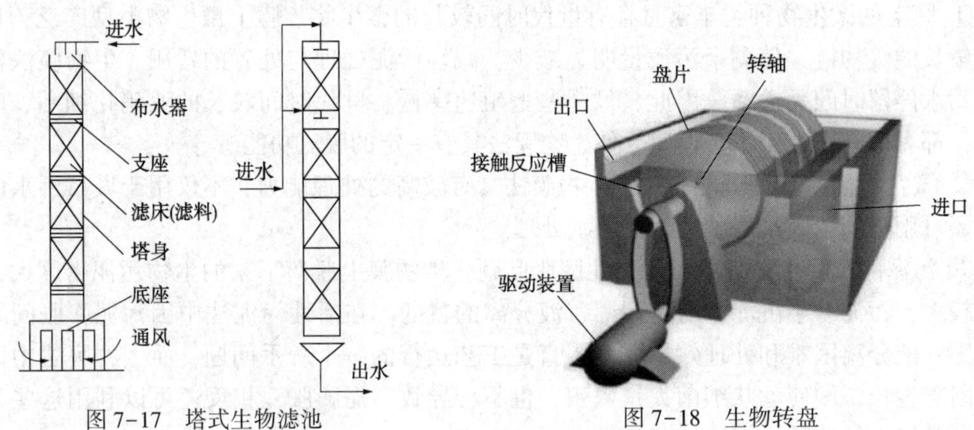

图 7-17　塔式生物滤池

图 7-18　生物转盘

③ 生物接触氧化池：适用于低浓度有机废水(图 7-19)。

④ 土地生物处理及氧化塘(图 7-20)。

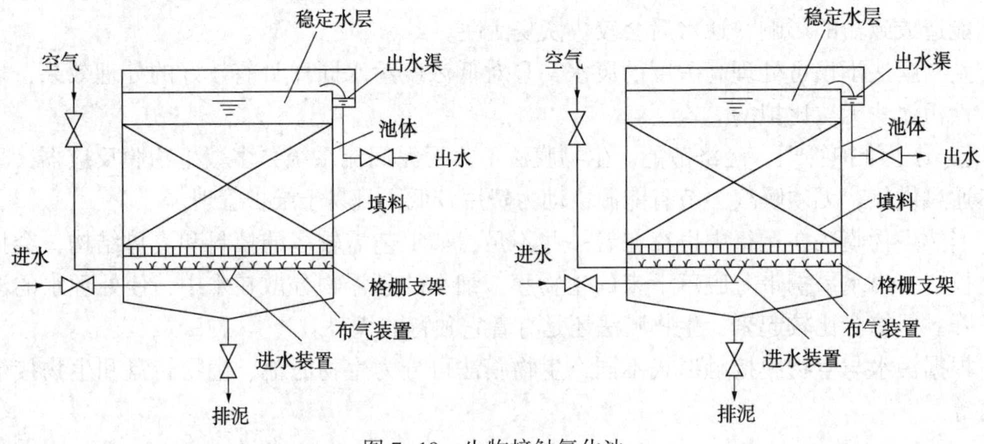

图 7-19　生物接触氧化池

图 7-20　土地生物处理及氧化塘

7.4　化工废水的处理原则与技术

7.4.1　废水处理的原则

① 抓源治本，从生产工艺中减少污染源。

② 采用不断减少生产污染的工艺和设备。例加氢精制代替酸碱精制，重沸器代替汽提塔操作。

③ 提高水的重复利用率，压缩排水量。

④ 采用循环水冷却，提高浓缩倍数；洗罐废水密闭循环等。

⑤ 严格清污分流，合理划分排水系统。目的是保证不同的污染物质容易处理并便于回收的同时能提高最终处理效果，减少处理费用。

⑥ 进行废水的预治理及时回收有用物质。例如隔油池回收油，含硫污水回收硫和氨、酸碱中和等。

⑦ 完善废水治理技术，确保达标排放。

7.4.2　废水处理的技术

由于化工废水具有成分复杂等特点，化工废水的处理技术也多种多样。目前，我国对化工废水的处理方法按作用主要分为物理法、化学法以及生物法等，每种方法应用的对象和条件不尽相同，在实际的化工废水处理中都是多种类型、多种方法的结合运用。

1. 物理法处理技术

物理法主要利用物理作用分离污水中的非溶解性物质及其他物质。基本的处理方法包括重力分离、离心分离、反渗透、浮选等。目前常用的处理技术有：

1) *磁分离技术*

近几年磁分离技术已成为一门新兴的水处理技术。它是通过在化工废水流经通道两侧设置强磁极，让化工废水中的磁性悬浮固体分离出来，从而达到净化水的目的。该法与沉降、过滤等常规方法相比较，处理能力更大、效率更高、能量消耗少、设备更加简单。不过，磁分离技术有很大局限性，只能分离化工废水中的磁性物质，因此目前磁分离技术运用范围还比较小。

2）膜分离技术

膜分离技术是利用膜对混合物中各组分的选择渗透作用的差异性，通过化学位差达到分离和回收的效果。因为该方法处理时不会引入其他成分，所以能够快速实现大分子和小分子的分离，在大分子原料回收过程中显出很大优势。然而，这种技术依赖于高分子功能性材料分离膜，这种分离膜的成本很高，且容易被污染。不过伴随着我国膜技术的不断发展和更新，膜技术在化工废水中的应用范围也越来越广泛。

2. 化学法处理技术

化学法是利用化学反应来处理或回收污水中的溶解物质或胶体物质的方法，常用的有混凝法、中和法、氧化还原法、离子交换法等。由于此法处理效果好、费用高，因此多用作生化处理后的出水，提高出水水质。目前比较有效的处理技术包括：

1）臭氧氧化技术

这种技术是一种新发展起来的、普遍用于污水处理的技术。其主要是利用臭氧的强氧化性来对有机污染物进行处理，可除去废水中的酚、氰等污染物，同时还能起到脱色、除臭、杀菌的作用。而且，臭氧在水中很快就分解为氧，不会造成二次污染，操作起来也十分方便。但臭氧氧化具有选择性，而且臭氧氧化能力受限于废水的 pH 值，随着废水 pH 值的增加，臭氧被消解的速度加快，另外臭氧不能继续氧化两类副产物——醛类和羧酸类，这对有机物的矿化能力有很大的影响，臭氧经济性不好，耗电量大、成本高。

2）铁碳微电解技术

该法应用在难降解化工废水的处理中，并取得了很好的效果。铁碳微电解中，在阳极产生新生态 Fe^{2+}，在阴极产生活性 H 自由基，上述两者具有很高的化学活性，均能与废水中许多组分发生氧化还原反应，可以使大分子物质分解为小分子物质，这样废水中某些难生化降解的物质转变为较容易处理的物质，从而提高废水的可生化性。

3）低温等离子体技术

低温等离子体技术属于高级氧化技术，其中的催化剂（Fe）与 H_2O_2 能构成很好的氧化体系。H_2O_2 在 Fe 催化剂的作用下，能产生两种非常活泼的氢氧自由基，其中 · OH 的氧化能力很强，高达 2. 80V，仅次于氟的氧化能力，且 · OH 还有一个突出特点，具备很高的亲电性或电负性，电子亲和能力可以高达 569. 3kJ，完全具备加成反应的特性，很容易使自由基链反应引发和传播，从而加快还原性物质和有机物的氧化。低温等离子体试剂可以使水中的大多数有机物氧化，而且氧化速度快，能有效把大分子的难降解有机物断链为小分子，为后续生化处理提供条件。

3. 生物法处理技术

生物法是通过微生物的新陈代谢作用，将污水中呈溶解或胶体状态的有机物分解氧化为稳定的无机物质，使污水得到净化的方法。此法处理程度要高于物理法。

1）活性污泥技术

活性污泥技术是一种应用最广、工艺比较成熟的好氧生物处理技术。在曝气条件下，使好氧微生物大量繁殖，形成污泥状的凝结物质，这些泥状物能吸附废水中大量的有机物并进行分解，从而起到净化污水的作用。但是，此法最大的缺点是产生大量的剩余污泥，并且很难解决。因此，研究开发从源头上不产生或少产生污泥的污水处理技术已成为研究的热点。

2）生物膜技术

生物膜是利用附着生长于某些固体物表面的微生物(生物膜)进行有机污水处理的技术。其首先对有机物进行吸附，由好氧菌将其分解，再由厌氧菌进行厌氧分解，流动水再将老化的生物膜冲掉以生长新的生物膜，最后达到净化污水的目的。此技术具有对废水水质、水量的变化适应性好，剩余污泥量少等优点。

7.5 炼油废水的处理

7.5.1 炼油废水的来源、分类及性质

炼油厂的生产废水一般是根据废水水质进行分类分流的，主要是冷却废水、含油废水、含硫废水、含碱废水，有时还会排出含酸废水、含盐废水。

① 冷却废水是冷却馏分的间接冷却水，温度较高，有时由于设备渗漏等原因，冷却废水经常含油，但污染程度较轻。

② 含油废水直接与石油及油品接触，废水量在炼油厂中是最大的。其主要污染物是油品，其中大部分是浮油，还有少量的酚、硫等。含油废水大部分来源于油品与油气冷凝油、油气洗涤水、机泵冷却水、油罐洗涤水以及车间地面冲洗水。

③ 含硫废水主要来源于催化及焦化装置，精馏塔塔顶分离器、油气洗涤水及加氢精制等。其主要污染物是硫化物、油、酚等。

④ 含碱废水主要来自汽油、柴油等馏分的碱精制过程。主要含过量的碱、硫、酚、油、有机酸等。

⑤ 含酸废水来自水处理装置、加酸泵房等，主要含硫酸、硫酸钙等。

⑥ 含盐废水主要来自原油脱盐脱水装置，除含大量盐分外，还有一定量的原油。

7.5.2 炼油废水的处理流程

炼油化工因产品不同，产生的污水类型不同，污水处理工艺也存在差别，但基本的处理流程都包含隔油、浮选、生物处理及后处理四个主要步骤，处理过程中产生的污泥或浮油需要进行脱水或浓缩，以便回收利用，或者直接烧掉。处理过程中隔油、浮选、生物处理是重要的步骤，常见炼油废水的处理流程如图 7-21 所示。

1. 隔油

目前常用的隔油方式有平板隔油和斜板隔油，其中斜板隔油相较平板隔油的油膜流动性更好，与隔油板接触处油膜的更新速度更快，隔油效果较好，在炼油化工污水处理中应用广泛。当化工污水中石油类物质含量高时，油类物质密度小于水，浮在水面上，同时还会黏附在处理装置上，当污水中油类物质含量过高时，会附着在活性污泥絮体表面，使污

泥絮体密度降低，沉积速度变差，同时后续生物法处理有机物时，受油膜包裹的影响，对有机物处理效果变差。

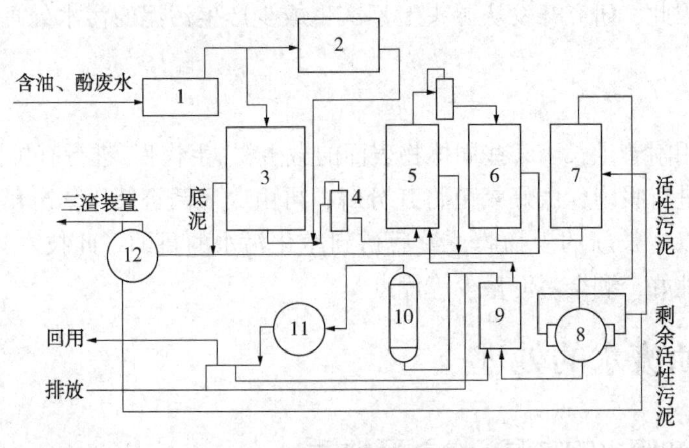

图 7-21　炼油废水处理流程

1—沉砂池；2—调节池；3—隔油池；4—溶气罐；5—一级浮选池；6—二级浮选池；7—生物氧化池；8—沉淀池；9—砂滤池；10—吸附塔；11—净水池；12—渣池

2. 浮选

对于密度接近于水的物质，采用浮选法去除，例如污水中的乳化油或细分散油等。浮选法通过向污水中注入分散的细小气泡，黏附住水体中的污染物，将污染物携带至水体表面进行清除。浮选法应用较为广泛，目前比较常用的浮选法包括加压溶气浮选法、吸气浮选法、涡凹浮选法等。

3. 生物处理

经过上述隔油及浮选处理后的污水，应达到一定的要求，才能进行生物处理。通常要求污水中油的浓度低于 30mg/L，否则会影响生物处理的效果。化工污水经过隔油、浮选及生物处理后，还需进行过滤、消毒等处理措施，才能达到排放的标准。

7.6　化工废水处理案例

案例一

某化工厂生产二苯甲酮、苯并三氮唑、对硝基苯胺等化工产品，产生的废水 COD 浓度高达 8300mg/L，成分复杂，BOD_5/COD 小于 0.1，难降解。废水中还含有对微生物具有毒性的有机物。另外，废水中的氨氮和盐分的含量也很高。

该废水无法直接采用生化处理的方法，需先经物化预处理后，才能进行生化处理。为此先进行加碱吹脱氨氮、蒸发结晶除盐，再经微电解池三步预处理后，才进行后续的生化处理。该工艺流程出水 COD 小于 150mg/L，盐分和氨氮去除率分别达 98%和 93%。

案例二

某化工园区内，园区企业众多，产业结构复杂，各企业排放的废水水质各异，大多具有酸度大、色度深、高氨氮、高盐度、有毒物质含量高、水质水量变化大、可生化性差等特点，属典型的有机有毒有害难降解的工业废水，统一混合后直接处理较困难。

由于水量波动大及水质的难降解性，因而在工艺的选取上，考虑了较长停留时间的调节池，采用了传统活性污泥法工艺和新工艺(臭氧高级氧化)相结合的技术路线，对废水进行了较为彻底的降解，使园区企业产生的废水稳定达标排放。其中，处理出水的主要污染物指标 COD≤50mg/L、氨氮≤5mg/L(大多数情况下能稳定在 1mg/L 以下)、总氮≤15mg/L、总磷≤0. 5mg/L。

化工废水的处理要依据其特点进行工艺的选择，多采用物理处理方法或化学特殊处理方法除去浮渣或某些有毒有害化学物质，再用生化法进一步降低污染指标。通常选用最经济、有效、耗时少、流程简单的工艺流程，尽可能达到废水处理的最佳效果。

参 考 文 献

[1] 刘景良. 化工安全技术[M]. 北京：化学工业出版社，2014.
[2] 智恒平. 化工安全与环保[M]. 北京：化学工业出版社，2016.
[3] 魏振枢，杨永杰. 环境保护概论[M]. 北京：化学工业出版社，2015.
[4] 梁虹，陈燕. 环境保护概论[M]. 北京：化学工业出版社，2015.
[5] 杨永杰. 化工环境保护概论[M]. 北京：化学工业出版社，2012.
[6] 郎红旗. 化工废水处理技术[M]. 北京：化学工业出版社，2000.
[7] 吴丽丽. 化工废水处理技术研究[J]. 化纤与纺织技术，2021，50(6)：38-39.
[8] 张宝库. 化工废水处理技术[J]. 房地产导刊，2015(21)：57-66.
[9] 霍伟伟，张瑞超，宋少轩. 化工废水处理现状及处理工艺分析[J]. 中国资源综合利用，2022，40(4)：115-117.

课　后　题

一、选择题

1. 分散迁移的作用有(　　)。
A. 分子扩散
B. 湍流扩散
C. 弥散
D. 层流扩散
2. 下列废水处理方法，属于物理方法的是(　　)。
A. 沉淀
B. 上浮
C. 离心
D. 过滤
3. 下列废水处理方法中，属于化学方法的是(　　)。
A. 混凝
B. 中和
C. 氧化还原
D. 电渗析
4. 下列废水处理方法中，属于生物化学法的有(　　)。
A. 活性污泥法
B. 生物膜法
C. 厌氧处理法
D. 反渗透膜法
5. 实现浮选分离的条件有(　　)。
A. 必须给水中提供足够数量的微小气泡
B. 必须是分离的物质呈悬浮态
C. 必须使气泡与悬浮的物质产生黏附作用
D. 悬浮的物质密度必须小于水

二、判断题

1. COD 的数值越大，表明水体受有机物的污染越严重。(　　)
2. 混凝剂的投加量越多，混凝效果越好。(　　)
3. $BOD_5/COD<0.2$ 的废水，可以用生化法处理。(　　)
4. 厌氧处理法处理废水的主要产物有甲烷和二氧化碳。(　　)
5. 对筛滤处理来说，筛网的空隙比格栅更小。(　　)

三、简述题

请简述化学法处理化工废水的原理，并举例说明具体的化学方法。

第 8 章　化工固废的处理与资源化

固体废弃物资源化是指采取管理和工艺措施从固体废弃物中回收物质和能源，加速物质和能量的循环，创造经济价值广泛的技术方法。固体废物的资源化是固体废物的主要归宿。

固体废物是放错位置的资源，资源的循环利用水平，是社会进步程度的重要标志之一。以效率、和谐、持续为目标的经济增长和社会发展方式是当前社会实现可持续发展的重要方向。随着世界经济的高速发展、城市化进程的不断加快，固体废弃物，特别是城市生活垃圾的产量在不断增加，对环境造成的污染也日益严重。固体废物的资源化意义就在于不仅减少了污染物向环境中的排放，保护了自然环境，而且资源化后的废物得到利用就意味着减少了其他可能不可再生资源的使用，有利于社会可持续发展的同时，还有利于子孙后代的生存发展。

8.1　化工固体废弃物概述

8.1.1　固体废弃物

固体废弃物是指在社会生产建设、日常生活和其他活动中产生的污染环境的固态或半固态(泥状)物质的总称。

在生产和生活过程中，按照来源可以将固体废弃物分为两大类。一类为生产过程中产生的废物，称为生产废物简称废渣；另一类为人们在日常生活中或者为日常生活提供服务的活动中产生的固体废物，称为生活废物俗称垃圾。

《中华人民共和国固体废物污染环境防治法》(以下简称《固体废物污染环境防治法》)把固体废物分为三大类，工业固体废物、城市生活垃圾和危险废物。其中，工业固体废物包括化工废渣、冶金废渣、采矿废渣、燃料废渣等。由于液态废物(排入水体的废水除外)和置于容器中的气态废物(排入大气的废物除外)的污染防治同样适用于《固体废物污染环境防治法》，所以有时也把这些废物称为固体废物。

8.1.2　化工废渣的来源及分类

1. 化工废渣的来源

化工废渣是化学工业固体废弃物的简称，是指在化工生产过程中产生的固体和泥浆废物。在化工生产过程中的原料中大约会产生 1/3 的固体废物，包括化工生产过程中排出的不合格产品、副产物、废催化剂、废溶剂、未反应原料与杂质以及废水处理产生的污泥等。

化工废渣主要包括硫酸矿渣、电石渣、碱渣、煤气炉渣、磷渣、汞渣、铬渣、盐渣、污泥、硼渣、废塑料以及橡胶碎屑等。

2. 化工废渣的分类

按照化学性质可分为无机废渣和有机废渣。相比而言，无机废渣的产生量大，特别是在利用矿物或者煤为原料的化工厂。无机废渣因含有一些重金属物质，毒性较大；有机废渣一般指高浓度有机废渣，产生量相对较小但其组成复杂，有些具有毒性、易燃性和爆炸性。

按照危害性可以分为一般工业废渣和危险废渣。一般工业废渣指对人体健康或环境危害性较小的废物，如硫酸渣和气炉渣等。危险废渣指具有毒性、腐蚀性、反应性、放射性、易燃易爆性等特性之一的废渣，如铬盐生产过程中产生的铬渣、水银法烧碱生产过程中产生的含汞盐泥，各种有机化工生产过程中产生的含氮、硫、磷等有机物。

按照废物产生的行业可分为冶金化工废渣、燃料废渣、化学工业固体物、石油工业化工废渣、粮食工业化工废渣等。

8.1.3 化工废渣组成特征

1. 硫酸工业固体废物

以黄铁矿制硫酸工艺为例，硫酸渣又称黄铁矿烘渣或烧渣，作为钢铁冶金等原料已有100多年历史。在一些国家，硫酸渣几乎全部利用起来。我国每年排放300多万吨，只利用了100多万吨，其余都排入环境。堆积则侵占农田，污染土地；排入江河则污染水体。表8-1列出了硫酸渣的化学成分。

表8-1 硫酸渣化学成分

组成	Fe_2O_3	SiO_2	Al_2O_3	S	Au、Ag
含量/%	20~50	15~65	10	1.5~2.0	少量

2. 氯碱工业废渣

氯碱工业主要的废渣包括含汞和不含汞盐泥、电石渣(浆)、废汞催化剂、废石棉隔膜等。

1) 盐泥

以食盐为主要原料用电解方法制取氯、氢、烧碱过程中排出的泥浆称为盐泥，盐泥来自化盐槽和沉降器，其主要成分如表8-2所示。

表8-2 盐泥主要成分

组成	SiO_2	$CaCO_3$	$Mg(OH)_2$	NaCl	Fe_2O_3
含量/%	50	8	4	1	少量

2) 电石渣(浆)

电石渣是采用电石法制造聚氯乙烯、醋酸乙烯时，电石与水反应生成乙烯工序中产生的灰褐色细粒沉积物。电石渣是氯碱企业生产过程中产生数量最大的固体废弃物。电石渣主要是水与消石灰的混合物，其主要成分如表8-3所示。

表 8-3 电石渣主要成分

组成	CaO	MgO	Al_2O_3	Fe_2O_3	SiO_2	烧失量
含量/%	65~69	0.22~1.32	1.5~3.5	0.2~0.8	3.5~5.0	23~26

3）废汞催化剂

汞催化剂是以活性炭为载体，将其浸泡在氯化汞溶液中制成的。汞催化剂是我国氯碱行业中由电石法制聚氯乙烯工艺所使用的主要催化剂，其中废催化剂的排量为 1.4kg/t，汞含量 4%~6%。

3. 铬渣

铬渣是生产金属铬和铬盐过程中产生的金属废渣。在重铬酸钠生产工艺中，铬渣是由铬铁矿、纯碱、云白石和石灰石在 1100~1200℃高温焙烧，用水浸出铬酸钠后的残渣。其基本组成如表 8-4 所示。

表 8-4 铬渣主要成分

组成	Cr_2O_3	Cr(Ⅵ)	SiO_2	CaO	MgO	Al_2O_3	Fe_2O_3
含量/%	3~7	0.3~2.9	8~11	29~36	20~33	5~8	7~11

4. 磷渣

磷渣是电炉法生产黄磷时，在炉内定期排出的一种低熔点水淬渣。电炉法制取黄磷时，每生产 1t 黄磷，副产磷渣 8~10t。其主要成分如表 8-5 所示。

表 8-5 磷渣主要成分

组成	CaO	SiO_2	P_2O_5	Al_2O_3	Fe_2O_3	F
含量/%	47~52	40~43	0.8~2.5	2~5	0.8~3.0	2.5~3

8.1.4 化工废渣的特点

化工废渣的特点主要有以下三点。

① 废物产生及排放量较大。化工废渣的产生量约占全国固废产生量的 6.16%；排放量约占全国固废排放总量的 7.24%。

② 化工废渣中危险废物种类多，有毒物质含量高，对人体健康及环境危害巨大。在化工行业固体废弃物中，有相当一部分具有毒性、反应性、腐蚀性等特性。

③ 具有强大的再资源化潜力。化工废渣中有相当一部分是反应原料和反应副产物，经过再加工可以取得经济和环境双重效益。如硫铁矿烧渣、盐泥等，经过再加工可制成砖、水泥等材料；废催化剂中含有金、银、铂等贵金属，可回收再利用。

8.2 化工废渣对环境的污染

化工废渣中含有大量的金属化合物，还含有少量的硫、磷等。这一系列元素在地球生态循环过程中会对生态产生严重影响。化工废渣对环境产生污染的原因是人类对废渣处理的不重视及缺乏环境保护意识。例如 1955 年、1972 年日本富山县骨痛病事件，1968 年日本米糠油事件，1991 年上海嘉定氰化钠废渣污染事件，2011 年江苏仪征固废污染事件等绝大部分化工固废污染事件都是由固体废弃物混乱管理引起的。

化工废渣不仅会改变堆场所在地的土质和土色，还直接危害到周边环境生态系统，包括动植物种群、种间的变化，生物多样性的衰减等，同时由于雨水的淋洗作用，化工废渣中的一些污染物（如重金属、人工化学品等）直接流入地表水或渗透到地下水，威胁整个地下生态系统。

8.2.1 污染途径

化工固废对环境和人体的危害与废水、废气的危害相比具有可以直接污染的明显特点。有害的化工固废在处理不当的情况下，其作为污染源头的有害成分可通过环境介质直接或间接地对环境和人体造成不可逆的破坏。其污染的具体途径取决于化工固废本身的物理、化学及生物性质，而且与化工废物处置场地的条件有关。污染物进入环境的主要途径有：雨水浸滤、填埋渗滤、焚烧散发、直排入水等。具体污染途径如图 8-1 所示。

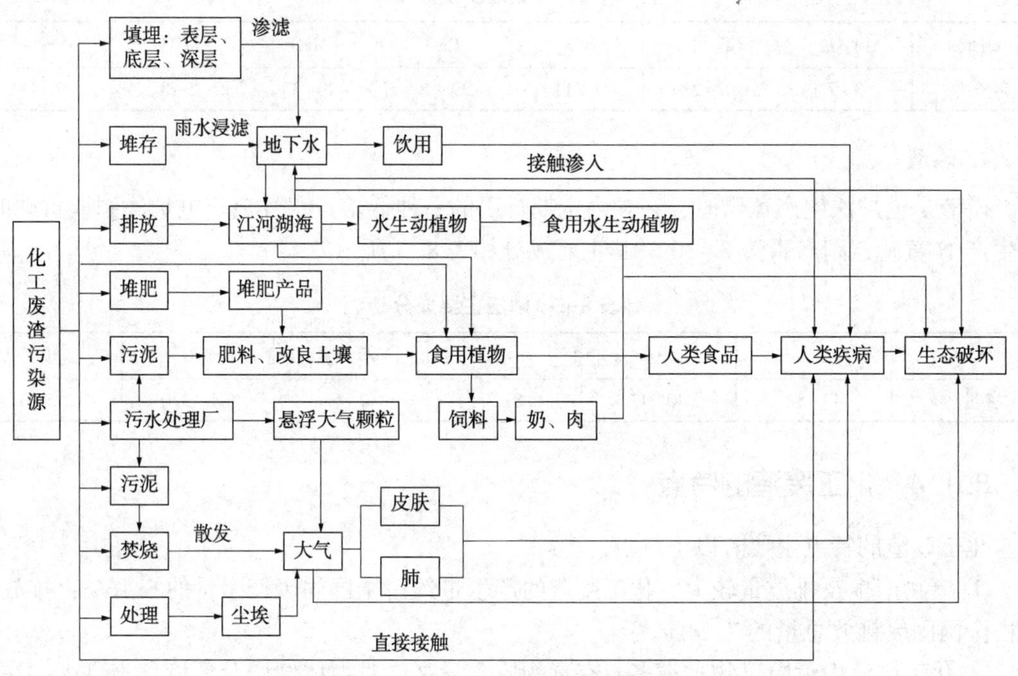

图 8-1 化工废渣对生态的污染途径

8.2.2 侵占土地

堆放处理是化工废渣处理过程中必不可少的阶段，堆放处理在达到减少污染目的的同时也会存在不可避免的危害。随着社会的高速发展，废弃物的排放量不断增加，据估算每堆积 4 万 t 废渣需占地 1 亩（约 $667m^2$）。这些化工废渣侵占越来越多的土地，造成极大的经济损失，并且严重破坏了地表植被、优美的自然环境和大自然的生态平衡。

8.2.3 土壤污染

土壤污染（Soil Pollution）是指排进土壤的有机物或含毒弃废物过多，超过了土壤的自净能力，引起土壤质量恶化，从而在卫生学和流行病学上产生了有害影响。当化工废渣露天堆存，经过长期的风吹、日晒、雨淋后，废渣中大量的有害成分随渗滤液浸出流向地下，并随土壤之间的孔隙由毛细作用向四周扩散，使土壤(一般受污染的土地面积往往大于堆渣占地的1~2倍)和地下水受到污染。微生物是维持土壤生态健康的重要因素，有害组分的浸入，会杀害土壤中的微生物，改变土壤性质和土壤结构，破坏土壤的腐解能力，导致草木不生。

8.2.4 水体污染

化工废渣被直接排入江河湖海等水域中造成水体的直接污染；固废在堆存过程中自身分解的有毒物质通过降雨携带或因较小的颗粒随风飘迁落入河流、湖泊，渗入地下而导致地面水和地下水的污染造成水体的间接污染。有害物质进入水体后发生溶解，造成水体缺氧、污染、变性、富营养化，影响水资源的利用。此外，向水体倾倒固废还将缩减江河湖面有效面积，使其排洪和灌溉能力降低。据估算，我国受铬渣污染的水源为$12\times10^{13}m^3$，相当于3000个三峡水库。

8.2.5 大气污染

化工废渣在堆存、运输及处理过程中其本身含有或经过自身氧化风化所产生的粉尘、固体颗粒物等，以风为媒介随风飘逸将加大大气的粉尘污染；有机化工废物在适宜的温度、湿度环境下会被微生物分解，产生有害气体。

石油化工厂排放的油渣，会释放一定数量的多环芳烃。填埋在地下的有机废物分解会产生二氧化碳、甲烷(填埋场气体)等气体，任其聚集会发生危险，如引发火灾，甚至发生爆炸。

8.2.6 对人体的危害

化工废渣所产生的各类有害成分都会借助土壤、水、大气等媒介对人体各类系统产生直接或间接的危害。例如，化工废渣中所含有的大量重金属(汞、铅、镍等)和有机物(氰化物等)，都会对人体构成很大的危害。

8.3 化工废渣处理技术

8.3.1 化工废渣预处理技术

1. 压实

1) 定义、原理及目的

压实是利用机械方法将外力加压于松散的固体废物上，增加固体废物化工废渣度，实现废物减容化的过程。

压实的原理是降低孔隙率，将空气压掉。大多数固体废物是由不同颗粒与颗粒间的空隙组成的集合体；自然堆放的固体废物，其表观体积是废物颗粒有效体积与空隙占有的体积之和。经过压实处理一方面可以增大容量和减小体积以便于装卸、运输、储存、填埋和降低成本；另一方面可以制取高密度惰性材料，便于储存、填埋或做建筑材料。

2）压实设备

根据操作情况，固体废物的压实设备可分为固定式和移动式两大类。凡用人工或机械方法（液压方法为主）把废物输送到压实机械中进行压实的设备称为固定式压实器。固定式压实器一般设在工厂内部、废物转运站、高层住宅垃圾滑道底部以及需要压实废物的场合，如各种家用小型压实器、废物收集车上配备的压实器及中转站配备的专用压实机等均属于固定式压实设备。移动式压实器是指在填埋现场使用的轮胎式或履带式压土机、钢轮式布料压实机及其他专门设计的压实机具。移动式压实器一般安装在垃圾收集车上，接收废物后进行压缩，随后送往处置场地。

无论是何种用途的压实器，工作原理大体相同。其构造主要由容器单元和压实单元两部分组成，容器单元负责接收废物原料，压实单元具有液压或气压操作的压头，利用压头高压使废物压实。

固定式压实器主要有三向联合式（垂直式）压实器和回转式压实器两种。

（1）三向联合式（垂直式）压实器

适合于压实松散金属废物的三向联合式压实器，如图 8-2 所示。它具有三个互相垂直的压头，金属废物等被置于容器单元内，而后依次启动 1、2、3 三个压头，逐渐使固体废物的空间体积缩小、容积密度增大，最终达到一定尺寸。压后尺寸一般在 200~1000mm。

（2）回转式压实器

回转式压实器如图 8-3 所示。废物装入容器单元后，先按水平式压头 1 的方向压缩，然后按箭头的运动方向驱动旋动压头 2，最后按水平压头 3 的运动方向将废物压至一定尺寸排出。

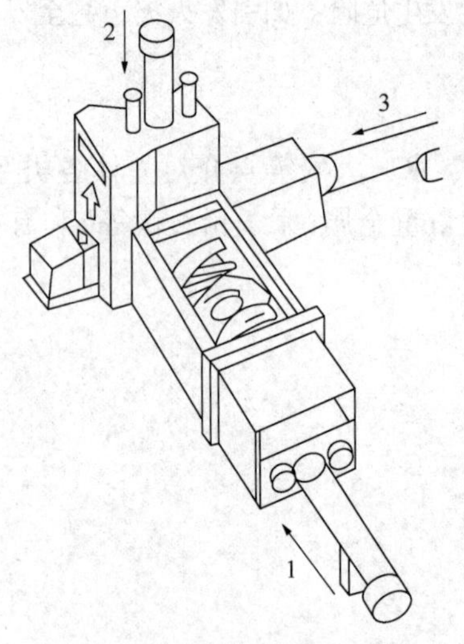

图 8-2　三向联合式压实器

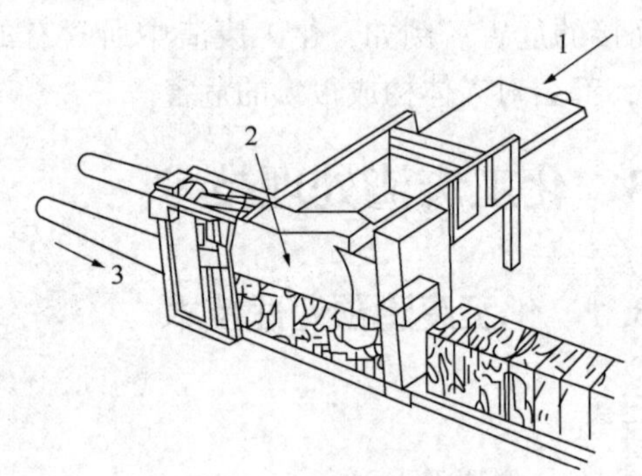

图 8-3　回转式压实器

移动式压实器是指带有行驶轮或可在轨道上行驶的压实器。移动式压实器主要用于填埋厂压实所填埋的废物，在轨道上行驶的压实器可安装在垃圾车上压实垃圾车所接收的废物。按压实原理分，移动式压实器可分为碾（滚）压、夯压、振动三种，相应地，有碾（滚）压实机、夯实压实机、振动压实机三大类。固体废物压实处理主要采用碾（滚）压实机。为压实固体废物，增加填埋容量，可采用多种方式和各种类型的压实机具。最简单的办法是将废物平整后，以装载废物的运输车辆来回行驶将废物压实。废物达到的密度由废物性质、运输车辆来回频次、车辆型号和载重量而定，平均可达到500~600kg/m^3，如果用压实机具来压实填埋废物，可将这个数值提高10%~30%(适当喷水可改善废物的压紧状态，易于提高其密度)。

2. 破碎

1）定义与原理

指利用人力或机械等外力克服固体废物质点间的内聚力和分子间作用力而使大块固体废物分裂成小块固体废物的过程。破碎是固体废物预处理的技术之一，固体废物经过破碎，不但可以减小固体废物的颗粒尺寸，而且可降低其孔隙率，使固体废物有利于减量化、后续处理与资源化利用。

2）目的

① 减小固体废物体积，便于压缩、运输、储存、高密度填埋和利用。高密度填埋处置时，压实密度高而均匀，可以加快覆土还原。

② 使物料均匀一致、比表面积增加，大幅度提高焚烧、热解、熔融、压缩等作业的稳定性、热效率和处理效率。

③ 防止粗大、锋利的固体废物损坏分选、焚烧和热解等处理设备。

④ 为固体废物的分选提供所要求的入选粒度，从而有效地回收固体废物中的某种组分。

⑤ 为固体废物的下一步加工做准备。例如，煤矸石的制砖、制水泥等，都要求把煤矸石破碎和磨碎到一定粒度以下，以便进一步加工制备使用。

3）破碎流程

根据固体废物的性质、粒度大小，要求的破碎比和破碎机的类型，每段破碎流程可以有不同的组合方式，其基本工艺流程如图8-4所示。

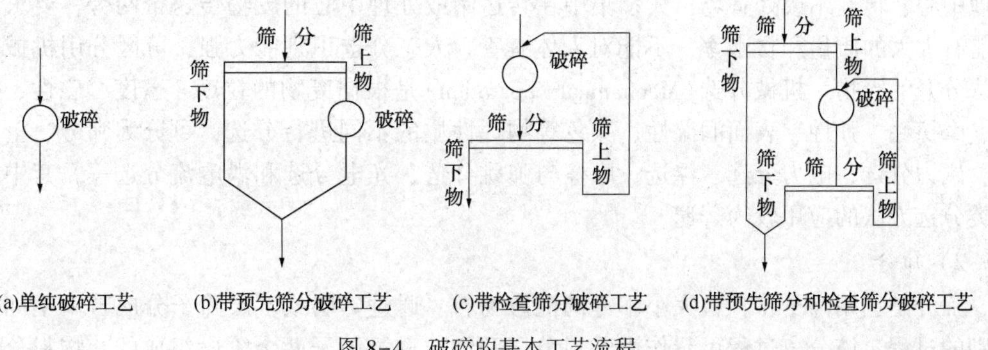

图8-4　破碎的基本工艺流程

① 单纯的破碎流程[见图8-4(a)]。具有流程和破碎机组合简单、操作控制方便、占地面积少等优点，但只适用于对破碎产品粒度要求不高的场合。

② 带有预先筛分的破碎流程[见图8-4(b)]。其特点是预先筛除废物中不需要破碎的细粒，相对地减少了进入破碎机的总给料量，同时有利于节能。

③ 带有检查筛分的破碎流程[见图8-4(c)、图8-4(d)]。其特点是能够将破碎产物中一部分大于所要求的产品粒度颗粒分离出来，送回破碎机进行再破碎。因此，可获得全部符合粒度要求的产品。

4）破碎方法

根据破碎固体废物所用的外力，即消耗能量的形式，可分为机械能破碎和非机械能破碎两种方法。机械能破碎是利用破碎工具（如破碎机的齿板、锤子、球磨机的钢球等）对固体废物剪切、冲击、挤压将其破碎；非机械能破碎是利用电能、热能等对固体废物进行破碎的新方法，如低温冷冻破碎、湿法破碎、热力破碎、减压破碎及超声波粉碎等。

固体废物的机械强度及硬度决定了破碎方法的选择。固体废物的机械强度与废物颗粒的粒度有关，粒度小的废物颗粒，其宏观和微观裂缝比粒度大的颗粒要少，因而机械强度较高。在实际工程中，鉴于固体废物的硬度在一定程度上反映被破碎的难易程度，因而可以用废物的硬度表示其可碎性。对于脆硬性废物，如各种废石和废渣多采用挤压、磨碎、弯曲、冲击和劈裂破碎；对于柔性废物，如废钢铁、废汽车、废器材和废塑料等多采用冲击破碎和剪切破碎；对含有大量废纸的城市垃圾则采用湿式和半湿式方法破碎；对于粗大固体废物，一般是先剪切、压缩成一定形状和大小，再送去破碎。为实现固体废物破碎的高效率和低成本，通常会综合两种及两种以上的破碎方法。例如，锤式破碎机既有冲击破碎，还有挤压破碎、摩擦破碎。

5）破碎机

破碎固体废物常用的破碎机类型有颚式破碎机、锤式破碎机、冲击式破碎机、剪切式破碎机、辊式破碎机和球磨机等。

3. 分选

1）定义

分选（Sorting）是固体废物处理中重要的单元操作，其目的是将固体废物中可回收利用的或不满足后续处理、处置工艺要求的物质分离出来，以便后续的综合利用。

分选包括人工分选和机械分选。人工分选（Hand Sorting）适用于废物发生地、收集站、处理中心、转运站或处置场，大多集中在转运站或处理中心的废物传送带两旁，要求废物不能有太大的质量和含水率，不能对人体有害。人工分选识别能力强，可区分用机械方法无法分开的废物。机械分选（Mechanical Separation）是根据废物的粒度、密度、磁性、导电性、摩擦性、弹性、表面润湿性、颜色等物理性质的不同进行分选，可分为筛分、重力分选、磁力分选、电力分选、浮选、摩擦与弹跳分选、光电分选和涡电流分选等，其中以前五类分选方法的应用较为普遍。

2）筛分

筛分是利用筛子将颗粒大小不等的混合物料，通过单层或多层筛子分成若干不同粒度级别的过程。该分离过程可看作由物料分层和细粒透过筛子两个阶段组成的。物料分层是完成分离的条件，细粒透过筛子是分离的目的。在筛分时，通过物料与筛面的相对运动，使筛面上的物料松散开，并按颗粒大小分层，粗粒位于上层，细粒位于下层，小于筛孔的细粒到达筛面并透过筛孔，而大于筛孔的粗粒留在筛面上，从而使粗、细物料分离开。筛分效率主要与固体废物性质、筛分设备性能与筛分操作条件三种因素有关。

常见的筛分设备有：固定筛、滚轴筛和振动筛等。

① 固定筛。固定筛是筛面固定不动的筛分机械，由许多平行排列的钢制筛条组成，可以水平安装或倾斜安装。固定筛分为格筛（装在粗破之前）和棒条筛（粗破或中破之前）。固

定筛的筛分效率较低，在处理含水量较高的黏性物料时易堵塞，操作时劳动强度大，但由于构造简单、易于制造、不需动力和成本低等特点，在固体废物处理作业中广泛应用。

② 滚轴筛。滚轴筛的筛面由很多根平行排列的、装有筛片的筛轴组成，通过传动装置可带动筛轴旋转，其转动方向与物料流动方向相同。滚轴筛常用于粗粒物料的筛分作业，适合筛分软、中硬物料，其优点是不堵筛，缺点是设备笨重、筛分效率较低、滚轴磨损快。

③ 振动筛。振动筛由于筛面强烈振动，消除了堵塞筛孔的现象，有利于湿物料的筛分，可用于粗、中细粒的筛分，还可以用于振动和脱泥筛分。

3）重力分选

重力分选是根据固体废物在活动的或流动的介质中的密度差或粒度进行分选的一种方法。其基本原理是固体颗粒或颗粒聚集体凭借自身重力作用在液相中自由沉降，从而达到固相自液相分离之目的。各种重力分选过程具有共同的工艺条件，如：固体废物中颗粒间必须存在密度的差异；分选过程都在运动介质中进行；在重力、介质动力和机械力的综合作用下，使颗粒群松散并按密度分层；分好层的物料在运动介质流的推动作用下相互迁移，彼此分离，并获得不同密度的最终产品。

按介质的不同，固体废物的重力分选可以分为重介质分选、跳汰分选、风力分选和摇床分选等。

4）电力分选

电力分选是在高压电场中利用入选物料之间电性差异进行分选的方法。一般物质大致可分为电的良导体、半导体和非导体，它们在高压电场中有着不同的运动轨迹。利用物质的这一特性即可将不同物质分离。电力分选对于塑料、橡胶、纤维、废纸、合成皮革、树脂等与某种物料的分离，各种导体和绝缘体的分离，工厂废料如旧型砂、磨削废料、高炉石墨、煤渣和粉煤灰等的回收，都十分简便、有效。

废物颗粒的电力分选过程：废料由给料斗均匀加入滚筒上，随着滚筒的旋转，废物颗粒进入电晕电场区，由于电场区空间带有电荷，使导体和非导体颗粒都获得负电荷（与电晕电极相反）。导体颗粒一面带电，一面又把电荷传给滚筒，其放电速率快，因此，当废物颗粒随着滚筒的旋转离开电晕电场区而进入静电场区时，导体颗粒的剩余电荷少，而非导体颗粒则因放电速率慢，致使剩余电荷多。导体颗粒进入静电场后不再继续获得负电荷，但仍继续放电，直至放完全部负电荷，并从滚筒上得到正电荷而被滚筒排斥，在电力、离心力和重力分力的综合作用下，其运动轨迹偏离滚筒，而在滚筒前方落下。偏向电极的静电引力作用更增大了导体颗粒的偏离程度。非导体颗粒由于有较多的剩余负电荷，将吸附在滚筒上，带到滚筒后方，被毛刷强制刷下。半导体颗粒的运动轨迹则介于导体与非导体颗粒之间，成为半导体产品落下，从而完成电选分离过程。

5）磁力分选

磁力分选有两种类型：一类是通常意义上的磁选，另一类是近期发展起来的磁流体分选。磁选是利用固体废物中各种物质的磁性差异在不均匀磁场中进行分选，主要用于在供料中磁性杂质的提纯、净化以及磁性物料的精选。固体废物按其磁性大小可分为强磁性、弱磁性、非磁性等不同组分。磁流体分选是一种重力分选和磁力分选联合作用的分选过程。所谓磁流体，是指某种能够在磁场或磁场与电场的联合作用下磁化，呈现似加重现象，对颗粒产生磁浮力作用的稳定分散液。物料在似加重介质中按密度差异分离，与重力分选相似；在磁场中按物料磁性差异分离，与磁选相似，因此可以将磁性和非磁性物料分离，亦可以将非磁性物料按密度差异分离。

磁力分选法在固体废物的处理和利用中占有特殊的地位，它不仅可分选各种工业废液，还可从城市垃圾中分选铝、铜、锌、铅等金属。如拜耳法赤泥回收铁技术，就是利用分选技术中的磁力分选的原理进行有价组分直接回收利用。该技术采用强磁选铁回收技术，从赤泥中回收铁。通过一条试验线，使用两台串级磁选机直接对氧化铝生产过程物料——洗涤赤泥浆中的铁进行分选、富集，使回收的铁精矿品位达55%甚至更高，作为钢铁冶炼工业的原料。其磁选工艺用水采用生产赤泥洗水，磁选尾矿浆返回生产赤泥洗涤系统，不需要额外增加新水消耗。

6）浮选

浮选是一种湿法分选，根据固体废弃物粒子表面亲、疏水性能的不同，在其中加入浮选药剂（捕收剂、起泡剂、调整剂等），通过在浮选池中向废水中通入一定尺寸的气泡，使其中一种或一部分疏水性较强的粒子选择性地黏附在气泡上借助浮力浮到表面与液相分离的操作。

根据分离体系不同可分为：浮游选矿、离子浮选、分子浮选及胶体浮选等。

8.3.2 热化学处理技术

1. 化工废渣的焚烧

1）概述

焚烧法是对可燃固体废渣的热处理技术，使被燃烧物质与过量空气在焚烧炉内利用高温分解和深度氧化，实现无害化、减量化、资源化的一种处理方法。主要目的是尽可能焚毁废物，使被焚烧的物质变为无害和最大限度地减容，并尽量减少新的污染物质产生，避免造成二次污染。

国际上一般认为以下五种废物适于焚烧处理：具有生物毒性和危害性的废物；不易被生物降解，能在环境中长期存在的废物；易挥发或扩散的废物；燃点低于40℃的废物；含有卤素、铅、汞、铬、锌、氮、磷或硫的有机废物。

焚烧法处理工业废渣在世界上之所以得到广泛的应用，取决于以下五个独特的优点：

① 经过焚烧后，废渣中的有害物质及病原体只需在炉中停留短暂时间就可以被彻底消除，无害化程度高。

② 减容（量）效果好，一般经焚烧后体积可减少85%~95%，质量减少20%~80%。

③ 焚烧过程中产生的热可以回收利用，充分实现资源化。

④ 焚烧处理可全天候操作，不易受天气影响。具有处理周期短、占地面积小、选址灵活等特点。

⑤ 焚烧排出的气体和残渣中的有害副产物的处理远比有害废弃物直接处置容易得多。

2）焚烧工艺系统

一个典型的焚烧系统，通常由废物预处理、焚烧、热能回收、尾气和废水的净化四个基本过程组成，而一座大型工业废物焚烧厂通常包括废物预处理系统、储存与进料系统、焚烧系统、废热回收系统、发电系统、饲水处理系统、废气处理系统、废水处理系统及灰渣收集及处理系统九个系统组成。

3）影响焚烧的四要素

焚烧效果主要受以下四种因素影响，即焚烧温度、焚烧停留时间、搅拌混合程度及过剩空气量。

（1）焚烧温度

废物的焚烧温度是指废物中有害组分在高温下氧化、分解直至破坏所需达到的温度。由于焚烧炉的体积较大，炉内的温度分布不均匀，即炉内不同部位的温度不同，所以为达到焚烧效果最优化，一般会提高焚烧温度。一般来说，提高焚烧温度有利于废物中有机毒物的分解和破坏，并可抑制黑烟的产生。但过高的焚烧温度不仅增加了燃料消耗量，而且会增加废物中金属的挥发量及氧化氮数量，引起二次污染，因此不能随意使用较高的焚烧温度。温度与停留时间是一对相关因子，大多数有机物的焚烧温度在800~1100℃的范围之间。我国《生活垃圾焚烧污染控制标准》（GB 18485—2014）规定炉膛内焚烧温度≥850℃。

（2）焚烧停留时间

废物中有害组分在焚烧炉内处于焚烧条件下，该组分发生氧化、燃烧，使有害物质变成无害物质所需的时间称为焚烧停留时间。停留时间的长短直接影响焚烧的完全程度，停留时间也是决定炉体容积尺寸的重要依据。废物在炉内焚烧所需停留时间是由许多因素决定的，如废物进入炉内的形态（固体废物颗粒大小，液体雾化后液滴的大小以及黏度等）对焚烧所需停留时间影响甚大。对于垃圾焚烧，如温度维持在850~1100℃，有良好的搅拌和混合，使垃圾的水分易于蒸发，燃烧气体在燃烧室的停留时间为1~2s；对于一般有机废液，在较好的雾化条件及正常的焚烧温度条件下，焚烧所需的停留时间在0.3~2s，而较多的实际操作表明停留时间为0.6~1s；含氰化合物的废液较难焚烧，一般需较长时间（3s左右）；对于废气，因为除去恶臭的焚烧温度并不高，其停留时间不需要太长，一般在1s以下。

（3）搅拌混合程度

要使废物燃烧完全，减少污染物形成，必须使废物与助燃空气充分接触、燃烧气体与助燃空气充分混合。为增大固体与助燃空气的接触和混合程度，扰动方式是关键所在。焚烧炉所采用的扰动方式有空气流扰动、机械炉排扰动、流态化扰动及旋转扰动等，其中以流态化扰动方式效果最好。中小型焚烧炉多数属于固定炉床式，扰动多由空气流动产生，包括：①炉床下送风助燃：空气自炉床下方送风，由废物层孔隙中窜出，这种扰动方式易将不可燃的底灰或未燃碳颗粒随气流带出，形成颗粒物污染，废物与空气接触机会大，废物燃烧较完全，焚烧残渣热灼减量较小；②炉床上送风助燃：空气由炉床上方送风，废物进入炉内时从表面开始燃烧，优点是形成的粒状物较少，缺点是焚烧残渣热灼减量较高。

（4）过剩空气量

在实际的燃烧系统中，氧气与可燃物质无法完全达到理想程度的混合及反应。为使燃烧完全，仅供给理论空气量很难使其完全燃烧，需要加上比理论空气量更多的助燃空气量，以使废物与空气完全混合燃烧。根据经验，过剩空气系数一般需大于1.5，常在1.5~1.9；但在某些特殊情况下，过剩空气系数可能在2以上才能达到较完全的焚烧效果。

4）主要的焚烧设备

焚烧炉是整个焚烧过程的核心，焚烧炉类型不同，往往整个焚烧反应的焚烧效果不同。焚烧炉的构造大致可分成承载炉床和炉床上空的燃烧室两部分。具体的结构形式与废物的种类、性质和燃烧形式等因素有关，不同的焚烧方式有相应的焚烧炉与之相配合。

目前世界上固体废物焚烧炉的型号已有 200 多种，主要的焚烧炉有机械炉排焚烧炉、回转窑焚烧炉和两室炉等。

（1）机械炉排焚烧炉

炉排型焚烧炉形式多样，其应用量占全世界垃圾焚烧市场总量的 80%以上。依靠其运行稳定、可靠、适应性广以及绝大部分固体垃圾不需要任何预处理可直接进炉燃烧等优势，使其在化工危险废弃物焚烧处理过程中得到了非常广泛的应用。炉排型焚烧炉在实际焚烧处理时必须对焚烧的废弃物进行充分的搅拌和翻转，这样才能有效提升废弃物的燃烧效率，充分减少燃烧后的残渣。炉排型焚烧炉与传统的燃烧炉相比较性能更加优越，完全能够满足化工危险废弃物焚烧处理的实际需求。但是受其材质的影响，机械炉排焚烧炉的应用也有局限性，含水率特别高的污泥、大件生活垃圾，不适宜直接用炉排型焚烧炉。如图 8-5 为机械炉排焚烧炉结构示意图。

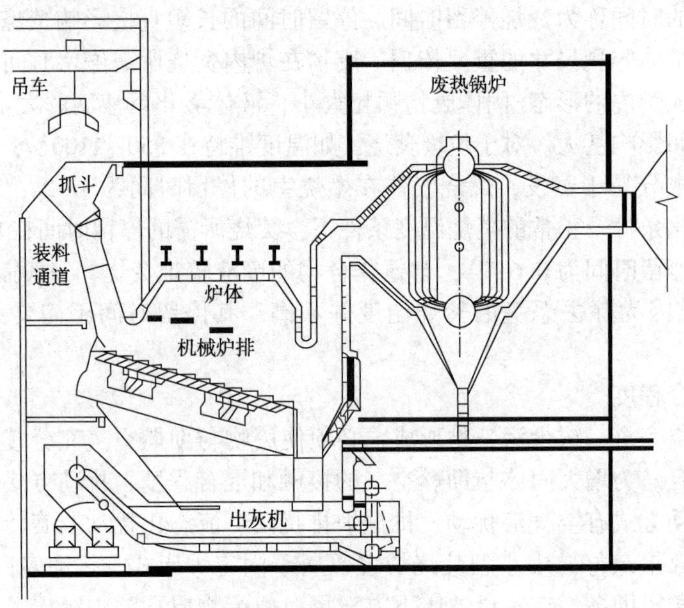

图 8-5　机械炉排焚烧炉结构示意图

（2）回转窑焚烧炉

在化工危险废弃物焚烧处理过程中，回转窑焚烧炉是应用最广泛的一种焚烧炉。回转窑焚烧炉内壁主要由耐火砖砌筑而成，在进行焚烧处理的过程中主要使用的燃料是柴油或天然气。回转窑焚烧炉整体的结构形式比较简单，在钢板制的圆筒状本体内部设置了耐火材料衬炉，实际操作流程也非常简单，能够针对多种类型的化工危险废弃物进行高效的处理，并且能够充分保证废弃物得到完全燃烧。此外，回转窑焚烧炉使用成本比较低，因此其应用也非常广泛，如图 8-6 所示。

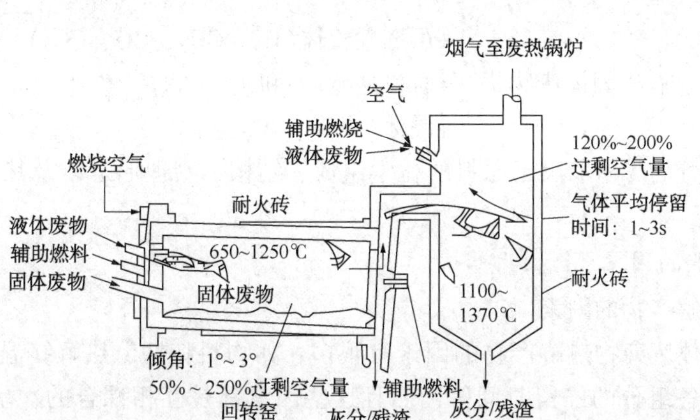

图 8-6 回转窑焚烧炉

(3) 两室炉

两室炉在实际针对化工废弃物进行处理的时候存在燃烧效率低、处理水平低等缺陷。因此，在实际处理过程中应用比较少。

2. 化工废渣的热解

1) 概念

热解是一种古老的工业化生产技术，该技术最早应用于煤的干馏，所得到的焦炭产品主要作为冶炼钢铁的燃料。热解技术于 20 世纪 70 年代初期开始应用于固体废物的资源化处理，并制造燃料，具有广阔的前景。

固体废物热解是利用有机物的热不稳定性，在无氧或缺氧条件下受热分解转化为气体燃料、燃料油等可储存、易运输的能源，或回收资源性产物(如热解液体产物作化工原料)的技术措施，主要应用于城市生活垃圾、污泥、废塑料、废橡胶等废物的处理利用。

热解法与焚烧法既有相似之处，又有不同之处。相似之处在于都是热化学转化过程；不同之处在于焚烧是放热的，热解是吸热的。固体废物热解与焚烧相比具有以下优点。

① 焚烧的产物主要是二氧化碳和水，热解可以将固体废物中的有机物转化为气、液、固态低分子化合物。固态低分子化合物是以燃料气、燃料油和炭黑为主的储存性能源。

② 由于是缺氧分解，排气量少，有利于减轻对大气环境的二次污染。

③ 废物中的硫、重金属等有害成分大部分被固定在炭黑中。

④ 由于保持还原条件，Cr^{3+} 不会转化为 Cr(Ⅵ)。

⑤ NO_x 的产生量少。

2) 热解反应过程及产物

固体废物热解过程是一个复杂的化学反应过程，包括大分子的键断裂、异构化和小分子的聚合等反应，最后生成各种较小的分子。

热解种类按照反应温度可以分为三类。高温热解：$T>1000$℃，供热方式几乎都是直接加热；中温热解：$T=600\sim700$℃，主要用在比较单一的废物的热解，如废轮胎、废塑料热解油化；低温热解：$T<600$℃，农业、林业和农业产品加工后的废物用来生产低硫低灰的炭可采用这种方法，生产出的炭按照其原料和加工的深度不同，可作不同等级的活性炭和水煤气原料。

$$\text{有机固体废物} \xrightarrow{\triangle} \begin{cases} +\text{可燃性气体}(H_2、CH_4、CO、CO_2) \\ +\text{有机液体}(\text{有机酸、芳烃、焦油}) \\ +\text{固体}(\text{炭黑、灰渣}) \end{cases}$$

产物中各成分的收率取决于原料的化学组成、结构、物理形态以及热解的温度和升温速率。

3）影响热解的因素

（1）影响热解产物的因素

影响有机固体废弃物热解产物的因素有很多，如物料特性、热解终温、炉型、堆积特性、加热方式、各组分的停留时间等，而且这些因素都是互相耦合的，呈非线性的关系。各种影响因素的关联度大小为：热解终温>物料特性>加热速率>物料的填实度>物料粒径。热解终温的关联度数值最大，这说明热解终温是最重要的参数之一。

（2）影响热解过程的因素

影响热解过程的因素有温度、加热速率、反应时间等。另外，废物的成分、反应器的类型及作为氧化剂的空气供氧程度等，都对热解反应过程产生影响。

温度是热解过程最重要的控制参数；加热速率对生成品成分比例影响较大；反应时间与物料尺寸、物料分子结构特性、反应器内的温度水平、热解方式等因素有关，并且它又会影响热解产物的成分和总量。

8.3.3 固化、稳定化处理技术

1. 固化、稳定化处理技术定义

固化技术是利用物理或化学方法将有害废物与固化基材混合，使其转变为不可流动固体或形成紧密固体，并具有化学稳定性或密封性的一种无害化处理技术。固化的产物是结构完整的整块密实固体，这种固体可以合适的尺寸大小进行运输，而无须任何辅助容器。经过处理的固化产物应具有良好的抗渗透性、良好的机械性以及抗浸出性、抗干湿、抗冻融特性，固化处理根据固化基材的不同可分为沉降固化、沥青固化、玻璃固化及胶质固化等。

稳定化技术是利用添加剂将废物或土壤中有毒有害污染物转变为低溶解性、低迁移性及低毒性物质的过程。一般可分为物理稳定化和化学稳定化。物理稳定化是将固体废物与一种疏松的物料（如粉煤灰）混合生成一种粗颗粒、有土壤状坚实度的固体，这种固体可以运送至处置场。化学稳定化是指通过化学反应使有毒物质变成不溶性化合物，使之在稳定的晶格内固定不动。实际操作过程中，固化和稳定化两个过程是同时发生的。

2. 固化、稳定化技术分类及应用

根据废弃物的性能和固化剂的不同，固化、稳定化技术常用的有水泥固化法、石灰固化法、热塑性材料固化法、熔融固化法、热固性材料固化法、玻璃固化法、自胶结固化法、高分子有机物聚合固化法等。

固化、稳定化技术主要应用于以下几个方面。

① 对具有毒性或强反应性等危险性质的废物进行处理，使其满足填埋处置的要求。

② 对其他处理过程所产生的残渣进行最终处理，例如，焚烧产生的灰分的无害化处理。

③ 在大量土壤被有害污染物所污染的情况下对土地进行治理。

8.3.4　填埋处置技术

1. 概述

土地填埋处置技术是新型的废物终端处置技术，它不是单纯的堆、填、埋，而是按照工程理论和土工标准，对固体废物进行有控管理的一种综合性科学工程方法。根据所处置的废物种类及其性质，以及对处置场环境条件和处置技术等的要求不同，土地填埋技术一般可分为两类：卫生土地填埋处置技术和安全土地填埋处置技术。前者主要处置城市垃圾等一般固体废物、一般工业固体废物，而后者则主要以危险废物为处置对象。这两种处置方式的基本原则是相同的，事实上安全填埋在技术上完全可以包含卫生填埋的内容。

2. 卫生土地填埋处置技术

卫生土地填埋是城市固体废物土地填埋处置的一种方法，始于20世纪60年代，是在传统的堆放、填埋的基础上，从保护环境角度在技术上作了较大改进的处置方法。通常在填埋场地每铺设40~75cm厚废物，即采取压实处理以减少废物的体积，压实后再覆以15~30cm土层，如此继续下去，当达到最终设计标高后，在填埋层上覆盖90~120cm厚的土壤，压实后封场。卫生土地填埋场剖面示意图如图8-7所示。

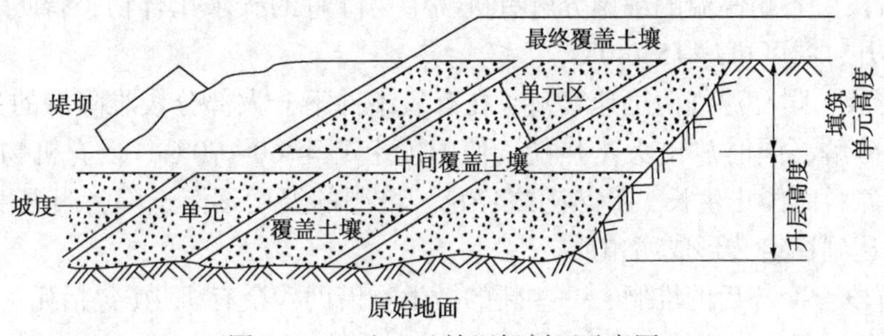

图8-7　卫生土地填埋场剖面示意图

3. 安全土地填埋处置技术

安全土地填埋是一种改进的卫生填埋方法，也称为安全化学土地填埋。安全土地填埋主要用来处置危险废物。因此其结构和安全措施比卫生土地填埋场更为严格，为了防止填埋废物与周围环境接触，尤其是防止地下水污染，在设计上除了必须严格选择具有适宜的水文地质结构和满足其他条件的场址外，还要求在填埋场底部铺设高密度聚乙烯材料的双层衬里（衬里渗透系数要小于8~10cm/s），并具有地表径流控制、浸出液的收集和处理、沼气的收集和处理、监测井及适当的最终覆盖层的设计。在操作上必须严格限定入场处置的废物，进行分区、分单元填埋及每天压实覆盖，并特别要注意封场后的维护管理，通常要求在封场后应至少持续维护管理20年。

土地填埋法与其他处置方法相比，其主要优点是：

① 此法为一种完全的、最终的处置方法，若有合适的土地可供利用，此法最为经济；

② 它不受废物的种类限制，且适合处理大量的废物；

③ 填埋后的土地可重新用作停车场、游乐场、高尔夫球场等。

8.3.5 化工废渣堆肥技术

1. 好氧堆肥

1）概述

好氧堆肥是在有氧条件下，好氧细菌对废物进行吸收、氧化以及分解的过程。好氧细菌通过自身新陈代谢将一部分有机物进行分解、氧化成简单的无机物，同时释放出可供微生物生长活动所需的能量(氧化还原过程)；而另一部分有机物则被合成新的细胞质，使微生物不断生长繁殖，产生更多的生物体(生物合成过程)。

由于有机物生化降解伴随热能的产生，该热能不会全部散发到环境中。因此好氧堆肥的堆温较高，一般宜在55~60℃，甚至可以达到80~90℃，所以好氧堆肥也称高温堆肥。高温堆肥可以最大限度地杀灭病原菌，耐高温的细菌快速繁殖，对有机质的降解速度快、堆肥所需天数短、臭气发生量少，是堆肥化的首选。

2）工艺原理

堆肥工艺流程主要包括：前处理、主发酵(一次发酵)、后发酵(二次发酵)、后处理、储存。生态动力学表明，好氧分解中发挥主要作用的是菌体硕大、性能活泼的嗜热细菌群。该菌群在大量氧分子存在下将有机物氧化分解，同时释放出大量的能量。因此好氧堆肥过程应伴随着两次升温，将其分成三个阶段：起始阶段、高温阶段和熟化阶段。

① 起始阶段：不耐高温的细菌分解有机物中易降解的碳水化合物、脂肪等，同时放出热量使温度上升，温度可达15~40℃。

② 高温阶段：耐高温细菌迅速繁殖，在有氧条件下，大部分较难降解的蛋白质、纤维等继续被氧化分解，同时放出大量热能，使温度上升至60~70℃。当有机物基本降解完，嗜热菌因缺乏养料而停止生长，产热随之停止。堆肥的温度逐渐下降，当温度稳定在40℃时，堆肥基本达到稳定，形成腐殖质。

③ 熟化阶段：冷却后的堆肥，一些新的微生物借助残余有机物(包括死后的细菌残体)而生长，将堆肥过程最终完成。

2. 厌氧堆肥

1）概述

厌氧堆肥是在无氧的条件下，借助厌氧微生物(主要是厌氧细菌)将有机质进行分解，被分解的有机碳化合物中的能量大部分转化储存于甲烷中，仅一小部分有机碳化合物氧化成二氧化碳，释放的能量供微生物生命活动需要的过程。

2）工艺原理

当有机物进行厌氧分解时，主要经历了两个阶段：酸性发酵阶段和碱性发酵阶段。分解初期，微生物活动中的分解产物是有机酸、醇、二氧化碳、氨、硫化氢等。在这一阶段中，有机酸大量积累，pH值逐渐下降，所以叫作酸性发酵阶段，参与的细菌统称为产酸细菌。在分解后期，由于所产生的氨的中和作用，pH值逐渐上升；同时，另一群统称为甲烷细菌的微生物开始分解有机酸和醇，产物主要是甲烷和二氧化碳。随着甲烷细菌的繁殖，有机酸迅速分解，pH值迅速上升，这一阶段的分解叫碱性发酵阶段。

厌氧堆肥的特点是工艺简单，通过堆肥自然发酵分解有机物，不必由外界提供能量。同时厌氧分解后的产物中含有许多喜热细菌并会对环境造成严重的污染。其中明显含有有机脂肪酸、乙醛、硫醇(酒味)、硫化氢气体还夹杂着一些化合物及一些有害混合物。

3) 厌氧、好氧堆肥异同点

(1) 厌氧、好氧堆肥相同点

① 都是微生物作用下的有机物降解过程，需要微生物培养的条件，包括营养元素合理分配、温度、pH 值等；

② 杀灭病原体，提高 N、P 的比例，使生肥变成植物更易于吸收的熟肥。

(2) 厌氧、好氧堆肥不同点

① 条件不同。厌氧要求无氧状态；好氧要求有氧状态。

② 产物不同。厌氧分为两步(两段论)，第一步为酸化过程，分解成有机酸、醇类等；第二步为甲烷化阶段，生成甲烷、水等，存在二次污染。好氧发酵的最终产物是 CO_2 和 H_2O，降解终产物没有二次污染。

③ 降解能力不同。好氧发酵能降解的有机物种类比较有限。一般情况下，先进行厌氧堆肥至第一步水解过程结束，水解产物再进行好氧发酵。

8.4 化工废渣资源化技术

8.4.1 化工废渣回收技术要求与原则

1. “三化”原则

2020 年 4 月 29 日第十三届全国人民代表大会常务委员会第十七次会议通过修订，并于 2020 年 9 月 1 日起施行的《固体废物污染环境防治法》在“总则”第四条明确规定，“固体废物污染环境防治坚持减量化、资源化和无害化的原则”。资源化是以无害化为前提，无害化和减量化以资源化为条件，我国固体废物处理利用的发展趋势是从无害化走向资源化。这既是防治固体废物污染环境的基本原则，又是《固体废物污染环境防治法》的综合管理措施和要求实现的目标。

① “减量化”原则是指采取预防为主的原则，从产生固体废物的源头进行控制，减少固体废弃物产生或排放的数量。“减量化”不仅是减少固体废弃物的数量和体积，还应该减少其种类，降低危险废物有害成分的浓度、减小或消除其危险特性。“减量化”是治理固体废弃物污染环境的首要要求和措施。

② “资源化”原则是指采取工艺措施从固体废物中回收及循环利用有用的物质和能源，使之转化为可利用的二次原料或再生资源。所谓废物是失去原有使用价值而被弃置的物质，并不是永远没有使用价值。

③ “无害化”指对已产生但又无法或暂时无法进行综合利用的固体废物进行焚烧和用其他改变固体废物的物理、化学生物特性的方法达到不污染环境、不损害人体健康的目的。

2. 全过程管理原则

这一原则是指对固体废物的产生、运输、储存、处理和处置的全过程及各个环节上都实行控制管理和开展污染防治工作，这一原则又形象地被称为从“摇篮”到“坟墓”的管理原则，固废环境管理是一项集体活动，废物产生者、承运者、储存者、处置者和有关过程中的其他操作者都要分担责任。

根据以上原则，可以将固体废物从产生到处置的全过程分为五个环节进行控制。第一阶段为，实现清洁生产，通过利用科学改进生产工艺等减少固体废物的产生。第二阶段为，对于生产过程中产生的固体废物，实现固体废物在系统内的回收利用。对于已产生的固体废物，则进行第三阶段(系统外的回收利用)、第四阶段(无害化、稳定化处理)以及第五阶段(固体废物的最终处置)。

8.4.2 主要化工废渣资源化

1. 石油炼制工业

石油炼制工业是把原油通过常减压蒸馏、催化裂化、加氢裂化及延迟焦化等石油炼制过程加工为各种石油产品的工业。石油炼制工业产生的工业固体废弃物有废酸碱液、白土渣、页岩渣、废催化剂、油泥、废瓷球等。其中生产设施包括渣油加氢装置、重油催化裂化装置、蜡油加氢裂化装置、柴油加氢装置、石脑油加氢装置、催化重整装置、苯抽提装置、甲基叔丁基醚装置、液化气脱硫醇装置等。

1）废酸液资源化利用

石油炼制行业中的废酸液主要来源于石油精制、酯化、磺化和烷基化过程所使用的废硫酸催化剂。其成分除硫酸外还有硫酸酯、磺酸等有机物及叠氮化物。废酸液回收利用途径主要分为两大类。一类为热解法回收硫酸，本法分为高温分解(在高温下完全燃烧)和中温分解两种。废酸液被喷入燃烧裂解炉中，废硫酸在无空气状态下可以与有机物反应，废酸分解为 SO_2 和 H_2O，有机物分解为 CO_2。产生的 SO_2 经过冷却器和静电酸雾沉降器除去水分和酸雾之后，在催化剂作用下氧化为 SO_3，然后送入吸收塔即可制成浓硫酸。如硫酸烷基化废液经热解法分解为二氧化硫后制取硫酸。另一类为废酸液经浓缩后作为其他产品的原料。浓缩方法主要分为高温浓缩法和低温浓缩法，浓度70%~80%的废酸液经浓缩后可达到95%甚至更高。浓缩以后的废酸可以作为原料再利用，如抚顺石油二厂采用活性炭对其甲乙酮生产过程产生的废酸液吸附脱臭和浓缩处理后，用于硫酸铵生产。

2）废碱液资源化利用

废碱液主要来自石油产品的碱洗精制步骤，废碱液的性质与被洗产品有关。废碱液的处理利用有硫酸中和法回收环烷酸、粗酚；二氧化碳中和法回收环烷酸、碳酸钠；利用废碱液造纸、做铁矿浮选剂。

① 硫酸中和法回收环烷酸、粗酚。硫酸中和法回收环烷酸、粗酚是直接采用硫酸酸化的方法将废碱渣加热脱油后，加入浓硫酸进行中和反应，将反应上层产物水洗后即得到环烷酸产品和粗酚产品。环烷酸产品主要从常压直馏汽油、煤油、柴油精制碱废渣中回收制取；粗酚产品主要从催化汽油、柴油废碱渣中回收制取。该方法能否有效发挥作用的关键是酸化条件的控制。酸不足，环烷酸和粗酚难以析出；酸过量，腐蚀管道，并且产生额外废酸液需要处理。硫酸中和法回收环烷酸、粗酚工艺流程如图 8-8 所示。

② 二氧化碳中和法回收环烷酸、碳酸钠。因为硫酸中和法仍存在有大量的中和后的酸性废液产生的不足，很多厂家使用 CO_2 代替硫酸对废碱液进行酸化，不仅降低硫酸消耗量

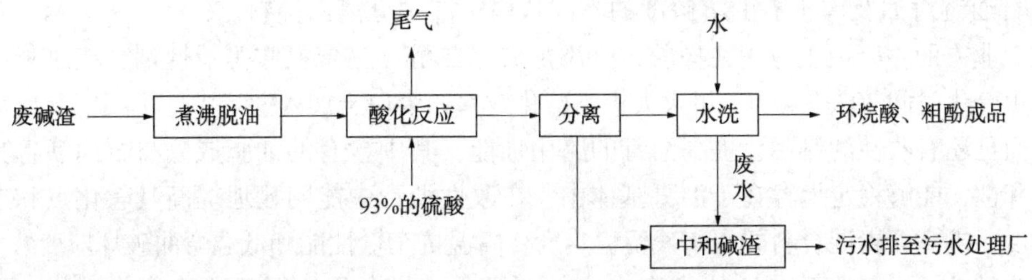

图 8-8 硫酸中和法回收环烷酸、粗酚工艺流程

及废液量还降低了成本。此法一般是利用 CO_2 含量在 7%~11%(体积分数)的烟道气碳化常压油品碱渣。回收工艺过程是，先将废碱液加热脱油，脱油后的碱液进入碳化塔，在塔内通入含二氧化碳的烟道气进行碳化。碳化液经沉淀分离，上层即为回收产品——环烷酸。下层为碳酸钠水溶液，经喷雾干燥即得固体碳酸钠，纯度可达 90%~95%。此方法缺点是中和后的 pH 值仍较高，环烷酸不能全部析出，而且产生大量泡沫易堵塞管线，可补加少量硫酸酸化获得粗环烷酸。低浓度二氧化碳中和法回收环烷酸、碳酸钠工艺流程如图 8-9 所示。

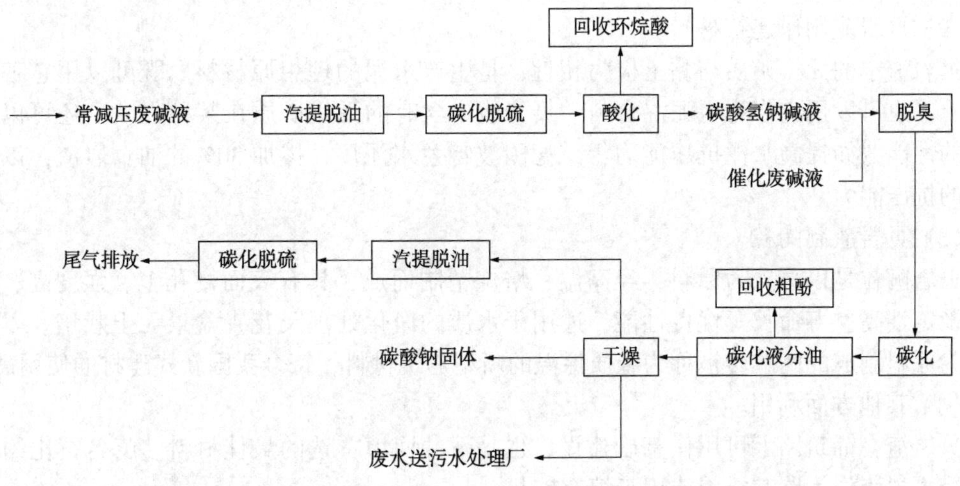

图 8-9 低浓度二氧化碳中和法回收环烷酸、碳酸钠工艺流程

③ 乙烯生产过程中产生的废碱液可以应用于造纸厂，将废碱液作为造纸工业用的蒸煮液。采用化学精制处理常压柴油产生的废碱液，可用加热闪蒸法生产贫赤铁矿浮选剂，用其代替一部分塔尔油和石油皂，可使原来的加药量减少 48%。

3) 白土渣的回收及资源化利用

在石油炼制行业中废白土渣主要来自石蜡和润滑油精制等工序中失活的白土。白土渣为灰黑色泥土状，带有轻微溶剂气味，含蜡或油在 30%左右。由于其蜡或油含量高，白土渣具有很好的综合利用价值。

白土渣中的油料可以通过机械挤压法、碱洗法和溶剂法进行获取、回收。机械挤压法是在一定的压力下，将油从白土渣中挤压出来，处理后排放的白土废渣含油由 26%~28%降至 3%~5%，含水率在 30%左右，可直接用于制砖。石灰挤压法分离白土渣油，是利用白土吸附的选择性，在搅拌过程中，使石灰与水作用生成的极性基团把白土吸附的润滑油及其他杂质替代出来，并采用挤压的方法，使油料与白土渣得到较彻底的分离。溶剂法主要是利用石油醚对油及白土渣的溶解度的不同从白土渣中分离出油料。

在工业方面：废白土应用在橡胶中，添加聚乙二醇、三聚氰胺等活性剂，能改善硫化体系，缩短硫化时间30%~40%，可大大提高硫化效率；废白土加入沥青中，不仅能起到填料的作用，而且还有改性的作用，提高沥青的路用性能，其中含有的油脂成分与石油沥青具有天然的亲和性，能够稳定地存在于沥青基体中，在改性沥青中能明显地提高其软化点和老化前后的延度，提高沥青混合料的浸水残留稳定度、高温抗车辙性能和低温弯曲破坏应变。

在农业方面：油脂废白土中含有丰富的有机质、蛋白质、氨基酸等营养成分，可以作为食用菌生长中所需要的碳源、氮源，而且其中大量的有机质、腐殖酸还能促进菌种对营养物质的吸收和子实体的生长发育。

4）*页岩渣资源化利用*

（1）页岩渣中氧化铝的回收利用

在页岩废渣中含有大量的氧化铝，其氧化铝含量可高达35%左右，将页岩废渣中的氧化铝回收，可弥补我国铝矿石产量严重不足的现状。页岩渣经焙烧后将残留的有机质去除，然后经酸溶或碱溶的方法，在形成硫酸铝过程中提取氧化铝。

（2）页岩渣用作建筑材料

页岩渣中的无机矿质与黏土极为相近，是生产水泥的理想原材料。既可以用它替代部分黏土，也可以用它作为水泥混合料。页岩渣中含有的无机矿质在某种程度上还可以优化水泥的性能，如提高水泥抗压能力等。德国波特兰水泥厂，掺加30%的油页岩渣，以提高水泥的抗压能力。

（3）页岩渣制陶粒

页岩陶粒是以页岩为原料，经高温、焙烧精制而成，具有表面微孔多、强度高、物理化学稳定性高、寿命长等优良性能，适用于水质的净化处理及花卉盆景无土栽培。以页岩陶粒为原料制成的陶粒砖被称为轻质保温的新型建筑材料，符合我国新式建材的使用需求。

（4）其他方面利用

页岩渣在铺筑路上可用作基础建设，也是下井回填首选的最佳材料。茂名石化约67%的干馏页岩渣作为路基材料或用于填充矿井。

5）*废催化剂的回收及利用*

废催化剂主要产生于石油炼制工业生产中的催化重整、催化裂化、加氢裂化等装置。据统计催化裂化装置所消耗的催化剂占全世界石油炼制催化剂年用量的86%。这些催化剂中绝大多数含有有机物、稀贵金属、重金属、有色金属及其氧化物。因此石油炼制行业所产生的废催化剂处理不当将会对生态产生不可逆的危害，从控制环境污染和合理利用资源两方面考虑，均应对其进行回收利用。对废催化剂的回收和处理主要有回收金属铂、银、镍等途径。

（1）从废铂催化剂中回收金属铂

铂催化剂是催化重整装置中常用到的催化剂。在石油重整催化剂使用过程中，会因过热导致活性组分晶粒的长大甚至发生烧结而使催化活性下降，或因催化剂中毒而部分或全部丧失活性，也会因污染物积聚在催化剂活性表面或堵塞催化剂孔道而降低活性。为实现贵金属再利用，对铂进行回收，并且铂回收工艺副产品氯化铝，经脱铁精制后成为精氯化铝，可全部作为加氢催化剂载体的制备原料，既回收了铂，也回收了载体氯化铝。图8-10为从废铂催化剂中回收铂的工艺流程。

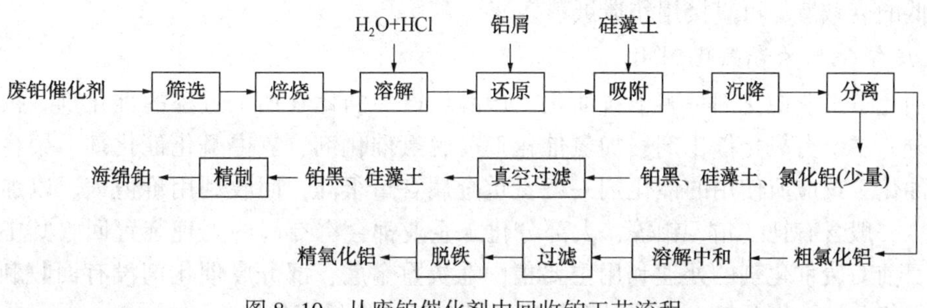

图 8-10　从废铂催化剂中回收铂工艺流程

（2）从废镍催化剂中回收金属镍

镍作为催化剂的活性组分主要应用于加氢过程，如加氢裂化、加氢精制。现阶段所报道的从废镍催化剂中回收金属镍的方法有萃取法、熔炼法、离子交换法、渗碳法等。以萃取法为例，上海有机化学所开发的以羟肟为萃取剂回收镍的方法，其工艺流程如图 8-11 所示。

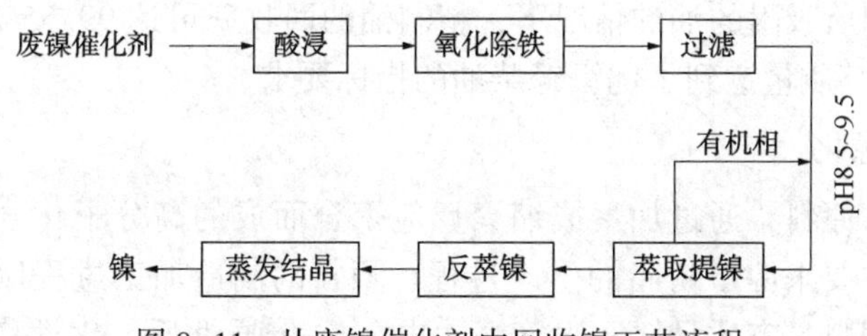

图 8-11　从废镍催化剂中回收镍工艺流程

2. 石油化学工业

石油化学工业，简称石油化工。一般指以石油炼制工业的产品和天然气为原料的化学工业。生产石油化工产品的第一步是对原料油和气(如丙烷、汽油、柴油等)进行裂解，生成以乙烯、丙烯、丁二烯、苯、甲苯、二甲苯为代表的基本化工原料。第二步是以基本化工原料生产多种有机化工原料(约 200 种)及合成材料(合成树脂、合成纤维、合成橡胶)。这两步产品的生产属于石油化工的范围。

石油化工产业具有范围广、产品多、成分复杂等特点。石油化工企业在生产过程中产生的固体废物主要是废催化剂、废酸碱液、废活性炭、炉渣、污泥等。

1）废碱液资源化利用

在石油化学工业产品生产过程中，乙烯裂解气中的 H_2S、CO_2 等酸性气体需要通过碱洗脱除，从而产生了含有大量污染物的碱性废液。该废液污染物的主要组成是含恶臭有毒的硫化物(Na_2S、硫醇、硫酚和硫醚等)、酚类环烷酸类的钠盐、油类、杂环芳烃和反应残余的游离氢氧化钠等。

目前废碱液的主要处理手段之一是将废碱液化学中和后排入污水处理厂。通常采用两种方式：一是添加合适中和剂来中和废水，如采用二氧化碳或酸来中和废碱液；二是以废治废，让废酸液和废碱液彼此中和。

乙烯废碱液用于制浆造纸，其中的 NaOH 和 Na_2S 都是碱法制浆蒸煮液中的有效成分，只要将废碱液中的油类物质除掉，就可以将其用于制浆造纸。对于 NaOH 和 Na_2S 含量很高，Na_2CO_3 含量也较高的废碱液，如能除去其中的 CO_3^{2-} 则能够用来制浆造纸，而 Na_2CO_3

含量较低的废碱液，可直接用作造纸蒸煮液。

2）废催化剂的资源化利用

石油化学工业催化剂是用于石油化工产品生产中的化学加工过程的催化剂。按催化作用功能分，主要有氧化催化剂、加氢催化剂、脱氢催化剂、氢甲酰化催化剂、聚合催化剂等。石油化工反应所使用的催化剂一般贵重金属含量很高，回收利用价值大。以加氢催化剂为例，一般含有钯、钴、钼等，大部分化工企业都会有专门的处理装置回收其中贵重金属。但目前对废催化剂的处理利用主要集中在贵重金属，部分废催化剂没有回收利用，如氧化锌、氟化铝、氟化钙、废分子筛等都是钝化后直接填埋处置。

3）石油化工废渣资源化利用案例

石油大学炼制系用废催化剂对济南炼油厂 FCC 柴油进行吸附精制，在剂油比为 20g/500mL 时，吸附物柴油中的氮之比为 19∶2；精制油中染色能力较强的胶质含量下降约 1%，精制油的酸度和碱性氮质量浓度与 FCC 柴油相比 GE 下降约 50%和 72%，碘值也有所下降。同时，在回收被吸附剂所吸附的油的情况下，精制油的回收率可达 99.55%，即使不回收，也可达到 97.96%，且其质量达到了优级轻柴油的指标要求。

3. 塑料废渣资源化

塑料是以单体为原料，通过加聚或缩聚反应聚合而成的高分子化合物。塑料废渣属于废弃的有机物质，主要来源于树脂的生产过程、塑料的制造加工过程以及包装材料。与其他应用材料相比，塑料具有质量轻、强度高、电(热)传导性低、化学稳定性强、抗腐蚀性强、降解性低、价格低廉、能注塑成任意形状等特点，使得塑料在全世界的应用范围非常广泛，而且呈逐年增长的趋势。由于废弃塑料中的聚乙烯成分在环境中长期不被降解，造成严重的“白色污染”，为了减少其对生态的危害，废塑料的资源化技术不断发展。

废塑料的资源化应用主要包括物质再生和能量再生两大类，各种主要回收方法如图 8-12 所示。物理回收不改变塑料化学组成，主要通过收集—粗略分类挑选—简单清洗破碎—熔融加工等制备再生塑料制品；化学回收采用裂解技术将废弃塑料降级回收为可再次使用的燃料(汽油、柴油等)或化工原料(乙烯、丙烯等)。塑料在低温条件下可以软化成型；在有催化剂的作用下，通过适当温度和压力，高分子可以分解为低分子烃类，常见的塑料废渣处理方法有熔融再生、热分解处理和焚烧处理，并且熔融再生是塑料废渣回收利用的关键。

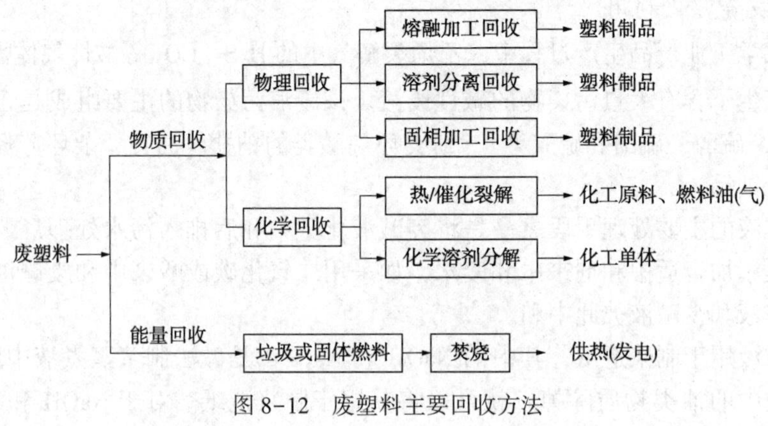

图 8-12　废塑料主要回收方法

1）熔融再生技术

熔融再生技术是将废弃塑料高温熔融制成新的生产和生活制品的过程。该法是回收热塑性塑料最简单、最有效的方法。熔融再生技术分为简单再生技术和复合再生技术。

简单再生技术是将回收的废旧塑料经过分选、清洗、破碎、熔融、造粒后直接成型加工生产再生制品，主要用于回收塑料生产及加工过程中产生的边角料、下脚料等，也用于回收那些易清洗和挑选的一次性废弃品。

复合再生技术所用的废料杂质较多，具有多样化、混杂性、污脏的特点。由于各类塑料的物化特性差异及不相容性，导致复合再生塑料的性质不稳定、易变脆，故常被用来制备较低档次的产品，如建筑填料、垃圾袋、微孔凉鞋、雨衣及器械的包装材料等。

2）热分解技术

塑料废渣热分解技术是将废塑料在隔绝空气条件下加热或水解，使高聚物裂解成低分子物质，用于发电或用作热源的分解技术。其根本原理是将塑料制品中的高聚物进行彻底的大分子裂解，使其回到低分子量状态或单体态。按照大分子内键断裂位置的不同，可将热解分为解聚反应型、随机裂解型和中间型。解聚反应型塑料受热裂解时聚合物发生解离，生成单体，主要切断了单分子之间的化学键。

一般来说，热分解反应能生成四类反应产物：烃类气体（碳分子数为 $C_1 \sim C_5$）、油品（汽油碳分子数为 $C_5 \sim C_{11}$，柴油碳分子数为 $C_{12} \sim C_{20}$，重油碳分子数大于 C_{20}）、石蜡和焦炭。不同反应产物的产量主要取决于塑料种类、反应条件、反应器类型和操作方法等。

塑料热分解技术可以分为熔融液槽法、流化床法、螺旋加热挤压法、管式加热法等。图 8-13 所示为三菱重工开发的分解槽法热解废塑料工艺流程。破碎、干燥的废塑料（10mm）经螺旋加料机送到温度为 230~280℃的熔融槽中。聚氯乙烯（PVC）产生的氯化氢在吸收塔回收。熔融的塑料再送入分解炉，用热风加热到 400~500℃分解，生成的气体经冷却液化回收燃料油。

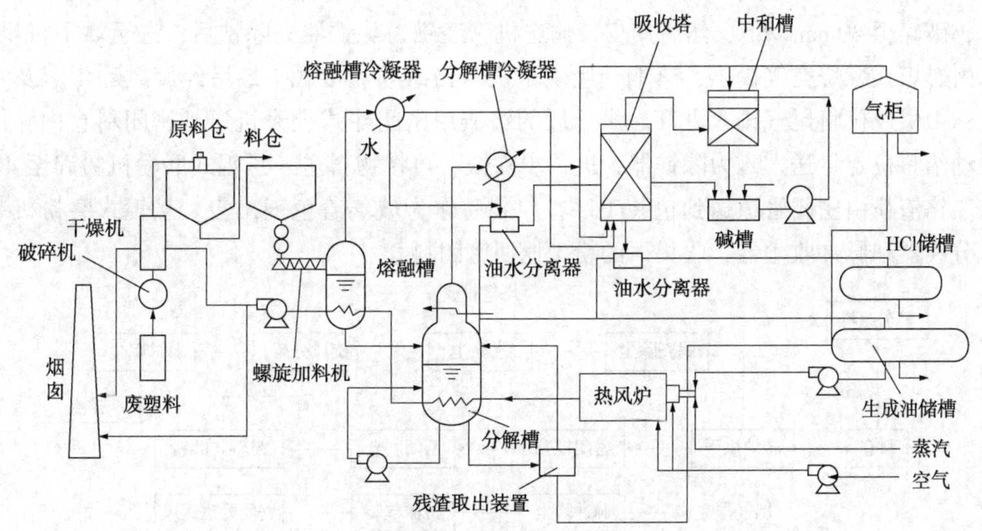

图 8-13 三菱重工分解槽法热解废塑料工艺流程

3）焚烧技术

焚烧法是把可燃性固体废物集中在焚烧炉内，通入空气彻底燃烧的处理方法。焚烧法产生的热量可以生产蒸汽或发电，处理方法快速有效，故焚烧法具有环保意义和经济价值。虽然焚烧处理可以在回收大量热量的同时，将塑料减容达 90%，但是该处理方式往往会产生黑烟、氯气、氯化氢和二噁英致癌物。该技术容易造成二次污染，且投资和运行管理费用也较高，并不满足当今社会绿色发展的要求。

4. 铬渣处理及资源化利用

据统计，中国目前每年排放铬渣十几万吨，堆放量约达 250 万 t。铬渣的治理自 20 世纪 60 年代就已开始，但由于铬盐生产技术落后，1982 年铬的总收率平均为 76%，约有 1/4 的铬以溶液、蒸气和废渣的形式排入环境中，对环境造成严重危害。随着铬渣处理技术的不断发展，国内外在治理铬渣方面所采取的方法主要有：堆储法、无害化处理和综合利用。铬渣的最终处理方法是综合利用，铬渣经综合利用可直接作为工业材料的代用品，加工成品，达到既消除六价铬离子的危害，又作为新材料资源得以充分利用的目的。以下是几种主要的铬渣资源化处理手段。

1）铬渣做玻璃着色剂

制造绿色玻璃常用铬矿粉作着色剂，主要是利用 Cr^{3+} 在玻璃中的光学特性。在高温熔融状态下，铬渣中的六价铬离子与玻璃原料中的酸性氧化物、二氧化硅作用，转化为三价铬离子而分散在玻璃体中，达到解毒和消除污染的目的；铬渣中的氧化镁、氧化钙等组分可代替玻璃配料中的白云石和石灰石原料，降低了原材料消耗和生产成本；铬渣着色的玻璃色泽鲜艳，质量有所提高。一般每 30t 玻璃制品可消耗 1t 铬渣。玻璃的绿色会随着铬含量的变化而发生变化，掺入铬渣的适宜粒度为 0.4mm 以下，含水率在 10%以下。铬渣作玻璃着色剂生产工艺流程如图 8-14 所示。用铲车将铬渣运至料仓，经槽式给料机送至颚式破碎机，破碎至 40mm 以下，然后用皮带输送机，经磁力除铁器去除铁后，送至烘干机烘干。热源由燃煤式燃烧空气提供，热烟气经烘干机与铬渣顺流接触，最后经旋风除尘器及水浴除尘，由引风机将尾气排入大气。烘干后的铬渣用密闭斗式提升机送到密闭料仓内，用电磁振动给料机定量送入磁力除铁器，进一步除铁。再将物料送入悬辊式磨粉机粉碎至 40 目以上。铬渣粉由密闭管道送到包装工序，包装后作为玻璃着色剂出售。悬辊式磨粉机装有旋风分离器和脉冲收尘器，收集下的粉尘返回密闭料仓。

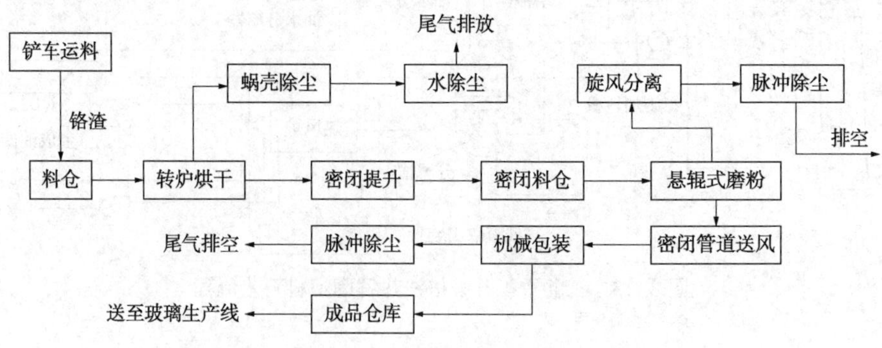

图 8-14　铬渣作玻璃着色剂生产工艺流程

2）铬渣制钙镁磷肥

钙镁磷肥中的磷源主要来自天然磷矿石中的磷，常以磷酸三钙的结晶形式存在，其中的磷不溶于水和弱酸(如2%的柠檬酸)而难被植物吸收。因此要通过磷矿石与助熔剂混合，并在高温下熔融的方式，使之成为易被植物吸收的水淬含磷玻璃体。在加工过程中常用的助熔剂为蛇纹石，用铬渣代替蛇纹石作熔剂，降低了焦炭消耗，并在生产中因以煤为燃料和还原剂，使铬渣中的六价铬还原为三价铬，达到无害化的目的。铬渣制钙镁磷肥工艺流程如图8-15所示。

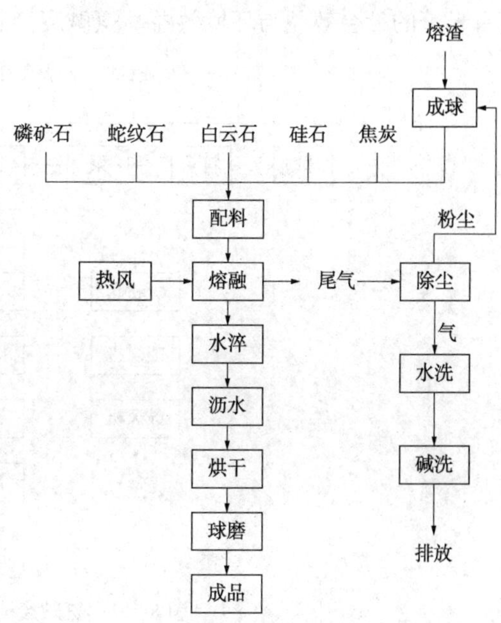

图8-15　铬渣制钙镁磷肥工艺流程

3）铬渣炼铁

用铬渣代替白云石、石灰石作炼铁过程中的助熔剂，在高炉冶炼过程中，铬渣中的六价铬可被完全还原，脱除率达97%以上，同时使用铬渣炼铁，还原后的金属铬进入生铁中，使铁的机械性能、硬度、耐磨性、耐腐蚀性能提高。铬硫两渣炼铁工艺流程如图8-16所示。首先将铬渣、硫铁矿烧渣、焦粉、辅料按烧结配比计量，而后加入混料机，并加水混匀，混匀后的混合料送去烧结，烧结成的大块矿，再经破碎、筛分，大于5mm的合格物料投入高炉冶炼，小于5mm的细矿，再返回配料使用。高炉冶炼的最终产品是含铬生铁和水渣，含铬生铁供铸造厂和合金钢厂使用，水渣可作为水泥混合材料。

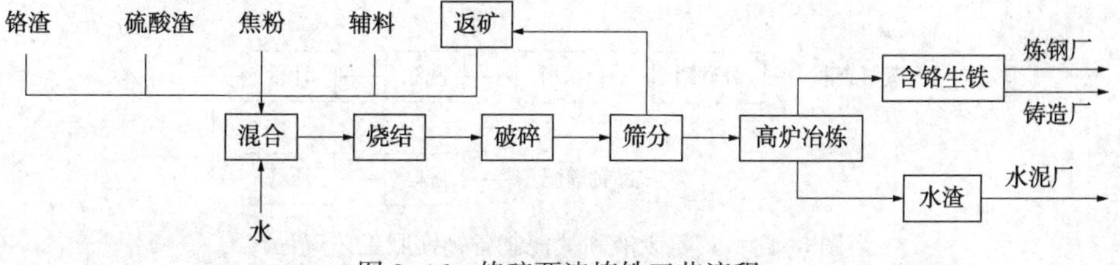

图8-16　铬硫两渣炼铁工艺流程

5. 废碱渣资源化利用

1）制水泥

废碱渣制水泥是消耗、处理大量碱渣的有效途径之一。碱渣制水泥最突出的问题是碱渣中氯化物含量高，因此碱渣制水泥过程中必须高温脱氯(氯化物高温分解)。原料碱渣、石灰石、硅质材料与铁质材料按一定比例混合制成浆，经机械脱水得生料浆，此生料浆经计量喂入回转水泥窑煅烧成熟料。水泥熟料经冷却、破碎后加入石膏及混合材料，经水泥磨床磨到一定粒度后包装成水泥成品。在煅烧过程中，只要按规定控制温度就可以保证熟料中氯含量小于0.5%，水泥各项指标合格，质量可达425标号以上。经统计每吨水泥可消耗湿基碱渣2t左右，折合干渣0.7t以上。与此同时，可以减少渣场堆存占地，碱渣制水泥具有显著的社会效益与环境效益。氨碱废渣制水泥技术工艺流程如图 8-17 所示。

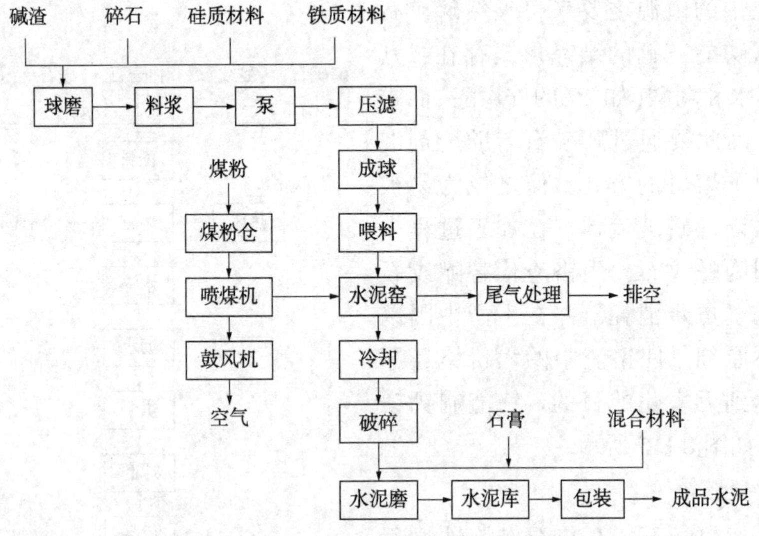

图 8-17　氨碱废渣制水泥技术工艺流程

2）制钙镁肥

以钙镁肥代替石灰石施于酸性或微酸性土壤，可起到改良土壤、增加肥源和提高地力的作用，可使水稻、花生、大豆、玉米等作物增产 8%～20%。固含量大于 12%的蒸氨废液经分砂、沉降、海水洗涤后，与固含量大于 10%的盐泥一起加入计量槽计量，并压滤使滤饼含水<50%，晒干进一步使水含量降到 20%～25%，再经粉碎即可得到合格的钙镁肥，一般钙镁肥含盐(干基)小于 7%。图 8-18 所示为某碱厂利用蒸氨废液和盐泥制备钙镁肥的工艺流程。

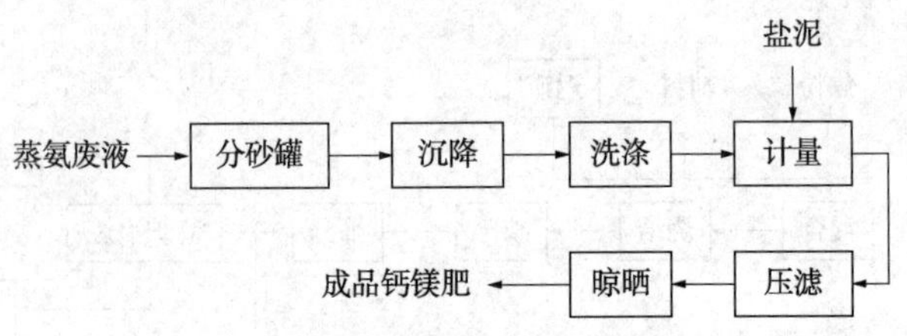

图 8-18　蒸氨废液和盐泥制备钙镁肥工艺流程

6. 其他化工废渣资源化处理

① 硫铁矿渣综合利用的最理想途径是将其含有的有色金属、稀有贵金属回收并将残渣进一步冶炼成铁。其主要的资源化途径有：利用硫铁矿渣炼铁；利用硫铁矿渣生产铁和水泥；回收有色金属；制造建筑材料。

② 电石渣的回收利用途径：代替石灰石作水泥原料；代替石灰硅酸盐砌块、蒸压粉煤灰砖、炉渣砖、灰沙砖的钙质原料，但长期使用这些原料的企业很少；代替石灰配制石灰砂浆，但由于有气味，在民用建筑中很少使用；代替石灰用于铺路，但受运输半径的限制，应用并不广泛。

③ 磷石膏资源化利用途径：作为土壤改良剂施于农田；用作制石膏板和灰泥粉刷等建

筑材料；用于生产硫铵、硫酸、水泥、石灰等。

8.4.3　污泥处理与处置

1. 污泥的定义来源及分类

污泥是水和污水处理过程所产生的固体沉淀物质，是一种由有机残片、细菌体、无机颗粒和胶体等组成的非均质体。污泥有的是从废水中直接分离出来的，如沉砂池中的沉渣、初次沉淀池中的沉淀物、隔油池和浮选池中的油渣等；有的是在处理过程中产生的，如酸性废水与石灰中和产生的化学污泥、废水混凝处理产生的沉淀物、废水生物处理产生的剩余活性污泥或生物膜等。

污泥的种类很多，分类也比较复杂，目前一般可分为以下6类。

(1) 净水厂污泥

净水厂污泥是净水厂在净水过程中产生的污泥，包括原水中的悬浮物质、有机物质和藻类等，以及处理过程中形成的化学沉淀物，可细分为三类：含铝盐或铁盐混凝剂的沉淀污泥、滤池反冲洗水所含固体和水体软化产生的污泥。

(2) 污水厂污泥

污水厂污泥是污水净化处理过程中的产物，按污泥的性质可分为以有机物为主的污泥和以无机物为主的沉渣；而按污水处理工艺可将污泥分为初沉污泥、剩余污泥、消化污泥和化学污泥。初沉污泥是指一级处理过程中产生的污泥，也就是在初沉池中沉淀下来的污泥。含水率一般为96%~98%。剩余污泥即生化污泥，是指在生化处理工艺等二级处理过程中排放的污泥，含水率一般为99.2%以上。消化污泥是指初沉污泥、剩余污泥经消化处理后达到稳定化、无害化的污泥，其中大部分有机物被消化分解，因而污泥不易腐败，同时污泥中的寄生虫卵和病原微生物被杀灭。化学污泥是指絮凝沉淀和化学深度处理过程中产生的污泥，如石灰法除磷、酸碱废水中和以及电解法等产生的沉淀物。

(3) 疏浚污泥

随着城市的建设、工业发展、人口增加，城市、乡镇、工业园区范围内的河道大多被污染并沉积了大量的底泥，需要时常进行清理。这些底泥无机物含量大，重金属污染更为严重，油类也多严重超标。河道污泥由于清淤工程的实施而呈现污泥量大、排放时间集中、泥性沿河分布有所差异的特点，且污泥处置妥当与否直接制约河道清淤工程的进行。

(4) 通沟污泥

由于城镇污水中含有大量的悬浮物，输送过程中污水流速的变化，会导致一部分悬浮物沉淀下来，淤积在输送管道内，为了维持城镇排水沟道的正常功能，需要定期对沟道管网系统进行清理维护，在此过程中从沟道中清除的淤泥就是通沟污泥。一般包含随生活污水或工业废水进入管道输送系统的颗粒物和杂质，也有道路降尘、垃圾，以及建筑工地排放的泥浆和其他杂物，如树枝、塑料袋、石块、纤维、动物尸体、泥沙、包装盒、饮料瓶等。

(5) 工业污泥

工业污泥是指如印染厂、制革厂、造纸厂等工业厂家的污水经处理后产生的大量污泥。这些污泥成分比较复杂，含有大量有害、有毒物质，如重金属、病原体、酸、碱等。

(6) 油田污泥

油田污泥主要是油田污水处理的副产品，主要成分为碳酸钙、重金属、油类、碱、有害有机物等。

2. 污泥的特性

1) 污泥含水率

污泥中所含水分的重量与污泥总重量之比称为污泥含水率。污泥含水率一般都很高，密度接近于水。污泥含水率对污泥特性有重要影响，不同污泥含水率差异很大。一般来说，污泥的含水率越高，处理难度就越大。

污泥含水率及其状态：含水率90%以上，污泥状态几乎为液体；含水率80%~90%，污泥状态为粥状物；含水率70%~80%，污泥状态为柔软状；含水率60%~70%，污泥状态几乎为固体；含水率50%，污泥状态为黏土状。

2) 挥发性固体和灰分

挥发性固体，是指污泥中在600℃的燃烧炉中能被燃烧，并以气体逸出的那部分固体，能反映污泥的稳定化程度。污泥固体物质在600℃时因灼烧而挥发所失去的重量，代表污泥中可通过生物降解的有机物含量水平，常用单位mg/L，有时也用重量百分数表示。不能挥发的残余物称为灰分。

3) 污泥相对密度

污泥相对密度指污泥的重量与同体积水重量的比值。污泥相对密度主要取决于含水率和固体的比例。固体相对密度越大，含水率越低，则污泥的相对密度就越大。生活污泥及类似的工业污泥的相对密度一般略大于1。

4) 污泥的脱水性能

污泥的脱水性能常用两个指标来评价。污泥的过滤比阻，其物理意义是：在一定压力下过滤时，单位干重的污泥滤饼，在单位过滤面积上的阻力。比阻越大的污泥，越难过滤，其脱水性能也越差。污泥毛细吸水时间，其值等于污泥与滤纸接触时，在毛细管作用下，水分在滤纸上渗透1cm长度的时间。毛细吸水时间越大，污泥的脱水性能越差。

3. 污泥的处理与处置

污泥的处理技术主要包括污泥消化、干化、堆肥和焚烧等。污泥的处置技术主要有填埋、土地利用和建材化等资源化利用。污泥处理的一般流程如图8-19所示。

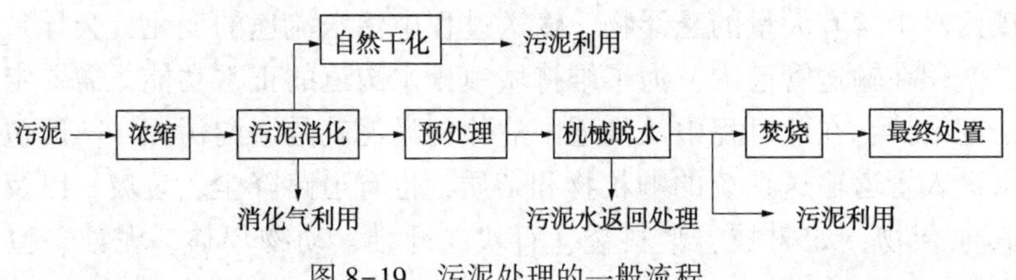

图8-19 污泥处理的一般流程

由于污泥会造成污泥盐分污染、病原污染、氮和磷等养分的污染、高聚物污染、重金属污染等危害，因此其处理的主要目的有三个方面。一是减少污泥的体积，即降低含水率，为后续处理、利用、运输创造条件，并减少污泥最终处置前的容积。二是使污泥无害化、稳定化。污泥中常含有大量的有机物，也可能含有多种病原菌，有时还含其他有害物质，必须消除这些会散发恶臭、导致病害及污染环境的因素。三是通过处理改善污泥的成分和某种性质，以利于应用并达到回收能源和资源的目的。

1）污泥的消化与调理

为了改善污泥浓缩、脱水性能，提高机械脱水设备的处理能力，污泥浓缩或脱水前常采用消化或化学调理等方法进行预处理。污泥的消化是在人工控制下，通过微生物的代谢作用使污泥中的有机物稳定化。污泥消化可分为厌氧消化（生物还原处理）和好氧消化（生化氧化处理）两种，一般说的污泥消化常指厌氧消化。厌氧消化是目前国际上最为常用的污泥生物处理方法，是大型污水处理厂最为经济的污泥处理方法；好氧消化需添加曝气设备，能耗大，多用于小型污水处理厂。污泥调理的方法有化学调理、淘洗、加热加压调理和冷冻融化调理等。

2）污泥的浓缩

污泥浓缩就是通过重力或气浮法等除去污泥颗粒间的自由水分，以达到减容的目的，从而减轻污泥后续处理、处置和利用设备、设施的压力。由于剩余活性污泥的含水率很高，一般都应进行浓缩处理。污泥浓缩的基本方法有重力浓缩、气浮浓缩和离心浓缩等。

3）污泥的脱水（干化和干燥）

干化和干燥是污泥深度脱水的一种形式，其所应用的污泥脱水能量（推动力）主要是热能。干化、干燥是使热能传递至污泥中的水，并使其汽化的过程。主要应用自然热源（太阳能）的干化过程称自然干化；使用人工能源当热源的则称污泥干燥。由于污泥干燥能耗相当高（去除每千克水的能耗为3000~3500kJ），因此污泥干燥仅适用于脱水污泥的后续深度脱水。常采用的脱水机械有真空过滤脱水机、离心脱水机等。

（1）真空过滤脱水机

真空过滤脱水机，如转鼓式真空脱水机，其构造如图8-20所示。转鼓旋转时，由于真空作用，使转鼓内外形成压力差，促使污泥吸附于滤布之上，液体通过滤布沿真空管道流到气水分离罐，并通过连续抽真空，使吸附在转鼓上的污泥进行干燥，形成滤饼，通过刮刀装置使滤饼从滤布上脱落，完成一个循环过程，进入下一个循环。

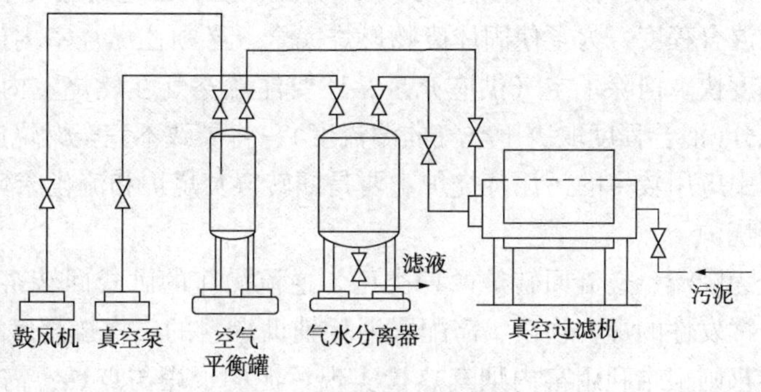

图8-20 转鼓式真空脱水机

（2）离心脱水机

离心脱水机，如转筒式离心机，其构造如图8-21所示。离心脱水机适用于相对密度有一定差别的固液相分离，尤其适用于含油污泥、剩余活性污泥等难脱水污泥的脱水。污泥离心脱水的原理是利用转动使污泥中的固体和液体分离。离心机主要由转载和带空心转轴的螺旋输送器组成，污泥由空心转轴送入转筒后，在高速旋转产生的离心力作用下，立即被甩入转鼓腔内。

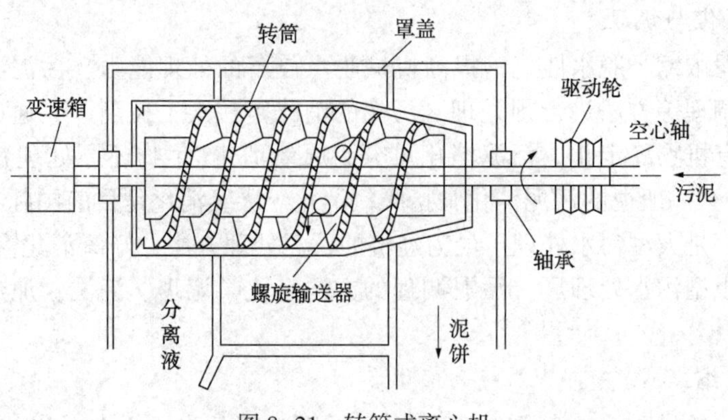

图 8-21　转筒式离心机

4）污泥的焚烧

污泥焚烧处理技术是利用焚烧炉在有氧条件下高温氧化污泥中的有机物，通过这种高温的处理来使污泥进一步矿化为少量灰烬的处理办法。污泥焚烧处理技术的主要原理是把燃料和物料在炉内流化空气的作用下转化成流化状态。在焚烧过程中，一方面去除水分，另一方面氧化污泥中的有机物，焚烧后的最终产物为化学性质比较稳定的无害化灰渣。

污泥焚烧处理技术必须以良好的燃烧为基础，要使燃料完全燃烧，支配燃烧过程的有三个因素：时间、温度、废弃物和空气之间的混合程度。这三个因素有着相互依赖的关系，而每一个因素又可单独对燃烧产生影响。一是时间因素。燃烧时间与固体废物粒度的平方成正比，加热时间近似与粒度的平方成正比。因此，确定废物在燃烧室内的停留时间时，必须考虑固体粒度大小。二是温度因素。一般来说，温度高则燃烧速度快，废物在炉内停留的时间短，而且此时燃烧速度受扩散控制，温度的影响较小，即使温度上升 400℃，燃烧时间只减少 1%，但炉壁及管道等容易损坏。当温度较低时，燃烧速度受化学反应控制，温度影响大，温度上升 400℃，燃烧时间减少 50%。所以，控制合适的温度十分重要。三是废弃物和空气之间的混合程度。为了使固体废物燃烧完全，必须往燃烧室内鼓入过量的空气，氧浓度高，燃烧速度快。但除了空气供应充足，还要注意空气在燃烧室内的分布，燃料和空气中氧混合不充分(混合程度取决于空气的湍流度)，将导致不完全燃烧产物的生成。

污泥焚烧处理中应用较多的污泥焚烧炉主要是回转窑焚烧炉和流化床焚烧炉。

(1) 回转窑焚烧炉

回转炉一般分为顺流、逆流回转炉两种类型。逆流操作的卧式回转窑，尾气中含臭味物质多，另有部分挥发性的毒害物质，需配置消耗辅助燃料的二次燃烧室(除臭炉)进行处理；顺流操作回转窑则很难利用窑内烟气热量实现污泥的干燥与点燃，需配置炉头燃烧器(耗用辅助燃料)使燃烧空气迅速升温，达到污泥干燥与点燃的目的。回转窑焚烧炉工艺流程如图 8-22 所示。

(2) 流化床焚烧炉

流化床焚烧炉的工作原理是：流化床密相区床层中有大量的惰性床料(如煤灰或沙子

等），其热容量很大，能够满足污泥水分的蒸发、挥发分的热解与燃烧所需大量热量的要求。按照流化风速及物料在炉膛内的运动状态，流化床焚烧炉可分为沸腾式流化床和循环流化床两大类。流化床焚烧炉工艺流程如图 8-23 所示。

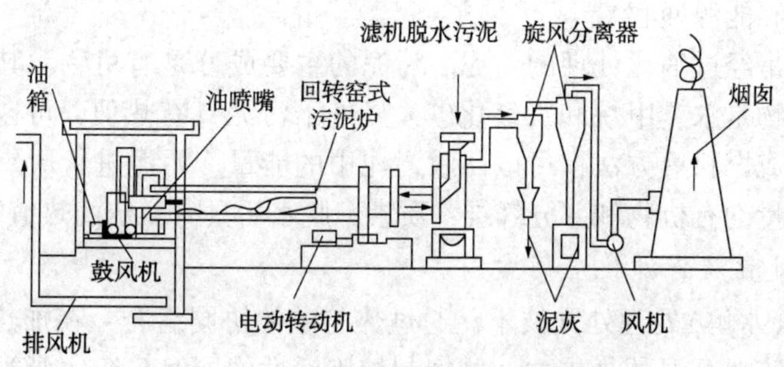

图 8-22　回转窑焚烧炉工艺流程

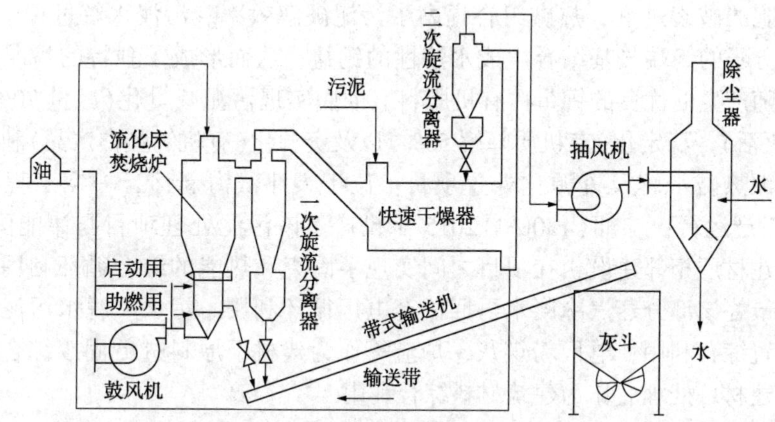

图 8-23　流化床焚烧炉工艺流程

5）污泥的综合利用

污泥的综合利用有农田林地利用、建筑材料应用、填埋、污泥投海和能源回收等。

（1）农田林地利用

污泥中含有的氮、磷、钾等微量元素是农作物生长所需的营养成分，其含量高于常用的农家肥；有机腐殖质(初沉池污泥含 33%，消化污泥含 35%，活性污泥含 41%，腐污泥含 47%)可改善土壤结构、提高保水能力和抗侵蚀性能，经过处理的污泥是良好的土壤改良剂。污泥堆肥产品还可以与市售的无机化肥(尿素、氯化铵、碳酸氢铵、磷酸铵、过磷酸钙、钙镁磷肥、氯化钾和磷酸钾等)共同生产有机-无机复混肥。

（2）建筑材料应用

污泥可用于制砖和制纤维板。污泥制砖有干化污泥直接制砖和污泥灰渣制砖两种方法。各种制砖生产工艺基本相同，原料配制—制坯—干燥—焙烧—成品。

利用污泥制砖，具有三大优势：一是烧制过程中，污泥内的有机物质也会燃烧，产生热量，可以节约燃煤；二是基本杜绝二噁英等有害气体的产生，污泥中的重金属经过高温焙烧，形成稳定的固溶体，不会再次污染环境；三是污泥掺入砖坯后没有炉渣问题，节省了后续处理费用。

(3) 填埋

污泥可单独填埋，也可与垃圾等其他固体废物一起填埋。污泥填埋的操作要求与垃圾填埋类似。

(4) 污泥投海和能源回收

污泥投海最好是经过消化处理的污泥。污泥的主要成分是有机物，其中有一部分能够被微生物分解，产物是水、甲烷和二氧化碳；另外干污泥具有热值，可以燃烧，所以通过制沼气、燃烧及制成燃料等方法，可以回收污泥中的能量。污泥进行厌氧消化即可制得沼气。污泥中含有大量的有机物和部分纤维木质素，脱水后具有一定的热值。

6) 污泥处理处置及资源化应用案例

污泥热碱分解(水解)处理处置技术，通过热与碱的协同组合，在加热状态下，碱的加入降低了微生物细胞对高温的抵抗力。碱抑制细胞活性的同时，溶解脂类物质使污泥细胞破裂，释放出胞内物质，同时加快热对污泥中有机物的分解，破坏微生物及其组成物质，加快了污泥细胞的破裂进度，热碱组合提高了污泥破解效率。污泥水解过程中，Ca^{2+}与蛋白质中间产物分子的终端羧基结合生成水溶性的钙盐，从而形成了独特的污泥热碱水解处理工艺以及伴随产生的优良的钙蛋白有机肥料。彻底实现污泥减量化(减量 70%)、无害化(病原菌全部灭活)、稳定化(有机质降解 50%)以及资源化(有机钙蛋白产品)利用。

300t/d 污泥热碱水解及资源化处置项目：位于天津滨海新区，一期工程(150t/d)在 2012 年 10 月投产运行；二期(150t/d)2015 年投产。该污泥处理项目与津能国电热电厂、污水处理厂、建材厂相邻建设，在项目之间实现了固废和热能的综合循环利用。经过三次热能利用后，最终该部分蒸汽冷凝水再回流至电厂循环利用。污水厂脱水污泥送至污泥处理项目处理处置综合利用；电厂粉煤灰、炉渣等作为建材厂原料进行固废综合利用；城市建筑垃圾运至建材厂处理后作为建筑材料综合利用。

越来越多环保从业者将污泥进行资源化利用，以“减量化、无害化、资源化”作为处理处置原则。虽然处置污泥的新工艺受环境、成本、运行条件限制，但管理者更应该最大限度地发挥污泥的剩余价值，为人类生活提供更多帮助，实现经济与环境双赢的目标。

参 考 文 献

[1] 刘景良 . 化工安全技术与环境保护[M]. 北京：化学工业出版社，2012：237-253.

[2] 马建立 . 可持续工业固体废物处理与资源化技术[M]. 北京：化学工业出版社，2015：1-104，236-285，325-339.

[3] 智恒平 . 化工安全与环保[M]. 北京：化学工业出版社，2011，165-166.

[4] 杨永杰 . 化工环境保护概论[M]. 2 版 . 北京：化学工业出版社，2017，122-141.

[5] 杨慧芬 . 固体废物资源化[M]. 2 版 . 北京：化学工业出版社，2013，1-51，223-242，293-299.

[6] 况武 . 污泥处理与处置[M]. 郑州：河南科学技术出版社，2017.

[7] 庄伟强 . 固体废物处理与处置[M]. 3 版 . 北京：化学工业出版社，2015，1-14，35-102，129-140，171-173.

[8] 先元华 . “三废”处理与循环经济[M]. 北京：化学工业出版社，2014，62-83.

[9] 杨春平 . 工业固体废物处理与处置[M]. 郑州：河南科学技术出版社，2017.

[10] 杨玉楠，熊运实，杨军，等 . 固体废物的处理处置工程与管理[M]. 北京：科学出版社，2004，188.

课 后 题

一、选择题

1. 按照对人体和环境的危害分类，化工废渣可以分为(　　)。
A. 一般工业废渣
B. 危险废渣
C. 无机废渣
D. 有机废渣

2. 下列属于化工废渣特点的有(　　)。
A. 废弃物产生和排放量比较大
B. 废弃物中危险物质种类多，有毒物质含量高
C. 废弃物再资源化可能性大
D. 废弃物有机物含量高

3. 化工废渣对环境的危害有(　　)。
A. 侵占土地
B. 污染土壤
C. 污染水体
D. 污染大气

4. 破碎的基本工艺流程有(　　)。
A. 单纯破碎工艺
B. 带预先筛分破碎工艺
C. 带检查筛分破碎工艺
D. 带预先筛分和检查筛分破碎工艺

5. 塑料废渣的常用处理方式有(　　)。
A. 熔融固化
B. 热分解处理
C. 焚烧
D. 填海

6. 下列属于污泥处理主要方法的有(　　)。
A. 调理
B. 浓缩、脱水
C. 焚烧
D. 压实

二、判断题

1. 铬渣可以直接用作玻璃着色剂、制钙镁磷肥。 (　　)

2. 焚烧处理污泥时的氧气越多越好。 (　　)

三、简答题

1. 请简述化工废渣预处理技术中“破碎”的目的。

2. 化工废渣焚烧处理的优缺点是什么。

3. 简述化工废渣回收技术所应遵循的原则。

4. 简述在石油炼制工业中，有哪几种废碱液的处理利用方式。并画出一种处理方式的工艺流程图。

5. 污泥具有哪些特性？并对每个特性进行简述。

第 9 章　劳动安全技术防护

化工企业有很多影响职工健康的因素，即职业性有害因素。其中，毒物、粉尘等化学危害因素多为致病性危害因素，是导致职业病的主要原因；机械、电气等物理危害因素多属于致伤性危害因素，是职工工伤的主要原因；辐射噪声、高温等物理危害因素恶化工作环境，也可能会导致职业病。本章将重点介绍劳动生产过程中常见有害因素的概念、危害、防护技术，以此指导实际生产过程安全进行。

9.1　工业毒物的防护

9.1.1　工业毒物的概念、分类及剂量

1. 工业毒物的定义

在工业生产中，有些物质进入机体并积累到一定量后，就会与机体组织和体液发生生物化学或生物物理作用，扰乱或破坏机体的正常生理功能，进而引起暂时性或永久性的病变，甚至危及生命，这些物质被称为工业毒物。

2. 工业毒物的分类

工业毒物的分类方法很多，按化学类属分为无机毒物和有机毒物；按生物作用性质可分为刺激性、腐蚀性、窒息性、麻醉性、溶血性、致敏性、致癌性、致突变性和致畸胎性毒物等；按其损害的器官可分为神经性、血液性、肝脏性、肾脏性、呼吸性、消化性和全身性毒物等。有些毒性物质主要具有一种毒性作用，有些则同时具有多种毒性作用。

目前最常用的是把化学性质、用途和生物作用结合起来的分类方法。这种方法把毒性物质分为以下 8 种类型：

① 金属、类金属及其化合物。迄今人们已知的元素有 118 种，在地球上稳定存在的有 95 种，其中有 80 种是金属和类金属，再加上其各种化合物，被认为是毒物数量最多的一类。

② 卤素及其无机化合物，如氟、氯、溴、碘等及其化合物。

③ 强酸和强碱性物质，如 H_2SO_4，HNO_3，HCl，HF，NaOH，KOH，NH_4OH，Na_2CO_3 等。

④ 氧、氮、碳的无机化合物，如 O_3，NO_x，NCl_3，CO，$COCl_2$，COF_2，NOCl 等。

⑤ 窒息性惰性气体，如 He，Ne，Ar，Kr，Xe，Rn 等。

⑥ 有机毒物，按化学结构可进一步分为脂肪烃类、芳香烃类、脂环烃类、卤代烃类、氨基及硝基烃化合物、醇类、醚类、醛类、酮类、酰类、酸类、腈类、杂环类、羰基化合物等。

⑦ 农药类毒物，包括有机磷、有机氯、有机氟、有机氮、有机硫、有机汞等。

⑧ 染料及中间体、合成树脂、橡胶、纤维等。

3. 毒物物质的有效剂量

毒性是用来表示毒性物质的剂量与毒害作用之间关系的一个概念，通常用试验动物的死亡数来反映物质的毒性。常用的评价指标有以下几种：

① 绝对致死剂量或浓度(LD_{100}或 LC_{100})，指引起全组染毒动物全部(100%)死亡的毒性物质的最小剂量或浓度。

② 半数致死剂量或浓度(LD_{50}或 LC_{50})，指引起全组染毒动物半数(50%)死亡的毒性物质的最小剂量或浓度。

③ 最小致死剂量或浓度(MLD 或 MLC)，指全组染毒动物中只引起个别动物死亡的毒性物质的最小剂量或浓度。

④ 最大耐受剂量或浓度(LD_0 或 LC_0)，指全组染毒动物全部存活的毒性物质的最大剂量或浓度。

⑤ 急性阈剂量或浓度(LMTac)，指一次染毒后，引起试验动物某种有害作用的毒性物质的最小剂量或浓度。

⑥ 慢性阈剂量或浓度(LMTcb)，指长期多次染毒后，引起试验动物某种有害作用的毒性物质的最小剂量或浓度。

⑦ 慢性无作用剂量或浓度，指在慢性染毒后，试验动物未出现任何有害作用的毒性物质的最大剂量或浓度。

由于动物的种属或种类、中毒的途径、毒物的剂型等条件不同，毒性物质对试验动物产生相同作用所需的剂量也会有所差异。除了用试验动物的死亡数表示毒性外，还可以用机体的其他反应，如引起某种病理变化来表示。例如，上呼吸道刺激、出现麻醉以及某些体液的生物化学变化等。

阈值剂量或浓度表示的是能引起上述变化的毒性物质的最小剂量或浓度。致死浓度与急性阈浓度之间的浓度差距，可以反映急性中毒的危险性，差距越大，说明急性中毒的危险性越小，而急性阈浓度与慢性阈浓度之间的浓度差距则体现了慢性中毒的危险性，两者差距越大，其危险性就越大。因此根据嗅觉阈或刺激阈，可估计工人能否及时发现生产环境中毒性物质的存在。

9.1.2 工业毒物的危害

毒性物质被吸收后，经血液循环分布到全身的各个器官或组织。由于毒物的理化性质及各组织的生化特点，人的正常生理机能受到破坏，导致中毒症状。在职业中毒中，以慢性中毒为多见，而急性中毒往往只发生于事故场合，较为少见。

1. 毒物入侵途径

1) 呼吸道

呼吸道入侵是最常见也是最主要的中毒方式，如图 9-1 所示。呈气体、气溶胶(粉尘、烟、雾)状态的毒物可经呼吸道进入人体，经呼吸道吸收的毒物，在吸入肺泡后，不会经肝脏排出，而是很快经肺泡壁进入血液循环，并随肺循环血液流回心脏，即直接进入体循环而分布到全身各处。

2）皮肤

在生产中，毒物经皮肤吸收而中毒者也较常见。某些毒物可透过皮肤进入体内，如图9-2所示。皮肤吸收的毒物一般是通过表皮屏障到达真皮，进入血液循环的。脂溶性毒物可经皮肤直接吸收，如芳香族的氨基、硝基化合物，有机磷化合物，苯及苯的同系物等。个别金属(如汞)亦可经皮肤吸收。某些气态毒物，如氰化氢，浓度较高时也可经皮肤进入体内。皮肤有病损时，不能经皮肤吸收的毒物，也能被大量吸收。

3）消化道

在生产环境中，单纯从消化道吸收而引起中毒的现象比较少见。往往是由于毒性物质随手进入消化道而造成的食物中毒，如图9-3所示。

图9-1　毒物入侵呼吸道

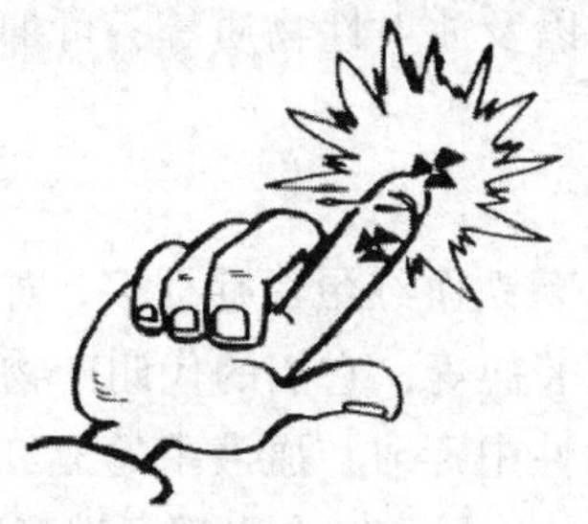

图9-2　毒物入侵皮肤

图9-3　毒物入侵消化道

2. 常见中毒症状

1）窒息状态

毒性物质可能会导致中毒者呼吸困难、口唇青紫甚至呼吸停止。窒息状态可由呼吸道机械性阻塞导致，如氨、氯、二氧化硫等急性中毒时可引起喉痉挛和声门水肿，病情严重时，会发生呼吸道机械性阻塞而窒息死亡。呼吸抑制也可造成窒息状态，如：硫化氢等高浓度刺激性气体可引起迅速反射性呼吸抑制；麻醉性毒物以及有机磷农药等可直接抑制呼吸中枢；有机磷农药可抑制神经肌肉接头的传递功能，引起呼吸肌瘫痪；单纯窒息性气体如甲烷等，能稀释空气中的氧；化学窒息性气体如一氧化碳、苯胺等，能形成高血红蛋白而影响正常携氧功能等。

2）呼吸道炎症

呼吸道炎症指鼻腔、咽喉、气管、支气管、肺部的炎症。氨、氯、二氧化硫、三氧化硫等水溶性较大的刺激性气体，会对局部黏膜产生强烈的刺激性作用，使其充血或浮肿；吸入刺激性气体以及镉、锰、铍等的烟尘，可引起化学性肺炎；用嘴吸汽车加油管，汽油误入呼吸道可引起吸入性肺炎。

3）肺水肿

肺水肿指肺间质和肺泡液渗出，致肺组织积液、水肿。肺水肿常因吸入大量水溶性刺激性气体或蒸气所致，如氯、氨、氮氧化物、光气、硫酸二甲酯、溴甲烷、臭氧、氧化镉、羰基镍、部分有机氟化物、裂解残液释放出的蒸气等。极高浓度水溶性大的刺激性气体，如氯、氨、二氧化硫、三氧化硫、硒化氢等，重度中毒初期即可引起肺水肿。

4）中毒性脑病

引起中毒性脑病的是亲神经性毒物，常见的有四乙基铅、有机汞、有机锡、磷化氢、铊、汽油、苯、二硫化碳、溴甲烷、环氧乙烷、三氯乙烯、甲醇及有机磷农药等，中毒者往往会产生头晕、头痛、乏力、嗜睡、幻觉等症状。

5）周围神经炎

周围神经炎是周围神经系统发生结构变化与功能障碍。例如，铊急性中毒，开始以四肢疼痛为主，尤其是下肢；二硫化碳、三氧化二砷急性中毒，也可出现周围神经炎。

6）神经衰弱综合征

神经衰弱综合征多见于慢性中毒的早期症状、某些轻度急性中毒以及中毒后的恢复期。

7）中性粒细胞减少症

某些有机溶剂，特别是苯，以及放射性物质等，可抑制血细胞核酸的合成，引起白细胞减少，甚至引发粒细胞缺乏症。

8）高铁血红蛋白症

毒物引起的血红蛋白变性以高铁血红蛋白症居多。如苯胺、硝基苯、硝基甲苯、二硝基甲苯、三硝基甲苯、苯肼、硝酸盐等，它们的代谢产物具有使正常血红蛋白转化为高铁血红蛋白的毒性。当发生此类急性中毒时，血液中的血红蛋白变性，使氧气供应受阻，患者会出现头昏、胸闷、乏力等症状，严重时会出现意识障碍、昏迷等。

9）再生障碍性贫血

汞、砷、四氯化碳、苯、二硝基苯、三硝基甲苯、有机磷农药等都可引起再生障碍性贫血。

10）心肌损害

有些毒物如锑、砷、磷、四氯化碳、有机汞农药均可引起急性心肌损害。

11）消化系统和泌尿系统

消化系统和泌尿系统的职业中毒包括中毒性口腔炎、中毒性急性肠胃炎、中毒性肝炎以及肾病。

经口的汞、砷、碲、铅、有机汞等的急性中毒，可引起口腔炎症，如齿龈肿胀、出血、黏膜糜烂、牙齿松动等。这些毒物的急性中毒还可引起肠胃炎，产生恶心、呕吐、腹痛、腹泻等症状。剧烈呕吐和腹泻可引起失水和电解质、酸碱平衡紊乱，甚至休克。

在急性中毒时，许多毒物可引起肾脏损害，尤其以汞和四氯化碳等造成的急性肾小管坏死性肾病最为严重。砷化氢急性中毒可引起严重溶血，由于组织严重缺氧和血红蛋白结晶阻塞肾小管，也可引起类似的坏死性肾病。此外，乙二醇、镉、铋、铀、铅、铊等也可引起中毒性肾病。

9.1.3 工业毒物的预防手段

职业中毒多是由生产中劳动组织管理不善，缺乏相应的技术措施和卫生预防措施，以及操作者不遵守各项防尘防毒规程制度等造成的。2022 年 5 月 11 日，安徽某公司气化车间渣锁斗检修作业中，未按要求检查渣锁斗二氧化碳浓度，造成 3 人窒息死亡，直接经济损失 560.32 万元。经调查组研究，该事故是由该公司相关作业人员未认真落实受限空间作业安全管理有关规定，企业安全管理制度和操作规程执行不到位，进入受限空间作业层层审批把关不严，风险辨识管控缺失，安全措施不落实造成的。一线作业人员安全风险意识薄弱，安全教育培训流于形式。应急预案和应急演练针对性不强，紧急情况下施救人员因盲目施救造成事故后果扩大。因此，为防止发生这样的事故，做好预防工作和严格遵守各项规程制度，对防止作业人员中毒有很大的帮助。

1. 预防措施

① 生产防毒的首要目标是改变生产流程，使有毒物质在生产中少产生甚至不产生。此外，生产中的原料、辅料应尽可能采用无毒、低毒材料，将高毒物质替换为低毒、无毒材料，这是解决工业毒物对人造成危害的最好措施。

② 生产工艺的密闭化，防止生产过程中有毒物质向外散发也是防毒的重要措施。主要应保证生产装置密封，进料和出料做到机械进料、真空进料，高位槽和管路密封和密封出料。此外，还需保证填料密封、机械密封、磁力密封等符合规定，同时加强设备维护，避免跑、冒、滴、漏现象的发生。

③ 隔离生产设备与工人作业场所是保障工人安全的必要措施。其具体内容是单独设立隔离间，将新鲜空气输送到隔离间内，使之处于正压状态，防止有毒气体与工人接触。

④ 自动化控制也是预防中毒的有效措施。自动化控制就是对工厂设备采用仪表或微机控制，使监视、操作地点远离生产设备，从而确保操作人员安全。

2. 处理措施

生产中采用一系列防毒技术预防措施后，仍然会有有毒物质散逸，因此，必须对作业环境进行处理，以达到国家卫生标准。处理措施就是将作业环境中的有毒物质收集起来，然后采取净化回收的措施。

1）通风排毒

通风排毒是使空气中的毒物浓度不超过国家规定标准的一种重要防毒措施。通风排毒可分为局部排风和全面通风两种。

① 局部排风是把有毒物质从发生源直接抽出去，然后净化回收的一种毒物处理措施。局部排风效率高，动力消耗低，比较经济合理。通风排毒应首选局部排风。

② 全面通风又叫稀释通风，是对整个房间进行通风换气的措施。其基本原理是在不断向室外排放污染空气的同时，用洁净空气稀释室内空气中有害物质的浓度，确保室内空气环境符合卫生标准。全面通风一般只适合用于污染源不固定和局部排风不能将污染物排出的场合。全面通风可作为局部排风的辅助措施。对于可能突然释放高浓度有毒物质或燃烧爆炸物质的场所，应设置事故通风装置。

2）净化回收

净化回收是对排出的有毒气体加以净化后回收利用。气体净化的基本方法有洗涤吸收法、吸附法、催化氧化法、热力燃烧法和冷凝法等。

9.2 粉尘污染的防护

9.2.1 粉尘污染的概念、来源及分类

1. 粉尘污染的定义

能够较长时间浮游于空气中的固体微粒称为粉尘。在生产中，与生产过程有关而形成的粉尘称为生产性粉尘。生产性粉尘对人体有多方面的不良影响，尤其是含有游离二氧化硅的粉尘，能引起严重的职业病——矽肺；生产性粉尘还能影响某些产品的质量，加速机器的磨损；微细粉末状原料、成品等成为粉尘到处飞扬，会造成经济上的损失，污染环境，危害人民健康。

2. 粉尘污染的来源

生产性粉尘的来源主要有以下方面：

① 固体物质的机械加工和粉碎所形成的尘粒，其粒径大小不一，小到需借助超显微镜才能看到的微细粒子，大到肉眼即可见到。常见于金属的研磨、切削，矿石或岩石的钻孔、爆破、破碎、磨粉以及粮谷加工等。

② 物质加热时产生的蒸气在空气中凝结、被氧化，其所形成的微粒直径多小于 1μm。如熔炼黄铜时，铜蒸气在空气中冷凝、被氧化形成氧化铜烟尘。

③ 有机物质的不完全燃烧，其所形成的微粒直径多在 0.5μm 以下。如木材、油、煤炭等燃烧时所产生的烟。此外，铸件在翻砂、清砂时或在生产中使用的粉末状物质在进行混合、过筛、包装、搬运等操作时，以及沉积的粉尘由于振动或气流的影响又重新浮游于空气中，也是粉尘污染的来源。

3. 粉尘污染的分类

生产性粉尘根据其性质可分为以下三类。

① 无机性粉尘：矿物性粉尘，如硅石、石棉、滑石等；金属性粉尘，如铁、锡、铝、铅、锰等；人工无机性粉尘，如水泥、金刚砂、玻璃纤维等。

② 有机性粉尘：植物性粉尘，如棉、麻、面粉、木材、烟草、茶等；动物性粉尘，如兽毛、角质、骨质、毛发等；人工有机粉尘，如有机燃料、炸药、人造纤维等。

③ 混合性粉尘：系上述各种粉尘混合存在。在生产环境中，最常见的是混合性粉尘。

9.2.2 粉尘的危害

在粉尘环境中工作，人的鼻腔只能将吸入粉尘总量的 30%~50%阻挡在外，其余部分会进入呼吸道内。长期吸入粉尘，积累的粉尘会引起机体的病理变化。直径小于 10μm（尤其是 0.5~5μm）的飘尘能进入肺部并黏附在肺泡壁上而引起尘肺病变。有些粉尘能进入血液中，进一步对人体产生危害。生产性粉尘引起的危害和疾病一般有以下几种。

① 尘肺。长期吸入一些较高浓度的生产性粉尘会导致肺部器官发生病变，最常见的职业病是尘肺，尘肺包括硅沉着病、石棉肺、铁肺、煤工尘肺、有机物（纤维、塑料）尘肺以及电焊烟尘引起的电焊工尘肺等。尤其以长期吸入较高浓度的含游离二氧化硅的粉尘造成肺组织纤维化而引起的硅沉着病最为严重，其可导致肺功能减退，甚至导致人体缺氧而死亡。

② 中毒。吸入的铅、砷、锰、氰化物、化肥、塑料、助剂、沥青等毒性粉尘，会在呼吸道溶解并被吸收，进入血液循环引起中毒。

③ 上呼吸道慢性炎症。某些粉尘，如棉尘、毛尘、麻尘等，在吸入呼吸道后附着于鼻腔、气管、支气管的黏膜上，对黏膜产生长期刺激和继发感染，易导致慢性炎症。

④ 皮肤疾患。粉尘落在皮肤上可堵塞皮脂腺、汗腺而引起皮肤干燥，继发感染，导致粉刺、毛囊炎等疾病。沥青粉尘可引起光感性皮炎。

⑤ 眼疾患。烟草粉尘、金属粉尘等可引起角膜损伤；沥青粉尘可引起光感性结膜炎。

⑥ 致癌。接触放射性矿物粉尘易发生肺癌，铬酸盐、雄黄矿等也可引起肺癌。石棉尘会引起胸膜间皮瘤。

生产性粉尘除了危害劳动者的身体健康外，还会加速机械磨损、降低产品质量、污染环境、影响照明等，对生产工作造成诸多不良影响。最值得注意的是，许多易燃粉尘在一定条件下会发生爆炸，造成经济损失和人员伤亡。

9.2.3　粉尘污染的卫生标准

根据生产性粉尘中游离二氧化硅含量、体力劳动强度以及粉尘的职业接触比值权重数三项指标，划分生产性粉尘作业危害程度，见表 9-1。

表 9-1　生产性粉尘作业危害程度分级

游离 SiO_2 含量(M)/%	体力劳动强度	粉尘的职业接触比值权重数(W_B)						
		<1	~2	~4	~6	~8	~16	>16
$M<10$	Ⅰ	0	Ⅰ	Ⅰ	Ⅰ	Ⅱ	Ⅱ	Ⅲ
	Ⅱ	0	Ⅰ	Ⅰ	Ⅱ	Ⅱ	Ⅱ~Ⅲ	Ⅲ
	Ⅲ	0	Ⅰ	Ⅰ~Ⅱ	Ⅱ	Ⅱ	Ⅲ	Ⅲ
	Ⅳ	0	Ⅰ	Ⅰ~Ⅱ	Ⅱ	Ⅱ~Ⅲ	Ⅲ	Ⅲ
$10 \leqslant M \leqslant 50$	Ⅰ	0	Ⅰ	Ⅰ~Ⅱ	Ⅱ	Ⅱ	Ⅲ	Ⅲ
	Ⅱ	0	Ⅰ	Ⅱ	Ⅱ~Ⅲ	Ⅲ	Ⅲ	Ⅲ
	Ⅲ	0	Ⅰ	Ⅱ	Ⅲ	Ⅲ	Ⅲ	Ⅲ
	Ⅳ	0	Ⅰ	Ⅱ~Ⅲ	Ⅲ	Ⅲ	Ⅲ	Ⅲ
$50<M \leqslant 80$	Ⅰ	0	Ⅰ	Ⅱ	Ⅲ	Ⅲ	Ⅲ	Ⅲ
	Ⅱ	0	Ⅰ	Ⅱ~Ⅲ	Ⅲ	Ⅲ	Ⅲ	Ⅲ
	Ⅲ	0	Ⅱ	Ⅲ	Ⅲ	Ⅲ	Ⅲ	Ⅲ
	Ⅳ	0	Ⅱ	Ⅲ	Ⅲ	Ⅲ	Ⅲ	Ⅲ
$M>80$	Ⅰ	0	Ⅰ	Ⅱ~Ⅲ	Ⅲ	Ⅲ	Ⅲ	Ⅲ
	Ⅱ	0	Ⅱ	Ⅲ	Ⅲ	Ⅲ	Ⅲ	Ⅲ
	Ⅲ	0	Ⅱ	Ⅲ	Ⅲ	Ⅲ	Ⅲ	Ⅲ
	Ⅳ	0	Ⅱ	Ⅲ	Ⅲ	Ⅲ	Ⅲ	Ⅲ

0 级(相对无害作业)：在目前的作业条件下，对劳动者健康不会产生明显影响，无明显健康效应，应进行一般危害告知，继续保持目前的作业方式和防护措施。

Ⅰ级(行动水平作业)：在目前的作业条件下，劳动者显著接触粉尘，应进行危害告知，密切关注工作场所粉尘浓度，采取定期作业场所监测、职业健康监护等行动。

Ⅱ级(轻度危害作业)：在目前的作业条件下，可能对劳动者的健康存在不良影响。应改善工作环境，降低劳动者实际粉尘接触水平，并设置粉尘危害及防护标识，对劳动者进行职业卫生培训，采取定期作业场所监测、职业健康监护等行动。

Ⅲ级(中度危害作业)：在目前的作业条件下，很可能引起劳动者的健康危害。应在采取上述措施的同时，及时采取纠正和管理行动，降低劳动者实际粉尘接触水平。

Ⅳ级(重度危害作业)：在目前的作业条件下，极有可能造成劳动者严重健康损害的作业。应立即采取整改措施，作业点设置粉尘危害和防护的明确标识，劳动者应使用个人防护用品，使劳动者实际接触水平达到职业卫生标准的要求。对劳动者及时进行健康体检。整改完成后，应重新对作业场所进行职业卫生评价。

其中粉尘的职业接触比值(B)指工作场所劳动者接触某种职业性有害因素的实际测量值与相应职业接触限值的比值，其公式为：

$$B=\frac{C_{TWA}}{PC-TWA}\times 100\% \tag{9-1}$$

式中 C_{TWA}——工作场所空气中生产性粉尘 8h 时间加权平均浓度的实测值，mg/m^3，多次检测得到的 C_{TWA} 不一致时，以最大值计算接触比值；

$PC-TWA$——工作场所空气中该种粉尘的时间加权平均容许浓度，mg/m^3。

粉尘的职业接触比值权重数(W_B)的大小取决于为粉尘的职业接触比值 B 的大小，当 $B<1$ 时，$W_B=0$；当 $1\leqslant B\leqslant 2$ 时，$W_B=1$；当 $B>2$ 时，$W_B=B$。

9.2.4 粉尘污染的防护

1. 防尘综合措施

1) 厂房位置和朝向的选择

产尘车间在工厂总平面图上的位置，在集中采暖地区，应位于其他建筑物的非采暖季节主导风向的下风侧；在非集中采暖地区，应位于全年主导风向的下风侧。厂房主要进风面应与厂房纵轴成 60°~90°角；L、I 形平面的厂房，开口部分应朝向夏季主导风向，并在 0°~45°。车间内的主要操作点应位于通风良好和空气清洁的地方。

2) 工艺和设备的合理布置

在工艺设计、设备布置等方面，应尽可能地采用新工艺、新设备、新材料，提高机械化、自动化和电子化水平。在生产过程中，要想消除或减少粉尘，首先应选用不产生或少产生粉尘的技术和装备，这是粉尘防治的基本手段；而对有粉尘的工作，要采取相应的治理措施，将其危险降到最低，例如，以石灰石砂为原料替代石英砂；采用装有气力输送装置的密封罐车来储运粉粒状物料；在装卸、运输、分级等作业中，采用风选法替代筛选法；用高效的轮碾设备代替砂处理设备；采用高压静电法就地控制露天粉尘源；通过电子计算机对粉料进行称量、配料、混合等工序的控制等，都可以有效地防止粉尘的生成和扩散。在此基础上，尽量合理地设置烟尘系统，包括铺设管道、粉尘集送、污泥处置等，以达到更好的除尘效果。

3) 密闭装置控制粉尘逸散

为了减少生产过程中产生的粉尘，一般通过通风系统和除尘系统相配合实现密封式控制。所有粉碎、混碾、筛分设备及粉料的运输、装卸和储存过程都要尽可能地密闭，并按粉尘的特性采取不同的密封方法和装置，一般有局部封闭、整体封闭和采用封闭小室三种。在封闭的设备中，为了防止其诱导空气产生逸尘，通常采用消除正压的措施，即通过减少设备的下料高度差、减小溜槽倾角、设置导料槽缓冲箱、设置滑槽隔离挡板等措施来快速地排放气体，避免逸尘。

4）作业场所粉尘监测

为了正确评价生产环境中粉尘对劳动者健康的影响和鉴定防尘技术设施的效果，需要定期对作业场所的生产性粉尘进行监测。根据对粉尘浓度、粒径分布、游离二氧化硅含量等进行检测的准确结果，按照《工作场所空气中粉尘测定 第2部分：呼吸性粉尘浓度》(GBZ/T 192.2—2007)等国家标准进行综合分析，提出改善劳动条件的措施，进行防尘降尘科学管理，从而确保劳动者健康。

2. 防尘工艺方法

在防尘工作中，可以采用新工艺、新技术，降低车间空气中粉尘浓度，使生产过程中不产生或少产生粉尘，目前常用的除尘方法有以下几种：

1）湿法降尘

只要工艺条件允许，应当首先选用湿法降尘。水对大多数粉尘具有“亲和力”，比如将物料的干法破碎、筛分改为湿法操作，或在物料的装卸、转运过程中喷水，可以极大地减少粉尘的产生和飞扬。喷水雾或喷蒸汽加湿是比较简便和有效的湿法降尘方法，因其防尘效果可靠，易于管理，故已被厂家广泛使用，如石粉厂的水磨石英，陶瓷厂、玻璃厂的原料水碾、湿法拌料、水力清砂、水瀑清砂等，图9-4为常见的旋风水膜除尘器结构。

① 喷水雾降尘是将压力水经喷嘴雾化后进行除尘。在使用喷水雾进行降尘时，要注意喷水雾的方向与物料的流向相平行，喷嘴至物料层面的间距不能小于0.3m，且在喷嘴与排气罩之间要有橡皮挡帘。在安装喷嘴时，要注意避免水珠和水雾被吸入排气系统或者喷到装置的运行部位。喷嘴可以设置在物料的加湿点，水阀应该与生产装置的操作进行联动。同时，要保证水源中不能有病原菌和腐蚀性成分，也不能存在固体悬浮物阻塞喷嘴。

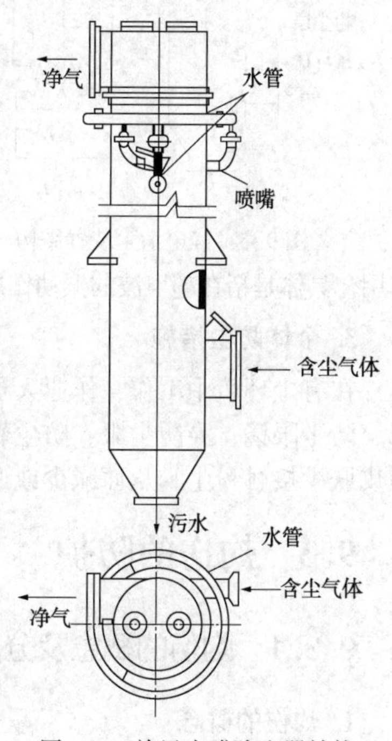

图9-4 旋风水膜除尘器结构

② 喷蒸汽降尘是采用水蒸气为介质进行除尘。其方法是将低压饱和蒸汽注入集尘点封闭的密闭罩中，通过水蒸气自身的扩散，使其在粉尘表面凝结，提高粉尘颗粒之间的黏附性。其中一部分饱和蒸汽凝结为水珠，与尘埃颗粒结合，可降低尘埃的飞扬，加快尘埃的沉降。蒸汽除尘的喷射量可以按照材料质量的0.1%~0.2%进行计算，一般选用$(1.6\sim2)\times10^5$Pa的饱和水蒸气。喷蒸汽降尘通常使用喷管直径为20~25mm、喷孔直径为2~3mm、孔距为30~50mm的多孔式蒸汽喷管，蒸汽喷管与材料表面的距离应在0.15~0.2m。喷蒸汽降尘适用于煤、焦炭等低黏性粉尘的产尘点，但由于受不同季节、不同区域天气状况的

影响，通常不能作为一种单独的降尘措施，而是经常与其他除尘措施交替或作为辅助措施，例如夏季常采用喷水雾除尘，冬季常采用喷蒸汽除尘等。另外，喷蒸汽除尘不宜与通风除尘同时使用。

2）通风除尘

通风除尘是工业防尘常用的方法，主要针对干法生产。通常采取安装通风管、吸尘罩、除尘器等进行局部排风除尘，也有采用机械辅助的全面排风或自然排风。一般采用以下几种方式。

① 就地式通风除尘系统。该系统是将除尘装置或除尘机直接置于产尘装置上，对粉尘进行收集和回收。该系统布置紧凑，结构简单，维护方便，既能有效地阻止粉尘的外溢，又能有效地净化含尘气体，常用在混砂机、皮带运输机转运点或料仓上。

② 分散式通风除尘系统。该系统是将一个或数个产尘点作为一个系统，将除尘器和风机安装在产尘设备附近。这种系统具有管路短、布置简单、风量调节方便等优点，但粉尘后处理比较麻烦，适用于产尘设备比较分散且厂房可安装除尘设备的场所。

③ 集中式通风除尘系统。该系统可将多个产尘点或整个车间，甚至全厂的产尘点集中在一个系统内，设有专门的除尘室，并由专人管理。该系统具有处理空气流量大、易于集中管理、易于后处理等优点，但是管道长度和结构复杂，风量难以调节，适合在除尘设施集中且有条件设置除尘室的地方使用。

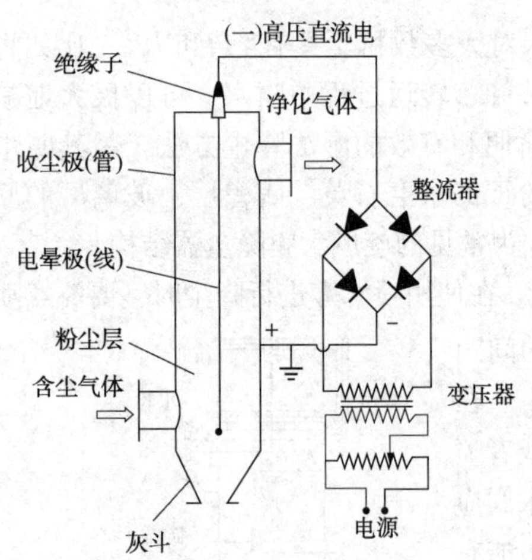

图 9-5　静电消尘装置结构

3）静电消尘

静电消尘系统主要由两大部分组成，一是高压电源，二是电收尘装置。图 9-5 为静电消尘装置结构。含尘气流通过电场时，在高压（60～100kV）静电场的作用下，气体被电离成正、负离子，并与尘埃粒子发生接触使之带电。带正电的灰尘颗粒会迅速地返回负电晕线上，而带负电的尘粒则会流向封闭的正极和排气管道，通过简单的振动或自动掉落，落入皮带或料仓，而净化后的气体则通过排气管排出。

4）超声波消尘

超声波消尘的原理就是超声波对悬浮粒子的凝聚作用，具体是指在超声波的振动作用下，使粉尘凝聚，进而达到将空气与粉尘分离的目的。

3. 个体防尘措施

在有尘环境中工作，作业人员应注意自我防护，具体防尘措施有：作业时佩戴防尘口罩、防尘眼镜，穿防尘服、防尘鞋，使用防尘用具等，以阻挡粉尘侵入呼吸器官，并尽量使皮肤少接触粉尘，从而减少或避免粉尘的危害。

9.3　灼伤的防护

9.3.1　灼伤的概念及分类

1. 灼伤的概念

灼伤是由于热力或化学物质作用于身体，引起局部组织损伤，并通过受损的皮肤、黏膜组织导致全身病理生理改变的危害现象。

2. 灼伤的分类

1）化学灼伤

由化学物质直接接触皮肤所造成的损伤，称为化学灼伤。化学物质与皮肤或黏膜接触后会产生化学反应并具有渗透性，对组织细胞产生吸水、溶解组织蛋白质和皂化脂肪组织的作用，从而破坏细胞组织的生理机能而使皮肤组织受伤。

2）热力灼伤

由于接触炽热物体、火焰、高温表面、过热蒸汽等造成的损伤称为热力灼伤。此外，由于液化气体、干冰等接触皮肤后会迅速汽化或升华，同时吸收大量热量，以致引起皮肤表面冻伤，这种情况称为冷冻灼伤，也归属于热力灼伤。

3）复合性灼伤

由化学灼伤和热力灼伤同时造成的伤害，或化学灼伤兼有中毒反应等都属于复合性灼伤。如磷落在皮肤上引起的灼伤，既存在磷燃烧生成的磷酸造成的化学灼伤，也包含磷通过皮肤侵入人体导致的中毒。

9.3.2 灼伤的预防措施

化学灼伤通常是伴随生产中的事故或设备的腐蚀、开裂、泄漏等，它与安全管理、操作、工艺和设备等因素有密切关系。2017年2月12日，新疆某公司发生喷料灼烫事故，造成2人死亡、3人重伤，该事故是由于企业应急救援能力不足，措施不当，生产现场配置的急救设施、消防设施，存在维护不当、过期失效问题，消防站配置的消防车辆以及应急抢救装备数量、品种不全。现场应急救援处置混乱，事故应急救援不力，现场处置措施不当，发生事故后企业负责人未通知企业消防队，延误了伤员抢救的最佳时间。因此，为避免发生化学灼伤，必须采取综合管理和技术措施，防患未然。

1. 采取有效的防腐蚀措施

在化工生产过程中，由于强腐蚀介质的作用及生产过程中高温、高压、高流速等条件会对设备管道造成腐蚀，因此，加强防腐，杜绝“跑、冒、滴、漏”是预防灼伤的重要措施之一。

2. 改革工艺和设备结构

使用具有化学灼伤危险物质的生产场所，在工艺设计时就应该预先考虑到防止物料喷溅的合理流程、设备布局、材质选择及必要的控制和防护装置。

3. 加强安全性预测检查

使用先进的探测探伤仪器等定期对设备管道进行检查，及时发现并正确判断设备腐蚀损伤部位与损坏程度，以便及时消除隐患。

4. 加强安全防护措施

加强安全防护措施，如储槽敞开部分应高于地面1m以上，如低于1m，应在其周围设置护栏并加盖，防止操作人员不小心跌入；禁止将危险液体盛入非专用和没有标志的容器内；搬运酸、碱槽时，至少需要两人共同搬运，不得单人背运等。

5. 加强个人防护

在处理有灼伤危险的物质时，必须穿戴工作服和防护用具，如护目镜、面具或面罩、手套、毛巾、工作帽等。

9.3.3 灼伤的急救措施

化学灼伤的程度与化学物质的性质、接触时间、接触部位等因素有关。化学物质的活性愈高，接触的时间愈久，损害愈严重。因此，在化学物质接触到人体组织后，要马上脱掉衣物，用大量的水冲洗创面，冲洗时间不得少于15min，这样才能将渗入皮肤和黏膜的化学物质清洗出去。清洗时要遍及各受害部位，特别是眼、耳、鼻、口等部位。清洗眼睛需使用生理盐水或者干净的自来水，清洗的时候不能直接朝向角膜，可把脸浸泡在干净的水盆里，双手撑开上下眼皮，用力睁大眼睛，在水里左右摇晃头部。其他部位烧伤应使用大量的水冲洗，然后用中和剂清洗或温敷，使用中和剂时间不宜过长，同时要再次用清水冲洗。清洗完毕后，应立即将人员送往医院接受治疗。表 9-2 列出的是常见化学灼伤的急救处理方法。

表 9-2　化学灼伤的急救处理方法

灼伤物质名称	急救处理方法
碱类，如氢氧化钠、氢氧化钾、碳酸钠、碳酸钾、氧化钙等	立即用大量清水冲洗，然后用2%醋酸溶液洗涤中和，也可以用2%的硼酸水湿敷。氧化钙灼伤时，可以用植物油洗涤
酸类，如硫酸、盐酸、高氯酸、磷酸、蚁酸、草酸、苦味酸等	立即用大量清水冲洗，然后用5%碳酸氢钠(小苏打)溶液洗涤中和，再用净水冲洗
碱金属、氰化物、氢氰酸	立即用大量清水冲洗，然后用0.1%高锰酸钾溶液冲洗，再用5%硫化铵溶液冲洗，最后用净水冲洗
溴	立即用大量清水冲洗，再用10%硫代硫酸钠溶液冲洗，然后涂5%碳酸氢钠(小苏打)糊剂或用1体积碳酸氢钠(25%)+1体积松节油+10体积酒精(95%)的混合液处理
铬酸	立即用大量清水冲洗，然后用5%硫代硫酸钠溶液或1%硫酸钠溶液冲洗。没有条件时，也可先用大量清水冲洗，然后用肥皂水彻底清洗
氢氟酸	立即用大量清水冲洗，直至伤处表面发红，再用5%碳酸氢钠(小苏打)溶液洗涤，然后涂上甘油与氧化镁(2∶1)悬浮剂，或调上黄金散，再用消毒纱布包扎好。也可以用大量清水冲洗后，将灼伤部位浸泡于冰冷的酒精(70%)中1~4h或在两层纱布中夹冰冷敷，然后用氧化镁甘油软膏或维生素A和维生素D混合软膏涂敷
黄磷	如有磷颗粒附着在皮肤上，应先将局部浸入水中，用刷子清除，不可将创面暴露在空气中或用油脂涂抹；然后用3%的硫酸铜溶液冲洗15min，再用5%碳酸氢钠(小苏打)溶液洗涤，最后用生理盐水湿敷，用纱布包扎
苯	先用大量清水冲洗，再用肥皂水彻底清洗
苯酚	先用大量清水冲洗，再用4体积酒精(7%)与1体积氯化铁(0.333mol/L)混合液洗涤，最后用5%碳酸氢钠(小苏打)溶液湿敷
硝酸银	先用大量清水冲洗，再用肥皂水彻底清洗
焦油、沥青(热灼伤)	先用沾有乙醚或二甲苯的棉花消除粘在皮肤上的焦油或沥青，然后涂上羊毛脂

9.4 噪声污染的防治

9.4.1 噪声的基本概念

人们在生活、工作和社会活动中离不开声音。声音作为一种信息，对传递人们的思维和感情起着非常重要的作用。然而有些声音却干扰人们的工作、学习和休息，影响人们的身心健康。如各种车辆通行时嘈杂的声音，压缩机的进气、排气声音等。这些声音人们是不需要的，甚至是厌恶的。从声学上讲，人们不需要的声音称为噪声。从物理学上看，无规律、不协调的声音，即频率和声强都不同的声波杂乱组合称为噪声。

1. 噪声的来源

在人类生存的环境中，存在着各种各样的声音，尽管这些声音听起来音调不同，但它们都有一个共同点，即所有声音都来源于物体的振动。如讲话的声音来源于人的声带振动，机器发出的声音来源于机器的振动，笛子发出的声音来源于笛膜的振动。这些振动的物体通常被称为声源。声源不一定是固体，液体和气体同样会由于振动而发声，如海浪声、汽笛声就是由流体振动而发声的。声源发声后必须通过弹性介质才能向外传播，例如，空气是人们最熟悉的传声介质，在空气中人们可以听到声音，而在真空中却听不到。声音是一种波动，声波正是依靠介质的分子振动向外传播声能。

声源的类型按其几何形状特点划分为：点声源、线声源、面声源。

1）点声源

当声源尺寸远远小于声源至接收点的距离时，可以看作点声源。例如，运行中的电机、正在发声的喇叭、正在讲话的人都可以视为点声源。

2）线声源

当许多点声源连续分布在一条线上时，可认为该声源是线声源。工业中的风管、奔驰的列车等可以看作线声源。

3）面声源

面声源是指尺寸为一个长方形的声源。如在高噪声场所，设备被车间或者房间包裹，声音引起墙壁共振以及声音穿透墙面，此时的墙面因为面积较大，可以视为面声源。

2. 噪声的物理量度

1）声速

振动状态在介质中的传播速度称为声速，空气中的声速为340m/s。

2）声压

声压就是大气压受到声波扰动后产生的变化，即为大气压强的余压，它相当于在大气压强上的叠加一个声波扰动引起的压强变化，单位为Pa。

3）声压级

正常人耳刚能听到的声音的声压为2×10^{-5}Pa，称为听阈声压，震耳欲聋的声音的声压为20Pa，称为痛阈声压，后者与前者之比为10^6，两者相差百万倍。在这么大的声压范围内，用声压值来表示声音的强弱极不方便，于是引出了声压级的量来衡量。声压级指实测声压和基准声压的比值的常用对数乘以20，单位为分贝(dB)，一般在测量或计算时采用A

级计权方式反映人耳对噪声频率的反应。声压级 L_p 的计算公式为：

$$L_p = 20\lg \frac{p}{p_0} \tag{9-2}$$

式中 p——实测声压，Pa；

p_0——基准声压，即 1000Hz 纯音的听阈声压，为 2×10^{-5}Pa。

9.4.2 噪声的分类

1. 按城市区域分类

1）交通噪声

交通噪声是指交通工具运行时所产生的妨害人们正常生活和工作的声音，包括机动车噪声、飞机噪声、火车噪声和船舶噪声等，一般主要指机动车辆在城市内交通干线上行驶时产生的噪声。交通噪声是一种不稳定的噪声，声级随时间等因素而变化。

2）建筑施工噪声

建筑施工噪声指在城市中，建设公用设施，如地下铁道、高速公路、桥梁，敷设地下管道和电缆等，以及从事工业与民用建筑的施工现场，都大量使用各种不同性能的动力机械，使原来比较安静的环境成为噪声污染严重的场所。

3）工业噪声

工业噪声是指在工业生产活动中使用固定的设备时产生的干扰周围生活环境的声音，一般为加工机械、生产设备发出的噪声。

4）社会生活噪声

社会生活噪声是指人为活动所产生的除工业噪声、建筑施工噪声和交通运输噪声之外的干扰周围生活环境的声音，常见于家用设备、商业活动、文娱活动等。

2. 按发声机理分类

按产生的动力和方式的不同，噪声分为机械性噪声、流体动力性噪声和电磁性噪声。

1）机械性噪声

机械性噪声指由于机械的转动、摩擦、撞击、车辆的运行等产生的噪声，如纺织机、球磨机、电锯、机床等发出的声音。

2）流体动力性噪声

流体动力性噪声指由于气体压力、体积的突然变化或流体流动所产生的声音，如通风机、空气压缩机、喷射器、汽笛、锅炉排气放水等发出的声音。

3）电磁性噪声

电磁性噪声指由于电机中交变力相互作用而产生的噪声，如发电机、变压器等发出的声音。

3. 按时间特性分类

按噪声持续时间和出现的形态，噪声分为连续噪声和间断噪声，稳态噪声和非稳态噪声。

1）稳态噪声

稳态噪声指在长时间内，声音连续不断，而且声音强度相对稳定，声音波动一般不超过 3dB，两声之间的间隔小于 1s。

2）非稳态噪声

非稳态噪声又可分为起伏噪声、间歇噪声和脉冲噪声。

① 起伏噪声是指在观察时间内，采用声级计慢挡动态测量时，声音起伏大于 3dB、通常小于 10dB 的噪声。

② 间歇噪声是指在测量过程中，声级保持在背景噪声之上的，持续时间大于或等于 1s，并多次突然下降到背景噪声级的声音。许多工业噪声如建筑业以及维修业的噪声都属于间歇噪声。

③ 脉冲噪声与撞击噪声两种噪声是指声压快速上升到顶峰又快速下降的一种瞬时的噪声。脉冲噪声是指其最大峰值强度的上升时间不大于 35ms，峰值下降 20dB 处的持续时间不大于 500ms，两个脉冲声的时间间隔小于 1s 的单个或多个猝发声组成的噪声。而撞击噪声的声压上升与下降的持续时间都比脉冲噪声时间长些。前者多见于武器发射或爆炸声，后者有锤锻和冲压噪声。

9.4.3 噪声的危害

产业革命以来，各种机械设备的创造和使用，给人类带来了繁荣和进步，但同时也产生了越来越多而且越来越强的噪声。噪声不但会对听力造成损伤，还能诱发多种致癌致命的疾病，也对人们的生活、工作有所干扰。噪声对人体的影响一般有以下几种。

1. 听觉系统

噪声引起的听力机构的损伤，主要是内耳的接收器官即柯蒂氏器官受到损害而产生的。柯蒂氏器官由感觉细胞和支持结构组成，过量的噪声暴露可造成感觉细胞和整个柯蒂氏器官的破坏。

较低噪声级的长期作用也会导致感觉细胞和支持结构的损害，这种损害称为噪声性耳蜗损伤。噪声性耳蜗损伤主要是因为过度的噪声刺激使听觉细胞在高代谢速率下工作，从而造成细胞死亡，而听觉细胞是一种特殊的器官，一旦受损，就不能再生，听力也不可恢复。

2. 神经系统

噪声会引起神经衰弱综合征，如头痛、头晕、失眠、多梦、记忆力减退等。神经衰弱的阳性检出率随噪声强度的增高而增加。

3. 心血管系统

大量实验结果表明，噪声会引起人体紧张的反应，使肾上腺素增加，引起心率改变和血压升高。一些工业噪声调查的结果指出，在高噪声条件下，钢铁工人和机械车间工人比安静条件下的高血压发病率更高。

4. 消化系统

噪声也可能导致消化系统的不适。一些研究显示，在嘈杂的工业企业中，溃疡的发生率是在安静环境中的 5 倍。在噪声超过 80dB(A)的情况下，人体的肠道蠕动会降低 37%，并伴随着腹胀和肠胃不适，噪声消失后，肠道的蠕动会因为过度的补偿而加快，导致消化不良，长时间的消化不良会造成溃疡。

5. 心理影响

噪声引起的心理影响主要是使人激动、易怒，甚至失去理智。因住宿噪声干扰发生民间纠纷的事件时常发生。噪声也容易使人疲劳，因此往往会影响精力集中和工作效率，尤其是对一些做非重复性动作的劳动者，影响更为明显。

9.4.4 噪声标准与防治措施

1. 噪声标准

为防治环境噪声污染，保护和改善生活环境，保障人体健康，我国制定了《中华人民共和国噪声污染防治法》(简称《噪声污染防治法》)和一系列环境噪声标准，包括户外、室内和环境噪声排放等标准。《噪声污染防治法》规定：产生环境噪声污染的工业企业应当采取有效措施，减轻噪声对周围生活环境的影响；在城市范围内向周围生活环境排放工业噪声的，应当符合国家规定的工业企业厂界环境噪声排放标准。

《工业企业设计卫生标准》(GBZ 1—2010)明确规定了各工作时间下的岗位噪声值，详情见表 9-3。

表 9-3 工作地点噪声声级的卫生限值

日接触噪声时间/h	卫生限值/dB(A)	日接触噪声时间/h	卫生限值/dB(A)
8	85	0.5	97
4	88	0.25	100
2	91	0.125	103
1	94	最高限值不得超过 115dB(A)	

《声环境质量标准》(GB 3096—2008)规定了五类声环境功能区的环境噪声限值，其标准要求如表 9-4 所示。

表 9-4 环境噪声限值 单位：dB(A)

声环境功能区类别	时段		声环境功能区类别		时段	
	昼间	夜间			昼间	夜间
0 类①	50	40	3 类④		65	55
1 类②	55	45	4 类⑤	4a 类⑥	70	55
2 类③	60	50		4b 类⑦	70	60

注：①系指康复疗养区等特别需要安静的区域。
②系指以民宅、医疗卫生、文化教育、科研设计、行政办公为主要功能，需要保持安静的区域。
③系指以商业金融、集贸市场为主要功能，或者居住、商业、工业混杂，需要维护住宅安静的区域。
④系指以工业生产、仓储物流为主要功能，需要防止工业噪声对周围环境产生严重影响的区域。
⑤系指交通干线道路两侧一定距离之内，需要防止交通噪声对周围环境产生严重影响的区域。
⑥系指高速公路，一级、二级公路，城市快速路，城市主、次干路等区域。
⑦系指铁路干线两侧区域。

2. 噪声防治措施

对于生产过程和设备产生的噪声，应首先从声源上进行控制，如选用低噪声的设备，其次应采用各种工程控制技术措施，使噪声作业劳动者接触噪声声级符合《工作场所有害因素职业接触限值 第2部分：物理因素》(GBZ 2.2—2007)的要求。仍达不到要求的，应根据实际情况合理设计劳动作息时间或佩戴个人防护用具。以下为常采用的工程控制技术措施。

1）厂区布置设计

在厂区布置中，有噪声的车间和无噪声的车间要分开布置，高、低噪声的车间要分开布置。在满足生产工艺需要的同时，应将高噪声设备集中起来。具有高噪声和高振动的生产装置，应设置在单层厂房或多层厂房的底层，并采取有效的隔声、减振措施。

2）隔声、吸声建筑设计

对产生噪声的车间，在控制噪声来源的同时，应对厂房的结构进行合理的设计，并加强隔声、吸声等措施。还需要经常对监控设备运行情况进行监测，如果有较大的噪声源而且不宜降噪处理的，则要设置隔声室，以减小噪声的扩散。

3）采取消声措施

对辐射强噪声的管道，应采取隔声、消声措施。强噪声气体动力机构的进排气口为敞开时，应在进、排气管的适当位置设置消声器。对噪声超标的放空口也应设置消声器。

4）采取减振措施

对易产生强振动或冲击的机械设备，其基础应单独设置，并采取减振降噪措施。

9.4.5 常用噪声治理技术

1. 吸声

1）吸声的定义

吸声是利用吸声材料吸收声能，以降低室内噪声的方法。吸声是声能不断转化为热能的过程。吸声技术一般可使室内噪声降低3~5dB(A)，对于反射声很严重的车间，降噪量可达到6~10dB(A)。吸声只能吸收反射声，无法降低直达声。描述吸声的指标是吸声系数，指被材料吸收的声能与入射声能的比值。

2）常用吸声材料的吸声系数

目前，工程上常用的吸声材料主要有玻璃棉、岩棉等，其吸声系数见表9-5。

表9-5 常用吸声材料的吸声系数及相关参数

材料名称	容量/(kg/m^3)	厚度/cm	不同倍频带中心频率的吸声系数					
			125	250	500	1k	2k	4k
玻璃棉	20	5	0.15	0.35	0.85	0.85	0.86	0.86
		10	0.25	0.60	0.8	0.87	0.87	0.85
珍珠岩	340	1.8	0.10	0.21	0.32	0.37	0.47	0.47
矿棉	150	1.7	0.09	0.18	0.50	0.71	0.76	0.81
毛毡	370	5	0.11	0.30	0.37	0.50	0.50	0.52
木质地板	500	5	0.05	0.06	0.06	0.1	0.1	0.1
玻璃窗	2200	3	0.35	0.25	0.18	0.12	0.07	0.04
砖墙	2500	10	0.36	0.44	0.31	0.29	0.39	0.25

3）吸声材料的影响因素

材料的厚度：增加材料厚度，能提高吸声效果，但增加至一定程度时，吸声效果的提高就不明显了。

材料的容重：单位体积吸声材料的质量称为容重。容重适当增加，会提高低频吸声效果。但当容重超过一定数值后，高频吸声效果下降。玻璃棉、岩棉容重一般选用 $20kg/m^3$。

空气层的影响：在吸声材料背面设置一定的空气层，相当于增加材料厚度，能有效提高吸声效果，尤其是对低频的吸收。

温度的影响：温度提高，吸声峰值向高频移动，反之移向低频。选用时不宜超过材料允许的使用温度。

湿度的影响：材料吸湿或吸水后，材料中的间隙被水堵塞，吸声性能降低，严重时则会失去吸声效果。

4）吸声材料的基本类型

（1）纤维材料

纤维材料是一种由许多微小的纤维物质构成的材料，分为两类：一种是无机纤维材料，另一种是有机纤维材料。有机纤维类吸声材料主要有棉麻下脚料、棉絮、稻草、棕丝，还有甘蔗渣、麻丝等经过加工加压而制成的各种软质纤维板等，这类有机材料具有较低的价格和良好的吸声性能。在使用有机纤维材料时，要注意防火、防虫和防潮发霉。无机纤维材料主要有玻璃棉、玻璃丝、矿渣棉、岩棉及其制品，具有不燃、防蛀、耐热、耐腐蚀、抗冻等优点。

（2）泡沫材料

泡沫类吸声材料是由表面与内部存在无数微孔的高分子材料制成，主要分为各种泡沫塑料、海绵乳胶、泡沫橡胶等。这类材料的特点是密度小、热导率小、质地软。其缺点是易老化、耐火性差。目前广泛使用的是聚氨酯泡沫塑料。

（3）颗粒材料

颗粒材料主要有膨胀珍珠岩、多孔陶土砖、矿渣水泥、木屑石灰水泥等。这类材料具有保温、防潮、不燃、耐热、耐腐蚀、抗冻等优点。因此，用作建筑材料具有很强的吸声功能。为便于操作，通常将不同类型的多孔吸声材料加工成板、毡、砖等，如工业毛毡、木丝板、玻璃棉毡、膨胀珍珠岩吸声板、陶土吸声板等，使用时可将其整体吊挂于天花板或周围墙面，或直接铺设于需要控制噪声的地方。

2. 消声

1）消声的定义

消声是运用消声器来削弱声能的过程，是降低空气动力性噪声的主要技术措施。

2）消声器的种类

消声器是一种既允许气流顺利通过而又能有效衰减或阻碍声能向外传播的装置。消声器只能降低空气动力设备的进、排气口噪声或沿管道传播的噪声，不能降低空气动力设备的机壳、管壁等辐射的噪声。根据消声方式的不同可分为阻性消声器、抗性消声器、阻抗复合式消声器，详细信息见表9-6。

表9-6 消声器简介

类 型	基本原理	适用范围
阻性消声器	属吸收型，在管道内设置吸声材料，消耗和衰减通过管道气流的噪声	主要用于消减高频气流噪声
抗性消声器	属共振型，利用几何形状，使声音在管道中反复反射、共振、干涉、叠加而消耗声能	主要用于消减特定频率的噪声
阻抗复合式消声器	利用上述两种原理复合制成的消声器，具有阻性和抗性两种消声器的性能	适用频带宽，可用于消减低、中、高频的噪声

阻性消声器是利用气流管道内的不同结构形式的多孔吸声材料(常称阻性材料)吸收声能，从而降低噪声的消声器。

抗性消声器利用声抗的大小消声，不使用吸声材料，而是利用管道截面的突变或旁接共振腔，使沿管道传播的某些频率的声波，在突变的界面处发生反射、干涉等现象，从而降低由消声器向外辐射的声能，达到消声的目的。

阻抗复合式消声器是一种结合阻性与抗性两种消声原理设计而成的消声器，可以在较宽的频率范围内得到满意的消声效果。

3. 隔声

1）隔声的定义

用屏蔽物(材料、构件)使入射声反射而隔断声波的传播，或者用围护结构把噪声控制在一定范围内，称为隔声。材料一侧的入射声能与另一侧的透射声能的分贝数差就是该材料的隔声量。

2）隔声的方法

(1) 单层隔声

单层隔声墙的隔声量与单位面积质量的常用对数成正比。其计算公式为：

$$\Delta R=20(\lg f+\lg m)-48 \tag{9-3}$$

式中 f——声波频率，Hz；

m——单层结构的面密度，kg/m^2；

ΔR——隔声量，dB。

隔声墙的单位面积质量越大，隔声量越大，质量增加一倍，隔声量增加6dB，频率越高，隔声量越大，频率提高一倍，隔声量也增加6dB。

(2) 双层隔声

通过双层隔声结构，声波会进行二次反射与折射。由于双层结构中间增加了填充有吸声材料的空气层，其隔声性能好于单层结构，其计算公式为：

$$\Delta R=R_1+R_2+6 \tag{9-4}$$

式中 R_1、R_2——组成双层结构的每一单层的隔声量，dB；

ΔR——隔声量，dB。

双层结构的隔声量 ΔR 与空气层厚度 d 有关，厚度 d 增加，隔声量增加。但当

d>100mm 时，ΔR 的增加趋于缓慢。工程上，d 一般取 50～100mm。当声波入射到板表面时，声波的波长在板面上会发生共振，使透射声波显著增加，即产生"吻合效应"。双层结构中间空气层填充吸声材料，在结构的受声侧附加一薄层弹性面层或采取增加阻尼措施，可使吻合效应显著减弱，提高隔声量。

3）主要隔声手段

（1）隔声罩

隔声罩是将噪声源封闭在一个相对小的空间内，以减少对外辐射噪声的围护结构。隔声罩可分为全密封型、局部开放型、固定型和可移动型，常用于车间内有独立的强噪声源或集中的强噪声源，且声源本身的强噪声不易降低的情况。如风机、空压机、电动机、磨球机、抛光机等机械设备。图 9-6 为工业用隔声罩结构。

（2）隔声门

隔声门分为木质隔声门、钢制隔声门、水泥隔声门、塑料隔声门等，一般常用的为木质隔声门和钢制隔声门。木质隔声门通常由木板、木夹板、纤维密度板等材料制成，门板质量轻，门缝大，隔声效果差，隔声量通常为 15～20dB。钢制隔声门采用角钢为门框，钢板作面层，常在门缝处安装密封条，其隔声性能优于木质隔声门，隔声量在 20～25dB。隔声间的门、窗隔声量一般较墙体隔声量要小，而孔隙则完全不隔声，因此，增加门和窗的隔声量，做好孔隙的密封处理，有助于提高隔声间的整体隔声能力。

（3）隔声窗

隔声窗可分为固定隔声窗、自然通风隔声窗、可开启隔声窗。普通的隔声窗是由两层或多层的玻璃制成，其隔声效果主要由玻璃的厚度、窗体的构造、窗与窗框之间、窗框与墙壁之间的密封程度决定。根据实测，3mm 厚的玻璃隔声量为 27dB，6mm 厚的玻璃隔声量为 30dB，因此使用两层或更多层的玻璃，且中间夹有空气层，可以大大提高隔声效果。图 9-7 是常见的隔声窗结构。

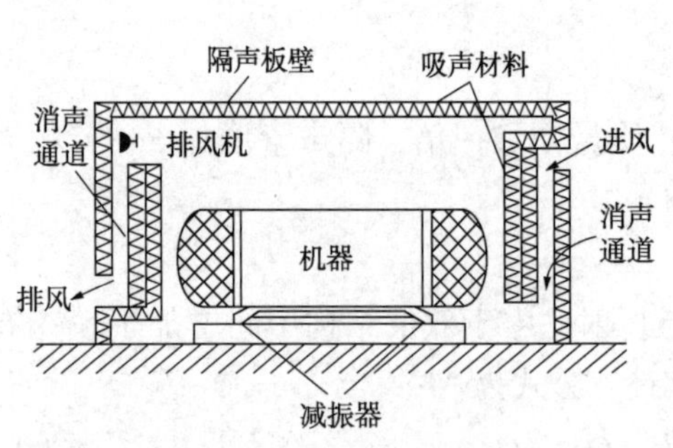

图 9-6　带有进排气消声通道的隔声罩结构

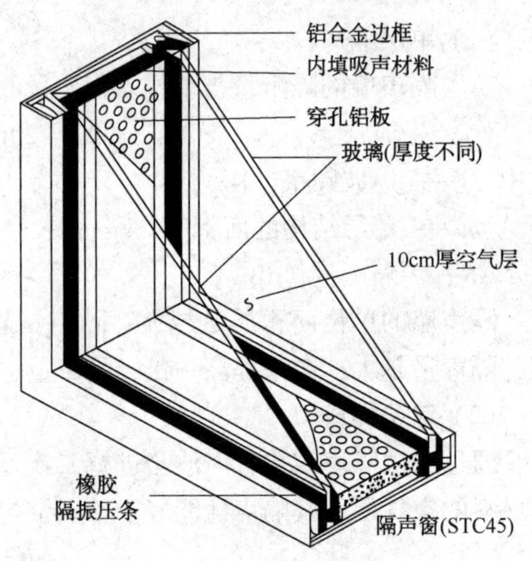

图 9-7　隔声窗结构

（4）声屏障

在声源与接收点之间设置能阻挡声波传播的障板，以此来降低噪声，这种屏蔽噪声的结构称为声屏障。声屏障在室内和室外都有广泛的应用。对于室内的某些场合，如车间里的很多高噪声的大型机械设备，有些设备会泄出易燃气体要求防爆，有些设备需要散热因而换气量较大，或因操作、维护方便的需要等设置一定高度的声屏障从而达到一定的降噪效果。图 9-8 是常见的公路声屏障实物图。

图 9-8 公路声屏障实物图

4. 隔振

1）隔振的定义

为防止通过固体传播的振动噪声，在装置上设置隔振、减振装置或防振结构的技术称为隔振。

隔振可分为两类，对作为振动源的机械设备采取隔振措施，防止振动源产生的振动向外传播，称为积极隔振或主动隔振；对怕受振动干扰的设备采取隔振措施，以减弱或消除外来振动对这一设备带来的不利影响，称为消极隔振或被动隔振。

2）隔振元件的类型

隔振元件一般分为以下三大类，其详细信息如表 9-7 所示。

表 9-7 隔振元件种类

类　别	主要装置
隔震垫	橡胶隔震垫
	玻璃纤维垫
	金属丝网隔震垫
	软木、毛毡、乳胶海绵等制成的隔震垫
隔振器	橡胶隔振器
	全金属隔振器
	空气弹簧
	弹性吊架
柔性接管	可曲绕橡胶接头
	金属波纹管
	橡胶、帆布、塑料等柔性接头

（1）隔振器

隔振器是一种弹性支撑元件，是通过专门设计而制造出来的一种独立的、自成体系的器件，在使用时可作为机械零件来进行装配和安装。最常见的隔振器有金属弹簧隔振器、橡胶隔振器、金属丝网隔振器、金属与橡胶复合隔振器和空气弹簧隔振器等。

金属弹簧隔振器是目前国内外应用较广泛的隔振器，它主要由钢丝、钢板、钢条等制造而成。最常见的是螺旋弹簧隔振器和板条式弹簧隔振器，图 9-9 为常见的金属弹簧隔振器。螺旋弹簧隔振器使用范围较广，可用于各类风机、球磨机、破碎机和压力机等；板条式弹簧隔振器只在一个方向上有隔振作用，多用于火车、汽车的车体减振和只有垂直冲击的锻锤基础隔振。

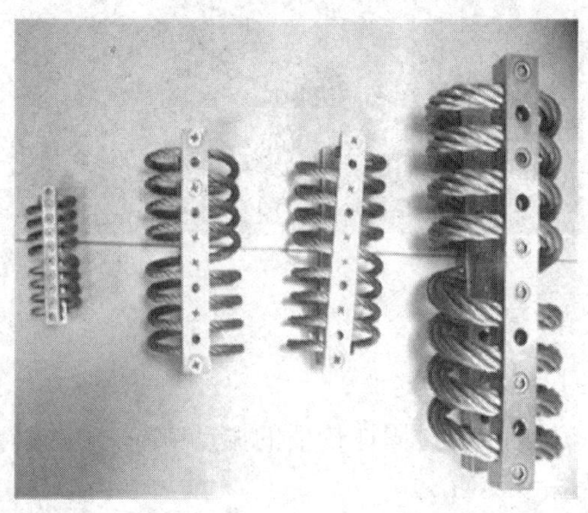

图 9-9 金属弹簧隔振器

在实际工程中应用最多的是橡胶隔振器，它具有持久的高弹性和优良的隔冲、隔振性能。这类隔振器是由硬度适合的橡胶材料制成的，其形状、面积和高度应设计合理，图 9-10 为橡胶隔振器外观图。这类隔振器可以在垂直、水平和旋转三个方向隔振。根据受力情况和变形情况不同，橡胶隔振器可分为压缩型、剪切型和复合型三大类，其竖向刚度与横向刚度的比值分别为 4.5、0.2 及任意设计。目前，国内生产的橡胶隔振器一般用丁腈橡胶、氯丁橡胶或丁基橡胶制造，动态系数为 1.4~2.8，阻尼比值为 0.075~0.20。一般适合用于中小型设备和仪器的隔振，适用频率范围是4~15Hz。

图 9-10 橡胶隔振器外观图

(2) 隔震垫

利用弹性材料本身的自然特性，置于需要隔振的基座下面，一般没有确定的形状尺寸，可按具体需要进行裁剪、拼排以满足使用需要。常见的隔震垫有软木、毛毡、橡胶、橡皮、海绵、玻璃纤维等。目前，在行业生产和民用建筑中最常用的是橡胶隔震垫。

橡胶隔震垫是近年来发展起来的隔振材料，常见的有肋状垫、开孔的镂孔垫、凸台橡胶垫及 WJ 型橡胶垫等。

软木是一种传统的隔振材料，与天然软木不同，它是用天然软木经高温、高压、蒸汽烘干和压缩处理而成的板状物和块状物。在工程实践中，常把软木切成小块，均匀布置在机器机座或混凝土座下面，这样分成小块比整块隔振效果好。

对于载荷很小，隔振要求不太高的场合，用毛毡隔振既方便又经济。用1.3~2.5cm厚的软毛毡制成块状或条状垫层，对隔离高频振动有较好效果，在精密仪器设备上使用较多，也可作为穿墙套管来隔振。

(3) 柔性接管

在设备的进出管道上安装柔性接管是防止振动从管道传递出去的必要措施，柔性接管又称为补偿接管或软接头或避振喉。柔性接管广泛应用于给排水、暖通空调、消防、压缩机等管道系统的隔振。根据设备和要求的不同，所用的材料和做法大体可分为如下三大类。

帆布软接管常用在风机与风管的连接处，长度一般取200~300mm。实践证明，这种软连接对降低风机沿管道传递的振动是有效的。

橡胶软接管一般用于温度在100℃以下，压力在2.0MPa以下的液体或气体传输管道中，如水泵的进出管道，罗茨风机的进出管道，空压机、真空泵的进气管道以及冷凝器循环管道等。实践证明，橡胶软接管可大幅度降低振动在管道中的传递，有效地隔离和降低管道噪声，不仅如此，由于橡胶软接管的隔振作用，对改善机械设备的运行工况，保证设备安全生产，减弱噪声污染以及减弱建筑结构共振等都大有好处。

不锈钢波纹管一般用于温度高于100℃而又有一定的压力，或者管道内是氨或氟利昂的低温冷冻管道，也可用于不能用橡胶软管连接的环境条件下，如柴油机出口、空压机出口以及真空泵出口管道、冷冻机冷冻管道等。它是由不锈钢薄板制成波纹形管道，两端焊上不锈钢法兰而制成的，一般有两种类型：一类是波纹管外包一层金属丝网套，管内设有导向管，其允许压力较高；另一类是波纹管外不包网套，其允许工作压力一般为0.15L/D(L为波纹管长度，D为波纹管外径)，波纹管的长度由用户自定。

9.5　电磁污染的防治

9.5.1　电离辐射的危害及防护

1. 电离辐射的基本概念

1) 电离辐射的定义

电离辐射是指携带足以使物质原子或分子中的电子成为自由态，从而使这些原子或分子发生电离现象的能量的辐射，波长小于100nm，包括宇宙射线、X射线和来自放射性物质的辐射。

2) 常用的辐射量和单位

照射量(X)是指X射线或γ射线的光子在单位质量空气中释放出来的全部电子完全被空气阻止时，在空气中产生同一种符号离子总电荷的绝对值。单位：C/kg。

吸收剂量(D)是指电离辐射进入人体单位质量所吸收的放射能量。单位Gy(戈瑞)，其中1Gy=1J/kg。

剂量当量(H)：一定吸收剂量的生物效应，取决于辐射的品质和照射条件，故不同类型辐射其吸收剂量相同而所产生的生物效应的严重程度或发生概率可能不同。对吸收剂量加权，使得加权后的吸收剂量较好地表达发生生物效应的概率或生物效应的严重程度，这种加权的吸收剂量就称为剂量当量，单位Sv(希沃特)，其中1Sv=1J/kg。简言之，剂量当量是指考虑辐射品质及照射条件对生物效应的影响而加权修正后的吸收剂量。

$$H=DQN \tag{9-5}$$

式中 D——该点的吸收剂量，Gy；

Q——品质因数；

N——照射条件的修正因素，一般情况 $N=1$。

有效剂量当量(H_E)：在辐射防护标准中所规定的剂量当量限值是以全身均匀照射为依据的，而实际情况是，辐射几乎总是涉及不止一个组织的非均匀照射。为了计算在非均匀照射情况下，所有受到照射的组织带来的总危险度，与辐射防护标准相比较，对辐射的随机性效应引进了有效剂量当量。有效剂量当量(H_E)定义为加权平均剂量当量的和，其公式为：

$$H_E = \sum_T H_T W_T \tag{9-6}$$

式中 H_T——组织 T 受照射的剂量当量，Sv；

W_T——组织 T 相对危险度权重因子。

3) 电离辐射的肯定效应和随机效应

肯定(非随机性)效应是指对身体特殊组织(如眼晶体、造血系统、性细胞等)的损伤。其伤害的严重程度，取决于所受剂量的大小，剂量越大，伤害越重，小于阈值则不会见到损伤。

随机效应主要指造成各种癌症和遗传性疾病。它是无阈值的，个体危险的严重程度与所受的剂量大小无关，但其发生率则取决于剂量。

2. 电离辐射的危害

电离辐射对人体的危害是由超过剂量限值的放射线作用于肌体而发生的，分为体外危害和体内危害。其主要危害是阻碍和损伤细胞的活动机能及导致细胞死亡。

1) 急性放射性伤害

在短期内接受超过一定剂量的照射，称为急性照射，可引起急性放射性伤害。

急性照射低于 1Gy 时，少数人出现头晕、乏力、食欲下降等症状。当剂量达 1~10Gy 时出现以造血系统损伤为主的急性放射病；10~50Gy 出现以消化道症状为主的肠型急性放射病；50Gy 以上出现以脑扭伤症状为主的脑型急性放射病，可在 2 天内死亡。

2) 慢性放射性伤害

在较长时间内分散接受一定剂量的照射，称慢性照射。长期接受超剂量限值的慢性照射，可引起慢性放射性伤害。如白血球减少、慢性皮肤损伤、造血功能障碍、生育能力受损、白内障等。

3) 胚胎和胎儿的辐射损伤

胚胎和胎儿对辐射比较敏感。在胚胎植入前期受到辐射照射，可使出生前死亡率升高；在器官形成期受照，可使畸形率升高，新生儿死亡率也相应升高。另外，胎儿期受照射的儿童中，白血病等癌症发生率较高。

4) 辐射致癌

在长期受照射的人群中常有白血病、肺癌、甲状腺癌、乳腺癌、骨癌等疾病的发生。

5）遗传效应

辐射能使生殖细胞的基因突变和染色体畸变，形成有害的遗传效应，使受照者后代的各种遗传病的发生率增高。

3. 电离辐射的防护措施

1）管理措施

① 从事电离辐射装置的生产、使用或储运单位，应建立有关电离辐射的卫生防护制度和操作规程，有专门岗位的防护管理机构和管理人员。

② 对工作场所进行分区管理。根据工作场所的辐射强弱，通常分为控制区、监督区和非控制区。控制区是指在其中工作的人员受到的辐射照射可能超过年剂量限值的 3/10 的区域。监督区是指受辐射为年剂量限值的(1/10)~(3/10)的区域。非限制区是指辐射量不超过年剂量限值的 1/10 的区域。在控制区应设有明显标志，必要时应附有说明。严格控制进入控制区的人员，尽量减少进入监督区的人员。不在控制区和监督区设置办公室、进食、饮水或吸烟的场所。

③ 从事生产、使用、销售辐射装置前，必须向省、自治区、直辖市的卫生行政部门申办许可证并向同级公安部门登记，领取许可登记证后方可从事许可登记范围内的放射性工作。

④ 从事辐射工作人员必须经过辐射防护知识培训和有关法规、标准的教育。

⑤ 对从事辐射工作人员实行剂量监督和医学监督。就业前应进行体格检查，就业后要定期进行职业医学检查。建立个人剂量档案和健康档案。

⑥ 辐射源要指定专人负责保管，储存、领取、使用、归还等都必须登记，做到账物相符，定期检查，防止泄漏或丢失。

2）技术措施

① 控制辐射源的质量，是减少身体内、外照射剂量的治本方法。应尽量减少辐射源的用量，选用毒性低、比活度小的辐射源。

② 设置永久的或临时的防护屏蔽。屏蔽的材质和厚度取决于辐射源的性质和强度。例如，放射性同位素仪表的辐射源都应放在铅罐内，仪表不工作时需要使用塞子或挡片进行遮挡，仪表工作时只有一束射线射到被测物上，一般在距放射源 1m 以外的四周设置屏蔽防护板，保障工作人员在其后面每天工作 8h 也无伤害。

③ 缩短接触时间。人体接受体外照射的累计剂量与接触时间成正比，所以应尽量缩短接触时间，禁止在有辐射的场所作不必要的停留。

④ 加大操作距离或实行遥控。辐射源的辐射强度与距离的平方成反比，因此采取加大距离或遥控操作可以达到防护的目的。例如，在拆装同位素料位计的辐射源(探测器)时，可使用长臂夹钳，使人体离辐射源尽可能远。

⑤ 加强个人防护，穿戴口罩、手套、工作服、保护鞋等，放射污染严重的场所要使用防护面具或气衣。应禁止一切能使放射性元素侵入人体的行为。

3）X 射线探伤作业的防护措施

探伤作业是利用 X 或 γ 射线对物质具有的强大穿透力来检查金属铸件、焊缝等内部缺陷的作业，使用的是 X 或 γ 辐射源。在探伤作业中会受到射线的外照射，因此，必须做好探伤作业的卫生防护。

① 探伤室必须设在单独的单层建筑物内，应由透射间、操纵间、暗室和办公室等组成。其墙壁应有一定的防护厚度。

② 透照间应有通风装置。

③ 充分作好探伤前的准备，探伤机工作时，工作人员不得靠近，应使用“定向防护罩”。不进行探伤作业的人员必须在安全距离之外。

④ 对探伤室的操纵间、暗室、办公室以及周围环境都应定期进行监测。

⑤ 探伤作业也应遵循上述防护措施。

9.5.2 非电离辐射的危害及防护

非电离辐射是指能量比较低，并不能使物质原子或分子产生电离的辐射，例如紫外线、红外线、射频电磁波等。它们的能量不高，只会令物质内的粒子振动，温度上升，不能使生物组织发生电离作用。

1. 射频电磁波

射频电磁波(高频电磁场与微波)是电磁辐射中波长最长的频段(1mm~3km)。人们在以下情况中会受到射频电磁波的影响。高频感应加热：高频热处理、焊接、冶炼、半导体材料加工等场所。高温介质加热：塑料热合、橡胶硫化、木材及棉纱烘干等场所。微波应用：微波通信、雷达、射电天文学。微波加热：用于木材、纸张、食物、皮革以及某些粉料的干燥等场所。图 9-11 列出了一些身边的电磁波危害。

图 9-11　身边的电磁波危害

1) 射频电磁波的危害

射频电磁波对人体的主要影响是引起中枢神经的机能障碍和以迷走神经为主的神经功能紊乱。临床症状为神经衰弱综合征，如头痛、头昏、乏力、记忆力减退、心悸等。微波与高频电磁场没有本质上的区别，只有程度上的不同。微波接触者，除神经衰弱症状较明显、时间较长外，还会造成眼晶体“老化”、冠心病发病率上升、暂时性不育等。

2) 射频电磁波的预防措施

(1) 高频电磁场的预防

① 对场源进行屏蔽。通常采用屏蔽罩或小室的形式，可选用铜、铝和铁作为屏蔽材料。

② 远距离操作。对一时难以屏蔽的场源，可采取自动或半自动的远距离操作。

③ 合理的车间布局。高频车间要比一般车间宽敞，高频机之间需要有一定距离，并且要尽可能远离操作岗位和休息地点。

(2) 微波预防

① 屏蔽辐射源。将磁控管放在机壳内，禁止敞开波导管。

② 安装功率吸收器(如等效天线)吸收微波能量。屏蔽室四周上下各面均应敷设高微波吸收材料。

(3) 合理配置工作位置

根据微波发射有方向性的特点，工作点应安置在辐射强度最小的场所。

(4) 穿戴个体防护用品

一时难以采取其他有效防护措施，短时间作业时可穿戴防微波专用的防护衣、帽和防护眼镜。

(5) 健康体查

每 1~2 年进行一次体检。重点观察眼晶体变化，其次是心血管系统、外周血象及男性生殖功能等。

2. 红外线辐射

红外线辐射即红外线，也称热射线，波长为 0.7pm~1mm($1pm=1\times10^{-12}m$)。凡是温度在-273℃以上的物体，都能发射红外线。物体的温度愈高，辐射强度愈大，其红外线成分愈多。如某物体的温度为 1000℃，则波长短于 1.5μm 的红外线为 5%，当温度升至 1500℃和 2000℃时，波长短于 1.5μm 的红外线分别上升到 20%和 40%。

1) 红外线辐射的危害

(1) 对皮肤的作用

较大强度的红外线短时间照射会使皮肤局部温度升高、血管扩张，出现红斑反应，停止接触后红斑消失。反复照射皮肤局部，可出现色素沉着的症状。过量照射，除发生皮肤急性灼伤外，短波红外线还能透入皮下组织，使血液及深部组织加热。如照射面积较大、时间过久，会出现全身症状，重则发生中暑。

(2) 对眼睛的作用

① 对角膜的损害。过度接触波长为 3μm~1mm 的红外线，能完全破坏角膜表皮细胞，蛋白质变性不透明。

② 可引起白内障。红外线引起白内障多发生在工龄长的工人。患者视力明显减退，仅能分辨明暗。

③ 视网膜灼伤。波长小于 1μm 的红外线可达到视网膜，损伤的程度取决于照射部分的强度，主要伤害黄斑区。多发生于使用弧光灯、电焊、氧乙炔焊等作业中。

2) 红外线辐射的预防措施

① 严禁裸眼观看强光源。

② 司炉工、电气焊工可佩戴绿色玻璃片防护镜，镜片中需含氧化亚铁或其他有效的防护成分(如钴等)。

③ 必要时戴防护手套和面罩，以防止皮肤灼伤。

3. 紫外线辐射

紫外线波长为 7.6~400nm。凡是物体温度达到 1200℃以上时，辐射光谱中即可出现紫外线，物体温度越高，紫外线的波长越短，强度也越大。

紫外线辐射按其生物学作用可分为三个波段：长波紫外线，波长 320~400nm，又称晒黑线，生物学作用很弱；中波紫外线，波长 275~320nm，又称红斑线，可引起皮肤强烈刺激；短波紫外线，波长180~275nm，又称杀菌线，作用于组织蛋白及类脂质会对人体产生危害。生产环境中常见的紫外线波长为220~290nm。

1）紫外线辐射的危害

① 皮肤伤害。波长在220nm以下的紫外线几乎可全被角化层吸收，波长为220~330nm可被真皮和深部组织吸收，数小时或数天后会形成红斑。当紫外线与某些化学物质（如沥青）同时作用于皮肤，可引起严重的光感性皮炎，出现红斑及水肿。

② 眼睛伤害。当眼睛暴露于短波紫外线时，会引起结膜炎和角膜溃疡，即电光性眼炎；强烈的紫外线短时间照射可致眼病，出现畏光、流泪、刺痛、视觉模糊、眼睑和球结膜充血、水肿等症状；长期小剂量紫外线照射，可发生慢性结膜炎。

2）紫外线辐射的预防措施

① 佩戴能吸收或反射紫外线的防护面罩或眼镜（如黄绿色镜片或涂以金属薄膜）。

② 在紫外线发生源附近设立屏障，在室内墙壁及屏障上涂抹黑色染料以吸收部分紫外线并减少反射作用。

9.6 电气安全的防护

9.6.1 电气安全技术

1. 触电方式

按人体触及带电体的方式及电流通过的途径，触电分为以下几种情况：

1）高压电击

高压电击是指发生在1000V以上的高压电气设备上的电击事故。当人体即将接触高压带电体时，高电压将空气击穿，使空气成为导体，进而使电流通过人体形成电击。这种电击不仅对人体造成内部伤害，其产生的高温电弧还会烧伤人体。

2）单线电击

当人体站立在地面时，手部或其他部位触及带电导体造成的电击，如图9-12(a)所示。化工生产中大多数触电事故是单线电击事故，一般都是由于开关、灯头、导线及电动机有缺陷。

3）双线电击

当人体不同部位同时触及对地电压不同的两相带电体时造成的电击，如图9-12(b)所示。这类事故的危险性大于单线电击，常出现于工作中操作不慎的场合。

4）跨步电压电击

带电体发生接地故障时，接地点附近会形成电位分布，当人体在接地点附近时，两脚间所处电位不同而产生的电位差，称为跨步电压。当高压接地或大电流流过接地装置时，均可出现较高的跨步电压，危及人身安全，如图9-12(c)所示。

2. 电流对人体的危害

电流对人体的伤害有电击、电伤和电磁场生理伤害三种形式。

1）电击

电击是指电流通过人体，破坏人的心脏、肺及神经系统的正常功能。电流对人体造成

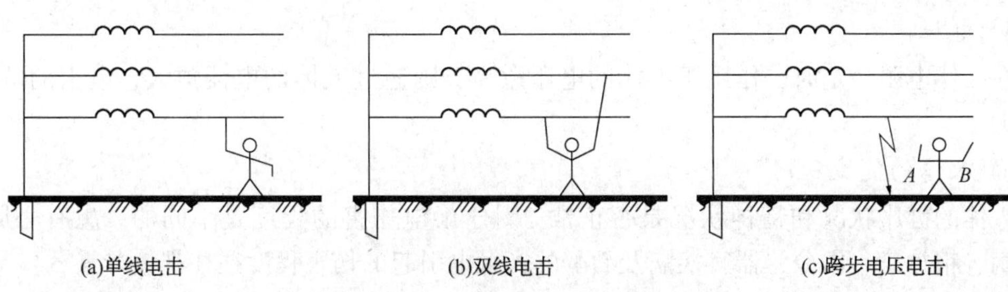

图 9-12　电击形成方式示意图

死亡的原因主要是电击。在 1000V 以下的低压系统中，电流会引起人的心室颤动，使心脏由原来正常跳动变为每分钟数百次以上的细微颤动。这种颤动足以使心脏不能再输送血液，导致血液终止循环和大脑缺氧发生窒息死亡。

2）电伤

电伤是电流转变成其他形式的能量造成的人体伤害，包括电能转化成热能造成的电弧烧伤、灼伤和电能转化成化学能或机械能造成的电印记、皮肤金属化及机械损伤、电光眼等。电伤不会引起人触电死亡，但可造成局部伤害致残或造成二次事故发生。电击和电伤有时可能同时发生，尤其是在高压触电事故中。

3）电磁场生理伤害

在高频电磁场的作用下，使人出现头晕、乏力、记忆力减退、失眠等神经系统的症状为电磁场生理伤害。

3. 电流对人体伤害程度的影响因素

电流通过人体内部时，对人体伤害的严重程度与通过人体电流的大小、持续时间、途径、人体电阻、电流种类及人体状况等多种因素有关，而各因素之间又有着十分密切的联系。

1）电流强度

通过人体的电流越大，人体的生理反应越明显，人体感觉越强烈，致命的危险性就越大。

2）通电时间

电流通过人体的持续时间越长，人体电阻因紧张出汗等因素而降低，电击的危险性越大。

3）电流途径

电流流经人体的途径不同，所产生的危险程度也不同。从手到脚的途径最危险，这条途径电流将通过心脏、肺部和脊髓等重要器官。从手到手或从脚到脚的途径虽然伤害程度较轻，但在摔倒后，能够造成电流通过全身的严重情况。

4）电流种类

电流种类对电击伤害程度有很大影响。在各种不同的电流频率中，工频电流对人体的伤害高于直流电流和高频电流。50Hz 的工频交流电，对设计电气设备比较合理，但是这种频率的电流对人体触电伤害程度也最严重。

5）电压

在人体电阻一定时，作用于人体的电压愈高，则通过人体的电流愈大，电击的危险性就愈大。

6）人体的健康状况

人体的健康状况和精神状况是否正常，对于触电伤害的程度是不同的。患有心脏病、结核病、精神病、内分泌器官疾病及酒醉的人触电引起的伤害程度往往都较严重。

7）人体阻抗

人体触电时，当接触的电压一定时，流过人体的电流大小就取决于人体电阻的大小。人体电阻越小，流过人体的电流就越大，也就越危险。

人体阻抗包括体内阻抗和皮肤阻抗。前者与接触电压等外界条件无关，一般在500Ω左右，而后者随皮肤表面的干湿程度、有无破伤以及接触电压的大小而变化。不同情况的人，皮肤表面的电阻差异很大，因而使人体电阻差异也很大。一般情况下，在进行电气安全设计或评价电气安全性时，人体电阻按1000Ω考虑。

此外，接触电压增加，人体阻抗明显下降，致使电流增大，对人体的伤害加剧。随电压而变化的人体电阻见表9-8。

表9-8　随电压而变化的人体电阻

电压 U/V	12.5	31.3	62.5	125	220	250	380	500
人体电阻 R/Ω	16500	11000	6240	3530	2222	2000	1417	1130
电流 I/mA	0.8	2.84	10	35.2	99	125	265	1430

人体阻抗是确定和限制人体电流的参数之一。因此，它是处理很多电气安全问题必须考虑的基本因素。

4. 电气安全防护措施

触电事故尽管各种各样，但最常见的情况是偶然触及那些正常情况下不带电而意外带电的导体。2017年7月25日，清远市某运泥船在作业过程中船艏机器处所一条抽水管接口处泄漏，水管喷出的水花溅洒在未安装灯泡的电线上，造成船体局部漏电，一名船员不慎触电，经抢救无效死亡。2015年11月21日，清远市某船一名操作人员接触船艏右侧照明灯杆触电死亡。触电事故虽然具有突发性，但具有一定的规律性，针对其规律性采取相应的安全技术措施，很多事故是可以避免的。预防触电事故的主要技术措施如下。

1）认真做好绝缘工作

绝缘是用绝缘物把带电体封闭起来。绝缘材料分为气体、液体和固体三大类。

① 气体。通常采用空气、氮气、氢气、二氧化碳和六氟化硫等。

② 液体。通常采用矿物油(变压器油、开关油、电容器油和电缆油等)、硅油和蓖麻油等。

③ 固体。通常采用陶瓷、橡胶、塑料、云母、玻璃、木材、布、纸以及某些高分子材料等。

电气设备的绝缘应符合其相应的电压等级、环境条件和使用条件，应能长时间耐受电气、机械、化学、热力以及生物等有害因素的作用而不失效。

2）采用安全电压

安全电压是制定电气安全规程和一系列电气安全技术措施的基础数据，它取决于人体电阻和人体允许通过的电流。我国规定安全电压额定值的等级为42V、36V、24V、12V和6V。如在矿井、多导电粉尘等场所采用36V，特别潮湿场所或进入金属容器内应采用12V。

3）严格屏护

屏护就是使用屏障、遮栏、护罩、箱盒等将带电体与外界隔离。

有些开启式开关电器的活动部位不方便绝缘，或有些高压设备的绝缘不能保证人靠近时的安全，应采取屏蔽措施，以避免触电或电弧伤人等事故发生。一般要求屏护装置所用材料应有足够的机械强度和防火性能；金属材料制成的屏护装置必须接地或接零；必须用钥匙或工具才能打开或移动屏护装置；屏护装置应悬挂警示牌；屏护装置应采用必要的信号装置和连锁装置。

4）保持安全间距

带电体与地面之间，带电体与其他设备之间，带电体之间，均需保持一定的安全距离，以防止过电压放电、短路、火灾和爆炸等事故。

5）合理选用电气装置

合理选用电气装置是减少触电危险和火灾爆炸危害的重要措施。选择电气设备时主要根据周围环境的情况，如：在干燥少尘的环境中，可采用开启式或封闭式电气设备；在潮湿和多尘的环境中，应采取封闭式电气设备；在有腐蚀性气体的环境中，必须采取封闭式电气设备；在有易燃易爆危险的环境中，必须采用防爆式电气设备。

6）采用漏电保护装置

当设备漏电时，漏电保护装置可以切断电流防止漏电引起触电事故，常用于低压线路和移动电具等。一般情况下，漏电保护装置只用作附加保护，不能单独使用。

7）保护接地和接零

接地与接零是防止触电的重要安全措施。

（1）保护接地

接地是通过接地装置将设备的某一部位或线路与大地相连。当电气设备某一部分的绝缘损坏或因意外带电时，接地短路电流会同时沿接地体和人体两条通路流通。接地体的接地电阻一般在40Ω以下，而人体的电阻则在1000Ω左右，所以，通过接地体的分流作用流经人体的电流几乎为零，从而避免了触电的危险。

（2）保护接零

接零是将电气设备在正常情况下不带电的金属部分（外壳）用导线与低压电网的零线（中性线）连接起来。当电气设备发生碰壳短路时，短路电流就由相线流经外壳到零线（中性线），再回到中性点。由于故障回路的电阻电抗都很小，所以有足够大的故障电流使线路上的保护装置（熔断器等）迅速动作，从而将故障的设备断开电源，起到保护作用。

（3）正确使用防护用具

电工安全用具包括绝缘安全用具（绝缘杆与绝缘夹钳、绝缘手套与绝缘靴、绝缘垫与绝缘站台）、登高作业安全用具（脚扣安全带、梯子、高登等）、携带式电压和电流指示器、临时接地线、遮拦、标志牌（颜色标志和图形标志）等。

9.6.2 静电安全防护

1. 静电的特性

静电是一种普遍存在的带电现象。根据静电原理，可以生产静电除尘器、静电复印机等。但是，在大部分的化工生产中，静电是一种危险因素。静电一般电量不大，仅为毫库甚至微库级，但其电压极高，有时可达数万伏特。

2. 静电的产生和危害

静电可由摩擦静电感应、介质极化和带电微粒的附着等物理过程产生。在工业生产中，传送或分离固体绝缘物料、流动的液体和高速喷射的气体等都可产生静电。静电最主要的危害是放电时电火花导致火灾和爆炸事故。

1）气体高速喷射

气体高速喷射时与管道产生剧烈摩擦可能产生静电。

2）液体灌注

灌注易燃液体时，液体与管道壁的摩擦、液体注入容器时的冲击和飞溅都可产生静电。因此，灌注易燃液体时必须严格控制流速。

3）液体运输

当使用槽车运输汽油、二硫化碳、甲苯、苯等有机溶剂时，溶剂与槽车壁产生剧烈摩擦，车胎与路面发生摩擦，都会产生大量静电，达到一定电压后可能产生静电放电，容易引发火灾事故。

4）液体搅拌

液体在反应釜或储罐中搅拌时，液体与容器壁或其他物体发生摩擦，会产生大量静电。

5）液体过滤

过滤易燃液体时，液体与过滤器之间的摩擦会产生大量静电，在过滤器或者液体及其容器上积累，到达一定电压后可能会产生静电放电，从而引发事故。

6）研磨、搅拌、筛分、输送粉体物料

在研磨、搅拌、筛分、输送粉体物料时，粉体与设备管道摩擦碰撞会产生静电。化工企业中，用于收集粉尘的袋式集尘器和用于粉料包装的粉料捕集器所发生的火灾爆炸事故不少是由静电引起的。

7）橡胶和塑料剥离

橡胶和塑料工业生产中，经常需要将堆叠在一起的橡胶和塑料制品迅速剥离。这是一个强烈的接触分离过程，对于电阻率较高的物品的剥离会产生较高的静电电位。

8）人体静电

人在活动时，身体和衣物的摩擦会产生静电。同时，人体也是一个良好的导体，在静电场中会感应带电，甚至变成一个独立的带电体。作为独立带电体的人靠近金属物体时能对金属放电，产生的电火花的能量可引爆油类蒸气与空气的混合气体。人体带静电时自身没有感觉，很容易成为被忽视的点火源，必须高度重视。

人体对金属物体放电或其他带电体对人体放电，都使电流在人体内流过，即产生静电电击。静电电击虽然不会对人体产生直接危害，但可能因此摔倒而造成二次事故。

9）粉体静电

粉体与带电体直接接触或静电感应均可使粉体带静电。在化工生产过程中，粉体带静电后容易发生吸附现象，静电除尘就是根据这一原理进行的，但是，许多情况下可能影响正常生产。比如，粉体吸附在筛网上会使筛分效率下降。再如，粉体吸附在钢球上，不但会使球磨机的效率下降，还会对产品的粒度造成不利的影响。粉体在计量过程中会吸附在计量仪器上，从而产生计量误差。

10）其他危害

感光材料生产中，胶片的静电压可达数千至数万伏，在暗室中静电放电时胶片会报废。静电放电的电磁干扰可以造成计算机故障，使计算机控制失灵，后果难以预计。

3. 静电安全防护措施

1）静电接地

静电接地的作用是使物体上产生的静电荷顺利地泄漏出来并迅速导入大地，静电接地是防止静电危害的主要措施之一。静电接地对导体特别是金属上的自由静电荷，能起到很好的导流作用，而对于一部分非导体上的自由电荷，则需要经过一定的静置时间，才能导入大地。

静电接地连接系统主要包括静电接地体、接地连接端头、接地干线、接地支线等。埋入地中并直接与大地接触的金属导体，专门起到静电接地作用的，称为静电接地体。静电接地体的接地电阻应符合国家标准规定。可以将彼此没有良好导电通路的物体进行导电性连接，使连接点两侧的电位大致相等，一并接地。设备基础等本身与大地相连接的称为静电自然接地，人工接地连接改善了带电体的自然接地系统，确保带电体的静电荷向外界导出通道的畅通。

2）抗静电添加剂和增湿

用抗静电添加剂、空气增湿等手段增加带电体静电泄漏通道和泄漏能力的增泄措施，也属于静电接地措施。采用抗静电添加剂增加非导体材料的吸湿性或导电性来消除静电时，应根据使用对象、目的、物料工艺状态以及成本、毒性、腐蚀性等具体条件进行选择。例如，在橡胶中常加入炭黑、金属粉等添加剂。在生产工艺许可的条件下，对于亲水性非导体，可采用空气增湿等手段，降低其绝缘性能来消除静电。

3）静电屏蔽

静电屏蔽是指为避免带电体的静电场对外界的影响，或者为了防止外界静电场对非带电体的影响，可把带电体(或非带电体)用接地的金属罩(金属壳、网、线匝)全部或局部封闭起来。屏蔽体必须可靠接地，以防止带电体与不带电体之间的静电感应。需要静电防护的非导体设备、管道、储罐等不能直接接地，应采用静电屏蔽方法间接接地。

4）静电消除器

静电消除器也称为除静电设备，由高压电源产生器和放电极(一般做成离子针)组成，通过尖端高压电晕放电把空气电离为大量正负离子，然后通过风把大量正负离子吹到物体表面以中和静电，或者直接把静电消除器靠近物体的表面而中和静电。静电消除器主要运用于工业生产，属于电子产品系列。

5）防止人体带静电

重点防火、防爆作业区的入口处，应设计人体导除静电装置。对可能产生静电危害的工作场所，必要时铺设防静电地板，并根据生产特点配置必要的静电检测仪器、仪表。气体爆炸危险场所的区域等级属0区、1区且最小点燃能量在0.25mJ以下时，工作人员应穿戴静电防护用品如防静电工作服、工作帽、手套等，禁止在易燃易爆场所穿脱，禁止在防静电服上附加或佩戴任何金属物件。

9.6.3 雷电安全防护技术

1. 雷电的概念

在雷雨季节里，地面的气温变化不均，常有升高或降低。当气温升高时，就会形成一股上升的气流，而在这股气流中，因含有大量的水蒸气，在上升过程中受到高空中高速低温气流的吹袭，会凝结成为一些小水滴和较大的水滴，它们带有不同的电荷，若较大的水滴带正电(或负电)并以雨的形式降落到地面，较小的水滴就成为带负电(或正电)的云在空中飘浮，有时会被气流携走，成为带有不同电荷的雷云，当雷云层和大地接近时，地面也感应出相反的电荷。这样，当电荷聚积到一定程度，就冲破空气的绝缘，形成了云与云之间或云与大地之间的放电，迸发出强烈的光和声，这就是人们常见的雷电。

根据雷电的不同形状，大致有片状、线状和球状三种形式。片状雷电是在云间发生的，对人类影响最大；线状雷电就是比较常见的闪电落雷现象；球状雷电是一种特殊雷电现象，简称“球雷”。“球雷”是一种紫色或红色的发光球体，直径从几毫米到几十米，存在时间一般3~5s。“球雷”通常沿着地面滚动或在空气中飘行，还会通过缝隙进入室内。“球雷”碰到建筑物便可发生爆炸，并往往引起燃烧。

2. 雷电的危害

雷电具有很大的破坏性，能够摧毁房屋，劈裂树木，伤害人畜，损坏电气设备和电力线路。雷击放电所出现的各种物理现象和危害如下。

1）电效应

当雷电放电时，能产生高达数万伏的冲击电压，足以烧毁电力系统的发电机、变压器、断路器等电气设备或将输电线路绝缘击穿而发生短路，导致可燃、易燃、易爆物品着火和爆炸。

2）热效应

当几十千安至几百千安的强大雷电流通过导体时，在极短时间内将转换成大量的热能。雷击点的发热能量为500~2000J，这一能量可熔化50~200mm^{3}的钢，故在雷电通道中产生的高温往往会酿成火灾。

3）机械效应

由于雷电的热效应，还将使雷电通道中木材纤维缝隙和其他结构中间缝隙里的空气剧烈膨胀，同时使水分及其他物质分解为气体，因而在被雷击物体内部出现强大的机械压力，致使被击物体遭受严重破坏或造成爆炸。

4）静电感应

当金属物处于雷云和大地电场中时，金属物上会产生大量的电荷。雷云放电后，云和大气间的电场虽然消失，但金属物上所感应积聚的电荷却来不及逸散，因而产生很高的对地电压，这种对地电压称为静电感应电压。静电感应电压往往高达几万伏，可以击穿数十厘米的空气间隙，发生火花放电，因此，对于存放可燃性物品及易燃、易爆物品的仓库是很危险的。

5）电磁感应

雷电具有很高的电压和很大的电流，又是在极短暂的时间内发生的。因此，在雷电周围的空间里，将产生强大的交变磁场，不仅会使处在这一电磁场的导体感应出较大的电动势，并且会在构成闭合回路的金属物中产生感应电流，如果此时回路中某些部分接触电阻较大，就会局部发热或产生火花放电，对存放易燃、易爆物品的建筑物同样非常危险。

6）雷电波侵入

雷电在架空线路、金属管道上会产生冲击电压，使雷电波沿线路或管道迅速传播。若侵入建筑物内，可造成配电装置和电气线路绝缘层击穿产生短路，或使建筑物内易燃、易爆物品燃烧和爆炸。

7）防雷装置上的高电压对建筑物的反击作用

当防雷装置受雷击时，接闪器、引下线和接地体上会具有很高的电压。如果防雷装置与建筑物内、外的电气设备、电气线路或其他金属管道的相隔距离很近，它们之间就会产生放电，这种现象称为反击。反击可能引起电气设备绝缘破坏，金属管道烧穿，甚至造成易燃、易爆物品着火和爆炸。

8）雷电对人的危害

雷击电流迅速通过人体，可立即使呼吸中枢麻痹，心室纤颤或心搏骤停，致使脑组织及一些主要脏器受到严重损害，出现休克或突然死亡。雷击时产生的电火花，还可使人遭到不同程度的烧伤。

3. 防雷的基本措施

根据不同的保护对象，对直击雷、雷电感应、雷电波侵入均应采取适当的安全措施。

1）直击雷保护措施

（1）避雷针

避雷针用来保护工业与民用高层建筑以及发电厂、变电所的屋外配电装置、输电线路个别区段。在雷电先导电路向地面延伸过程中，由于受到避雷针畸变电场的影响，雷电会逐渐转向并击中避雷针，从而避免了雷电先导向被保护设备，击毁被保护设备和建筑。由此可见，避雷针实际上是引雷针，它将雷电引向自己，从而保护其他设备免遭雷击，图9-13为常见的直击避雷针。

（2）避雷线

避雷线也叫架空地线，它是沿线路架设在杆塔顶端，并配有良好接地的金属导线。避雷线是输电线路的主要防雷保护措施。当雷击线缆时，在线缆上将产生远高于线路电压的所谓“过电压”。而避雷线可以保护住通信线缆，使雷尽量落在避雷线上，并通过电杆上的金属部分和埋设在地下的接地装置，将雷电流引入大地，达到防雷的目的。

避雷线的保护范围通常以避雷线和外侧导线间连线与垂直线的夹角，即保护角表示。保护角一般不大于25°，避雷角越小，保护越可靠。图9-14显示了避雷线的保护范围。

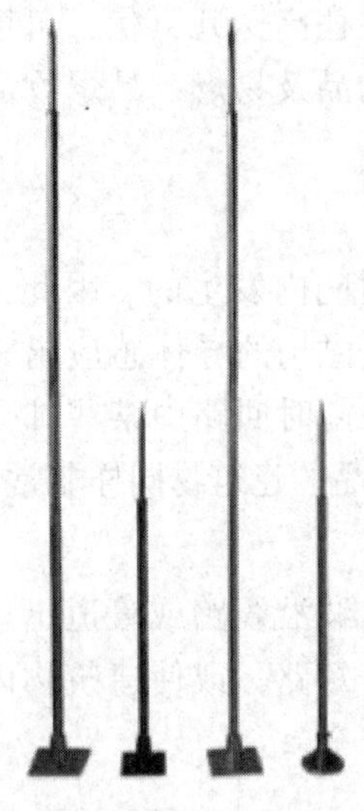

图 9-13　直击避雷针

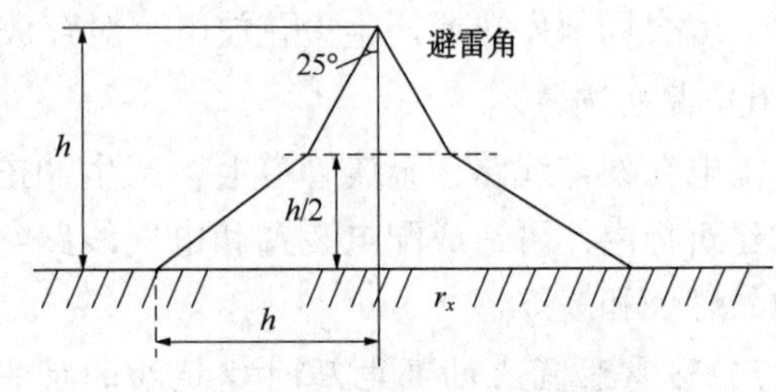

图 9-14　避雷线的保护范围

（3）避雷带、避雷网

避雷带、避雷网是在建筑上沿屋角、屋脊、檐角和屋檐等易受雷击部件铺设的金属网格，主要用于保护高大的民用建筑。

2）雷电感应的防护措施

雷电感应也能产生很高的冲击电压，引起爆炸和火灾事故，因此，也要采取预防措施。为了防止雷电感应产生的高压，应将建筑物内的金属设备、金属管道、结构钢筋予以接地。

根据建筑物的不同屋顶，应采取相应的防止雷电感应的措施，对金属屋顶，应将屋顶妥善接地；对钢筋混凝土屋顶将屋顶钢筋焊成 6~12m 网格，连成通路接地；对于非金属屋顶，应在屋顶上加装边长 6~12m 的金属网格，予以接地。屋顶或其金属网格的接地不得少于两处，且其间距为 18~30m。

为防止电磁感应引起的高压，平行管道相距不到 100mm 时，每 20~30m 应采用金属线跨接；交叉管道相距不到 100mm 时，也应采用金属线跨接；管道与金属设备或金属结构之间距离小于 100mm 时，也应采用金属线跨接。此外，管道接头、弯头等接触不可靠的地方，也应采用金属线跨接。

3）雷电波侵入的防火措施

雷电波侵入造成的雷害事故很多，特别是电气系统，这种事故占雷害事故的比例较大，所以也要采取防护措施。

（1）阀型避雷器

阀型避雷器是保护发、变电设备的最主要的基本元件，主要由放电间隙和非线性电阻两部分构成。当高幅值的雷电波侵入被保护装置时，避雷器间隙先行放电，从而限制了绝缘设备上的过电压值，起到保护作用。

（2）保护间隙

保护间隙是一种简单而有效的过电压保护元件，它是由带电与接地的两个电极，中间间隔一定数值的间隙距离构成的。将它并联接在被保护的设备旁，当雷电波袭来时，间隙先行击穿，把雷电流引入大地，从而避免了被保护设备因高幅值的过电压而击毁。

（3）管型避雷器

管型避雷器实质上是一个具有熄弧能力的保护间隙。当雷电波侵入放电接地时，它能将工频电弧很快吹灭，而不必靠断路器动作断弧，保证了供电的连续性。

参 考 文 献

[1] 绍辉．化工安全[M]．北京：冶金工业出版社，2012：174-192.
[2] 徐锋，朱丽华．化工安全[M]．天津：天津大学出版社，2015：80-82.
[3] 李文彬．化工安全技术[M]．北京：中央广播电视大学出版社，2011：99-118.
[4] 刘景良．化工安全技术[M]．3版．北京：化学工业出版社，2014：170-177.
[5] 智恒平．化工安全与环保[M]．2版．北京：化学工业出版社，2016：61-66.
[6] 田震．化工过程安全[M]．北京：国防工业出版社，2007：176-178.
[7] 吕继奎．化工环保概论[M]．北京：化学工业出版社，1995：129-140.
[8] 张弛，徐南．噪声污染控制技术[M]．2版．北京：中国环境科学出版社，2013：97-108.
[9] 臧利敏，杨超．材料及化工生产安全与环保[M]．成都：电子科技大学出版社，2019：39-55.
[10] 张顺泽，吕清海，俞莉．化工安全概论[M]．开封：河南大学出版社，2006：97-110.
[11] 刘景良．化工安全技术与环境保护[M]．北京：化学工业出版社，2012：155-162.

课 后 题

一、选择题

1. 以下选项属于多孔性吸声材料的是(　　)。

A. 纤维状材料

B. 吸声尖劈

C. 颗粒状材料

D. 泡沫状材料

E. 空间吸声体

2. 主要隔声手段有(　　)。

A. 隔声门

B. 隔声罩

C. 隔声窗

D. 声屏障

二、填空题

1. 毒物的入侵途径为________、________、________。

2. 处理工业毒物的措施为________和________，前者包括________和________，后者包括________、________、________、________和________等。

3. 灼伤分为________、________、________。

4. 声源的类型可分为________、________、________。

5. 噪声的分类按城市区域分类可分为________、________、________、________；按发声机理分类可分为________、________、________。

6. 噪声综合防治原则涉及的三方面为：________、________、________。

7. 噪声的主要治理技术措施有：________、________、________、________。

8. 吸声材料的影响因素主要有：________、________、________、________、________。

9. 常用的三种消声器类型为________、________、________。

10. 隔振可分为两类，对作为振动源的机械设备采取隔振措施，防止振动源产生的振动向外传播，称为________；对怕受振动干扰的设备采取隔振措施，以减弱或消除外来振动对这一设备带来的不利影响，称为________。

11. 非电离辐射主要指来自________、________、________的辐射危害。

12. 描述电离辐射量的单位为________、________和________。

13. 人体触电的情况有四种，其分别为________、________、________、________。

三、简答题

1. 预防工业毒物的原则是什么？
2. 请简述粉尘对人体的危害。
3. 请简述灼伤的预防措施。
4. 请简述静电防治的措施。

第 10 章　环境健康安全管理体系

随着前十三个"五年计划"的实施，我国经济实现了快速增长，取得了令世界瞩目的成就，经济总量稳居世界第二。经济总量的增加，必然会加大对资源的需求，当然也会给环境带来巨大的压力，尤其是在经济增长中的资源高消耗与环境高污染问题非常严重的条件下，资源与环境问题的压力就更大，因而，随着我国经济总量的不断增加，资源与环境问题就成为经济增长中必须面对的非常重要的问题，我国必须消除资源高消耗与环境高污染的问题，形成环境友好型与节约型社会。

我国人民的物质生活虽然达到了小康生活水平，但同时长期的粗放型经济发展模式也导致了生态环境被破坏，环境污染日趋严重，并且因工作环境恶化导致的职业健康安全的问题也日渐突出。为此，国家在新一轮发展战略中，强调了改变经济发展模式，注重环境和职业健康安全问题。当前，世界正掀起新一轮的信息技术革命浪潮，这些新技术也致力于解决环境、健康、安全等难题，为人类生存的这个美丽家园而努力。环境(Environment)、健康(Health)和安全(Safety)的问题被日益重视。

10.1　EHS 简介

1. 含义

EHS 是三个英文单词的首字母，即：Environment，Health 和 Safety，特指对"环境健康安全"的管理与风险管控。基于文化认识上的不同，某些行业或企业有不同的排序，有些企业称 HSE，也有企业称 SHE。但是，不管哪种顺序，其核心都是"环境健康安全"管理体系的统称。

1) 环境

EHS 中的 E 是指影响人类生存和发展的各种天然的和经过人工改造的自然因素的总体，包括大气、水、海洋、土地、矿藏、森林、草原、湿地、野生生物、自然遗迹、人文遗迹、自然保护区、风景名胜区、城市和乡村等。此处对于环境的定义是狭义的，以人类为中心的，而广义的环境是以整个生态系统整个地球为保护对象。两者的差异看似很大，但实际上有其内在的统一，保护好人类生存的环境，在很大程度上便可保护好整个生态环境，正是基于此，当前阶段国家在环境保护方面的立法基础仍是以保护人类生存的环境为核心。

EHS 工作中，对环境的保护一般特指消减有毒有害物质的排放，比如，控制废气、废水和噪声的排放，降低固体废物的产生，保护工厂外的环境。相较健康和安全来说，环境保护是消减企业对外部的影响，而健康安全则是企业内部的风险管理。"公众健康"受到企业外部的影响，所以环境保护法的立法目的是保护环境，更是对"公众健康的保护"。

2) 健康

EHS 中的 H 特指"职业健康"，而不是"公众健康"，即预防、控制和消除企业内工作人员的职业病危害，这是 EHS 工作中，保障健康的目的。

所谓的职业病，是指企业、事业单位和个体经济组织等用人单位的劳动者在职业活动中，因接触粉尘、放射性物质和其他有毒、有害因素而引起的疾病。

EHS 工作中，对健康的保护一般特指消除或是降低作业场所的职业病危害，比如防止有毒有害物质(如粉尘、化学品)的暴露，消除或做防护措施等。相较安全来说，职业病的危害相对隐蔽和长期。

3）安全

EHS 中的 S 特指安全生产，防止和减少生产安全事故，保障人民群众生命和财产安全。

EHS 工作中，对安全的管理一般特指清除安全隐患，管控安全风险，减少安全事故的发生。

综上，EHS 基础教育的目的是让大家认识和了解环境健康安全的重要，掌握识别和分析危害的方法，初步具备风险管理的能力，用以保护家人、同事和自身。EHS 的使命是保护每个人健康安全的生存权益。

2. EHS 学习的意义

EHS 工作不单单是一门技能，更是一种方法和理念，还是个人职业素养的体现，正因如此，EHS 的学习具有非常重要的意义：

1）应对校园生活存在的风险

高校并非安全的净土，近年理工科院校的 EHS 事件频发。网上搜索“高校”和“事故”之类的关键词，结果会让你大吃一惊。很多著名的高校，无论是在北京、上海，还是西安、广州，都发生过类似事故。有些是发生在学生宿舍，2015 年 7 月 20 日，早 7 时 32 分，兰州某大学宿舍楼一层发生爆炸，该宿舍楼一至三层损毁严重，四楼以上部分窗户破碎，事故原因是施工方在实施拆除作业过程中，损坏了已被封堵的 DN80 钢质输气管道，造成天然气泄漏，导致爆燃。有些是发生在实验室，2015 年 12 月 18 日上午 10 时 10 分左右，北京某大学的一间实验室发生爆炸火灾事故，一名正在做实验的博士后当场死亡，事故的直接原因是实验室储存的危险化学品叔丁基锂燃烧发生火灾，引起存放在实验室的氢气压力气瓶发生爆炸；间接原因则是违规存放危险化学品，违规使用易燃、易爆压力气瓶。综合分析以上事故原因，足以说明在 EHS 方面认识的不足。

上海某高校曾经发生一起硫化氢中毒事件，知晓该事件的人会立马思考下身边是否有这类气体，想法一闪而过，或许觉得反省已经到位了。但是，真正的反思需要认真识别事故的直接和间接原因，并把每一个原因转化为整改任务，直至全部改进完成。但这还不够，还应该把案例分析和改进的方法，尽可能广泛地传播和分享给每一个可能遭遇同样危害的人。

2）应对职业生涯中潜在的风险

绝大多数工科毕业生未来不管从事何种职业，都需要时刻关注身边可能存在的风险，例如，不得不从企业的基层做起，不得不从事“登高作业”、进入“受限空间”、出入易燃易爆的危险化学品生产与使用区域，暴露在噪声环境中，企业内各类转动的机械随时都有可能伤害到一个不惧风险的人。即便是相对安全的实验与研发工作，也面临各种不可预见的危害和风险。

鉴于以上原因，熟悉 EHS 的知识技能、掌握 EHS 风险管理的方法、培养 EHS 意识和文化，显得尤为必要。

3）树立正确的工程伦理观，提升未来的领导力

伴随着经济和科技的迅猛发展，环境污染、土地沙化、自然灾害频发，不可再生资源的无节制消耗等，让人类对未来充满了茫然。我们需要思考到底是什么地方出了差错，人类逐渐醒悟到：工程活动中包含着事关人类前途命运的价值选择。EHS 也成了工程伦理学中重要的组成部分。

任何一位工程师，不管是从事研发、设计、生产，还是工艺、设备、运维，抑或是技服、质控等工作，如果缺乏对 EHS 风险的深刻思考，缺乏对他人权益的关注，缺乏对大自然的敬畏，就可能成为危机问题的制造者，或是帮凶。

因此，我们相信，一个团队的决策者，在应对风险时能否做出正确的选择，是 EHS 管理的真正意义。这个决定必将影响到很多人，很多家庭，甚至是整个行业。这并不是危言耸听，近年轰轰烈烈的环保运动已说明了这一点。很多企业在投建之初忽视了环境保护工作，导致企业的后期发展步履维艰，不能在“环境保护”这场举国之战中存活和成功转型的企业，随时都可能消亡。许多企业家只是感受到了压力，却并未意识到这一趋势不可逆转。

此外，随着科技的发展，人们获取信息的渠道方便而快捷，因此，人们对安全、环境方面的问题更加关注，如果化工企业和化工行业在 EHS，特别是 S 方面，做得不够好，事故频发，则会对社会造成巨大影响。

所以，EHS 管理体系将帮助大家在未来面临选择时，做出对自已、对企业、对行业、对社会有利的决定。EHS 已经成为企业生存发展的核心竞争力！

10.2 环境管理

案例：

被告单位上海某公司在生产过程中产生的钢板清洗废液，属于危险废物，需要委托有资质的专门机构予以处置。被告人乔某某系该公司总经理，全面负责日常生产及管理工作，被告人陶某系该公司工作人员，负责涉案钢板清洗液的采购和钢板清洗废液的处置。2016 年 3 月至 2017 年 12 月，被告人乔某某、陶某在明知被告人贡某某无危险废物经营许可资质的情况下，未填写危险废物转移联单并经相关部门批准，多次要求被告人贡某某将该公司产生的钢板清洗废液拉回常州市并处置。2017 年 2 月至 2017 年 12 月，被告人贡某某多次驾驶卡车将该公司的钢板清洗废液非法倾倒于常州市新北区春江路与辽河路交叉口附近污水井、常州市新北区罗溪镇黄河西路等处；2017 年 12 月 30 日，被告人贡某某驾驶卡车从该公司运载钢板清洗废液至常州市新北区黄河西路 685 号附近，利用塑料管引流将钢板清洗废液非法倾倒至下水道，造成兰陵河水体被严重污染。经抽样检测，兰陵河增光桥断面河水超过Ⅳ类地表水环境质量标准。被告人贡某某非法倾倒涉案钢板清洗废液共计 67.33t。最终，被告单位上海某公司犯污染环境罪，判处罚金 30 万元；被告人贡某某犯污染环境罪，判处有期徒刑一年三个月，并处罚金 5 万元；被告人乔某某犯污染环境罪，判处有期徒刑一年，缓刑二年，并处罚金 5 万元；被告人陶某犯污染环境罪，判处有期徒刑一年，缓刑二年，并处罚金 5 万元；禁止被告人乔某某、陶某在缓刑考验期内从事与排污

工作有关的活动。

环境保护既要符合法律法规的要求，又要符合可持续发展的要求；既要符合保护生态环境的要求，又要符合人类生存的基本。所以保护环境也是在保护人类自己，保护环境更是我们的责任与义务。

10.2.1　环境污染及管理

1. 常见污染类型

1）水污染

水污染是指直接或间接向水体排放的，能导致水体污染的物质。水污染物可分为非溶性污染物、可溶性污染物和其他污染物。

非溶性污染物包括悬浮物、胶体等。

可溶性污染物包括耗氧有机物、植物性营养物(N、P)、重金属污染物(汞、镉、铅、铬、镍等)和酸碱污染物。

其他污染物包括石油类、病原体、放射性物质等。

2）大气污染

按照国际标准化组织(ISO)的定义，大气污染通常是指由于人类活动或自然过程引起某些物质进入大气中，呈现出足够的浓度，达到足够的时间，并因此危害了人体的舒适、健康和福利或环境的现象。

大气污染源分为生活污染源、工业污染源和移动污染源。

大气污染物分为气状污染物、粒状污染物、二次污染物、恶臭物质和细颗粒物。

3）固体废物污染

固体废物，是在生产、生活和其他活动中产生的丧失原有利用价值的固态、半固态和置于容器中的固态的物品、物质，以及法律、行政法规规定纳入固体废物管理的物品、物质。

特别需要说明的是，对于没有“丧失原有利用价值”的物质，即使具有危害，也不应该视为废物，应该本着“物尽其用”的原则加以利用。废物很多其实都是“放错地方的资源”。

4）噪声污染

凡是妨碍人们工作学习，影响人们生活，干扰人们听觉的声音都属于噪声。根据《中华人民共和国噪声污染防治法》，该法所称噪声，是指在工业生产、建筑施工、交通运输和社会生活中所产生的干扰周围生活环境的声音。而该法所称噪声污染，是指超过噪声排放标准或者未依法采取防控措施产生噪声，并干扰他人正常生活、工作和学习的现象。

5）土壤和地下水污染

我国的土壤和地下水污染物质有很多种，主要包括：

① 化学污染物包括无机污染物和有机污染物。前者如汞、镉、铅、砷等重金属，过量的氮、磷植物营养元素，以及氧化物和硫化物等；后者如各种化学农药、石油及其裂解产物，以及其他各类有机合成产物等。

② 物理污染物指来自工厂、矿山的固体废弃物，如尾矿、废石、粉煤灰和工业垃圾等。

③ 生物污染物指带有各种病菌的城市垃圾和由卫生设施（包括医院）排出的废水、废物以及厩肥等。

④ 放射性污染物主要存在于核原料开采和大气层核爆炸地区，以锶和铯等在土壤中生存期长的放射性元素为主。

6）其他环境污染

其他环境污染包括酸雨、光化学烟雾、臭氧层破坏、温室效应和全球变暖。

汽车、工厂等污染源排入大气的烃类化合物和氮氧化物（NO_x）等一次污染物，会在阳光的作用下发生化学反应，生成臭氧、醛、酮、酸、过氧乙酰硝酸酯（PAN）等二次污染物，参与光化学反应过程的一次污染物和二次污染物的混合物所形成的烟雾污染现象叫作光化学烟雾。研究表明，在60N（北纬）~60S（南纬）的一些大城市，在阳光强烈的夏、秋季节都可能发生光化学烟雾。光化学烟雾可随气流飘移数百公里。20世纪40年代之后，光化学烟雾污染在世界各地不断出现，如美国洛杉矶，日本东京、大阪，英国伦敦，澳大利亚、德国等的大城市。我国北京、南宁、兰州均发生过光化学烟雾现象。

1985年，英国科学家观测到南极上空出现臭氧层空洞，并证实其同氟利昂（CFCs）分解产生的氯原子有直接关系。这一消息震惊了全世界。到1994年，南极上空的臭氧层破坏面积已达2400万平方公里，北半球上空的臭氧层比以往任何时候都薄，欧洲和北美上空的臭氧层平均减少了10%~15%，西伯利亚上空甚至减少了35%。科学家警告说，地球上臭氧层被破坏的程度远比一般人想象的要严重得多。臭氧层的破坏，会导致到达地面的紫外线增多，危害人类健康，破坏生态环境。联合国《蒙特利尔破坏臭氧层物质管制议定书》及《议定书修正》规定了15种氯氟烷烃（CFCs）、3种哈龙、40种含氢氯氟烷烃（HCFCs）、34种含氢溴氟烷烃（HBFCs）、四氯化碳（CCl_4）、甲基氯仿（$CH_3—CCl_3$）和甲基溴（CH_3Br）为控制使用的消耗臭氧层物质，也称受控物质。我国也是该议定书的缔约国，也出台了国家计划来逐步减少并最终完全停止臭氧破坏物质的生产及使用。

2. 环境管理体系

环境管理体系（Environmental Management System，EMS），是全面管理体系的组成部分，它要求组织在其内部建立并维持一个符合标准的环境管理体系，体系由环境方针、规划、实施与运行、检查和纠正、管理评审等5个部分的17个要素构成，通过这些要素的有机结合和有效运行，组织的环境行为得到持续的改进。

1）发展历程

环境管理体系源于环境审计和全面质量管理这两个独立的管理手段。迫于遵守环境义务费用的不断升级，北美和欧洲等发达国家的公司不得不在20世纪70年代研制了环境审计这一管理手段以发现其环境问题。其初期目标是保证公司遵守环境法规，工作范围随后扩展到在相对容易出现环境问题的地方实行最佳管理实践的监督。全面质量管理起初是用于减少和最终消除生产过程中不能达到生产规范要求的种种缺陷，以及提高生产效率等，但这一手段已经更多地用于环境问题上。

2）适用范围

环境管理体系适用于有下列意愿的任何组织：

① 建立、实施、保持并改进环境管理体系。

② 有自己确信能符合所声明的环境方针。

③ 通过下到方式展示对体系的符合：a. 进行自我评价和自我声明；b. 寻求组织的相关方(如顾客)对其符合性的确认；c. 寻求外部对其自我声明的确认；d. 寻求外部组织对其环境管理体系进行认证(或注册)。

3）体系要求

(1) 总体要求

组织应根据体系的要求建立、实施、保持和持续改进环境管理体系，确定如何实现这些要求的方针，界定环境管理体系的范围，并形成文件。

(2) 环境方针

最高管理者应确定本组织的环境方针，并在界定的环境管理体系范围内，确保其做到以下方面：

① 适用于组织活动、产品和服务的性质、规模和环境影响。

② 包括对持续改进和污染预防的承诺。

③ 包括对遵守与其环境因素有关的适用法律法规和其他要求的承诺。

④ 提供建立和评审环境目标和指标的框架。

⑤ 形成文件，付诸实施，并予以保持。

⑥ 传达到所有为组织或代表组织工作的人员。

⑦ 可为公众所获取。

4）文件

环境管理体系文件应包括：

① 环境方针、目标和指标。

② 对环境管理体系的覆盖范围的描述。

③ 对环境管理体系主要要素及其相互作用的描述，以及相关文件的查询途径。

④ 体系要求的文件，包括记录。

⑤ 组织为确保对涉及重要环境因素的过程进行有效策划、运行和控制所需的文件和记录。

3. 环境管理的制度

1）环境保护法

《中华人民共和国环境保护法》是关于合理利用和保护环境与自然资源，改善人类的生产生活环境和自然生态环境，防治污染、资源破坏和其他环境危害的法律法规的总称。保护环境是国家的基本国策，一切单位和个人都有保护环境的义务。

国家采取有利于节约和循环利用资源、保护和改善环境、促进人与自然和谐的经济、技术政策和措施，使经济社会发展与环境保护相协调。环境保护坚持保护优先、预防为主、综合治理、公众参与、损害担责的原则。

地方各级人民政府应当对本行政区域的环境质量负责。企事业单位和其他生产经营者应当防止、减少环境污染和生态破坏，对所造成的损害依法承担责任。公民应当增强环境保护意识，采取低碳、节俭的生活方式，自觉履行环境保护义务。

环境保护法除了具有一般法律所共有的法律特性之外，与其他法律部门相比，还具有明显的特征，概括如下：

① 综合性。所谓综合性是指这个法律部门综合调整多个领域，综合运用多种调整手段应对多种环境问题的特性。环境法之所以具有综合性，是因为环境问题领域广阔、种类繁多，某些具体的环境问题也是由综合性的原因造成的。要解决广阔领域中的种类繁多的环境问题和由综合性的原因造成的环境问题，就必须使用综合性的法律武器。

② 科学技术性。所谓科学技术性是指环境保护法建立在科学研究的基础上，以科学为依据，规定大量超出一般生活常识的科学技术性内容。环境是自然的对象，也是科学研究的对象。只有达到科学的高度，人们才能真正认识环境。只有具有了关于环境的科学知识，才能提出符合环境保护或者改善环境要求的规范或制度。

③ 社会性，或称“社会公益性”。所谓社会性是指环境保护法的立法宗旨不在于维护某个具体的阶级、阶层、集团或个人的利益，而是在一定环境条件下的整个社会的公共利益，而这个社会的范围也不以行政区划甚至国家为界限。自然形成的一定环境所在的区域(可称“环境区域”)中的所有的人、集团、阶级、阶层等具有共同的利益，这个共同利益也就是这个环境区域中的人和集团等的公共利益。

④ 国际关联性。所谓国际关联性是指一国的环境保护法在法律措施选择、技术标准、保护强度等方面与其他国家的环境保护法保持同步或其他有目的设置的关联关系。环境保护法的国际关联性的突出表现是国际大量使用国际条约规定国家在环境保护上的国际义务。环境保护法具有国际关联性的特点，这是由环境的整体性特点决定的。

2）环境影响评价制度

环境影响评价制度是指在进行建设活动之前，对建设项目的选址、设计和建成投产使用后可能对周围环境产生的不良影响进行调查、预测和评定，提出防治措施，并按照法定程序进行报批的法律制度。

国家根据《中华人民共和国环境影响评价法》和《建设项目环境保护管理条例》的规定和建设项目对环境的影响程度，对建设项目的环境影响评价实行分类管理，建设单位应当按照下列规定组织编制环境影响评价文件。

① 可能造成重大环境影响的，应当编制环境影响报告书，对产生的环境影响进行全面评价。

② 可能造成轻度环境影响的，应当编制环境影响报告表，对产生的环境影响进行分析或者专项评价。

③ 对环境影响很小、不需要进行环境影响评价的，应当填报环境影响登记表。

生态环境部已经发布了《建设项目环境影响评价分类管理名录》。根据最新的环评法规，环境影响报告书和环境影响报告表，需要获得相应的环保部门的审批，而环境影响登记表则只需要到环保部门进行备案即可。

3）环境保护“三同时”制度

建设项目环境保护“三同时”制度是指建设项目中的环境保护设施必须与主体工程同时设计、同时施工、同时投产使用，是我国环保制度中的一项创举。

《中华人民共和国环境保护法》的第四十一条对建设项目“三同时”做了规定，要求建设项目中防治污染的设施与主体工程同时设计、同时施工、同时投产使用。同时，防治污染的设施应当符合经批准的环境影响评价文件的要求，不得擅自拆除或者闲置。

此外，《中华人民共和国水污染防治法》《中华人民共和国固体废物污染环境防治法》《中华人民共和国噪声污染防治法》《建设项目环境保护管理条例》等环保法律法规，也对“三同时”制度做了相应的规定。

4）排污申报登记和排污许可制度

排污申报登记制度是指由排污企业向环境保护行政主管部门申报其污染物的排放和防治情况，并接受监督管理的一系列法律规范构成的规则系统。

申报的主要内容包括排污者的基本情况，正常生产和非正常状态下排放污染物的种类、数量、浓度、处置及排放去向、地点、方式、污染治理和三废综合利用等状况。

排污许可是世界各国通行的环境管理制度，是企业环境守法的依据、政府环境执法的工具、社会监督护法的平台。

控制污染物排放许可制(简称排污许可制)是依法规范企事业单位排污行为的基础性环境管理制度，环境保护部门通过对企事业单位发放排污许可证并依证监管，实施排污许可制。

2019 年 12 月，生态环境部公布了《固定污染源排污许可分类管理名录(2019 年版)》，分批分步骤推进排污许可证管理。排污单位应当在“名录”规定的时限内持证排污，禁止无证排污或不按证排污。

5）排污费和环境保护税制度

根据《中华人民共和国环境保护法》等法律法规的规定，排放污染物的企事业单位和其他生产经营者，应当按照国家有关规定缴纳排污费。排污费应当全部专项用于环境污染防治，任何单位和个人不得截留、挤占或者挪作他用。2018 年 1 月 1 日起施行《中华人民共和国环境保护税法》。该法所称应税污染物，是指该法所附《环境保护税税目税额表》《应税污染物和当量值表》规定的大气污染物、水污染物、固体废物和噪声。

有下列情形之一的，不属于直接向环境排放污染物，不缴纳相应污染物的环境保护税：①企事业单位和其他生产经营者向依法设立的污水集中处理、生活垃圾集中处理场所排放应税污染物的；②企事业单位和其他生产经营者在符合国家和地方环境保护标准的设施、场所储存或者处置固体废物的。

根据《中华人民共和国环境保护法》的规定，依照法律规定征收环境保护税的，不再征收排污费。

10. 2. 2　废弃物的分类与管理

1. 按危险性分类

废弃物按其危险性分类可分为危险废弃物、一般废弃物和可回收废弃物。

危险废弃物也称为有害废弃物，是指对人体健康或环境造成现实危害或潜在危害的废弃物，或指列入国家危险废物名录或者根据国家规定的危险废物鉴别标准和鉴别方法认定的具有危险特性的废物。通常我国将具有易燃、易爆、放射、腐蚀、反应、传染等 6 类废弃物视为危险废弃物(图 10-1)，如废弃的强酸、强碱液等。

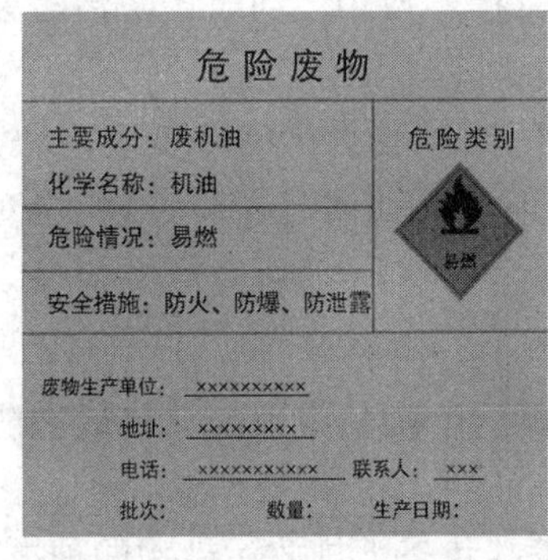

图 10-1 危险废弃物

一般废弃物是指比较常见的、对环境和人体相对安全的废弃物(图 10-2)，例如日常生活中产生的食品包装袋、水果皮、灰尘、枯枝败叶、茶叶、未沾有油污的手套抹布塑料等一般生活垃圾。

可回收废弃物指适宜回收利用和资源化利用的生活废弃物(图 10-3)。例如废纸、废弃塑料瓶、废金属、废包装物、废旧纺织物、废弃电器电子产品、废玻璃、废纸塑铝复合包装等。

图 10-2 一般废弃物

图 10-3 可回收废弃物

2. 按状态分类

废弃物按状态分类可分为固体废弃物、液体废弃物和气体废弃物。

气体废弃物，如工厂烟尘、汽车尾气等。

液体废弃物，如生活污水、工业废水、有机溶剂、废酸、废碱等。

固体废弃物，亦称固体废物、垃圾。如城市生活垃圾、粉煤灰、渣土、包装材料等。

3. 按组成分类

废弃物按照组成分类可分为有机废弃物和无机废弃物。

有机废弃物是指由有机物料构成的废弃物，如动物尸体、废塑料、废纸、废纤维等。

无机废弃物是指由无机物料构成的废弃物，如废金属、废玻璃陶瓷、炉渣等。

4. 按所在系统分类

废弃物按所在系统分类可分为生活废弃物、工业废弃物和农业废弃物。

生活废弃物是指人类在生活活动中所产生的废弃物，如食物残渣。

工业废弃物，是指机械、轻工及其他工业在生产过程中所排出的固体废弃物。如机械工业切削碎屑、研磨碎屑等，食品工业的活性炭渣，建筑业的砖、瓦、碎砾、混凝土碎块等。

农业废弃物是指农业生产、农产品加工、畜禽养殖业和农村居民生活排放的废弃物。如农业秸秆、禽畜粪便等。

10.2.3　社会责任和可持续发展

1. 背景

自21世纪以来，全球各种自然灾害频发，如2003年席卷欧洲的热浪、2004年袭击东南亚的大海啸、2005年突袭美国新奥尔良市的卡特里娜飓风，以及2008年初发生在我国南方的特大雨雪冰冻灾害。从1998年到2006年，自然灾害发生的频率每年增加7%，这些灾害所造成的人员伤亡和经济损失不断增加。在一些发展中国家，灾害损失甚至超过国民生产总值的3%。2009年，全球共发生245起一定规模的自然灾害，其中90%以上与气候变化有关。这些气候灾害一共对全球5500万人造成影响，带来150亿美元的经济损失。而各国大气的温室气体排放量的问题，则可能引起国际冲突。

全球变暖对于一些国家的影响甚至是毁灭性的。有专家预言，气候变化和冰川融化将导致海平面在21世纪末上升1m。这一变化或许将会使那些栖息在海上的岛国从地球上匿迹，成为永远“消失的国度”。太平洋中西部岛国基里巴斯、印度洋中部南亚岛国马尔代夫、西太平洋上的群岛国家图瓦卢、西南太平洋上的斐济都已经表示，气候变暖导致的海平面上升已经令它们岌岌可危，请求国际社会的援助。

气候变化已经由区域问题演变为全球问题，正在给全人类的生存带来严峻挑战。因此，我们必须转变发展方式，从“高碳”转向“低碳”，以切实行动去改善气候和保护环境。

2. 低碳经济

低碳可以简单理解为“生产或消费活动消耗较少的碳基能源并排放较少的温室气体”；当净排放的温室气体为零，则称为“零碳”或者“碳中和”。

低碳经济是一种全新的经济模式和生活方式。与传统的发展方式相比，它注重发展和应用新技术，尤其是利用降低碳排放技术来降低经济活动中化石能源的消耗和温室气体排放，具体表现为低碳能源供给(单位能源的碳基率下降)，低碳生产(单位GDP、单位能源的碳排放降低)以及低碳消费(人均消费的碳排放下降)。

“低碳经济”这种提法最早见于政府文件是在2003年的英国能源白皮书《我们能源的未来：创建低碳经济》，作为第一次工业革命的先驱和资源并不丰富的岛国，英国充分意识到了能源安全和气候变化的威胁，它正从自给自足的能源供应走向主要依靠进口的时代，按目前的消费模式，预计2020年英国80%的能源都必须进口，同时，气候变化的影响已经迫在眉睫。这一概念逐渐得到了世界范围内的认可。目前，越来越多的国家意识到低碳经济是世界未来经济的发展趋势，并将其作为国家未来发展战略的重要内容加以谋划。

低碳经济有两个基本点：其一，它包括生产、交换、分配、消费在内的社会再生产全过程的经济活动低碳化，把二氧化碳(CO_2)排放量尽可能减少到最低限度乃至零排放，以获得最大的生态经济效益；其二，它包括生产、交换、分配、消费在内的社会再生产全过程的能源消费生态化，形成低碳能源和无碳能源的国民经济体系，以保证生态经济社会有机整体的清洁发展、绿色发展、可持续发展。在一定意义上说，发展低碳经济就能够减少二氧化碳排放量，延缓气候变暖，这样才能保护人类共同的家园。

2020 年 9 月 22 日，在第七十五届联合国大会一般性辩论上，“碳中和”被“高亮提及”。习近平主席在会上表示，中国将提高国家自主贡献力度，采取更加有力的政策和措施，二氧化碳排放力争于 2030 年前达到峰值，努力争取 2060 年前实现碳中和。碳达峰是指我国承诺 2030 年前，二氧化碳的排放不再增长，达到峰值之后逐步降低。碳中和是指企业、团体或个人测算在一定时间内直接或间接产生的温室气体排放总量，然后通过植物造树造林、节能减排等形式，抵消自身产生的二氧化碳排放量，实现二氧化碳“零排放”。

3. 中国发展低碳经济面临的机遇和挑战

以低碳经济为核心的产业革命来临，将为中国未来发展带来难得的机遇。世界各发达经济体都把发展低碳经济，发展新能源、新的汽车动力、清洁能源、生物产业等作为新的经济增长点。低碳经济将逐步成为全球意识形态和国际主流价值观，它以独特的优势和巨大的市场成为世界经济发展的热点。一场以低碳经济为核心的产业革命已经出现，低碳经济不但是未来世界经济发展结构的大方向，更已成为全球经济新的支柱之一，也是我国能否占据世界经济竞争制高点的关键。

随着我国经济实力的迅速提高，对世界经济的影响明显增强，越来越多的目光投向中国，国际社会要求中国承担“大国责任”的呼声日盛。我国在低碳经济时代的大国责任，重点体现在减排与发展低碳产业方面。

发展低碳经济，我们国家同时还面临着一些挑战：

① 工业化、城市化、现代化快速推进的中国，正处在能源需求快速增长阶段，大规模基础设施建设不可能停止；中国以全面小康为追求，致力于改善和提高 14 亿人民的生活水平和生活质量，带来能源消费的持续增长。“高碳”特征突出的“发展排放”，成为中国可持续发展的一大制约。怎样才能既确保人民生活水平不断提升，又不重复西方发达国家以牺牲环境为代价谋发展的老路，是中国必须面对的难题。

② “富煤、少气、缺油”的资源条件，决定了中国能源结构以煤为主，低碳能源资源的选择有限。在电力中，水电占比只有 20%左右，火电占比在 77%以上，“高碳”占绝对的统治地位。据计算，每燃烧 1t 煤炭会产生约 4. 12t 的二氧化碳气体，比石油和天然气每吨多 30%和 70%，而据估算，未来 20 年中国能源部门电力投资将达 1. 80 万亿美元。其中，火电的大规模发展对环境的威胁，不可忽视。

③ 中国经济的主体是第二产业，这决定了能源消费的主要部门是工业，而工业生产技术水平落后，又加重了中国经济的高碳特征。资料显示，1993—2005 年，中国工业能源消费年均增长 5. 8%，工业能源消费占能源消费总量约 70%。采掘、钢铁、建材水泥、电力等高耗能工业行业，2005 年能源消费量占了工业能源消费的 64. 4%。调整经济结构，提升工业生产技术和能源利用水平，是一个重大课题。

世界大潮流需要我们发展低碳经济，地球生态需要我们保护环境，那我们在发展经济的同时，各行各业都需要更加注重环境问题，在企业管理中，需要着重关注 EHS 的 E(环境)方面，才能更好地迎接机遇和挑战。

10.3　职业健康

10.3.1　职业病及危害

1. 职业病的概念

职业病是指劳动者在职业活动中，接触粉尘、放射性物质和其他有毒有害物质等因素而引起的疾病。如：在职业活动中，接触粉尘可导致肺尘埃沉着病，接触工业毒物可导致职业中毒，接触工业噪声可导致噪声聋。

由国家主管部门公布的职业病目录所列的职业病称为法定职业病。

界定法定职业病的几个基本条件是：在职业活动中产生、接触职业危害因素、列入国家职业病范围。

由于预防工作的疏忽及技术局限性，使健康受到损害的称为职业性病损，包括工伤、职业病及与工作有关的疾病。也可以说，职业病是职业病损的一种形式。

2. 职业病的分类

2013 年 12 月 23 日，国家卫生计生委、人力资源社会保障部、安全监管总局、全国总工会联合发布了《职业病分类和目录》，将职业病分为 10 大类，132 种。表 10-1 列举了部分职业病分类及示例。

表 10-1　部分职业病分类及示例

职业病种类	数　量	举　例
职业性尘肺病及其他呼吸系统疾病	19	矽肺(硅沉着病)、煤工尘肺、电焊工尘肺、过敏性肺炎、刺激性化学物质所致阻塞性肺炎
职业性皮肤病	9	接触性皮炎、黑变病、化学性皮肤灼伤
职业性眼疾	3	化学性眼部灼伤、电光性眼炎、白内障
职业性耳鼻喉口腔疾病	4	噪声聋、铬鼻病、牙酸蚀病、爆震聋
职业性化学中毒	60	甲醛中毒、正已烷中毒、苯中毒
物理因素所致职业病	7	中暑、手臂振动病
职业性放射性疾病	11	放射性肿瘤、放射性皮肤病
职业性传染病	5	炭疽、布鲁氏菌病、艾滋病(限于医疗卫生人员及人民警察)
职业性肿瘤	11	石棉所致肺癌、间皮瘤、苯所致白血病
其他职业病	3	金属烟热

3. 职业病危害因素

《中华人民共和国职业病防治法》中相关定义如下：职业病危害，是指对从事职业活动的劳动者可能导致职业病的各种危害。职业病危害因素包括：职业活动中存在的各种有害的化学、物理、生物因素以及在作业过程中产生的其他职业有害因素。

1) 化学因素

化学物质或粉尘可能以不同的状态存在于作业环境中，从职业健康防护的角度看，化学有害因素主要包含以下几种：

① 气体：包括一氧化碳、氯气、二氧化硫等。

② 蒸气：包括苯、丙酮、醋酸酯类等的蒸气。

③ 雾：悬浮在空气中的微小液滴，包括铬酸雾、硫酸雾等。

④ 烟：悬浮在空气中的微小固体颗粒，一般由气体或蒸气冷凝产生，粒度通常小于粉尘，如电焊时产生的电焊烟尘，熔铜时产生的氧化锌烟尘等。

⑤ 粉尘：悬浮在空气中的微小固体颗粒，一般由固体物料受机械力作用破碎而产生。各种物质在机械粉碎、碾磨时均可产生粉尘。

⑥ 纤维：包括细长的固体颗粒，纵横比值大。

2）物理因素

物理因素主要包含以下几种：噪声、振动、低气压、高气压、高原低氧、高温、激光、低温、微波、紫外线、红外线、高频电磁场等及其他可能导致职业病的物理因素。下边主要介绍一下噪声和高温作业。

（1）噪声

噪声在企业中是比较常见的物理危害因素，工业噪声按照产生噪声的振动声源可分为三类，包括：空气性噪声、机械性噪声和电磁性噪声。

（2）高温作业

高温作业是指在生产劳动过程中，工作地点平均 WBGT 指数>25℃的作业。WBGT 指数，又称湿球黑球温度，是综合评价人体接触作业环境热负荷的一个基本参数，单位为℃。

常见的高温作业包括冶金工业的炼钢、炼铁等作业，机械制造工业的热处理等作业。

3）放射性因素

产生放射性因素的行业一般包括核武器生产、辐射农业等，一般企业对其接触相对较少。放射性因素包括铀及其化合物、电离辐射等。

10.3.2　职业健康防护

1. 安全合理的作业现场布置

在生产现场，除机器设备能构成不安全状态以致造成事故之外，生产所用的原料、材料、半成品、工具以及边角废料等，如放置不当（位置不当、放置方法不当等），也会形成物的不安全状态。例如，日本 1977 年制造业所发生的 87377 件由物的不安全状态所造成的事故中，有 16015 件事故是物的放置不当引起的，约占 18.3%；作业环境缺陷为 687 件，约占 0.79%。

日本工业企业开展的“5S”活动，即整理、整顿、清洁、清扫、习惯（纪律）（因 5 个项目的日文罗马拼音的首字母均为 S，故简称“5S”），其中整理、整顿与创造安全的作业现场直接相关。整理，是把作业现场内的物品分出哪些有用、哪些无用，把无用的东西从作业现场清理出去。整顿，是把作业现场内有用的东西按取用方便的原则摆放整齐。

整理、整顿的目的在于消除作业现场的混乱状况。因此，必须找出造成混乱的原因。一般应注意以下几个方面的问题。

① 作业流程与设备布置应该一致，这样不仅可以避免不必要的搬运作业，而且还能够避免在过道处或地面上堆放大量的原材料或半成品。

② 设置通道、出入口和紧急出口，并保持畅通无阻，通道两侧应画上白线或设置围栏以示区别，经常清扫和清除油污、灰尘，道路尽量取直，避免弯角。

③ 明确规定原材料、半成品堆放处，限制作业现场危险品的存放量，并妥善保管。放

置物品时，重物放在地上，轻物放在架上。

④ 立体堆放原材料、半成品时，不要堆积过高，堆积高度不得超过底边长度的3倍。

2. 安全检查

安全检查是对施工项目贯彻安全生产法律法规的情况、安全生产状况、劳动条件、事故隐患等所进行的检查，其主要内容包括查思想、查制度、查机械设备、查安全卫生设施、查安全教育及培训、查生产人员行为、查防护用品使用、查伤亡事故处理等。

工厂的设备、工具等由于长时间使用会存在磨损、腐蚀、老化等问题，这些问题堆积起来容易发生事故，因此需要定期检查以排除隐患。安全点检是安全检查中一种重要的检查方式，其重点检查对象是作业现场的物的因素，目的是发现物的不安全状态，以便尽早采取相应措施消除异常。因此，可以通过安全点检来检查设备、操作方法等是否危险，并在此基础上进行改进。

由于安全点检是调查作业现场的设备、工具等是否存在不安全状态，所以安全点检应该由最熟悉作业现场情况的人员进行。操作者在每日开始作业之前，应该对自己所使用的设备、工具、安全装置及防护用品等进行检查。班组长、车间主任、安全员应经常对自己负责范围内的作业场所、设备、工具、安全装置及防护用品等进行检查。企业领导、职能部门应定期对全厂的设备、工具、作业条件进行检查。

安全点检是日常生产作业的一部分，应形成制度定期进行。安全点检的时间间隔随被检查对象的具体情况不同而有所不同。有些设备或设备的某些部分的性能几乎不随时间变化，或者虽有变化但对安全生产没有太大影响，此时点检间隔时间可以长些；反之，对安全生产影响重大的部分，应该每天作业前进行一次点检。安全点检时间要严格按预定计划认真执行。

为了保证安全点检的效果，相关人员应该掌握有关被检查对象的各种知识，了解设备运转过程中哪个部分会发生什么问题、哪个地方容易出故障，使安全点检真正抓到点子上。安全点检的过程中，安全管理人员要针对某一点的情况，听取有关人员的反映，必要时应该利用仪器、仪表测定参数，通过听、看、测而做出正确判断。为了防止漏检一些项目，可以事先制定安全检查表，然后按照安全检查表上列出的项目进行检查。使用安全检查表时，应注意区分各项目的重要程度，对重点项目应予以重点检查。

安全点检中发现的问题要立即解决，一时不能解决的，也要做出计划并限期解决，否则就不能实现安全点检的目的。

3. 劳动防护用品的正确使用

作业服装的作用在于针对环境变化而调节体温、保证人体健康以及防止人体受到外界危险因素的伤害。但是，由于作业服装选择或穿用不正确而导致伤害事故的情况也屡见不鲜。例如，袖口肥大的工作服易被机器的旋转部分挂住而使人员受伤；系在脖子上的毛巾被机器挂住使人员窒息死亡等。一般而言，满足安全要求的作业服装的选择及穿用应符合下列条件。

① 工作服应该紧身、轻便。肥大的工作服容易被机械运动部分挂住或绞住，夹克式服装较安全。工作服应该没有口袋或有一两个小口袋，不要带没用的褶、带等。

② 工作服绽线、破损的地方要立即缝好。

③ 工作服要经常清洗。当工作服沾上油污或易燃性溶剂时，应立即清洗，以免易燃。

④ 操纵机械时，应该戴上工作帽，将头发完全罩住，以免头发被绞入机器引起伤害。

⑤ 在工作场所严禁赤脚及穿拖鞋、凉鞋、草鞋等，以免扎脚、砸脚、烫脚。在装卸作

业中，70%的事故是由脚站得不稳使身体失去平衡引起的。在有可能滑倒的地面上工作时，应该穿防滑鞋(靴)。为了避免掉落的物体把脚砸伤，应该穿护趾安全鞋。一般适合作业穿的鞋应具有下述性能：物体掉落在脚上时能保护脚部不受伤害；在光滑地面上行走时防滑；踏在尖锐物体上能防止扎脚；质量轻；不妨碍操作。

⑥ 禁止半裸作业。在炎热的夏季或高温条件下，有些工人半裸作业，使大部分身体裸露出来，很容易受到烫伤等伤害。

⑦ 禁止把容易引起燃烧、爆炸的东西及尖锐的东西放在工作服口袋里，以免伤害自身和他人。

⑧ 禁止机械作业时戴领带、围巾，或把毛巾系在脖子上、挂在腰间。

⑨ 禁止戴手套在机械的回转部位操作。

⑩ 正确使用劳动防护用品。应根据生产作业的性质和要求按规定正确使用相应的劳动防护用品。如，戴安全帽时要系好帽带，防止坠落时安全帽脱落，起不到保护作用；安全带的一端要按规定挂在牢固的地方等。

4. 进餐健康

由于在公司的生物、化学和其他操作中有污染空气的可能，因此有必要执行以下有关进餐的规定：

① 保持个人卫生，饭前洗手；

② 员工只能在指定的休息场所吃东西；

③ 休息场所必须保持干净；

④ 不要在工作场所吃东西；

⑤ 喝水只能在休息场所，严禁将水杯带入工作场所。

10.4 安全管理

案例：

2019 年 3 月 3 日 5 时 10 分左右，达州某公司物流部磷酸灌装区内发生一起硫化氢气体中毒事故，造成 3 人死亡，3 人受伤。

据初步调查，事故直接原因是航标公司(达州某公司的运输服务商)运输车在运输液态硫化钠卸车后仍有残液，运输车押运员在使用低压蒸汽对运输车罐体内进行蒸罐吹扫清洗作业时，车内残留的硫化钠随蒸罐污水流入地沟，与地沟内残留的磷酸发生化学反应，产生硫化氢气体，造成附近人员吸入中毒。

分析上述事故原因便可以发现，此次事故不是由单一原因造成的，首先是航标公司进行卸车时没有完全卸干净液体并且未做出任何警示；其次是运输车押运员在进行清扫作业时未采取任何防护措施；最后是对于有毒易挥发液体，并没有采取特殊方式处理，只是简单的清扫至下水道。可见事故通常是由多重原因造成的，并且每个方面的管理都不到位，使工作人员失误并且无人发现及警示。所以在作业前后以及过程中都需要安全管理到位，减少失误，失误时也能及时发现并处理，才能保证大家的安全。

为了避免类似事故再次发生，相关企业一要加强泄漏管理和下水管网管理，有效预防和控制易燃易爆、有毒有害危险化学品进入地沟、污水管线等下水管网；二要加强危险化学品装卸作业环节的风险辨识和管控，危险化学品运输车辆必须在企业内清洗的，要设置单独的清洗作业场所，避免交叉作业增大安全风险；三要充分考虑所装卸危险化学品的禁配物质，防范禁配物质混装混运引发安全事故。

10.4.1　事故致因理论

事故的发生具有自身的发展规律和特点，了解事故的发生、发展和形成过程对于辨识、评价和控制危险具有重要意义。只有掌握事故发生的规律，才能保证生产系统处于安全状态。事故致因理论即阐明事故发生的原因、过程以及事故预防对策理论，是帮助人们认识事故整个过程的重要理论依据。

1. 海因里希因果连锁论

该理论认为，伤亡事故的发生不是一个孤立的事件，尽管伤害可能在某瞬间发生，却是一系列具有一定因果关系的事件相继发生的结果。

1）伤害连锁的构成

海因里希把工业伤害事故的发生发展过程描述为具有一定因果关系的事件的连锁，即：

① 人员伤亡的发生是事故的结果；

② 事故发生的原因是人的不安全行为或物的不安全状态；

③ 人的不安全行为或物的不安全状态是由人的缺点造成的；

④ 人的缺点是由不良环境诱发或者是由先天的遗传因素造成的。

2）事故连锁过程的影响因素

海因里希将事故因果连锁过程概括为以下五个因素。

① 遗传及社会环境。遗传因素及社会环境是造成人的性格上缺点的原因。遗传因素可能造成鲁莽、固执等不良性格；社会环境可能妨碍教育，助长性格的缺点发展。

② 人的缺点。人的缺点是使人产生不安全行为或造成机械、物质不安全状态的原因，包括鲁莽、固执、过激、神经质、轻率等性格上的先天缺点，以及缺乏安全生产知识和技术等后天的缺点。

③ 人的不安全行为或物的不安全状态。所谓人的不安全行为或物的不安全状态是指那些曾经引起事故并可能再次引起事故的人的行为或机械、物质的状态，它们是造成事故的直接原因。

④ 事故。事故是由于物体、物质、人或放射线的作用或反作用，使人员受到伤害或可能受到伤害的、出乎意料的、失去控制的事件。

⑤ 伤害。由于事故直接产生的人身伤害。

海因里希用多米诺骨牌来形象地描述这种事故因果连锁关系，如图 10-4 所示。

在多米诺骨牌系列中，一颗骨牌被碰倒了，则将发生连锁反应，其余的几颗骨牌相继被碰倒。如果移去连锁中的一颗骨牌，则连锁被破坏，事故过程被中止。海因里希认为，企业安全工作的中心就是防止人的不安全行为，消除机械的或物质的不安全状态，中断事故连锁的进程而避免事故的发生。

2. 墨菲定律

墨菲定律是一种心理学效应，1949 年由美国的一名工程师爱德华 · 墨菲（Edward A. Murphy）提出的，亦称墨菲法则、墨菲定理等。原文为：如果有两种或两种以上的方式去做某件事情，而其中一种选择方式将导致灾难，则必定有人会做出这种选择。墨菲定律主要包括四个方面：

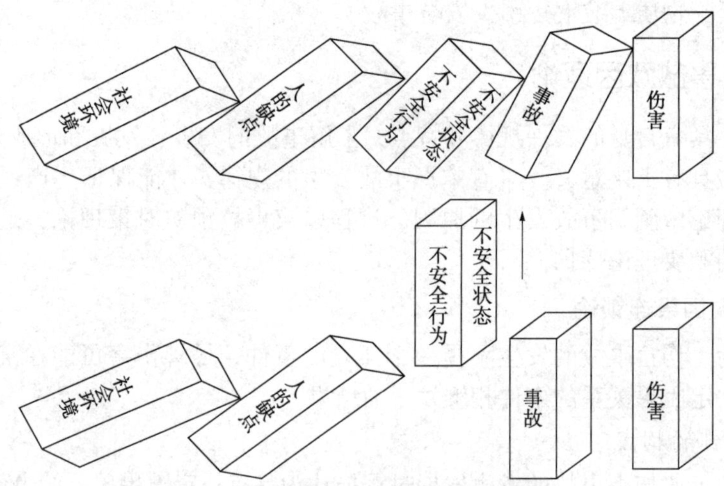

图 10-4　海因里希事故因果连锁模型

① 任何事都没有表面看起来那么简单；

② 所有的事都会比你预计的时间长；

③ 会出错的事总会出错；

④ 如果你担心某种情况发生，那么它就更有可能发生。

墨菲定律的根本内容是“凡是可能出错的事有很大概率会出错”，指的是任何一个事件，只要具有大于零的概率，就不能够假设它不会发生。

例如，2003 年，美国“哥伦比亚”号航天飞机即将返回地面的时候，在得克萨斯州中部地区上空出了事故，导致航天飞机上 6 名宇航员全部遇难。该事故也充分印证了墨菲定律——这种复杂的系统出事是不可避免的，不是在今天，就是在明天，出现事故也是合情合理的。在该次重大的事故之后，人们开始寻找事故原因，以防止下一次再发生类似的情况，大多数人也都是这样理解的，相信没有一个国家会因为出了一次航天事故就放弃整个航天事业。这种灾祸的发生概率，其实和中彩票的概率是一样的，虽然都很小，但是如果平时不注意扫清死角，消除那些不安全的隐患，那么事故爆发的概率就会累加起来，最后肯定来个大爆发。

3. 博德事故因果连锁论

博德(Frank Bird)在海因里希事故因果连锁论的基础上，提出了反映现代安全观点的事故因果连锁理论，如图 10-5 所示。该理论认为以下几点。

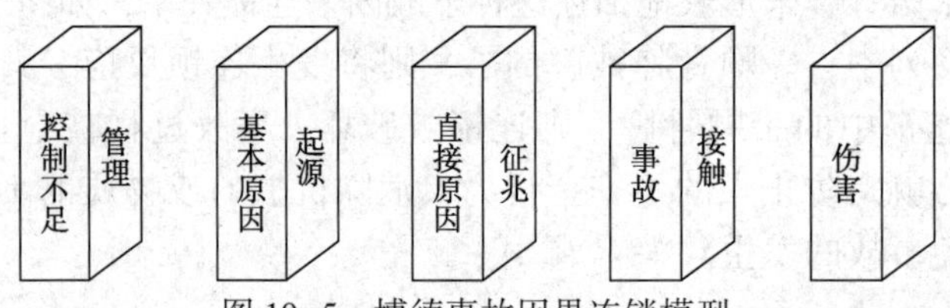

图 10-5　博德事故因果连锁模型

① 事故因果连锁中一个最重要的因素是安全管理，安全管理中的控制是指损失控制，包括对人的不安全行为、物的不安全状态的控制，是安全管理工作的核心。

对于绝大多数企业而言，由于各种原因，完全依靠工程技术上的改进来预防事故既不经济，也不现实。只有通过提高安全管理工作水平，经过较长时间的努力，才能防止事故的发生。

② 为了从根本上预防事故，必须查明事故的基本原因，并针对查明的基本原因采取对策。

基本原因包括个人原因与工作原因。个人原因包括缺乏知识或技能、动机不正确、身体上或精神上的问题等。工作方面的原因包括操作规程不合适，设备、材料不合格，通常的磨损及异常的使用方法等，以及温度、压力、湿度、粉尘、有毒有害气体、蒸气、通风、噪声、照明、周围的状况(容易滑倒的地面、障碍物、不可靠的支撑物、有危险的物体等)等环境因素。只有找出这些基本原因，才能有效地预防事故的发生。

③ 不安全行为或不安全状态是事故的直接原因。一方面，直接原因只不过是基本原因的征兆，是一种表面现象，如果只抓住作为表面现象的直接原因而不追究其背后隐藏的深层原因，就永远不能从根本上杜绝事故的发生。另一方面，企业安全管理人员应该能够预测及发现这些作为管理缺欠的征兆的直接原因，并采取恰当的改善措施。

④ 防止事故就是防止接触，可以通过改进装置、材料及设施来防止能量释放，通过训练提高工人识别危险的能力、穿戴个人防护用品等来实现。(越来越多的学者从能量的观点把事故看作人的身体或构筑物、设备与超过其阈值的能量的接触，或人体与妨碍正常活动的物质的接触。)

⑤ 事故造成的伤害包括工伤、职业病以及对人员精神方面、神经方面或全身性的不利影响。人员伤害及财产损坏统称为损失。在许多情况下，可以采取恰当的措施使事故造成的损失最大限度地减少，如对受伤人员的迅速抢救、对设备进行抢修以及平时进行的应急训练等。

4. 管理失误论

管理失误论事故致因模型(图 10-6)，侧重于研究管理上的责任，强调管理失误是构成事故的主要原因。

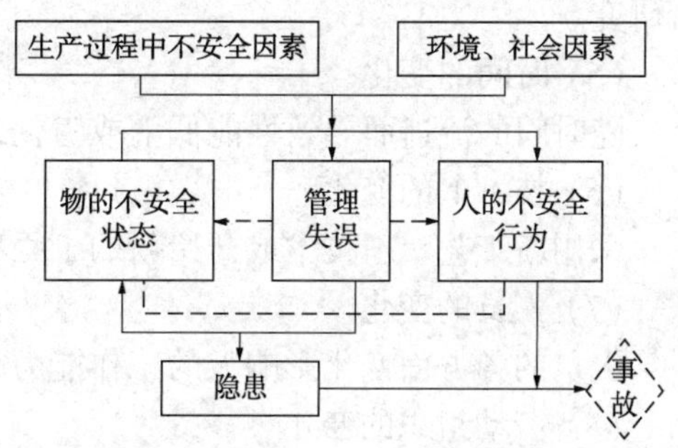

图 10-6　管理失误论事故致因模型

事故之所以发生，是因为客观上存在着生产过程中的不安全因素；此外还有众多的社会因素和环境条件，这一点在我国乡镇矿山事故中更为突出。

事故的直接原因是人的不安全行为和物的不安全状态。但是，造成“人失误”和“物故障”的这一直接原因的缘由却常常是管理上的缺陷。后者虽是间接原因，但它既是背景因素又常是发生事故的本质原因。

人的不安全行为可以促成物的不安全状态；而物的不安全状态又会在客观上造成人的不安全行为，所以不安全行为是有环境条件的(见图 10-6 虚线)。

“隐患”来自物的不安全状态，即危险源，而且和管理上的缺陷或管理人失误共同耦合才能形成；如果管理得当并及时控制，变不安全状态为安全状态，则不会形成隐患。

客观上一旦出现隐患，主观上又有不安全行为，就会立即显现为伤亡事故。

5. 变化观点的事故因果连锁论

约翰逊(W. G. Johnson)把变化作为事故的基本原因。由于人们不能适应变化而发生失误，进而导致不安全行为或不安全状态。他认为事故的发生是由于管理者的计划错误或操作者的行为失误，没有适应生产过程中物的因素或人的因素的变化，从而导致了不安全行为或不安全状态，破坏了对能量的屏蔽或控制，在生产过程中造成危险，中断或影响生产进行，甚至造成人员伤亡或财产损失。

在系统安全研究中，人们注重作为事故致因的人失误(human error)和物的故障(fault)。按照变化的观点，人失误和物的故障都与变化有关。例如，新设备经过长时间的运转，随时间变化逐渐磨损而发生故障；正常运转的设备由于运转条件突然变化而发生故障等。

在安全管理工作中，变化被看作一种潜在的事故致因，应该被尽早地发现并采取相应的措施。作为安全管理人员，应该注意下述的一些变化：

(1) 企业外的变化及企业内的变化

企业外的社会环境，特别是国家政治、经济的方针、政策的变化，对企业内部的经营管理及人员思想有巨大影响。针对企业外部的变化，企业必须采取恰当的措施适应这些变化。

(2) 宏观的变化和微观的变化

宏观的变化是指企业总体上的变化，如主要管理人员的更换、新职工录用、人员调整、生产状况的变化等。微观的变化是指一些具体事物的变化。通过微观的变化安全管理人员应发现其背后隐藏的问题，及时采取恰当的对策。

(3) 计划内与计划外的变化

对于有计划进行的变化，应事先进行危害分析并采取安全措施；对于没有计划到的变化，首先是发现变化，然后根据发现的变化采取改善措施。

(4) 实际的变化和潜在的或可能的变化

通过观测和检查可以发现实际存在的变化。发现潜在的或可能出现的变化则要经过分析研究。

(5) 时间的变化

随时间的流逝而导致性能低下或劣化，并与其他方面的变化相互作用。

(6) 技术上的变化

采用新工艺、新技术或开始新的工程项目，人们由于不熟悉而发生失误。

(7) 人员的变化

人员的各方面变化影响人的工作能力，引起操作失误及不安全行为。

(8) 劳动组织的变化

劳动组织方面的变化，例如，交接班不好造成工作的不衔接，进而导致不安全行为。

(9) 操作规程的变化

应该注意，并非所有的变化都是有害的，关键在于人们是否能够适应客观情况的变化。此外，在安全管理工作中也经常利用变化来防止发生人的失误。例如，按规定用不同颜色的管路输送不同的气体，把操作手柄、按钮做成不同形状防止混淆等。

应用变化的观点进行事故分析时，可由下列因素的现在状态与以前状态的差异来发现变化：①对象物、防护装置、能量等；②人员；③任务、目标、程序等；④工作条件、环境、时间安排等；⑤管理工作、监督检查等。

例如，某化工装置事故发生经过如下：变化前——装置安全运转多年；变化 1——用一套更新型的装置取代旧装置；变化 2——拆下的旧装置被解体；变化 3——新装置因故未能按预期目标进行生产；变化 4——对产品的需求猛增；变化 5——把旧装置重新投产；变化 6——为尽快投产恢复必要的操作控制器；失误——没有进行认真检查和(或)没有检查操作的准备工作；变化 7——冗余的安全控制器没起到作用；变化 8——装置爆炸，6 人死亡。

约翰逊认为，事故的发生往往是多重原因造成的，包含着一系列的变化-失误连锁。例如，见图 10-7，C 表示企业的某个变化，E 代表某个失误，如企业领导者的失误、计划人员的失误、监督者的失误及操作者的失误等，那么这些失误和变化最终会导致事故的发生。

图 10-8 所示为煤气管道破裂而失火的变化-失误分析。因为煤气管道的焊接缺陷导致管道被腐蚀，工作人员没发现使得管道破裂，造成大量气体泄漏从而造成火灾事故。同时，瓦斯站停止，但是工作人员没按紧急按钮，未及时关气，或是瓦斯站漏气无法控制，直到最后一步报警延误，以上多重原因综合导致火灾事故的发生。

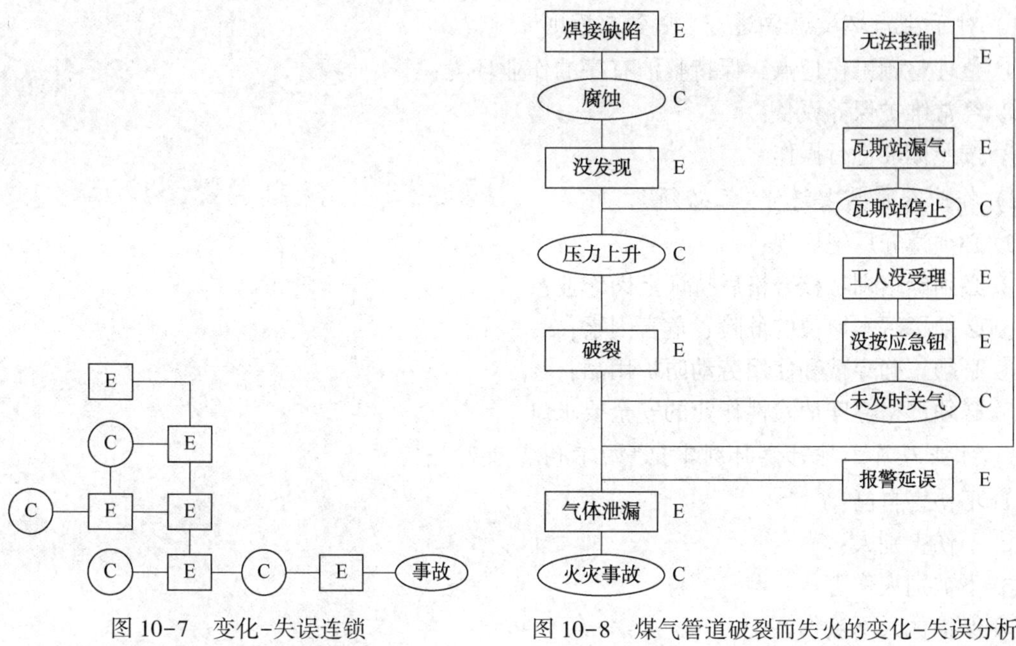

图 10-7 变化-失误连锁
（C 为变化，E 为失误）

图 10-8 煤气管道破裂而失火的变化-失误分析
（C 为变化，E 为失误）

6. 能量意外释放事故致因理论

燃料的化学能转变为热能，并以水为介质转变为蒸汽，将蒸汽的热能再变为机械能输送到生产现场，这就是蒸汽机动力系统的能量转换过程。电气时代是将水的势能或蒸汽的动能转换为电能，在生产现场再将电能转变为机械能进行产品的制造加工或资源开采。核电站是用核能即原子能转变为电能。总之，能量是具有做功功能的物理量，是由物质和现场构成系统的最基本的物理量。输送到生产现场的能量，根据生产的目的和手段不同，可以相互转变为各种形式：势能、动能、热能、化学能、电能、原子能、辐射能、声能、生物能等。

1961 年吉布森（Gibson）提出了事故是一种不正常的或不希望的能量释放，各种形式的能量是构成伤害的直接原因。因此，应该通过控制能量或控制到达人体媒介的能量载体来预防伤害事故。

在吉布森的研究基础上，1966 年美国运输安全局局长哈登完善了能量意外释放理论，提出“人受伤害的原因只能是某种能量的转移”的观点，并提出了能量逆流于人体造成伤害的分类方法，将伤害分为两类：第一类伤害是由施加了局部或全身性损伤阈值的能量引起的；第二类伤害是由影响了局部或全身性能量交换引起的，主要指中毒窒息和冻伤。

哈登认为，在一定条件下某种形式的能量能否产生伤害造成人员伤亡事故取决于能量大小、接触能量时间长短和频率以及集中程度。根据能量意外释放理论，可以利用各种屏蔽来防止意外的能量转移，从而防止事故的发生。

10.4.2 安全生产原则

安全生产是关系到人民群众生命安全的大事，是经济社会协调健康发展的标志，是保证经济建设持续发展和社会安定的基本条件，是党和政府对人民利益高度负责的要求。要实现安全生产，就必须在生产过程中遵循以下安全生产原则，对自己、对别人、对生产负责。

1）对于生产环境需要遵守“安全三原则”

① 整理整顿工作地点，保持整洁有序的作业环境；

② 经常维护保养设备；

③ 按照标准进行操作。

2）作业人员需要遵守“五必须”

① 必须遵守厂纪厂规；

② 必须经培训考核合格后持证上岗作业；

③ 必须了解本岗位的危险、危害因素；

④ 必须正确穿戴和使用劳动防护用品；

⑤ 必须严格遵守危险性作业的安全要求。

3）作业人员工作时要时刻牢记“四不伤害原则”

① 不伤害自己；

② 不伤害别人；

③ 不被别人伤害；

④ 保护他人不被伤害。

4）工厂所有人员需要杜绝“三违现象”

① 违章指挥；

② 违章作业；

③ 违反劳动纪律作业。

5）对于工厂新建、扩建或改建时需要遵守“安全三同时”

① 同时设计；

② 同时施工；

③ 同时投产使用。

10.4.3 公共安全知识

1. 安全色与安全标志

安全色是表示安全信息含义的颜色。采用安全色可以使人的感官适应能力在长期生活中形成和固定下来，以利于生活和工作，目的是使人们通过明快的色彩迅速发现和分辨安全标志，提醒人们注意，防止事故发生。在电力系统中相当重视色彩对安全生产的影响，因色彩标志比文字标志明显，不易出错。图 10-9 列出了一些常见的安全标志。

红色是禁止标志，禁止标志的含义是禁止人们的不安全行为。其基本形式为带斜杠的圆形框，圆形和斜杠为红色，图形符号为黑色，衬底为白色。

蓝色是指令标志，指令标志的含义是强制人们必须做出某种动作或采用防范措施。其基本形式是圆形边框，图形符号为白色，衬底为蓝色。

黄色是警告标志，警告标志的含义是提醒人们对周围环境引起注意，以避免可能发生的危险。其基本形式是正三角形边框，三角形边框及图形符号为黑色，衬底为黄色。

绿色是提示标志，提示标志是向人们提供某种信息(如标明安全设施或场所等)的图形标志。提示标志的几何图形是方形，背景为绿色，图形符号及文字为白色。

图 10-9　常见安全标志

2. 危险告知卡

告知卡包括有毒物品的通用提示栏、有毒物品名称、健康危害、警示标识、指令标识、应急处置和理化特性等内容。GBZ/T 203 中明确了常见高毒物品的职业病危害告知卡的样式。《用人单位职业病危害告知与警示标识管理规范》中第 16 条规定：对产生严重职业危害的作业岗位，除按本规范第十三条的要求设置警示标识外，还应当在其醒目位置设置职业病危害告知卡。告知卡应当标明职业病危害因素名称、理化特性、健康危害、接触限值、防护措施、应急处置及急救电话、职业病危害因素检测结果及检测时间等。图 10-10 列出了常见的职业病危害告知卡。

职业病危害告知卡

工作场所存在粉尘，对人体有损害，请注意防护

	理化特性	健康危害
粉尘	有机性粉尘	长期接触生产性粉尘的作业人员，当吸入的粉尘达到一定数量时即引发尘肺病。还可以引发鼻炎、咽炎、支气管炎、皮疹、皮炎、眼结膜损害等。

注意防尘

应急处理

在生产作业中如发生不适症状或中毒现象，应立即停止工作，脱离现场到空气新鲜处，并及时就医。

防护措施

1.改善作业场所的通风状况，封闭或半封闭结构内作业时，必须有机械通风措施。
2.加强个人防护，作业人员必须佩戴符合职业卫生要求的防尘面罩或口罩。
3.强化职业卫生宣传教育，加强岗前、岗中职业健康体检及作业环境监测工作，提前预防和控制职业病。

必须戴防尘口罩　　注意通风

接触限值：　　检测数据：　　检测日期：　　年　　月　　日

急救电话：120　　消防电话：119　　公司职业卫生咨询电话：

职业病危害告知卡

	健康危害	理化特性
电焊烟尘	电焊中产生的电光会对眼睛造成危害，所以作业时必须戴面罩。还有一种是电焊烟尘污染。电焊烟尘是在电焊过程中焊条与焊件接触时，在高温燃烧情况下产生的一种烟尘，这种烟尘含有二氧化锰、氮氧化物、氟化物、臭氧等，飘浮在空气中对人体造成危害。人们吸入这种烟尘以后能引起头晕、头痛、咳嗽、胸闷气短等，严重的能导致烟气中毒或尘肺病。 焊接中被弧光照射1~2小时，面部有发热，第二、三天会脱皮。被弧光照射会引起电光性眼炎，其中的红外线会导致白内障。	焊条与焊件接触时，在电流的作用下，高温燃烧而产生的烟尘和弧光。

注意防尘

应急处理

从事电焊作业者在作业时，为了减轻或防止电焊烟尘造成的危害，应该戴好口罩，穿好工作服，不得在工作场所饮水、饮食，严禁吸烟。

在电焊作业中如发生不适症状或中毒现象，应立即停止工作，脱离现场，请医生诊治。另外电焊作业场地应选在空气流通的地方。如在室内作业，应注意通风，保持作业环境通风良好。

防护措施

对人体有害　　请注意防护　　火警：119　急救：120

图 10-10　职业病危害告知卡

职业病危害告知卡

<table>
<tr><td colspan="3">工作场所存在氢氧化钠，对人体有损害，请注意防护</td></tr>
<tr><td rowspan="2">氢氧化钠</td><td>理化特性</td><td>健康危害</td></tr>
<tr><td>具有强烈刺激和腐蚀性。粉尘刺激眼和呼吸道，腐蚀鼻中隔；皮肤和眼直接接触可引起灼伤；误服可造成消化道灼伤，黏膜糜烂、出血和休克。具有腐蚀性、强刺激性，可致人体灼伤。</td><td>白色不透明固体，易溶解，与酸发生中和反应并放热。遇潮时对铝、锌和锡有腐蚀性，并放出易燃易爆的氢气。本品不会燃烧，遇水和水蒸气大量放热，形成腐蚀性溶液。具有强腐蚀性。</td></tr>
<tr><td rowspan="4">当心腐蚀</td><td colspan="2">应急处理</td></tr>
<tr><td colspan="2">皮肤接触：立即用水冲洗至少15分钟，若有炮伤，就医治疗。
眼睛接触：立即提起眼睑，用流动清水或生理盐水冲洗至少15分钟，或用3%硼酸溶液冲洗，就医。
吸　　入：迅速脱离现场至空气新鲜处，必要时进行人工呼吸，就医。
食　　入：患者清醒时立即漱口，口服稀释的醋或柠檬汁，就医。</td></tr>
<tr><td colspan="2">防护措施</td></tr>
<tr><td colspan="2">
必须穿好防护服　必须戴防护手套　必须戴防毒面具　必须戴防护眼镜</td></tr>
<tr><td colspan="3">急救电话：120　消防电话：119　公司职业卫生咨询电话：</td></tr>
</table>

职业病危害告知卡

<table>
<tr><td colspan="3">作业环境有毒，对人体有害，请注意防护</td></tr>
<tr><td rowspan="2">酸</td><td>健康危害</td><td>理化特性</td></tr>
<tr><td>酸可引起眼和上呼吸道炎症、气管炎、肺炎、肺水肿、咳嗽、胸闷气憋，酸液对人的皮肤能造成灼伤。</td><td>急性中毒
慢性中毒
亚急性中毒</td></tr>
<tr><td rowspan="4">当心中毒
</td><td colspan="2">应急处理</td></tr>
<tr><td colspan="2">发生中毒现象时，及时离开作业现场，到空气新鲜的地方，脱去受污染的衣服，保持呼吸道通畅。造成酸液灼伤时要用清水冲洗伤处。中毒、灼伤严重者要及时送医院救治。</td></tr>
<tr><td colspan="2">注意防护</td></tr>
<tr><td colspan="2">加强工作场所的通风，确保通风机运行良好，安全设施有效。严格佩戴齐全防护用品，定期参加体检。</td></tr>
</table>

图 10-10　职业病危害告知卡(续)

参 考 文 献

[1] 黄林军．职业健康与安全管理体系[M]．广州：暨南大学出版社，2013.
[2] 华东理工大学 EHS 校友会．企业环境健康安全风险管理[M]．北京：化学工业出版社，2017.
[3] 潘健民，张钰．EHS 体系的标准和认证[M]．南京：南京大学出版社，2017.
[4] 刘景良．安全管理[M]．北京：化学工业出版社，2014.
[5] 黄林军．环境安全管理体系理论与实践[M]．广州：暨南大学出版社，2013.
[6] 黎海红．职业安全与健康管理[M]．北京：化学工业出版社，2019.
[7] 饶国宁，娄柏．安全管理[M]．南京：南京大学出版社，2021.

课 后 题

一、填空题

1. EHS是指__________、__________、__________三方面。

2. 废弃物按其危险性可分为__________、__________、__________三大类。

3. 职业危害因素主要包括：__________、__________、__________。

4. 国家规定的纳入职业病范围的职业病分__________类，共__________种。

5. 个人防护用品有：__________、__________、__________、__________、__________、__________、__________、__________、__________。

6. 海因法则：当一个企业有300起隐患或违章，必然要发生__________起轻伤或故障，另外还有__________起重伤、死亡或重大事故。

7. 四不伤害原则是__________；__________；__________；__________。

8. 凡是可能出错的事必定会出错，指的是任何一个事件，只要具有大于零的概率，就不能够假设它不会发生，这是__________。

9. 安全事故发生的原因分为__________、__________。

10. 安全色中红色代表__________，黄色代表__________，蓝色代表__________，绿色代表__________。

11. 以下四张警告标志分别表示__________、__________、__________、__________。

12. 常用危险化学品标志从左往右分别表示__________、__________、__________、__________。

二、判断题

1. 危险化学品的储存与使用要注意避免大力碰撞和摇晃。 ( )

2. 灭火器使用时距离起火点应不超过15m。 ( )

3. 使用灭火器灭火时，要迅速打开法兰。 ( )

4. 使用灭火器喷水灭火时要对准火焰根部。 ( )

三、思考题

1. 实验室安全需重视，实验室应注意哪些安全事项？

2. 当今能源形式下，作为新时代大学生对企业发展有什么建议？

课后题答案

第1章 绪论

一、选择题

1. AB 2. ABC 3. A

二、判断题

1. √ 2. × 3. √ 4. √ 5. √

三、填空题

安全第一，预防为主，综合治理

第2章 燃烧、爆炸与防火防爆安全技术

一、选择题

1. C 2. D 3. B 4. C 5. B 6. A 7. C 8. C 9. C 10. B 11. D

二、判断题

1. × 2. √ 3. × 4. × 5. √ 6. √ 7. × 8. ×

三、计算题

1. 3. 3%

2. $L_{上}=1.72\%$，$L_{下}=8.5\%$

第3章 化工工艺热风险及评估

一、选择题

1. D 2. ABCDE 3. A 4. C 5. D

二、判断题

1. × 2. √ 3. × 4. × 5. √

三、填空题

1. 绝热温升；最大反应速率达到时间

2. 热重分析(TGA)；热重

第4章 化工设备安全

一、选择题

1. CDE 2. ACD 3. ABD 4. A 5. ACD

二、判断题

1. √ 2. √ 3. × 4. × 5. √ 6. × 7. × 8. × 9. √ 10. × 11. × 12. √

三、填空题

1. 韧性破裂；蠕变破裂
2. 热裂纹；冷裂纹；再热裂纹
3. 工作压力
4. 重大事故

第 5 章　安全评价与分析

一、选择题

1. B　2. D　3. ABCE　4. BCE　5. ABCDE　6. ABCD　7. A　8. BCD

二、判断题

1. √　2. √　3. ×　4. √　5. √

三、填空题

1. 4
2. 物质、容量、温度、压力和操作

第 6 章　化工废气治理

一、选择题

1. ABCD　2. ABC　3. ABCDE　4. A　5. ACD　6. ABC　7. ABC　8. BCD

二、判断题

1. √　2. √　3. ×　4. ×　5. ×

三、简答题

1. (1) 对气候环境造成危害：气候变暖、温室效应等影响主要是由大气污染导致的，其主要是由于大气中二氧化碳、甲烷等物质超标，这些物质会影响地面热量向外传递，使得地球表面集聚热量过多，导致地表的温度不断上升，致使部分地区常年面临干旱、风暴等自然灾害。

(2) 对人体造成危害：大气污染中有害气体及颗粒物使得人们长期处于被污染的环境中，这不仅会降低生活质量，还会引发各种疾病。PM2.5 穿透能力强，能够在到达肺部或支气管的同时，与气体产生交换，引发哮喘、咳嗽、呼吸困难等疾病，严重的甚至会造成人体肝功能衰竭。如果大气环境中二氧化硫与烟尘同时存在，还会提高呼吸道疾病发病率。

(3) 对动植物造成危害：大气污染中存在着许多种超标污染物，包括二氧化硫、二氧化碳、氟化物等，这些有毒有害气体会对动植物的生长造成巨大影响，动植物是生态系统中的重要组成部分，一旦某种动植物在大气污染下枯萎或生病，会严重影响其正常生长，甚至导致其濒危灭绝，影响生物多样性，令生态系统失去平衡。

2. (1) 根据各种除尘装置作用原理的不同，可以分为机械除尘器、湿式除尘器、电除尘器和过滤除尘器四大类。还有一类叫作声波除尘器。

(2) 根据含尘气体的特性，可以从以下几方面考虑除尘装置的选择和组合：

① 若尘粒粒径较小，几微米以下粒径占多数时，应选用湿式、过滤式或电除尘式等；若粒径较大时，以 10μm 以上粒径占多数时，可用机械除尘器。②若气体含尘浓度较高时，

可用机械除尘；若含尘浓度低时，可采用文丘里洗涤器；若气体的进口含尘浓度较高，而又要求气体出口的含尘浓度低时，则可采用多级除尘器串联的组合方式除尘。先用机械式除尘器除去较大的尘粒，再用电除尘器或过滤式除尘器等，去除较小粒径的尘粒。③对于黏附性强的尘粒，最好采用湿式除尘器，不宜采用过滤式除尘器也不宜采用静电除尘器。④如采用电除尘器，尘粒的电阻率应在 $10^4 \sim 10^{11}\Omega \cdot m$ 范围内。另外，电除尘器只适用于500℃以下的情况。⑤气体的温度增高，黏性将增大，流动时的压力损害增加，除尘效率也会下降。但温度太低，低于露点温度时，易有水分凝出，使尘粒易黏附于滤布上造成堵塞。⑥气体的成分中如含有易燃易爆的气体时，应先将该气体去除后再除尘。

综上，除尘设备的选择应综合考虑大气环境质量要求、排放标准、设备性能效率、粉尘的特性等方面因素，合理地选择出既经济又有效的除尘装置。

第7章　化工废水的处理

一、选择题

1. ABC　2. ABCD　3. ABC　4. ABC　5. ABC

二、判断题

1. √　2. ×　3. ×　4. √　5. √

三、简述题

化学法就是通过化学反应和传质作用去除废水中呈溶解、胶体状态的污染物质或将其转化为无毒物质的废水处理方法。

(1) 中和法：中和处理方法因废水的酸碱性不同而不同。针对酸性废水，主要有酸性废水与碱性废水相互中和、药剂中和及过滤中和三种方法。而对于碱性废水，主要有碱性废水与酸性废水相互中和、药剂中和两种。

(2) 混凝法：混凝是指向水中投加药剂，使水中的胶体物质产生凝聚和絮凝，形成沉淀去除。这一综合过程称为混凝。

(3) 氧化还原法通过药剂与污染物的氧化还原反应，把废水中有毒害的污染物转化为无毒或微毒物质的处理方法称为氧化还原法。化学氧化还原法在水处理中占有重要地位。氧化可使污水中部分有机物分解，具有消毒杀菌作用；还原可使高价有毒离子转化为无毒离子。

(4) 吸附法：吸附法是将活性炭、黏土等多孔物质的粉末或颗粒与废水混合，或让废水通过由其颗粒状物组成的滤床，使废水中的污染物质被吸附在多孔物质表面上或被过滤除去。

目前，废水处理中主要采用活性炭吸附法，广泛应用于给水处理中去除微量有害物质和悬浮物质，废水脱色，去除难以降解的有机物及汞、锑、铬、银、铅、镍等重金属离子。

第8章　化工固废的处理与资源化

一、选择题

1. AB　2. ABC　3. ABCD　4. ABCD　5. AB　6. ABC

二、判断题

1. ×　2. ×

三、简答题

1. (1)减小固体废物体积，便于压缩、运输、储存、高密度填埋和利用。高密度填埋处置时，压实密度高而均匀，可以加快覆土还原。

(2) 使物料均匀一致、比表面积增加，大幅度提高焚烧、热解、熔融、压缩等作业的稳定性、热效率和处理效率。

(3) 防止粗大、锋利的固体废物损坏分选、焚烧和热解等处理设备。

(4) 为固体废物的分选提供所要求的入选粒度，从而有效地回收固体废物中的某种组分。

(5) 为固体废物的下一步加工做准备。例如，煤矸石的制砖、制水泥等，都要求把煤(矸)石破碎和磨碎到一定粒度以下，以便进一步加工制备使用。

2. 优点：

(1) 占地面积小，基本无二次污染，可回收热量；

(2) 焚烧操作是全天候的，不易受气候条件所限制；

(3) 焚烧是一种快速处理方法；

(4) 焚烧的适用面广，除可处理城市垃圾以外，还可处理许多种其他有毒废弃物。

缺点：

(1) 基建投资大，占用资金期较长；

(2) 对固体废弃物的热值有一定的要求；

(3) 要排放一些不能够从烟气中完全除去的污染气体；

(4) 操作和管理要求较高。

3. (1)"三化"原则

① "减量化"原则是指采取预防为主的原则，从产生固体废物的源头进行控制，减少固体废弃物产生或排放的数量。

② "资源化"原则是指采取工艺措施从固体废物中回收及循环利用有用的物质和能源，使之转化为可利用的二次原料或再生资源。

③ "无害化"指对已产生但又无法或暂时无法进行综合利用的固体废物进行焚烧和用其他改变固体废物的物理、化学生物特性的方法达到不污染环境、不损害人体健康的目的。

(2) 全过程管理原则

这一原则是指对固体废物的产生、运输、储存、处理和处置的全过程及各个环节上都实行控制管理和开展污染防治工作。

4. 废碱液的处理利用有硫酸中和法回收环烷酸、粗酚；二氧化碳中和法回收环烷酸、碳酸钠；利用废碱液造纸、做铁矿浮选剂。其中，硫酸中和法回收环烷酸、粗酚的工艺流程如图 8-8 所示，低浓度二氧化碳中和法回收环烷酸、碳酸钠的工艺流程如图 8-9 所示。

5. (1)污泥含水率

污泥中所含水分的质量与污泥总质量之比称为污泥含水率。污泥含水率一般都很高，密度接近于水。

(2)污泥干固体

污泥中干固体可依据其中有机物含量，分为稳定性固体和挥发性固体。

(3) 污泥相对密度

污泥相对密度指污泥的质量与同体积水质量的比值。污泥相对密度主要取决于含水率和固体的比例。

(4) 污泥的脱水性能

污泥的脱水性能常用污泥的过滤比阻、污泥毛细吸水时间两个指标来评价。

第 9 章　劳动安全技术防护

一、选择题

1. ACD　2. ABCD

二、填空题

1. 呼吸道、皮肤、消化道

2. 通风排毒、净化回收，局部排风、全面通风，洗涤吸收法、吸附法、催化氧化法、热力燃烧法、冷凝法

3. 化学灼伤、热力灼伤、复合型灼伤

4. 点声源、线声源、面声源

5. 交通噪声、工业噪声、建筑施工噪声、社会生活噪声；机械噪声、空气动力性噪声、电磁噪声

6. 工艺设备、噪声治理、个体防护

7. 隔声、消声、吸声、隔振

8. 材料的厚度、材料的容重、空气层、温度、湿度

9. 阻性消声器、抗性消声器、阻抗复合式消声器

10. 积极隔振或主动隔振；消极隔振或被动隔振

11. 射频电磁波、红外线、紫外线

12. 照射量、吸收剂量、剂量当量

13. 高压电击、单线电击、双线电击、跨步电压电击

三、简答题

1. 见本章 9.1.3 内容

2. 见本章 9.2.2 内容

3. 见本章 9.3.2 内容

4. 见本章 9.6.2 内容

第 10 章　环境健康安全管理体系

一、填空题

1. 环境、健康、安全

2. 一般废弃物、危险废弃物、可回收废弃物

3. 物理因素、化学因素、生物因素

4. 10，115

5. 安全帽、防护眼镜、口罩、耳塞、手套、鞋套、工作服、工作鞋、防毒面具

6. 29，一
7. 不伤害自己；不伤害别人；不被别人伤害；保护他人不被伤害
8. 墨菲定律
9. 人的不安全行为、物的不安全状态
10. 禁止，警告，指令，安全
11. 当心吊物、当心坠落、当心烫伤、当心触电
12. 易燃标志、有毒品标志、腐蚀性标志、氧化物标志

二、判断题

1. √　2. ×　3. ×　4. √

三、思考题

略